Helmut Hasse

Über die Klassenzahl abelscher Zahlkörper

Nachdruck der ersten Auflage

Mit einer Einleitung von Jacques Martinet

Springer-Verlag
Berlin Heidelberg New York Tokyo

Professor J. Martinet
Université de Bordeaux I
Mathematiques et Informatiques
351, cours de la Libération
33405 Talence Cedex
France

Diesem reprographischen Nachdruck liegt die Ausgabe
des Akademie-Verlages von 1952 zugrunde, die
bei Oswald Schmidt GmbH, Leipzig, gedruckt wurde.

ISBN-13: 978-3-642-69887-3 e-ISBN-13: 978-3-642-69886-6
DOI: 10.1007/978-3-642-69886-6

Erschienen im Akademie-Verlag, DDR - 1086 Berlin,
Leipziger Straße 3–4

Softcover reprint of the hardcover 1st edition 1985
2141/3140 - 543210

Préface à la réédition „Über die Klassenzahl abelscher Zahlkörper"

(Einleitung zum Nachdruck der 1. Auflage)

Le but de cet ouvrage est très clairement défini par Hasse: donner pour les corps de nombres abéliens, en utilisant le calcul du résidu en $s = 1$ de la fonction zêta du corps, des procédés permettant le calcul du nombre de classes et la détermination d'un système d'unités fondamentales du corps. Il est bien connu que le résidu en $s = 1$ de la fonction zêta d'un corps de nombres K permet de calculer le produit $h_K R_K$ du nombre de classes h_K et du régulateur R_K du corps K; il revient au même de considérer la valeur en $s = 1$ de la fonction L_K, quotient des fonctions zêta de K et de $\mathbf{Q}$, ou encore la valeur en $s = 0$ d'une dérivée d'ordre convenable de cette fonction, ce qui permet d'écrire des formules plus agréables. Dans le cas d'un corps abélien, la décomposition de la fonction L_K en produit de fonctions L d'Artin attachées à des caractères irréductibles prend une forme particulièrement simple: les caractères χ en question sont de degré 1 et s'interprètent comme des caractères de Dirichlet; le calcul de $L(1, \chi)$ (ou d'une dérivée d'ordre convenable en $s = 0$ de la foncton L) se ramène au calcul d'une somme finie, d'où l'on déduit une formule donnant le produit $h_K R_K$ (§§ 1—6). C'est là le point de départ de l'étude de Hasse, dont il convient de noter les deux caractéristiques suivantes: un souci constant de démontrer le plus de choses possibles par voie analytique, et un grand intérêt porté aux applications numériques.

Nous commentons ci-dessous les principaux résultats de cet ouvrage et donnons quelques indications sur les progrès accomplis ces trente dernières années, souvent à la suite des travaux de K. Iwasawa et de H. W. Leopoldt. Au cœur des développements récents de la théorie des corps abéliens se trouve la théorie d'Iwasawa, ainsi que la théorie des fonctions L p-adiques, qui lui est intimement liée [cf. [C]). Il s'agit là d'un sujet extrêmement vaste, dans le détail duquel il n'a pas été possible d'entrer.

Compte tenu de son importance historique, il a paru souhaitable que l'ouvrage de Hasse soit mis à la disposition de la communauté mathématique sous sa forme originelle. La présente édition reproduit à quelques corrections mineures près l'édition de 1952 (la lettre P renvoie alors à cette préface). En plus des commentaires ci-dessous, une bibliographie succincte a été ajoutée à l'ouvrage. Pour plus de détails, nous renvoyons le lecteur à la bibliographie très complète de l'ouvrage de L. C. Washington, "Introduction to Cyclotomic Fields", cité [W] (voir aussi la bibliographie, postérieure, de [L 3]). Nous nous sommes contentés de quelques références, parce qu'elles ont semblé particulièrement importantes, ou parce qu'elles éclairent quelques point intéressants, ou encore parce qu'elles ne figurent pas dans [W].

Je remercie J. Coates, V. Ennola, R. Gillard, G. Gras, B. Gross, M. Hirabayashi, H. W. Lenstra, B. Mazur, B. Oriat, J-P. Serre et L. C. Washington, dont les commentaires sur une version préliminaire de cette préface m'ont été très précieux.

Je remercie également les maisons d'édition Akademie-Verlag et Springer-Verlag qui m'ont permis d'écrire cette préface.

1. — Corps abéliens réels (§§ 7—18)

Ce sont les corps dont tous les caractères sont pairs ($\chi(-1) = +1$). Hasse cherche à se débarrasser des régulateurs qui apparaissent dans la formule (3a), §5 en écrivant des égalités de la forme $c_K h_K = [E_K : H_K]$, dans lesquelles H_K désigne un sous-groupe d'indice fini du groupe E_K des unités de K construit à l'aide d'unités explicites du corps cyclotomique ayant même conducteur que K, et c_K un nombre rationnel convenable. Il y parvient dans un certain nombre de cas, obtenant deux types de formules. Dans les premières (§ 11), le coefficient c_K, noté g_K, dépend de la ramification, et les formules s'appliquent aux corps dans lesquels il existe un seul idéal premier au-dessus de chaque nombre premier ramifié. Les secondes font intervenir un coefficient noté c_G qui ne dépend que du groupe de Galois G de $K/\mathbf{Q}$. Elles s'appliquent chaque fois que G est cyclique, avec du reste $c_G = 1$ (th. 9, § 18).
Ce sont ces dernières formules qui ont été étendues par la suite à tous les corps abéliens. Leopoldt ([Le 1]) a en effet construit des groupes convenables d'unités cyclotomiques conduisant dans tous les cas à des formules du type ci-dessus; il a également démontré des formules mettant en évidence des facteurs h_χ attachés aux caractères χ irréductibles sur $\mathbf{Q}$ et non triviaux du groupe de Galois, de la forme $h_K = (Q_K{}^+/Q_G) \prod_\chi h_\chi$, dans lesquelles l'entier Q_G dépend du groupe G, et l'entier $Q_K{}^+$ se calcule à l'aide des unités de K (ses diviseurs premiers sont connus); ces formules sont analogues dans leur forme aux formules démontrées par Hasse pour les classes relatives (cf. n° 2). Il y a du reste différents choix possibles pour les groupes d'unités cyclotomiques. Gillard ([Gi]) donne des formules utilisant des facteurs Q_G plus petits (il y a même éventuellement des dénominateurs). D'autres formules ont été démontrées récemment par Sinnott (cf. n° 7).
L'utilisation des méthodes décrites ci-dessus pour construire des tables nécessite d'importants moyens de calcul, dont Hasse ne disposait pas au moment où il a écrit son livre. Il faut d'abord trouver de bonnes majorations a priori de l'indice du groupe d'unités cyclotomiques utilisé. Une telle majoration a été donnée par G. et M.-N. Gras ([GGMN]). On peut alors confier à un ordinateur le soin d'effectuer les dévissages permettant de trouver un système d'unités fondamentales à partir d'unités cyclotomiques génératrices, ce qui donne le nombre de classes. C'est ainsi que M.-N. Gras a construit des tables étendues pour les corps cycliques de degré 3 et 4. Des tables pour le degré 6 ont été faites par S. Mäki. Les tables, pour les degrés 3 et 6, ont été prolongées par V. Ennola, S. Mäki et R. Turunen (à paraître). Il serait intéressant d'améliorer la majoration de [GGMN] pour les degrés autres que 2, 3, 4 et 6.
La structure des formules donnant le nombre de classes suggère de comparer les structures de G-modules portées par le groupe des classes et par le quotient du groupe des unités par son sous-groupe des unités cyclotomiques. Une conjecture précise comparant les suites de Jordan-Hölder des p-composantes de ces groupes (p premier ne divisant pas l'ordre de G) est énoncée dans [GGMN], p. 127. Cette conjecture a été ramenée par R. Greenberg ([Gr]) à des problèmes classiques de la théorie d'Iwasawa et de ce fait démontrée dans certains cas; nous reviendrons là-dessus au numéro 10.

2. — Classes relatives : l'indice de Hasse (§§ 20—26)

Comme une erreur s'est glissée dans le § 25, th. 29, il convient d'entrer dans quelques détails. Soit K un corps abélien imaginaire, ou plus généralement un « corps de type C. M. », c'est-à-dire une extension quadratique totalement imaginaire d'un corps totalement réel K_0. L'étude en $s = 1$ (ou en $s = 0$) de la fonction L_K/L_{K_0} fait intervenir le quotient R_K/R_{K_0}, donc l'indice (fini)de E_{K_0} dans E_K. Notons μ_K le groupe des racines de l'unité contenues dans K, et soit $Q_K = [E_K : \mu_K E_{K_0}]$ « l'indice de Hasse » de K. Le calcul du quotient de Herbrand de E_K pour l'action du groupe de Galois g de K/K_0 est évident dans la situation présente où $[E_K : E_{K_0}]$ est fini: on trouve $h(E_K) = 2^{[K_0:Q]-1}$, ce qui entraîne l'alternative suivante (N désigne la norme de K à K_0) : ou bien $N(E_K) = E_{K_0}^2$; alors, $H^1(g, E_K) = \mu_K/\mu_K{}^2$ est d'ordre 2 et $Q_K = 1$, ou bien $E_{K_0}^2$ est d'indice 2 dans $N(E_K)$; alors, $H^1(g, E_K) = 1$ et $Q_K = 2$. On montre facilement le résultat suivant:

THÉORÈME 29'. — Si $\tilde{K}$ est un sous-corps imaginaire de K, et si l'indice de $\mu_{\tilde{K}}$ dans μ_K est *impair*, alors $Q_{\tilde{K}}$ divise Q_K.

En utilisant les calculs du § 26, on vérifie sans peine que pour $\tilde{K} = \mathbf{Q}(\sqrt{-1}, \sqrt{34})$ et $K = \tilde{K}(\sqrt{2})$, on a $Q_{\tilde{K}} = 2$ et $Q_K = 1$ (les ordres respectifs de $\mu_{\tilde{K}}$ et de μ_K sont 4 et 8). Dans l'exemple ci-dessus, dû à Lenstra, les corps K et $\tilde{K}$ ont pour conducteur 136. Les calculs d'indices de la table II, Hilfstafel, p. 186—187, sont en fait corrects, et peuvent être justifiés en remplaçant quand c'est nécessaire le th. 29 erronné par le th. 29' ci-dessus ou le th. 25, § 25.

3. — Classes relatives : questions d'intégralité (§§ 19 et 27—33)

Lorsque K est un corps imaginaire de type C. M., et que le nombre de classes de K est mis sous la forme $h_K = h^* h_{K_0}$ (K étant de degré 2 sur le corps totalement réel K_0), alors h^* est entier: c'est immédiat par la théorie du corps de classes qui interprète h^* comme un nombre de classes relatif, et Hasse donne également une démonstration analytique de ce résultat lorsque K est un corps abélien. En utilisant les nombres de Bernoulli généralisés $B_n(\chi)$ étudiés par Leopoldt dans [Le 2] (introduits en fait en 1890 par A. Berger — cf. [W.]), on met la formule (1) du § 27 sous la forme $h^* = Q_K w \prod_{\chi(-1)=-1} \left(\left(-\frac{1}{2}\right) B_1(\chi)\right)$. En regroupant les facteurs associés à des caractères $\mathbf{Q}$-conjugués, on obtient une décomposition de h^* en un produit de nombres rationnels attachés aux caractères irréductibles sur $\mathbf{Q}$ qui sont sommes de caractères impairs (comparer avec le n° 2). Hasse montre que ces facteurs de h^* sont entiers sauf pour certains caractères dont le conducteur est une puissance d'un nombre premier (th. 34, § 33). Ces propriétés des nombres de Bernoulli généralisés peuvent être interprétées à l'aide des fonctions L p-adiques introduites par Kubota et Leopoldt ([K—Le]): on est amené à calculer la valuation de $\frac{1}{2} L_p(0, \psi)$, ψ désignant l'image de χ par la symétrie (Spiegelung) de Leopoldt. On peut consulter à ce sujet l'article [GG1], dont l'introduction contient en outre une analyse des différents procédés de construction des fonctions L p-adiques qui ont été utilisés, et [R 2].

4. — Parité du nombre de classes et signature de groupes d'unités (§ 12)

Divers auteurs ont étudié les liens qui existent entre la parité du nombre de classes et la signature du groupe des unités cyclotomiques (ou du groupe des unités lui-même, auquel cas il n'est pas nécessaire de se limiter aux corps abéliens), et les résultats du § 12 ont été généralisés dans diverses directions. On pourra à ce sujet consulter l'article [Or] et les six titres de sa bibliographie.

5. — Résultats liés au calcul de classes invariantes (§§ 34—38)

Une formule bien connue, dite parfois «formule des classes ambiguës», permet de calculer le nombre de classes invariantes par le groupe de Galois d'une extension cyclique. La formule générale apparaît dans la thèse de Chevalley, mais le cas particulier du degré premier, suffisant dans de nombreuses applications, était connu antérieurement de Takagi. Les résultats des §§ 34 à 38 se démontrent rapidement par cette formule (qui peut aussi être utile pour l'étude de l'indice de Hasse). Il faut signaler que les théorèmes 36 et 37 du § 34 ont été généralisés dès 1911 par Furtwängler au cas des nombres premiers réguliers ([Fu]), par des arguments issus directement du th. 94 de Hilbert. Il convient également de noter que Hasse préfère utiliser la théorie des genres, qui fournit des quotients du groupe des classes, plutôt que le calcul des classes invariantes, qui fournit des sous-groupes.

6. — Classes relatives : résultats numériques

Schrutka von Rechtenstamm a publié une table donnant, pour les corps K dont le conducteur f vérifie l'inégalité $\varphi(f) \leqq 256$, les «contributions» (Beiträge) associées aux classes de $\mathbf{Q}$-conjugaison de caractères impairs de K. On en déduit, pour ces conducteurs, les valeurs du nombre de classes relatif h^* des corps cyclotomiques, mais l'on n'obtient pas immédiatement la valeur de h^* pour les autres corps, faute de connaître les indices de Hasse.

La table II a été prolongée sur le modèle de Hasse (y compris les dessins) par Hirabayashi et Yoshino ([HY 1] pour $101 \leqq f < 150$, [HY 2] pour $151 \leqq f \leqq 200$). Quelques erreurs de [HY 1] provenant du théorème 29, concernant les conducteurs 104, 112, 120 et 136, sont rectifiées dans [HY 2].

Parmi les autres résultats numériques, citons les calculs sur les corps cyclotomiques effectués par Wagstaff en liaison avec le théorème de Fermat (cf. [W]; voir également [S—S] où figure une table indiquant les sous-corps susceptibles d'entraîner l'irrégularité des nombres premiers < 125000 considérés par Wagstaff).

Dans les calculs concernant le conducteur 25 que Hasse a choisi pour illustrer le § 34, il faut remplacer les trois dernières formules de la page 113 par les suivantes:

$$\text{(i)}\quad \Theta(\psi_2) = \frac{1 + \psi_2(2)\,(1 + \zeta^3)}{1 - \zeta}\,; \qquad \text{(ii)}\quad \Theta(\psi_2) = \frac{1 + i\zeta^2(1 + \zeta^3)}{1 - \zeta}\,;$$

$$\text{(iii)}\quad N(\Theta(\psi_2)) = \frac{1 + \zeta^4(1 + \zeta^3)^2}{(1 - \zeta)^2} = \frac{2 + \zeta^4 + 2\zeta^2}{(1 - \zeta)^2} = \frac{1 + \zeta^2}{1 - \zeta}\,.$$

La fin du § 34 est correcte.

7. — Classes relatives et éléments de Stickelberger

Généralisant des travaux d'Iwasawa ([13]), Sinnott a obtenu, d'abord pour les corps cyclotomiques ([Si 1]), puis pour tous les corps abéliens ([Si 2]), des formules interprétant les nombres de classes relatifs des corps imaginaires et les nombres de classes des corps réels comme des indices de sous-groupes. Dans le cas réel, il s'agit toujours de groupes d'unités. Dans le cas relatif, Sinnott considère l'algèbre $\mathbf{Z}[G]$ du groupe de Galois G de $K/\mathbf{Q}$ et utilise l'indice dans un sous-module de $\mathbf{Z}[G]$ d'un idéal S de $\mathbf{Z}[G]$ (l'idéal de Stickelberger).
Le théorème de Sinnott évoqué ci-dessus illustre l'une des nombreuses applications à la théorie des corps abéliens des «éléments de Stickelberger», dont le rôle est devenu fondamental, en particulier à cause de leur utilisation dans la construction des fonctions L p-adiques; on en trouvera une étude détaillée dans [C], §§ 2, 3 et 4.
Une autre interprétation du nombre de classes relatif en termes d'indices a été donnée par C.-G. Schmidt ([Sch 1], [Sch 2]).

8. — Petits nombres de classes

Des résultats importants ont été obtenus concernant les corps ayant un nombre de classes donné dans certaines familles de corps abéliens imaginaires. En premier lieu, il faut citer le théorème de Heegner-Stark-Baker qui affirme qu'il y a exactement 9 corps quadratiques imaginaires de nombre de classes 1, ceux que l'on connaît depuis Gauss (cf. [St 1]); le problème du nombre de classes 2 a également été résolu (cf. [M—W] et [St 2]), et il semble que les résultats récents de Gross et Zagier, en combinaison avec des résultats antérieurs de Goldfeld ([Go]), donnent une solution effective pour le nombre de classes quelconque.*) Bien entendu, le fait qu'il n'y a qu'un nombre fini de corps quadratiques imaginaires de nombre de classes donné est un résultat ancien de Heilbronn (et résulte également du théorème classique de Brauer et Siegel).
On connaît aussi les corps cyclotomiques de petits nombres de classes à la suite des travaux de Masley, Montgomery et Uchida; en particulier, il y a 30 corps cyclotomiques de nombre de classes 1 (cf. [W], chap. 11).

9. — Minorations des discriminants

Les travaux de Stark et Odlyzko, complétés par Serre et Poitou (cf. [P]), utilisant des méthodes analytiques, ont conduit à des minorations des discriminants (en valeur absolue et pour une signature donnée) bien meilleures que celles que l'on avait obtenues auparavant par des méthodes géométriques. On dispose de tables, dues à Odlyzko (non publiées, mais des extraits ont été publiés dans [Mr]) et à Diaz y Diaz. Les minorations évoquées ci-dessus permettent de majorer le degré des extensions non ramifiées et par suite le nombre de classes des corps de nombres de discriminant assez petit. Ces résultats peuvent souvent être précisés par l'utilisation d'actions de groupes de Galois, suivant les principes décrits par Masley dans [Ms]. Cette méthode a été appliquée à de nombreux corps abéliens. En particulier, van der Linden ([vdL]) a obtenu, pour les sous-corps réels maximaux des corps cyclotomiques, des résultats qui semblent hors de portée des méthodes fondées sur la détermination des unités cyclotomiques. Malheureusement, le procédé ne s'applique qu'à un nombre fini de corps.

*) Voir J. Oesterlé, Sém. Bourbaki, n° 631, juin 1984.

10. — Théorie d'Iwasawa

C'est le domaine dans lequel sont intervenus les développements les plus importants de la théorie des corps abéliens. Le point de départ est le travail fondamental d'Iwasawa ([I 1]; voir aussi [Se] et [I 2]) dans lequel est démontré que, dans une $\mathbf{Z}_p$-extension K_∞ d'un corps de nombres K, l'ordre de la p-composante du groupe des classes de la sous-extension K_n de degré p^n de K_∞/K est de la forme p^{e_n} avec $e_n = \mu p^n + \lambda n + \nu$ pour n assez grand, λ, μ, ν étant des entiers, $\lambda, \mu \geqq 0$. Le cas où K_∞/K est la $\mathbf{Z}_p$-extension cyclotomique est particulièrement important: d'une part, un certain nombre d'invariants attachés à l'extension K_∞/K rendent compte de diverses propriétés du corps K lui-même (cf. [C]); d'autre part, et cela nous concerne particulièrement, les corps K_n sont des corps abéliens dès lors que K lui-même est abélien. Nous nous contenterons de citer un petit nombre de résultats qui ont apporté des réponses à des conjectures célèbres et ont de nombreuses applications. Aux travaux d'Iwasawa rappelés ci-dessus, de Kubota-Leopoldt cités au nº 3 et de Greenberg cités au nº 1, nous ajouterons les suivants:

— La démonstration par Ferrero et Greenberg ([F—G]) de la simplicité du zéro éventuel en $s = 0$ des fonctions L p-adiques de Kubota et Leopoldt.

— La démonstration par Ferrero et Washington ([F—W]; voir aussi [W], ch. 7 et [L 2], ch. 11) de la nullité de l'invariant μ d'Iwasawa dans le cas d'une $\mathbf{Z}_p$-extension cyclotomique d'un corps abélien.

— La démonstration par Washington ([W 1]) du fait que l'exposant d'un nombre premier l dans le groupe des classes des sous-extensions finies de la $\mathbf{Z}_p$-extension cyclotomique d'un corps abélien (p premier distinct de l) est borné.

— L'étude par Friedman ([Fr]) des extensions cyclotomiques d'un corps abélien ayant un groupe de Galois isomorphe à un produit $\mathbf{Z}_{p_1} \times \cdots \times \mathbf{Z}_{p_s}$.

— Enfin, la démonstration annoncée par Mazur et Wiles (voir l'exposé [C 1] de Coates) de la « conjecture principale » de [C], § 5, dans le cas des corps cyclotomiques. Ce travail fondamental, qui prolonge les travaux antérieurs de Ribet ([R 1]) et de Wiles ([Wi]), et dont on peut s'attendre à ce qu'il soit étendu à tous les corps abéliens, donne en particulier des renseignements très importants sur l'action des groupes de Galois sur les groupes de classes; nous rejoignons ainsi la question soulevée au numéro 1.

Talence, le 28 avril 1983.

Jacques MARTINET

Bibliographie Supplémentaire

a) Livres et articles d'exposition

[C] J. Coates, p-adic L-functions and Iwasawa's theory, Algebraic Number Fields, A. Fröhlich ed., 269—353, Academic Press, London, 1977.

[I] K. Iwasawa, Lectures on p-adic L-functions, Annals of Mathematic Studies, Number 74, Princeton University Press, 1972.

[L 1] S. Lang, Cyclotomic Fields, Graduate Texts in Mathematics, Number 59, Springer-Verlag, New York, 1978.

[L 2] S. Lang, Cyclotomic Fields II, Id., Number 69, 1980.

[L 3] S. Lang, Units and class groups in number theory and algebraic geometry, Bull. A. M. S. 6, 3 (1982), 253—316.

[R] K. Ribet, Fonctions L p-adiques et théorie d'Iwasawa (notes de Ph. Satgé), Publications Mathématiques d'Orsay, 79. 01, 1979.

[W] L. C. Washington, Introduction to cyclotomic fields, Graduate Texts in Mathematics, Number 83, Springer-Verlag, New York, 1982.

b) Articles

[C 1] J. Coates, The work of Mazur and Wiles on cyclotomic fields, Sém. Bourbaki, exp. n° 575, juin 1981, 23 p.; Lecture Notes in Math. n° 901, Springer-Verlag, Berlin, 1981.

[Fr] E. Friedman, Ideal Class Groups in Basic $\mathbf{Z}_{p_1} \times \ldots \times \mathbf{Z}_{p_s}$ Extensions of Number Fields, Invent. Math. 65 (1982), 425—440.

[Fu] Ph. Furtwängler, Über die Klassenzahlen der Kreisteilungskörper, J. reine angew. Math. 140 (1911), 29—32.

[F—G] B. Ferrero, R. Greenberg, On the Behavior of p-adic L-Functions at $s = 0$, Invent. Math. 50 (1978), 91—102.

[F—W] B. Ferrero, L. C. Washington, The Iwasawa invariant μ_p vanishes for abelian number fields, Ann. of Math. 109 (1979), 377—395.

[GG 1] G. Gras, Sur la construction des fonctions L p-adiques abéliennes, Sém. D. P. P., Paris, exp. n° 22 (1978—1979), 20 p.; voir aussi:

[GG 2] G. Gras, Canonical divisibilities of values of p-adic L-functions, Journées Arithmétiques 1980, J. V. Armitage ed., Lecture Notes of the London Math. Soc. 56, Cambridge University Press, 1982.

[GGMN] G. et M.-N. Gras, Calcul du nombre de classes et des unités des extensions abéliennes réelles de $\mathbf{Q}$, Bull. Sc. Math. 101 (1977), 97—129.

[Gi] R. Gillard, Remarques sur les unités cyclotomiques et les unités elliptiques, J. Number Th. 11 (1979), 21—48.

[Go] D. M. Goldfeld, The Class Number of Quadratic Fields and the Conjectures of Birch and Swinnerton-Dyer, Ann. Scuola Norm. Sup. Pisa, Cl. Sci. (4) 3 (1976), 624—663.

[Gr] R. Greenberg, On p-adic L-functions and cyclotomic fields II, Nagoya Math. J. 67 (1977), 139—158.

[HY 1] M. Hirabayashi, K. Yoshino, On the Relative Class Number of the Imaginary Abelian Number Field I, Memoirs of the College of Liberal Arts, Kanazawa Medical University, vol. 9 (1981), 5—53.

[HY 2] M. Hirabayashi, K. Yoshino, On the Relative Class Number of the Imaginary Abelian Number Field II, Ibid., vol. 10 (1982), 33—81.

[I 1] K. IWASAWA, On Γ-extensions of algebraic number fields, Bull. Amer. Math. Soc. **65** (1959), 183—226.

[I 2] K. IWASAWA, On $\mathbf{Z}_l$-extensions of algebraic number fields, Ann. of Math. **98** (1973), 246—326.

[I 3] K. IWASAWA, A class number formula for cyclotomic fields, Ann. of Math. **76** (1962), 171—179.

[K—Le] T. KUBOTA, H. W. LEOPOLDT, Eine p-adische Theorie der Zetawerte. Teil I: Einführung der p-adischen Dirichletschen L-Funktionen, J. reine angew. Math. **214/215** (1964), 328—339.

[Ku] D. S. KUBERT, The 2-divisibility of the class number and the Stickelberger ideal, Bull. Soc. Math. France, à paraître.

[Le 1] H. W. LEOPOLDT, Über Einheitengruppe und Klassenzahl reeller abelscher Zahlkörper, Abh. Deutsch. Akad. Wiss. Berlin, Kl. Math. 1953, n° 2 (1954).

[Le 2] H. W. LEOPOLDT, Eine Verallgemeinerung der Bernoullischen Zahlen, Abh. Math. Sem. Univ. Hamburg **22** (1958), 131—140.

[vd L] F. J. van der LINDEN, Class Number Computations of Real Abelian Number Fields, Math. Comp. **39** (1982), 693—707.

[Mr] J. MARTINET, Petits discriminants des corps de nombres, Journées Arithmétiques 1980, J. V. Armitage ed., Lecture Notes of the London Math. Soc. **56**, Cambridge University Press, 1982.

[Ms] J. MASLEY, Odlyzko bounds and class number problems, Algebraic Number Fields, A. Fröhlich ed., 465—474, Academic Press, London, 1977.

[M—W] H. L. MONTGOMERY, P. J. WEINBERGER, Notes on small class numbers, Acta Arith. **24** (1973—1974), 529—542.

[M—Wi] B. MAZUR, A. WILES, Class fields of abelian extensions of $\mathbf{Q}$, Invent. Math. **76** (1984), 179—330.

[Or] B. ORIAT, Relation entre les 2-groupes des classes d'idéaux aux sens ordinaire et restreint de certains corps de nombres, Bull. Soc. Math. France **104** (1976), 301—307.

[P] G. POITOU, Sur les petits discriminants, Sém. D. P. P., Paris, exp. n° 6 (1976—1977), 17 p.

[R 1] K. RIBET, A modular construction of unramified p-extensions of $\mathbf{Q}(\mu_p)$, Invent. Math. **34** (1976), 151—162.

[R 2] K. RIBET, p-adic L-functions attached to characters of p-power order, Sém. D. P. P., Paris, exp. n° 9 (1977—1978), 8 p.

[Sch 1] C.-G. SCHMIDT, Größencharaktere und Relativklassenzahl abelscher Zahlkörper, J. Number Th. **11** (1979), 128—159.

[Sch 2] C.-G. SCHMIDT, On Ray Class Annihilators of Cyclotomic Fields, Invent. Math. **66** (1982), 215—230.

[Se] J-P. SERRE, Classes des corps cyclotomiques (d'après K. Iwasawa), Sém. Bourbaki, exp. n° 174 (1958), 11 p.

[Si 1] W. M. SINNOTT, On the Stickelberger ideal and the circular units of a cyclotomic field, Ann. of Math. **108** (1978), 107—134.

[Si 2] W. M. SINNOTT, On the Stickelberger ideal and the circular units of an abelian field, Invent. Math. **62** (1980), 181—234.

[S—S] K. SELUCKY, L. SKULA, Irregular imaginary fields, Arch. Math. **2**, Scripta Fac. Sci. Nat. Ujep Brunensis (= Brno) XVII (1981), 95—112.

[St 1] H. M. STARK, On the "Gap" in a Theorem of Heegner, J. Number Th. **1** (1969), 16—27.

[St 2] H. M. STARK, On complex quadratic fields with Class-Number Two, Math. of Comp. **29** (1975), 289—302.

[W 1] L. C. WASHINGTON, The Non p-Part of the Class Number in a Cyclotomic $\mathbf{Z}_p$-Extension, Invent. Math. **49** (1979), 87—97.

[Wi] A. WILES, Modular curves and the class group of $\mathbf{Q}(\zeta_p)$, Invent. Math. **58** (1980), 1—35.

Berichtigungen

S. 36 [1]: $$\sum_{p^\mu | n} \left(q\left(\frac{n}{p^\mu}\right) - \frac{n}{p^\mu} \right) = \left\{ \begin{array}{lll} n_2 \sum\limits_{p_1^{\mu_1} | n_1} \left(q_1\left(\frac{n_1}{p_1^{\mu_1}}\right) - \frac{n_1}{p_1^{\mu_1}} \right) & \text{für} & p_1 | n_1 \\ + \, n_1 \sum\limits_{p_2^{\mu_2} | n_2} \left(q_2\left(\frac{n_2}{p_2^{\mu_2}}\right) - \frac{n_2}{p_2^{\mu_2}} \right) & \text{für} & p_2 | n_2 \end{array} \right\}$$

S. 40 [2]: Siehe [Gi], § 2.3.

S. 72 [3]: Formulierung fehlerhaft; siehe Einleitung, P 2.

S. 82 [4]: $$\Theta(\psi) = \psi_1(f_2)\, \psi_2(f_1) \sum_{\substack{\pm x_1,\, \pm x_2 \bmod . f_1, f_2 \\ \frac{x_1}{f_1} + \frac{x_2}{f_2} > 1}} \psi_1(x_1)\, \psi_2(x_2) . \qquad (3)$$

S. 105 [5]: Es handelt sich tatsächlich um eine Primzahl.

S. 111 [6]: $N_{3^{\varrho+1}}(\alpha_{3^\varrho} + \beta_{3^\varrho}\zeta_{3^{\varrho+1}} + \gamma_{3^\varrho}\zeta^2_{3^{\varrho+1}}) = N_{3^1}(\alpha^3_{3^1} + \zeta_{3^1}\beta^3_{3^1} + \zeta^2_{3^1}\gamma^3_{3^1} - 3\zeta_{3^1}\alpha_{3^1}\beta_{3^1}\gamma_{3^1})$

S. 112 [7]: Es handelt sich um eine zusammengesetzte Zahl, und zwar

$$h^*_{\omega\psi 5} = 6252002011 \cdot 922099242709.$$

S. 113 [8]: Die drei letzten Gleichungen auf dieser Seite müssen so korrigiert werden, wie in der Einleitung (P 6) angegeben.

S. 114 [9]: Es handelt sich um eine zusammengesetzte Zahl, und zwar

$$h^*_{5^3} = 2801 \cdot 20602801.$$

ÜBER DIE KLASSENZAHL ABELSCHER ZAHLKÖRPER

VON

DR. HELMUT HASSE

O. PROF. AN DER UNIVERSITÄT HAMBURG

1 9 5 2

AKADEMIE-VERLAG BERLIN

ISBN-13: 978-3-642-69887-3 e-ISBN-13: 978-3-642-69886-6
DOI: 10.1007/978-3-642-69886-6

Softcover reprint of the hardcover 1st edition 1982

Erschienen im Akademie-Verlag GmbH., Berlin NW 7, Schiffbauerdamm 19

Lizenz-Nr. 202 · 100/31/51

Satz und Druck: Buchdruckerei Oswald Schmidt GmbH., Leipzig III-18-65

Bestell- und Verlagsnummer: 5062

VORWORT

Die algebraische Zahlentheorie hat sich aus den ersten Ansätzen bei Gauß unter den Händen der großen Meister des vergangenen und dieses Jahrhunderts zu einem gewaltigen Lehrgebäude entwickelt, das heute überreich an allgemeinen Sätzen, beherrschenden methodischen Gesichtspunkten und tiefen strukturellen Einsichten im wesentlichen abgeschlossen dasteht. Die erste Phase dieser Entwicklung hat Hilbert [2] in seinem berühmten Bericht über die Theorie der algebraischen Zahlkörper[1]) zusammenfassend dargestellt. Dieser Bericht bringt in seinen ersten beiden Teilen die allgemeinen Grundlagen der Theorie und geht dann in weiteren drei Teilen auf drei spezielle Typen algebraischer Zahlkörper des näheren ein, nämlich auf die quadratischen Zahlkörper, die Kreiskörper und die Kummerschen Zahlkörper. Vom heutigen Standpunkt aus gesehen führen diese letzten drei Teile des Hilbertschen Zahlberichts Spezialfälle der allgemeinen Theorie der relativ-abelschen Zahlkörper durch. Sie leiten die zweite Phase der Entwicklung ein, zu der Hilbert selbst mit seiner kühnen Konzeption des Klassenkörperbegriffs und der Hauptsätze der Klassenkörpertheorie den Anstoß gab. Diese zweite Phase, die Theorie der relativ-abelschen Zahlkörper, in der die Klassenkörpertheorie in voller Allgemeinheit entwickelt und auf die Herleitung des allgemeinsten Reziprozitätsgesetzes angewandt wird, habe ich [1] im Anschluß an Hilberts Zahlbericht in einem dreiteiligen Bericht[2]) zusammenfassend dargestellt.

Bei dieser ganzen Entwicklung, die von allgemeinen theoretischen, strukturellen, methodischen und systematischen Gesichtspunkten geleitet wurde, ist nun aber das jedem echten Zahlentheoretiker eigene Bedürfnis nach expliziter Beherrschung des behandelten Gegenstandes bis zur Durchführung numerischer Beispiele stark in den Hintergrund getreten. Fragt man heute einen Zahlentheoretiker, für welche Typen algebraischer Zahlkörper er in der Lage ist, die Gesetzlichkeiten der allgemeinen Theorie durch explizite Aufstellung der allgemeinen Strukturinvarianten für den betreffenden Körpertypus zu erläutern oder auch als Vorbereitung dazu nur etwa eine Ganzheitsbasis, die Diskriminante, ein Grundeinheitensystem und die Klassenzahl nach einem systematischen strukturinvarianten Verfahren zu gewinnen, so wird, wenn er ehrlich ist, die Antwort im allgemeinen

---

[1]) Im folgenden kurz als „Zahlbericht" zitiert.

[2]) Im folgenden kurz als „Klassenkörperbericht" zitiert.

lauten: nur für die quadratischen Zahlkörper. Nur in diesen Körpern fühlt sich heute jeder Zahlentheoretiker und wohl auch mancher andere Mathematiker so zu Hause, daß er in ihnen mit den Begriffen der allgemeinen Theorie nach Belieben schalten und walten kann, während in höheren Körpertypen selbst bei völliger und souveräner Beherrschung der allgemeinen Theorie die Bewegungsfreiheit zum mindesten stark eingeschränkt ist. Zwar mangelt es nicht an Ansätzen zu einer entsprechenden Beherrschung auch anderer als quadratischer Zahlkörper und an numerischen Beispielen, die zur Erläuterung allgemeiner Gesetzlichkeiten hier und dort angefügt sind. Jedoch fehlt es den meisten solchen Ansätzen an Einheitlichkeit, an Systematik und vor allem an dem Gefühl dafür, daß man den zu behandelnden Körpertypus nicht durch zufällige Bestimmungsstücke — wie etwa die Koeffizienten einer erzeugenden Gleichung, sei diese willkürlich gewählt oder durch irgendwelche Reduktionsbedingungen normiert —, sondern durch Strukturinvarianten, wie Diskriminante, zugeordnete Klassengruppe, Führer, Charaktere, beschreiben sollte, und in den numerischen Beispielen herrschen ad hoc geschaffene Kunstgriffe und mehr oder weniger tastendes Erraten gegenüber systematischen Berechnungsverfahren vor. So kann man etwa für einen vorgelegten Körpertypus, sagen wir die absolut-zyklischen Zahlkörper, das konstruktive Verfahren der allgemeinen Theorie zur Gewinnung einer Ganzheitsbasis ablaufen lassen, jedoch erhält man auf diese Weise im allgemeinen nicht eine ausgezeichnete, aus strukturinvarianten Bestimmungsstücken dieses Körpertypus gebildete Ganzheitsbasis. Mit einer *complete list of all cases*, wie sie für solche und ähnliche Fälle in zahlreichen nordamerikanischen Arbeiten als Endziel registriert wird, ist das Bedürfnis des tiefer strebenden Zahlentheoretikers durchaus nicht befriedigt. Diesen uns oft reichlich flach erscheinenden *complete solutions* mangelt es meistens an der Eingliederung des betrachteten Gegenstandes in eine allgemeine Theorie und an dem sinnvollen Beherrschtsein des Spezialfalles von den in dieser Theorie maßgebenden Strukturinvarianten. Man wird an den Typus gewisser Arbeiten aus den beschreibenden Naturwissenschaften oder aus der Vorgeschichte erinnert, die zwar getreulichst alles Material sammeln und registrieren, aber versäumen, in diese Sammlung Ordnung und System zu bringen, sie nach allgemeinen Gesichtspunkten zu deuten und das Wesentliche vom Unwesentlichen, das Gesetzliche vom Zufälligen abzuheben.

Was die vorstehend mehrfach berührte Durchführung numerischer Beispiele betrifft, so möchte ich hier dem Mißverständnis vorbeugen, daß ich solchen Beispielen gegenüber allgemeinen Sätzen eine unberechtigte Bedeutung beimesse. Manche zahlentheoretischen Lehrbücher, Arbeiten oder Vorträge sind mit numerischen Beispielen geradezu gespickt, und es wird gar an ihnen die allgemeine Untersuchung fortgeführt. Die Erfahrung lehrt, daß der Leser oder Hörer, wenn er nicht übertrieben gewissenhaft ist, diese Beispiele einfach übergeht und dem allgemeinen Faden der Untersuchung nachstrebt. Er wird sich lieber selbst Beispiele suchen und diese durchführen, und das mit Recht. Denn der Sinn eines Zahlenbeispiels liegt doch keinesfalls in der formvollendet mitgeteilten Rechnung und ihrem Ergebnis, sondern in der Aktivität, die zu seiner Durchführung erforderlich ist. Das Studium einer allgemeinen Theorie entwickelt ein Potential von Können, von geistiger Kraft und von Macht über die behandelte Materie. Die Durchführung eines Beispiels ist der Prüfstein dafür, daß man sich die Theorie innerlich zu eigen gemacht hat und sie souverän beherrscht, ist die Probe auf die gewonnene Kraft und Macht. Die Ausübung dieses Könnens, das Spielenlassen dieser Kraft, die Anwendung dieser Macht löst bei dem, der das Beispiel selber rechnet, ein Vollgefühl von Freude und Befriedigung aus, nicht aber auch bei dem, der es fertig vorgesetzt bekommt. Die Frage, inwieweit Entsprechendes ganz allgemein für jede Art mathematischer Betätigung, also auch für das Entwickeln mathematischer Theorien gilt, will ich hier nur aufwerfen; es ließe sich viel dazu sagen. Mit vollem Recht tritt in der Physik neben die Vorlesung über Experimentalphysik das physikalische Praktikum, in dem das rezeptiv Erlernte in eigener Aktivität befestigt werden soll. Eine ganz entsprechende Rolle hat in der Zahlentheorie die Durchführung numerischer Beispiele. Darüber hinaus sind sie in der Hand des forschenden Mathematikers genau das, was für den Physiker das Experiment ist, nämlich eines der Hauptmittel zur Auffindung neuer Gesetzlichkeiten. Hiernach ist klar, aus welchen Gründen und aus welchen nicht ich Wert auf die explizite Beherrschung der allgemeinen Theorie bis zur Durchführung numerischer Beispiele lege, aber in meiner Arbeit selbst solche nur dort bringe, wo es aus sachlichen Gründen geboten erscheint.

Der Sinn dafür, daß die explizite Beherrschung des Gegenstandes bis in alle Einzelheiten mit der allgemeinen Fortentwicklung der Theorie Schritt halten sollte, war bei G a u ß und später vor allem noch bei K u m m e r in ganz ausgeprägter Weise vorhanden. Gerade bei K u m m e r findet sich eine Fülle von in dieser Richtung liegenden ergänzenden Untersuchungen zu seiner allgemeinen Theorie der idealen Zahlen. Unter dem beherrschenden Einfluß, den H i l b e r t auf die weitere Entwicklung der algebraischen Zahlentheorie ausgeübt hat, ist jedoch dieser Sinn mehr und mehr verlorengegangen. Es ist typisch für H i l b e r t s ganz auf das Allgemeine und Begriffliche, auf Existenz und Struktur gerichtete Einstellung, daß er in seinem Zahlbericht alle mit der expliziten Beherrschung des Gegenstandes sich befassenden Untersuchungen und Ergebnisse von K u m m e r und anderen durch kurze Hinweise oder Andeutungen abtut, ohne sich mit ihnen im einzelnen zu beschäftigen, wie er ja auch die mehr rechnerischen, konstruktiven und daher der expliziten Durchführung leicht zugänglichen Beweismethoden K u m m e r s systematisch und folgerichtig durch mehr begriffliche, numerisch schwerer zugängliche und kaum kontrollierbare Schlußweisen ersetzt hat. Auch D e d e k i n d mit seiner stark begrifflichen, schon tief ins Axiomatische vorstoßenden Methodik hat an dieser Entwicklung entscheidenden Anteil, während auf der anderen Seite die mehr konstruktiven Methoden von K r o n e c k e r und H e n s e l die Kummersche Tradition weiterführen, sich aber gegenüber dem beherrschenden Einfluß Hilberts nur schwer durchsetzen, bis dann allerdings in letzter Zeit entscheidende Erfolge gerade dieser Methodik den Boden für die Rückkehr zu einem organischen Gleichgewicht beider Richtungen bereitet haben. Es soll selbstverständlich nicht das große Verdienst verkannt oder geschmälert werden, das sich Hilbert gerade durch sein unbeirrbares, konsequentes Festhalten an der geschilderten Einstellung um die Aufwärtsentwicklung der Theorie der algebraischen Zahlen zu eindrucksvoller Allgemeinheit, begrifflicher Klarheit und formvollendeter Einfachheit erworben hat. Seine großen Erfolge und all das, was nach ihm Kommende in seinem Geiste und mit seinen Methoden zur Vollendung des von ihm begonnenen Bauwerks beitragen konnten, sprechen für sich. Nur ist mir im Laufe meiner eigenen Teilnahme an der Endphase dieser Entwicklung immer deutlicher und eindringlicher bewußt geworden, daß bei aller blendenden Schönheit und imponierenden Größe doch noch etwas Wesentliches fehlt, damit man sich in dem errichteten Bau auch so recht zu Hause fühlen kann. Man muß seine einzelnen Stockwerke, seine einzelnen Räume in ihrer besonderen Eigenart und in ihrer Beziehung zum Ganzen genauestens kennenlernen, und man muß lernen, sich in ihnen frei zu bewegen. Dazu erscheint es mir, vom Bilde zum Gegenstand zurückkehrend, geboten, die der Hilbertschen entgegengesetzte Einstellung auf das Explizite und auf das Detail bis zum Numerischen wieder mehr zu ihrem natürlichen Recht kommen zu lassen. Von diesem Gesichtspunkt geleitet, hatte ich schon im zweiten Teil meines Klassenkörperberichts, der sich mit dem allgemeinsten Reziprozitätsgesetz befaßt, den expliziten Formeln zu diesem Gesetz, anknüpfend an vorhilbertsche Untersuchungen, einen verhältnismäßig breiten Raum gegeben. Mit der vorliegenden größeren Arbeit greife ich diesen Gesichtspunkt an einem anderen Gegenstand erneut auf.

Ich habe mir zum Ziel gesetzt, wenn möglich die Klasse der absolut-abelschen Zahlkörper, zum mindesten aber die Klasse der absolut-zyklischen Zahlkörper in systematischer und strukturinvarianter Weise so weitgehend zu erschließen, daß man sich in ihnen ebenso frei bewegen kann wie in den quadratischen Zahlkörpern. Als Prüfstein für die Erreichung dieses Zieles mag gelten, daß es auf Grund der zu entwickelnden Methoden, Formeln und Ergebnisse gelingt, für diese Körper nach einem schematischen Verfahren ebensolche Tafeln zu berechnen, wie sie Sommer [1] für die quadratischen Zahlkörper seinem bekannten Lehrbuch beigegeben hat. Derartige Tafeln würden für jeden Zahlentheoretiker, der sich für die schon gewonnenen allgemeinen Gesetzlichkeiten aus der algebraischen Zahlentheorie und für etwaige weitere solche Gesetzlichkeiten numerische Beispiele bilden will, sei es um sich die Theorie innerlich nahezubringen, sei es um auf experimentellem Wege neuen Gesetzen und Zusammenhängen auf die Spur zu kommen, ein äußerst wertvolles Handinstrument bilden, so wie es die Sommerschen Tafeln schon heute sind. Bisher liegen in dieser Richtung nur die nach Kummers Angaben berechneten Tafeln komplexer Primzahlen von Reuschle [1] vor, die aber trotz der Fülle des in ihnen zusammengetragenen Zahlenmaterials unbefriedigend sind, weil sie gerade die wesentlichen Dinge, nämlich Grundeinheiten, Klassenzahl und Klassengruppe, nicht enthalten.

Die vorliegende Arbeit soll als ersten Beitrag zu der genannten umfassenden Zielsetzung die Grundlagen für die systematische Berechnung der Klassenzahl absolut-abelscher Zahlkörper entwickeln. Darüber hinaus ist sie als eine Ergänzung des Hilbertschen Zahlberichts und meines Klassenkörperberichts gedacht. Neben den Gesichtspunkt der Ausnutzung der allgemeinen Klassenzahlformel zur wirklichen Berechnung der Klassenzahl wird demgemäß der Gesichtspunkt treten, über die von Kummer und anderen gewonnenen Ergebnisse für die Klassenzahl der Kreiskörper und einiger anderer Körpertypen zu berichten, diese Ergebnisse auf beliebige absolut-abelsche Zahlkörper zu verallgemeinern und sie vom Standpunkt der allgemeinen Klassenkörpertheorie aus zu beleuchten.

Neben den eigentlichen Ergebnissen über die Klassenzahl absolut-abelscher Zahlkörper enthält die Arbeit eine Fülle von auch an sich reizvollem algebraischem und zahlentheoretischem Detail, teils in die Beweise eingearbeitet, teils besonders hervorgehoben, so eine eigenartige Verallgemeinerung der bekannten Zerlegung der Gruppendeterminante einer abelschen Gruppe in Linearfaktoren, Sätze über das Verzweigungsverhalten eines absolut-abelschen Zahlkörpers über seinem größten reellen Teilkörper sowie ein neuartiges Seitenstück zum Gaußschen Lemma über quadratische Reste. Entgegen mancher Äußerung von anderer Seite bin ich immer der Auffassung gewesen, daß die klassische Zahlentheorie mit ihrer auf die Wirklichkeit der natürlichen Zahlen gerichteten Zielsetzung und Methodik heute durchaus noch einer lebendigen und fruchtbaren Weiterentwicklung auf dem ihr ureigenen Boden fähig ist, auch ohne daß man in abstrakten algebraischen Gefilden oder in Topologie, Mengenlehre, Axiomatik neue Nahrung für den arithmetischen Betätigungsdrang zu suchen braucht. Wie man sich in der Musik nach der in heroischen und dämonischen Werken und in kühnsten Phantasien schwelgenden romantischen und nachromantischen Epoche heute bei aller Freude an diesem Schaffen doch auch wieder stärker auf den Urquell reiner und schlichter Musikalität der alten Meister besinnt, so scheint mir auch in der Zahlentheorie, die ja wie kaum eine andere mathematische Disziplin von dem Gesetz der Harmonie beherrscht wird, eine Rückbesinnung auf das geboten, was den großen Meistern, die sie begründet haben, als ihr wahres Gesicht vorgeschwebt hat. Die vorliegende Arbeit mag ein lebendiges Zeugnis für diese meine Auffassung sein und weiteren Untersuchungen auf dem betretenen Felde den Weg weisen.

Göttingen, im August 1945.

Zu großem Dank verpflichtet bin ich Frl. G. Beyer, Herrn H. W. Leopoldt und Herrn C. Meyer für viele wertvolle Hinweise bei der Durchsicht des Manuskripts und der Korrekturen, Herrn R. Schwarzenberger für seine Hilfe bei der Durchführung einiger besonders komplizierter Rechnungen zu den Tabellen, und dem Verlag für sein bereitwilliges Eingehen auf meine mannigfachen Wünsche bei der Drucklegung.

Hamburg, im November 1951.

INHALT

Verzeichnis der Sätze

---

[1]) Die in diesem Literaturverzeichnis angeführten Arbeiten werden im Text durch Angabe der entsprechenden Ziffern in eckigen Klammern hinter den Autorennamen zitiert.

EINLEITUNG

Es ist grundsätzlich bekannt, daß sich für die allgemeinen abelschen Zahlkörper[1]) eine entsprechende Klassenzahlformel herleiten läßt, wie sie Dirichlet [1, 2][2]) für die quadratischen Formen (quadratischen Zahlkörper) und danach Kummer [1, 4, 6, 7][3]) für die Kreiskörper[4]) gewonnen hat. In der Literatur findet sich diese allgemeine Formel, von einem kurzen Hinweis auf ihr Bestehen bei Kummer [1], S. 111ff., abgesehen, bei Fuchs [1], Beeger [1 ,2, 3] und bei Gut [1] vor. Ich leite sie in I unter Anwendung der modernen zahlentheoretischen Methodik und Rechentechnik kurz her. Dabei darf ich die dieser Herleitung zugrunde liegende, in Hilberts Zahlbericht ausführlich begründete Residuenformel für die Dedekindsche Zetafunktion, sowie die in meinem Klassenkörperbericht behandelte Produktformel für die Dirichletschen L-Funktionen voraussetzen.

Man hat sich bisher immer auf den Standpunkt gestellt, daß diese zwar aus analytischer Quelle fließende, aber doch wesentlich arithmetische Klassenzahlformel ein Endziel ist und daß daher mit ihrer Herleitung alles getan sei. Schon das einfache Beispiel der quadratischen Zahlkörper zeigt jedoch, daß die Formel in der zunächst erhaltenen Gestalt für die tatsächliche arithmetische Berechnung der Klassenzahl wenig oder gar nicht geeignet ist, einmal weil diese Berechnung in gegebenen Fällen unverhältnismäßig große numerische Rechnungen erfordern würde, und dann weil die Formel noch von ihrer Ableitung herrührende analytische Elemente enthält, die den numerischen Rechenmethoden der Zahlentheorie fremd sind. Ein Verfahren, bei dem man die Logarithmentafel und trigonometrische Tafeln heranzuziehen hat, kann nicht als eine im eigentlichen Sinne arithmetische Berechnung der Klassenzahl angesehen werden. Daher hat man auf die Anwendung der Formel zur wirklichen Berechnung der Klassenzahl verzichtet und statt dessen das für beliebige algebraische Zahlkörper anwendbare tastende Probierverfahren empfohlen, das sich auf den bekannten Satz stützt: In jeder Divisorenklasse eines algebraischen Zahlkörpers vom Grade n, mit r_2 Paaren konjugiert-komplexer Konjugierter und mit dem Diskriminantenbetrag d, kommt ein ganzer Divisor $\mathfrak{a}$ mit $N(\mathfrak{a}) \leq \left(\frac{4}{\pi}\right)^{r_2} \frac{n!}{n^n} \sqrt{d}$ vor[5]). Da hat man nun mit viel Mühe eine wunderschöne explizite Formel für die Klassenzahl gewonnen und verzichtet

---

[1]) Unter abelschen Zahlkörpern verstehe ich in dieser Arbeit durchweg solche, die über dem rationalen Zahlkörper abelsch sind, also sogenannte absolut-abelsche Zahlkörper.

[2]) Siehe hierzu auch Zahlbericht, §§ 79, 86, und Hasse [6], § 18.

[3]) Siehe hierzu auch Zahlbericht, §§ 117, 118, und Hasse [6], § 18.

[4]) Unter Kreiskörpern verstehe ich in dieser Arbeit durchweg nur die vollen aus den Einheitswurzeln einer festen Ordnung erzeugten Zahlkörper, nicht auch ihre Teilkörper, die abelschen Zahlkörper.

[5]) Siehe etwa Hasse [5], § 30, c), III′.

dann resigniert auf ihre wirkliche Anwendung; welch ein trauriger Standpunkt für den sich seiner Kraft bewußten Zahlentheoretiker! Für ihn beginnt doch hier, nach Abstreifen des ihm fremdartigen, zur Herleitung bisher unentbehrlichen Rüstzeuges, erst die eigentliche Aufgabe, nämlich die Formel in eine der arithmetischen Rechnung zugängliche Gestalt zu setzen. Wie diese Aufgabe anzupacken und zu bewältigen ist, habe ich [3] kürzlich am Beispiel der reell-quadratischen Zahlkörper von Primzahldiskriminante zeigen können. Im Anschluß daran ist es meinem Schüler Bergström [1] gelungen, diese Methode auf alle reell-quadratischen Zahlkörper auszudehnen. Darüber hinaus konnte ich die Lösung jener Aufgabe vorerst einmal auch für die reellen zyklischen kubischen und biquadratischen Zahlkörper geben, was ich an anderer Stelle darlegen werde [7].

Neben dem eben besprochenen praktischen Gesichtspunkt der tatsächlichen arithmetischen Berechnung der Klassenzahl ist es auch ein theoretischer Gesichtspunkt, der in jedem echten Zahlentheoretiker gebieterisch die Forderung nach weiteren arithmetischen Untersuchungen über die gewonnene Klassenzahlformel wachruft. Die Formel gibt den Wert einer Anzahl, also einer ganzrationalen positiven Zahl mit einer bestimmten begrifflichen Bedeutung. Sie läßt jedoch in ihrer zunächst resultierenden Gestalt weder die Ganzzahligkeit noch die Positivität des gefundenen Ausdrucks in Augenschein treten, geschweige denn auf rein arithmetische Art erkennen, daß dieser Ausdruck die Anzahl der Divisorenklassen des betrachteten abelschen Zahlkörpers ist oder auch nur irgendwie mit dieser Anzahl zu tun hat. Für den Zahlentheoretiker entsteht daher die Aufgabe, möglichst tief in die arithmetische Struktur der Klassenzahlformel einzudringen, um diesen Fragen nachzugehen. Von einer Lösung der letzteren umfassenden Fragestellung, nach einem direkten rein arithmetischen Beweis der allgemeinen Klassenzahlformel, sind wir heute noch ebenso weit-entfernt wie von einem rein arithmetischen Beweis des Dirichletschen Satzes über die Primzahlen in primen Restklassen[1]). Von den ersteren eingeschränkten Fragestellungen dagegen werden wir die Frage nach einem direkten Beweis der Ganzzahligkeit des gewonnenen Ausdrucks für die Klassenzahl (bei dem in **II** behandelten Faktor wenigstens im zyklischen Falle und bei dem in **III** behandelten Faktor vollständig), wenn auch mit einiger Mühe, lösen und die Frage nach seiner Positivität leicht auf die Restfrage nach der Positivität für den Spezialfall der quadratischen Zahlkörper zurückführen können; diese Restfrage allerdings, die schon in der bisherigen Literatur hervorgehoben und als sehr tiefliegend bezeichnet wird, müssen auch wir ungelöst lassen.

In **II** und **III** befassen wir uns ausführlich mit arithmetischen Untersuchungen der vorstehend geschilderten Art und Zielsetzung über die beiden schon von Kummer hervorgehobenen Faktoren des analytisch gewonnenen Ausdrucks für die Klassenzahl. Solche arithmetischen Untersuchungen hat bereits Kummer [1, 2, 4, 5, 7, 8] in dem von ihm behandelten Spezialfall der Kreiskörper seiner analytischen Herleitung der Klassenzahlformel angeschlossen. An diesen Untersuchungen hat sich damals auch Kronecker [1, 2] beteiligt. Später hat Weber [1, 2] auf entsprechende Weise interessante Sätze über die Klassenzahl und die Einheiten der Kreiskörper der Einheitswurzeln von 2-Potenzordnung bewiesen. Schließlich

---

[1]) Zusatz bei der Korrektur (1951): Inzwischen gaben unabhängig voneinander A. Selberg und H. Zassenhaus elementare Beweise dieses Satzes: An elementary proof of Dirichlet's theorem about primes in an arithmetic progression, Ann. of Math. (2) **50** (1949); Über die Existenz von Primzahlen in arithmetischen Progressionen, Comm. Math. Helvetici **22** (1949).

gehört hierher noch der bekannte Satz von Dirichlet [3][1]) über die Klassenzahl spezieller bizyklischer biquadratischer Zahlkörper in ihrer Beziehung zu den Klassenzahlen der quadratischen Teilkörper, den später Hilbert [1] sogar rein arithmetisch beweisen konnte, sowie die von Bachmann [1], Amberg [1] und Herglotz [1] gegebene Verallgemeinerung dieses Satzes auf beliebige solche Zahlkörper[2]). Alle diese Ergebnisse sind, wie schon im Vorwort bemerkt, in Hilberts Zahlbericht nur ganz kurz und ohne jede Andeutung der Beweise erwähnt. Ein Zusammensuchen der Beweise aus den Originalarbeiten ist ungewöhnlich mühsam, einmal wegen deren Verstreutheit, dann weil nicht immer derselbe Klassenbegriff zugrunde liegt, ferner weil einige Schlußweisen unvollständig, inkorrekt oder gar fehlerhaft sind, und schließlich weil bei dem damaligen Entwicklungsstand der algebraischen Zahlentheorie noch nicht genügend allgemeine, systematisierende und vereinfachende Begriffe und Methoden zur Verfügung standen, wie wir sie heute etwa in Gestalt der Körpertheorie, der Theorie der abelschen Gruppen und ihrer Charaktere, der Galoisschen Theorie, der Hilbertschen Theorie des galoisschen Zahlkörpers und der Klassenkörpertheorie zur Hand haben. Ich nehme daher die hier im Vordergrund stehende Verallgemeinerung auf beliebige abelsche Zahlkörper und die Durchdringung mit der modernen zahlentheoretischen Methodik zum willkommenen Anlaß, auf diese vom rein zahlentheoretischen Standpunkt reizvollen älteren Untersuchungen in berichtender Form jeweils an gegebener Stelle etwas ausführlicher zurückzukommen, als es der eigentliche Gang der Untersuchung erfordern würde. Um einen vollständigen Bericht über alle in diese Richtung fallenden Untersuchungen auch nur von Kummer handelt es sich dabei allerdings nicht. Vielmehr greife ich nur diejenigen Untersuchungen heraus, bei denen ich die Möglichkeit einer Verallgemeinerung auf beliebige abelsche Zahlkörper oder zum mindesten auf bestimmte Typen abelscher Zahlkörper sehe.

---

1) Siehe hierzu auch Zahlbericht, § 87.

2) Siehe hierzu auch die noch weitergehenden Untersuchungen in dieser Richtung von Vårmon [1], auf die ich in dieser Arbeit nicht eingehen werde.

I. DIE ALLGEMEINE KLASSENZAHLFORMEL

1. Abelsche Zahlkörper als Klassenkörper

Ich beginne mit einer kurzen Zusammenstellung der für alles Folgende wesentlichen klassenkörpertheoretischen Tatsachen über abelsche Zahlkörper, wie sie größtenteils in meinem Klassenkörperbericht ausführlich begründet sind oder sich durch Spezialisierung auf den abelschen Fall aus den allgemeinen Klassenkörpersätzen ergeben. Dabei beschränke ich mich hier auf die Hauptzüge. Einige mehr in die Einzelheiten gehende Tatsachen führe ich im weiteren Verlauf der Arbeit an gegebener Stelle an. Die in dieser Zusammenstellung eingeführten Bezeichnungen sowie einige weitere bei der anschließenden Herleitung der allgemeinen Klassenzahlformel einzuführende Bezeichnungen wende ich dann weiterhin ohne jedesmalige neue Erklärung an.

Es sei K ein abelscher Zahlkörper vom Grade n über dem rationalen Zahlkörper P. Er ist Klassenkörper zu einer rationalen Kongruenzgruppe H vom Index n. Es sei f der Führer von H, auch der Führer von K genannt. Dann besteht H aus allen Zahlen einer Gruppe von primen Restklassen mod. f, die n Klassen nach H bestehen aus den Zahlen ihrer n Nebengruppen in der Gruppe aller primen Restklassen mod. f, und diese Klasseneinteilung läßt sich nicht schon im Bereich der primen Restklassen nach einem echten Teiler von f beschreiben. Die Klassenkörpereigenschaft von K besagt, daß der Typus der Zerlegung einer Primzahl p in Primdivisoren von K in der durch das Klassenkörperzerlegungsgesetz bestimmten Weise nur von der Klasse abhängt, der p nach H angehört. Es kommt also für diese Klassenkörpereigenschaft von K nicht so sehr auf die Kongruenzgruppe H selbst, die Hauptklasse, als vielmehr auf die Klassengruppe nach H an.

K ist ein Teilkörper des Kreiskörpers P_f der f-ten Einheitswurzeln ζ_f^x, und zwar der Invariantenkörper zur Gruppe der Automorphismen $\zeta_f \to \zeta_f^a$ mit a aus H. Demnach besteht K aus allen rationalzahligen rationalen symmetrischen Funktionen der ζ_f^a, wo ζ_f eine feste primitive f-te Einheitswurzel ist und a ein Vertretersystem der Restklassen mod. f aus H durchläuft. Zur Erzeugung von K genügt, wie man zeigen kann, die Gaußsche Kreisteilungsperiode $\sum\limits_{\substack{a \bmod. f \\ a \text{ in } H}} \zeta_f^a$. Die Galoisgruppe $\mathfrak{G}$ von K ist isomorph zur Klassengruppe nach H. Dieser Isomorphismus wird durch die Darstellung $\zeta_f \to \zeta_f^s$ der Automorphismen S aus $\mathfrak{G}$ gegeben, wo s ein Vertretersystem der Klassen nach H durchläuft. Wir haben ferner die zu $\mathfrak{G}$ isomorphe Gruppe X der Charaktere χ von $\mathfrak{G}$ zu betrachten, die auch die Charaktere von K genannt werden. Diese Charaktere werden vermöge des angegebenen Isomorphismus als Charaktere der Klassengruppe nach H und damit als Restklassencharaktere mod. f aufgefaßt. Es seien $f(\chi)$ ihre Führer, so daß die χ eigentliche Charaktere mod. $f(\chi)$ sind. Dann ist f das kleinste gemeinsame Vielfache der $f(\chi)$, während das Produkt der $f(\chi)$ der Diskriminantenbetrag d von K ist.

Wir werden im folgenden zwei Fälle zu unterscheiden haben, je nachdem K reell oder imaginär ist. Ist K imaginär, so ist $n = 2n_0$ gerade, und K ist vom Grade 2 über seinem größten reellen Teilkörper K_0 vom Grade n_0, dem Invariantenkörper zum Automorphismus $\zeta_f \to \bar{\zeta}_f = \zeta_f^{-1}$ (Übergang zum Konjugiert-Komplexen). Die Galoisgruppe $\mathfrak{G}_0$ von K_0 ist die Faktorgruppe von $\mathfrak{G}$ nach der durch diesen Automorphismus erzeugten Untergruppe. Die Gruppe X der n Charaktere χ von $\mathfrak{G}$ zerfällt in 2 Klassen von je n_0 Charakteren, nämlich die Untergruppe X_0 der Charaktere χ_0 von $\mathfrak{G}_0$, gekennzeichnet durch $\chi_0(-1) = 1$, und ihre Nebengruppe, bestehend aus den Charakteren χ_1 mit $\chi_1(-1) = -1$. Die χ_0 sind die Charaktere von K_0. Die χ_1 sind diejenigen Charaktere von K, die nicht schon Charaktere von K_0 sind; wir nennen sie kurz die *Charaktere von* K/K_0. Die Kongruenzgruppe H enthält -1 nicht und geht durch Hinzunahme der Klasse von -1 und damit der Klassen der $-a$ in die K_0 zugeordnete Kongruenzgruppe H_0 über. Die Klassen nach H_0 entstehen aus den Klassen nach H durch Vereinigung der Klassen entgegengesetzter $\pm s$. Ist K reell, also $K = K_0$, so ist $\mathfrak{G} = \mathfrak{G}_0$, $X = X_0$, also durchweg $\chi(-1) = 1$, und $H = H_0$, also -1 in H enthalten und $\pm s$ in derselben Klasse nach H gelegen.

Es entspricht dem in dieser Arbeit verfolgten Ziel der arithmetischen Bestimmung der Klassenzahl h von K bis zur numerischen Durchführung, daß wir die vorkommenden Eigenschaften von K und Aussagen über K, soweit das möglich ist, vermöge der vorstehend umrissenen klassenkörpertheoretischen Tatsachen auf die K charakterisierende rationale Kongruenzgruppe H oder vielmehr auf die Klassengruppe nach H zurückführen. Diese Klassengruppe können wir dabei ebensogut durch die zugeordneten Restklassencharaktere χ aus der Charaktergruppe X von K beschreiben, durch die die ihr zugrunde liegende Kongruenzgruppe H selbst als die Gesamtheit aller a mit $\chi(a) = 1$ für alle χ aus X gekennzeichnet ist. Die Beziehung auf die Charaktere statt der Klassen ist aus folgenden Gründen bequemer. Einmal entsprechen nach dem Anordnungssatz der Klassenkörpertheorie die Teilkörper K′, K″, ... von K den Kongruenzgruppen H', H'', ... über H unter Umkehrung der Anordnungsbeziehung — $K' \leqq K''$ ist gleichbedeutend mit $H' \geqq H''$ —; dagegen besteht für die zugeordneten Untergruppen X′, X″, ... von X, d. h. für die Charaktergruppen der K′, K″, ..., die direkte Anordnungsbeziehung $X' \leqq X''$. Der Übergang von K′ zu K″ beschreibt sich demgemäß durch die Klassengruppen als die gruppentheoretische Aufspaltung der Klassen nach H' in die Klassen nach H'', dagegen durch die Charaktere viel einfacher als die Hinzunahme der in X′ noch nicht enthaltenen Charaktere aus X″. Und dann handhaben sich überhaupt die Charaktere χ als Funktionen in der vollen primen Restklassengruppe mod. f bequemer als die einzelnen Klassen nach H, die jeweils nur aus bestimmten primen Restklassen mof. f zusammengesetzt sind. Diese abrundende und vereinfachende Wirkung der Einführung der Charaktere statt der Klassen tritt ja schon bei dem klassischen Beweis des bekannten Dirichletschen Satzes über die Primzahlen in primen Restklassen hervor.

Das Klassenkörperzerlegungsgesetz für K beschreibt sich durch die Charaktergruppe X in folgender Weise. Für den Trägheitskörper K_T von p besteht die Charaktergruppe X_T aus den Charakteren χ aus X mit $p \nmid f(\chi)$, oder also mit $\chi(p) \neq 0$, wenn wie üblich allgemein $\chi(x) = 0$ für zu $f(\chi)$ nicht prime x festgesetzt wird. Für den Zerlegungskörper K_Z von p besteht die Charaktergruppe X_Z aus den Charakteren χ aus X mit $\chi(p) \doteq 1$. Hiernach bestimmen sich die den Zerlegungstypus von p in K kennzeichnenden Zahlen, nämlich die Verzweigungsordnung $e_p = [\mathsf{K} : \mathsf{K}_T]$, der Grad $n_p = [\mathsf{K}_T : \mathsf{K}_Z]$ und die Anzahl $r_p = [\mathsf{K}_Z : \mathsf{P}]$ der Primteiler von p in K, als die Gruppenindizes $e_p = [\mathsf{X} : \mathsf{X}_T]$, $n_p = [\mathsf{X}_T : \mathsf{X}_Z]$ und $r_p = [\mathsf{X}_Z : 1]$ in der Charaktergruppe X.

2. Die analytische Klassenzahlformel

Ausgangspunkt für die analytische Bestimmung der Klassenzahl h von K ist einerseits die Formel[1])

$$\zeta_{\mathsf{K}}(s) = \prod_{\chi} L(s, \chi), \tag{1}$$

durch die die Dedekindsche Zetafunktion von K als das Produkt der Dirichletschen L-Funktionen zu den Charakteren χ von K dargestellt wird, andrerseits die Formel[2])

$$\lim_{s \to 1} (s-1)\,\zeta_{\mathsf{K}}(s) = \left\{ \begin{array}{ll} \dfrac{2^n h R}{w \sqrt{d}} = \dfrac{2^{n-1} h R}{\sqrt{d}}, & \text{wenn } \mathsf{K} \text{ reell} \\ \dfrac{(2\pi)^{n_0} h R}{w \sqrt{d}}, & \text{wenn } \mathsf{K} \text{ imaginär} \end{array} \right\} \tag{2}$$

für das Residuum bei $s = 1$ der Dedekindschen Zetafunktion von K. Hierin bedeutet R den Regulator von K, also wenn K reell ist, den aus einem Grundeinheitensystem $\varepsilon_1, \ldots, \varepsilon_{n-1}$ von K gebildeten Determinantenbetrag

$$R = \left\| \log |\varepsilon_\nu^S| \right\| \quad \begin{pmatrix} \text{Zeilenindex } S \neq 1 \text{ in } \mathfrak{G} \\ \text{Spaltenindex } \nu = 1, \ldots, n-1 \end{pmatrix}, \tag{3a}$$

und wenn K imaginär ist, den aus einem Grundeinheitensystem $\varepsilon_1, \ldots, \varepsilon_{n_0-1}$ von K gebildeten Determinantenbetrag

$$R = \left\| \log |\varepsilon_{\nu_0}^{S_0}|^2 \right\| = \left\| 2 \log |\varepsilon_{\nu_0}^{S_0}| \right\| \quad \begin{pmatrix} \text{Zeilenindex } S_0 \neq 1 \text{ in } \mathfrak{G}_0 \\ \text{Spaltenindex } \nu_0 = 1, \ldots, n_0-1 \end{pmatrix}. \tag{3b}$$

Ferner bedeutet w die Anzahl der Einheitswurzeln aus K. Sie ist klassenkörpertheoretisch folgendermaßen gekennzeichnet: für gerades f ist w der größte Teiler v von f derart, daß $a \equiv 1 \bmod. v$ für alle a aus H gilt; für ungerades f gilt entsprechendes für $\frac{w}{2}$. Da K stets die zweiten Einheitswurzeln ± 1 enthält, ist w stets gerade; ist K reell, so ist $w = 2$.

Geht man in (1) zu $s = 1$ über und beachtet, daß $L(s, 1) = \zeta(s)$ (Riemannsche Zetafunktion) bei $s = 1$ das Residuum 1 hat, so erhält man

$$\lim_{s \to 1} (s-1)\,\zeta_{\mathsf{K}}(s) = \prod_{\chi \neq 1} L(1, \chi)$$

---

[1]) Siehe Klassenkörperbericht, Teil I, § 8, Satz 14.

[2]) Siehe Zahlbericht, §§ 25, 26.

und damit nach (2) die analytische Klassenzahlformel

$$hR = \begin{cases} \dfrac{\sqrt{d}}{2^{n-1}} \prod\limits_{\chi \neq 1} L(1,\chi), & \text{wenn K reell} \\ \dfrac{w\sqrt{d}}{(2\pi)^{n_0}} \prod\limits_{\chi \neq 1} L(1,\chi), & \text{wenn K imaginär} \end{cases} \tag{4}$$

Durch diese Formel wird die Bestimmung der Klassenzahl h, oder vielmehr des Produkts hR aus Klassenzahl und Regulator, auf die Berechnung des Produkts der Dirichletschen L-Funktionen mit $\chi \neq 1$ für $s = 1$ zurückgeführt. Diese Funktionswerte sind die in der natürlichen Summationsfolge zu nehmenden bedingt-konvergenten unendlichen Reihen

$$L(1,\chi) = \sum_{m=1}^{\infty} \frac{\chi(m)}{m}, \tag{5}$$

die sogenannten Dirichletschen L-Reihen.

3. Produktformeln für die Führer und für die Gaußschen Summen

Bei der Berechnung des Produkts der L-Reihen $L(1, \chi)$ wird neben der bereits in 1 erwähnten Produktformel für die Führer $f(\chi)$ der Charaktere χ von K eine entsprechende Produktformel für die ihnen zugeordneten Gaußschen Summen

$$\tau(\chi) = \sum_{x \bmod . f(\chi)} \chi(x)\, \zeta_{f(\chi)}^{x} \tag{1}$$

gebraucht, wo wie im folgenden stets

$$\zeta_{f(\chi)} = e^{\frac{2\pi i}{f(\chi)}}$$

die analytisch normierte primitive $f(\chi)$-te Einheitswurzel bezeichnet. Beide Produktformeln lassen sich, wenn man Wert darauf legt, rein-arithmetisch beweisen[1]). Jedoch erscheint mir in dem hier vorliegenden Rahmen, wo die analytischen Methoden sowieso den Kernpunkt bilden, ihr von Hecke [1, 2] gegebener eleganter analytischer Beweis bestens am Platze. Er ergibt sich aus der Produktformel (2, 1) durch Vergleich der Funktionalgleichungen für $\zeta_K(s)$ und die $L(s,\chi)$ und ist in meinem Klassenkörperbericht für beliebige relativ-abelsche Zahlkörper mitgeteilt[2]). Für den einfacheren Spezialfall der absolut-abelschen Zahlkörper sei er nachstehend noch einmal kurz ausgeführt.

Die Funktionalgleichung von $\zeta_K(s)$ sagt aus, daß bei $s \to 1 - s$ die Funktion

$$\left.\begin{cases} d^{\frac{s}{2}} \left(\pi^{-\frac{s}{2}} \Gamma\left(\frac{s}{2}\right)\right)^{n} \zeta_K(s), & \text{wenn K reell} \\ d^{\frac{s}{2}} \left(\pi^{-\frac{s}{2}} \Gamma\left(\frac{s}{2}\right)\right)^{n_0} \left(\pi^{-\frac{s}{2}} \Gamma\left(\frac{1+s}{2}\right)\right)^{n_0} \zeta_K(s), & \text{wenn K imaginär} \end{cases}\right\} \text{den Faktor 1}$$

---

[1]) Bezüglich der Führer siehe Hasse [2]; bezüglich der Gaußschen Summen siehe etwa Bergström [1].

[2]) Siehe Klassenkörperbericht, Teil I, § 9.

annimmt (invariant ist). Die Funktionalgleichung von $L(s, \chi)$ sagt aus, daß bei $s \to 1-s$ und $\chi \to \bar{\chi}$ die Funktion

$$\left.\begin{cases} f(\chi)^{\frac{s}{2}}\left(\pi^{-\frac{s}{2}}\Gamma\left(\frac{s}{2}\right)\right)L(s,\chi), & \text{wenn } \chi(-1)=1 \\ f(\chi)^{\frac{s}{2}}\left(\pi^{-\frac{s}{2}}\Gamma\left(\frac{1+s}{2}\right)\right)L(s,\chi), & \text{wenn } \chi(-1)=-1 \end{cases}\right\} \text{ den Faktor } \frac{\sqrt{\chi(-1)f(\chi)}}{\tau(\chi)}$$

(vom absoluten Betrage 1) mit positiv-reeller bzw. positiv-imaginärer Quadratwurzel annimmt. Dividiert man gemäß der Produktformel (**2**, 1) die Funktionalgleichung von $\zeta_K(s)$ durch das Produkt der Funktionalgleichungen der $L(s, \chi)$, so springt bei unserer Schreibweise dieser Funktionalgleichungen sofort in die Augen, daß die Funktion

$$\left(\frac{d}{\prod\limits_{\chi} f(\chi)}\right)^{\frac{s}{2}} \text{ bei } s \to 1-s \text{ den Faktor } \frac{\prod\limits_{\chi} \tau(\chi)}{\prod\limits_{\chi} \sqrt{\chi(-1)f(\chi)}}$$

annimmt. Das geht aber nur, wenn die Basis der Exponentialfunktion und der Faktor beide den Wert 1 haben. So erhält man die beiden Produktformeln

$$\prod_{\chi} f(\chi) = d, \tag{2}$$

$$\prod_{\chi} \tau(\chi) = \begin{cases} \left(\prod\limits_{\chi} f(\chi)\right)^{\frac{1}{2}} = d^{\frac{1}{2}}, & \text{wenn K reell} \\ i^{n_0}\left(\prod\limits_{\chi} f(\chi)\right)^{\frac{1}{2}} = i^{n_0} d^{\frac{1}{2}}, & \text{wenn K imaginär} \end{cases} \tag{3}$$

Hierbei kann man die Produkte auf $\chi \neq 1$ beschränken, weil $f(1) = 1$, $\tau(1) = 1$ ist.

4. Berechnung der L-Reihen

Zur Berechnung des Produkts der L-Reihen (**2**, 5) für $s = 1$ werden zunächst die einzelnen Faktoren $L(s, \chi)$ $(\chi \neq 1)$ für $s > 1$ elementar umgeformt[1]). Solange wir nur einen einzelnen Faktor $L(s, \chi)$ behandeln, schreiben wir dabei zur Abkürzung f statt $f(\chi)$ und ζ statt $\zeta_{f(\chi)}$. Unter $\sum\limits_{x \bmod . f}$ sei hier, wie schon in der Definition (**3**, 1) der Gaußschen Summen und im folgenden durchweg, die Summation über irgendein primes Restsystem $x \bmod . f$ verstanden, unter $\sum\limits_{\pm x \bmod . f}$ die Summation über irgendein primes Halbsystem mod. f, d. h. ein System derart, daß die $\pm x$ mod. f ein volles primes Restsystem bilden[2]). Die Angabe $(x, f) = 1$ kann dabei auf Grund der schon getroffenen allgemeinen Festsetzung $\chi(x) = 0$ für $(x, f) \neq 1$ durchweg unterdrückt werden.

[1]) Siehe dazu auch Hasse [6], § 18, **2**.

[2]) Man beachte, daß der Fall $f = 2$, in dem diese Definition sinnlos wird, nicht vorkommt. Der Führer $f(\chi)$ eines Charakters χ enthält nämlich die Primzahl 2 entweder gar nicht oder mindestens zur Potenz 2^2, weil für ungerades f_0 die prime Restklassengruppe mod. $2f_0$ mit der mod. f_0 zusammenfällt. Diese letztere Bemerkung hat man im Verlauf der Arbeit an zahlreichen Stellen vor Augen zu haben.

Es ist

$$L(s,\chi)=\sum_{m=1}^{\infty}\frac{\chi(m)}{m^s}=\sum_{z\bmod f}\chi(z)\sum_{\substack{n\equiv z\bmod f\\ n\geq 1}}\frac{1}{n^s}$$

$$=\sum_{z\bmod f}\chi(z)\sum_{n=1}^{\infty}\frac{1}{n^s}\frac{1}{f}\sum_{x\bmod f}\zeta^{(z-n)x}$$

$$=\frac{1}{f}\sum_{x\bmod f}\sum_{z\bmod f}\chi(z)\zeta^{zx}\sum_{n=1}^{\infty}\frac{\zeta^{-nx}}{n^s}.$$

Nach dem Abelschen Stetigkeitssatz für Dirichletsche Reihen folgt daraus

$$L(1,\chi)=-\frac{1}{f}\sum_{x\bmod f}\tau_x(\chi)\log(1-\zeta^{-x})=-\frac{\tau(\chi)}{f}\sum_{x\bmod f}\bar{\chi}(x)\log(1-\zeta^{-x}),$$

wobei die Bezeichnung

$$\tau_x(\chi)=\sum_{z\bmod f}\chi(z)\zeta^{zx}$$

und die Beziehung $\tau_x(\chi)=\bar{\chi}(x)\,\tau(\chi)$ aus der elementaren Theorie der Gaußschen Summmen[1]) verwendet wurde; der Logarithmus ist der Hauptwert, mit imaginärem Teil zwischen $-\pi i$ und πi $\left(\text{hier sogar zwischen } -\frac{\pi i}{2} \text{ und } \frac{\pi i}{2}\right)$. Für die weitere Ausrechnung der Summen

$$S(\chi)=\sum_{x\bmod f}\chi(x)\log(1-\zeta^{-x})=\frac{1}{2}\sum_{x\bmod f}\chi(x)\,[\log(1-\zeta^{-x})+\chi(-1)\log(1-\zeta^{x})]$$

sind die beiden Fälle $\chi(-1)=1$ und $\chi(-1)=-1$ zu unterscheiden.

a) $\chi(-1)=1$.

Da $1-\zeta^x$ und $1-\zeta^{-x}$ konjugiert-komplex sind, sind auch die Hauptwerte ihrer Logarithmen konjugiert-komplex. Damit ergibt sich

$$S(\chi)=\frac{1}{2}\sum_{x\bmod f}\chi(x)\,[\log(1-\zeta^{-x})+\log(1-\zeta^{x})]=\frac{1}{2}\sum_{x\bmod f}\chi(x)\log|1-\zeta^{x}|^2$$

$$=\sum_{x\bmod f}\chi(x)\log|1-\zeta^x|=2\sum_{\pm x\bmod f}\chi(x)\log|1-\zeta^x|,$$

also

$$L(1,\chi)=2\frac{\tau(\chi)}{f(\chi)}\sum_{\pm x\bmod f(\chi)}\left(-\chi(x)\log\left|1-\zeta_{f(\chi)}^{x}\right|\right). \tag{1a}$$

---

[1]) Siehe dazu **H a s s e** [6], § 20, 1.

b) $\chi(-1) = -1$.

Die Hauptwerte der Logarithmen von $1 - \zeta^x$ und $1 - \zeta^{-x}$ ergeben sich aus den Darstellungen

$$1 - \zeta^x = 1 - e^{\frac{2\pi i x}{f}} = \left(e^{-\frac{\pi i x}{f}} - e^{\frac{\pi i x}{f}}\right) e^{\frac{\pi i x}{f}} = -2 i \sin\frac{\pi x}{f} \cdot e^{\frac{\pi i x}{f}}$$

$$= 2 \sin\frac{\pi x}{f} \cdot e^{\pi i \left(\frac{x}{f} - \frac{1}{2}\right)},$$

$$1 - \zeta^{-x} = 1 - e^{-\frac{2\pi i x}{f}} = \left(e^{\frac{\pi i x}{f}} - e^{-\frac{\pi i x}{f}}\right) e^{-\frac{\pi i x}{f}} = 2 i \sin\frac{\pi x}{f} \cdot e^{-\frac{\pi i x}{f}}$$

$$= 2 \sin\frac{\pi x}{f} \cdot e^{-\pi i \left(\frac{x}{f} - \frac{1}{2}\right)}$$

Legt man für x das kleinste positive prime Restsystem mod. f zugrunde — die Summation über dieses Restsystem sei im folgenden durchweg mit $\sum\limits_{x \bmod . f}^{+}$ bezeichnet —, so ist in diesen Darstellungen $2 \sin\frac{\pi x}{f} > 0$ und $\left|\frac{x}{f} - \frac{1}{2}\right| < \frac{1}{2}$. Mithin ist $2 \sin\frac{\pi x}{f}$ der gemeinsame absolute Betrag der Logarithmen von $1 - \zeta^{\pm x}$, und $\pm \pi i \left(\frac{x}{f} - \frac{1}{2}\right)$ sind ihre zwischen $-\pi i$ und πi $\left(\text{sogar zwischen } -\frac{\pi i}{2} \text{ und } \frac{\pi i}{2}\right)$ gelegenen imaginären Teile, wie sie den Hauptwerten dieser Logarithmen entsprechen. Damit wird

$$S(\chi) = \frac{1}{2} \sum_{x \bmod . f} \chi(x) \left[\log(1 - \zeta^{-x}) - \log(1 - \zeta^{x})\right] = -\pi i \sum_{x \bmod . f}^{+} \chi(x) \left(\frac{x}{f} - \frac{1}{2}\right)$$

$$= \frac{\pi}{i} \frac{1}{f} \sum_{x \bmod . f}^{+} \chi(x)\, x,$$

also

$$L(1, \chi) = \frac{\pi}{i} \frac{\tau(\chi)}{f(\chi)} \frac{1}{f(\chi)} \sum_{x \bmod . f(\chi)}^{+} \left(-\bar{\chi}(x)\, x\right). \tag{1b}$$

5. Die arithmetische Klassenzahlformel

Aus den Ergebnissen (4, 1a, 1b) erhält man durch Produktbildung nach (2, 4), unter Beachtung der Produktformeln (3, 2, 3), ohne weiteres die folgenden Formeln für das Produkt aus Regulator und Klassenzahl[1]):

[1]) Formal ergeben sich die nachstehenden Formeln zunächst mit den konjugiert-komplexen Charakteren $\bar{\chi}$ an Stelle der χ. Es wäre theoretisch richtiger, die ursprüngliche Gestalt mit $\bar{\chi} = \chi^{-1}$ durch die ganze Arbeit beizubehalten, ähnlich wie man in der Gruppentheorie die sogenannten Gruppenzahlen $\sum\limits_{S} \chi(S)\, S$ theoretisch richtiger in der Gestalt $\sum\limits_{S} \chi^{-1}(S)\, S$ ansetzt, damit nämlich beim Übergang zu der χ entsprechenden Gruppendarstellung $S \to \chi(S)$ für die einzelnen Summanden $\chi^{-1}(S)\, S \to 1$ gilt. Doch kommt es für unsere arithmetischen Untersuchungen auf diesen formal-algebraischen Gesichtspunkt weniger an, und wir wollen daher die im Text gegebene, formal etwas glattere Gestalt der Formel zugrunde legen. — Dagegen bedeutet es für unsere Untersuchungen eine formale Vereinfachung, wenn wir die Minuszeichen der einzelnen Summanden als zu den bei den $\chi(x)$ stehenden Zahlfaktoren gehörig ansehen und sie dementsprechend nicht vor die Summen setzen oder gar aus den Produkten herausziehen.

$$hR = \prod_{\chi \neq 1} \sum_{\pm x \bmod . f(\chi)} \left(-\chi(x) \log \left|1 - \zeta_{f(\chi)}^{x}\right|\right), \quad \text{wenn } \mathsf{K} \text{ reell,} \tag{1a}$$

$$hR = \prod_{\chi_0 \neq 1} \sum_{\pm x \bmod . f(\chi_0)} \left(-\chi_0(x) \log \left|1 - \zeta_{f(\chi_0)}^{x}\right|\right) \cdot \frac{w}{2} \prod_{\chi_1} \frac{1}{f(\chi_1)} \sum_{x \bmod . f(\chi_1)}^{+} \left(-\chi_1(x)\, x\right), \tag{1b}$$

wenn K imaginär.

Die Formel (1a) hätte gar nicht besonders aufgeführt zu werden brauchen, denn die Formel (1b) gilt auch für reelle K, indem dann keine χ_1 vorhanden sind und $w = 2$ ist, so daß der zweite Faktor fortfällt. Der erste Faktor in (1b) ist nach (1a) das Produkt $h_0 R_0$ aus Klassenzahl und Regulator des größten reellen Teilkörpers K_0 von K.

Nun hat K_0 denselben Einheitenrang $n_0 - 1$ wie K; ein Grundeinheitensystem von K_0 ist also ein unabhängiges Einheitensystem vom Höchstrang in K. Sein in K gebildeter Regulator ist jedoch von dem in K_0 gebildeten R_0 verschieden, hat vielmehr nach (2, 3a, 3b) den Wert $2^{n_0-1} R_0$. Der Quotient

$$Q = \frac{2^{n_0-1} R_0}{R} \tag{2}$$

ist eine natürliche Zahl, nämlich der Index der Untergruppe der Einheiten aus K_0 und ihrer Produkte mit Einheitswurzeln aus K in der Gruppe aller Einheiten aus K. Wir nennen diese Zahl Q, mit der wir uns später noch ausführlich zu beschäftigen haben, den *Einheitenindex von* K/K_0. Man beachte hierbei, daß der Index der reinen Einheitengruppe von K_0 (ohne Einheitswurzelfaktoren aus K) in der Einheitengruppe von K nicht Q selbst, sondern das Produkt $Q\frac{w}{2}$ ist.

Indem wir die Formel (1b) diesen arithmetischen Gesichtspunkten entsprechend schreiben, erhalten wir das Ergebnis:

Allgemeine Klassenzahlformel für abelsche Zahlkörper

$$h = \frac{\prod\limits_{\chi_0 \neq 1} \sum\limits_{\pm x \bmod . f(\chi_0)} \left(-\chi_0(x) \log \left|1 - \zeta_{f(\chi_0)}^{x}\right|\right)}{R_0} \cdot Q w \prod_{\chi_1} \frac{1}{2 f(\chi_1)} \sum_{x \bmod . f(\chi_1)}^{+} \left(-\chi_1(x)\, x\right). \tag{3}$$

Die Bedeutung der hierin vorkommenden Bezeichnungen ist, noch einmal zusammengefaßt:

χ *die Charaktere von* K (aufgefaßt als Charaktere nach der K zugeordneten rationalen Kongruenzgruppe H vom Führer f), *aufgeteilt in*

χ_0 *die Charaktere des größten reellen Teilkörpers* K_0 *von* K $(\chi_0(-1) = 1)$,

χ_1 *die Charaktere von* K/K_0 $(\chi_1(-1) = -1)$,

$f(\chi)$ *ihre Führer,*

$\sum\limits_{\pm x \bmod . f(\chi)}$ *die Summation über irgendein primes Halbsystem* x *mod.* $f(\chi)$,

$\sum\limits_{x \bmod . f(\chi)}^{+}$ *die Summation über das kleinste positive prime Restsystem* x *mod.* $f(\chi)$,

$\zeta_{f(\chi)} = e^{\frac{2\pi i}{f(\chi)}}$ *die analytisch normierte primitive $f(\chi)$-te **Einheitswurzel**,*
R_0 *der Regulator von* K_0,
Q *der Einheitenindex von* K/K_0,
w *die Einheitswurzelanzahl von* K.

Die beiden durch den Multiplikationspunkt getrennten Faktoren in (3) werden der zweite und der erste Klassenzahlfaktor genannt. Dem Aufbau von K aus dem Unterbau K_0 und dem Oberbau K/K_0 entsprechend wäre es natürlicher gewesen, diese Faktoren umgekehrt zu numerieren. Im übrigen scheint mir eine solche schematische Numerierung überhaupt nicht am Platze zu sein. Für den in meiner Anordnung ersten Faktor

$$h_0 = \frac{\prod\limits_{\chi_0 \neq 1} \sum\limits_{\pm x \bmod f(\chi_0)} \left(-\chi_0(x) \log \left|1 - \zeta^x_{f(\chi_0)}\right|\right)}{R_0} \tag{3a}$$

ist im Hinblick auf seine Bedeutung als die *Klassenzahl von* K_0 eine weitere Benennung gar nicht erforderlich. Den in meiner Anordnung zweiten Faktor

$$h^* = Q w \prod_{\chi_1} \frac{1}{2 f(\chi_1)} \sum_{x \bmod f(\chi_1)}^{+} \left(-\chi_1(x)\, x\right) \tag{3b}$$

will ich die *Relativklassenzahl von* K/K_0 nennen, da er ja nach (3) der Quotient aus den Klassenzahlen h von K und h_0 von K_0 ist. Im Spezialfall $\mathsf{K} = \mathsf{K}_0$, wo keine χ_1 vorhanden sind, hat man der Herleitung nach sinngemäß $h^* = 1$ zu verstehen.

6. Vorläufige Bemerkungen über die arithmetische Struktur der beiden Klassenzahlfaktoren

Für den Ausdruck (5, 3a) ist aus seiner Bedeutung als die Klassenzahl h_0 von K_0 klar, daß er eine ganzrationale positive Zahl ist. Nach den Ausführungen in der Einleitung entsteht die Aufgabe, zum mindesten die Ganzrationalität dieses Ausdrucks auch aus seiner Form in Evidenz zu setzen. Dazu muß man ein unabhängiges Einheitensystem vom Höchstrang $n_0 - 1$ aus K_0 angeben, dessen Regulator gerade das Zählerprodukt in (5, 3a) ist. Dies ist gleichzeitig der erste Schritt zu einer wirklichen arithmetischen Berechnung der Klassenzahl h_0 von K_0 aus der Formel (5, 3a), die dann weiter auf die Prüfung hinausläuft, um wieviel höher dieses Einheitensystem ist als ein Grundeinheitensystem von K_0, d. h. welchen Index die aus diesen Einheiten und ihren entgegengesetzten erzeugte Untergruppe in der Gruppe aller Einheiten von K_0 hat[1]). Für den Spezialfall $\mathsf{K} = \mathsf{P}_p$ der Kreiskörper von Primzahlführer p hat bereits Kummer [1, 4][2]) ein solches Einheitensystem angegeben, nämlich durch Darstellung des Zählerprodukts in (5, 3a) als Gruppendeterminante der zyklischen Galoisgruppe $\mathfrak{G}_0$ von K_0 und Umformung dieser Gruppendeterminante in einen Regulator. Dies Verfahren überträgt sich jedoch keineswegs auf den allgemeinen Fall, weil es wesentlich von den beiden speziellen Umständen Gebrauch macht, daß die Galoisgruppe $\mathfrak{G}_0$

[1]) Oder auch, welchen Index die aus den Beträgen dieser Einheiten erzeugte Untergruppe in der Gruppe aller Einheitenbeträge von K_0 hat.
[2]) Siehe auch Zahlbericht, § 117.

zyklisch ist und daß der Führer $f_0 = p$ Primzahl ist, also alle Einzelführer $f(\chi_0) = p$ denselben Wert haben. Ich komme im zweiten Abschnitt auf die hier aufgeworfene Frage im einzelnen zurück. Für die reellen zyklischen Zahlkörper gebe ich ein Einheitensystem der verlangten Art an und setze dadurch die Ganzzahligkeit des Ausdrucks (5, 3a) für h_0 in Augenschein. Für eine allgemeinere Klasse von reellen abelschen Zahlkörpern gelingt mir nur die Angabe eines Einheitensystems, dessen Regulator ein bestimmtes ganzzahliges Vielfaches des Zählerprodukts in (5, 3a) ist. Damit wird für diese Klasse von Körpern zwar die arithmetische Berechnung der Klassenzahl ermöglicht, jedoch nicht auch ihre Ganzzahligkeit in Evidenz gesetzt.

Für die durch (5, 3b) definierte Relativklassenzahl h^* von K/K_0 kann man, wie ich im dritten Abschnitt zeigen werde, aus der Klassenkörpertheorie des quadratischen Relativkörpers K/K_0 entnehmen, daß h durch h_0 teilbar, also auch h^* eine ganzrationale positive Zahl ist. Man erhält dabei zudem eine arithmetische Deutung von h^* als die Ordnung einer bestimmten Untergruppe der Klassengruppe von K, nämlich die Gruppe derjenigen Klassen von K, deren Relativnormen in die Hauptklasse von K_0 fallen. Darüber hinaus ergibt sich durch Heranziehen der Geschlechtertheorie von K/K_0, daß h^* durch eine bestimmte Potenz $2^\gamma (\gamma \geqq 0)$, den Geschlechterfaktor, teilbar ist. Nach den Ausführungen in der Einleitung entsteht auch hier wieder die Aufgabe, zum mindesten die Ganzrationalität von h^* direkt aus der Form des Ausdrucks (5, 3b) in Evidenz zu setzen. Für den Spezialfall $K = P_{p^\varrho}$ der Kreiskörper von Primzahlpotenzführer p^ϱ hat bereits Kummer [1, 4, 7] in dieser letzteren Weise die Ganzzahligkeit von h^* festgestellt. Für die Kreiskörper $K = P_f$ von zusammengesetztem[1]) Führer f konnte Kummer [7] so nur nachweisen, daß $2^{r-2}\, h^*$ ganz ist[2]), wo r die Anzahl der verschiedenen Primteiler von f bedeutet. Im Anschluß hieran hat Kronecker [1] die Ganzzahligkeit von h^* selbst auch für die Kreiskörper $K = P_f$ von zusammengesetztem Führer f festgestellt, indem er die Teilbarkeit von h durch h_0 durch Betrachtungen nachweist, die auf die vorher erwähnte klassenkörpertheoretische Schlußweise hinauslaufen[3]). Für den allgemeinen Fall setze ich im dritten Abschnitt die Ganzrationalität von h^* durch Verallgemeinerung und Verfeinerung der Kummerschen Schlußweise auch direkt aus der Form des Ausdrucks (5, 3b) in Evidenz. Die hierfür vorzunehmenden Umformungen der einzelnen Faktoren dieses Ausdrucks ergeben gleichzeitig erhebliche Vereinfachungen für die numerische Berechnung der Relativklassenzahl h^* von K/K_0 aus der

---

[1]) Ich verwende das Wort „zusammengesetzt" hier und im folgenden stets im Sinne von „aus Potenzen mehrerer verschiedener Primzahlen zusammengesetzt".

[2]) Bei Kummer lautet der Faktor 2^{r-1} statt 2^{r-2}. Man beachte dazu, daß Kummers erster Klassenzahlfaktor in diesem letzteren Falle nur gleich $\frac{1}{2}h^*$ ist, weil Kummer die Klasseneinteilung im engeren Sinne (normpositive Hauptdivisoren) zugrunde legt. In K macht das keinen Unterschied, in K_0 im ersteren Falle auch keinen, im letzteren dagegen hat K_0, wie Kronecker [1] ausführt, im engeren Sinne die Klassenzahl $2h_0$.

[3]) Kummer [1], S. 115, hatte beim Beweise dieser Teilbarkeit stillschweigend als selbstverständlich angenommen, daß keine von der Hauptklasse verschiedene Klasse aus K_0 in die Hauptklasse von K fällt. Kronecker [1] weist auf diese Lücke hin und beweist, daß die Kummersche Annahme für die Kreiskörper tatsächlich zutrifft. Bei einem späteren Versuch, ganz allgemein die Teilbarkeit der Klassenzahl eines algebraischen Zahlkörpers durch die eines jeden Teilkörpers zu beweisen, ist dann Kronecker [2] merkwürdigerweise in versteckter Form derselbe Irrtum unterlaufen. — Wir wissen heute aus der Klassenkörpertheorie, daß diese Kroneckersche Vermutung nicht allgemein zutrifft (siehe unten **Satz 40**), und kennen auch eine hinreichende Bedingung für ihr Zutreffen; siehe unten **19, Fußnote 2, S. 49.**

Formel (5, 3b). Auf entsprechende Weise auch das Enthaltensein des Geschlechterfaktors 2^{γ} in h^* direkt nachzuweisen, gelingt mir leider nicht, sogar nicht einmal im einfachsten Spezialfall der imaginär-quadratischen Zahlkörper, wo der Geschlechterfaktor einfach 2^{r-1} ist.

Was die Positivität von h_0 und h^* betrifft, so erkennt man durch Paarung der Faktoren mit konjugiert-komplexen Charakteren in den Ausdrücken (5, 3a) und (5, 3b), wobei nur die Faktoren mit quadratischen Charakteren isoliert stehenbleiben, daß sie auf die Positivität im Spezialfall der quadratischen Zahlkörper zurückläuft. Es ist das ein ganz entsprechender Sachverhalt wie bei dem Nichtverschwinden der L-Reihen im Beweis des Dirichletschen Primzahlsatzes. Und wie dort das Nichtverschwinden für die verbleibenden quadratischen Charaktere bisher nicht elementar bewiesen werden konnte[1]), so läßt sich hier die Positivität für die quadratischen Zahlkörper bisher nicht auf elementare Weise direkt erkennen. Für die imaginär-quadratischen Zahlkörper ist

$$h = h^* = \frac{w}{2}\frac{1}{f}\sum_{x \bmod f}^{+}\left(-\left(\frac{-f}{x}\right)x\right) = \frac{w}{2}\,\frac{\sum\limits_{b}^{+} b - \sum\limits_{a}^{+} a}{f},$$

wo $x = a, b$ die Zahlen aus dem kleinsten positiven primen Restsystem mod. f mit $\left(\frac{-f}{a}\right) = 1$, $\left(\frac{-f}{b}\right) = -1$ durchläuft. Die Positivität von $\sum\limits_{b}^{+} b - \sum\limits_{a}^{+} a$ ist eine tiefliegende Aussage über die Verteilung der a und b im Restsystem mod. f, für die man bisher – außer der indirekten, wesentlich analytischen Schlußweise über die Klassenzahlformel – keinen direkten Beweis kennt. Für die reell-quadratischen Zahlkörper ist

$$h = h_0 = \frac{\log \prod\limits_{\pm x \bmod f}^{+} \left(\zeta_{2f}^{x} - \zeta_{2f}^{-x}\right)^{-\left(\frac{f}{x}\right)}}{\log \varepsilon} = \frac{\log \dfrac{\prod\limits_{\pm b}^{+}\left(\zeta_{2f}^{b} - \zeta_{2f}^{-b}\right)}{\prod\limits_{\pm a}^{+}\left(\zeta_{2f}^{a} - \zeta_{2f}^{-a}\right)}}{\log \varepsilon},$$

wo ε die Grundeinheit (in der eindeutigen Normierung $\varepsilon > 1$) ist und $x = a, b$ die Zahlen aus dem kleinsten positiven primen Halbsystem mod. f mit $\left(\frac{f}{a}\right) = 1$, $\left(\frac{f}{b}\right) = -1$ durchläuft. Die Positivität des letzteren Ausdrucks, d. h. anders ausgedrückt die Positivität von $\log \prod\limits_{\pm b}^{+} \sin\frac{\pi b}{f} - \log \prod\limits_{\pm a}^{+} \sin\frac{\pi a}{f}$, ist wieder eine tiefliegende Aussage über die Verteilung der a und b im Restsystem mod. f, für die man keinen direkten Beweis kennt.

---

[1]) Siehe jedoch den Zusatz bei der Korrektur (1951) im Vorwort.

II. DIE ARITHMETISCHE STRUKTUR DER KLASSENZAHLFORMEL FÜR REELLE KÖRPER

In diesem zweiten Abschnitt setzen wir durchweg voraus, daß der betrachtete abelsche Zahlkörper K reell ist, also mit seinem größten reellen Teilkörper K_0 zusammenfällt. Dann ist die Klassenzahl h von K durch die Formel (5, 1a) gegeben:

$$hR = \prod_{\chi \neq 1} \sum_{\pm x \bmod. f(\chi)} \left(-\chi(x) \log \left|1 - \zeta_{f(\chi)}^{x}\right|\right). \tag{0}$$

7. Plan der Untersuchung

In den einzelnen Faktoren des Produkts (0) durchläuft die Summationsgröße x nicht durchweg dasselbe Restsystem; vielmehr hängt das Summationssystem, ebenso wie die zu summierende Größe $-\chi(x) \log \left|1 - \zeta_{f(\chi)}^{x}\right|$, von dem Charakter χ ab, über den das Produkt erstreckt ist. Von diesem die Behandlung des Produkts erschwerenden Umstand kann man formal ganz einfach dadurch loskommen, daß man die Aufspaltung

$$1 - \zeta_{f(\chi)}^{x} = \prod_{y \bmod. \frac{f}{f(\chi)}} \left(1 - \zeta_{f}^{x + y f(\chi)}\right)$$

einführt, bei der y ein volles Restsystem mod. $\frac{f}{f(\chi)}$ durchläuft. Da hierbei

$$\chi(x) = \chi(x + y f(\chi))$$

gilt, erhält man so die Umformung

$$hR = \prod_{\chi \neq 1} \sum_{\pm x \bmod. f}^{*} \left(-\chi(x) \log \left|1 - \zeta_{f}^{x}\right|\right), \tag{1}$$

wo der Stern am Summenzeichen andeuten soll, daß hier — anders als in (0) und in allen unseren Formeln — die Summation nicht auf ein primes Halbsystem x mod. f beschränkt werden darf, sondern über ein volles Halbsystem x mod. f (also unter Einschluß der nicht primen Restklassen) zu erstrecken ist. Es kann nämlich sehr wohl vorkommen, daß x zwar prim zu $f(\chi)$, also $\chi(x) \neq 0$ ist, aber x nicht auch prim zu f ist. Für die Kreiskörper hat Kummer seine Endformel in der Gestalt (1) angegeben (und zwar nicht nur für seinen hier behandelten zweiten, sondern entsprechend auch für seinen ersten Klassenzahlfaktor). Sachlich ist jedoch mit dieser bloß formalen Umformung (1) der Klassenzahlformel (0) für unseren Zweck nichts gewonnen, sondern im Gegenteil der Weg verbaut, weil die Glieder mit zu f nicht primem x und $\chi(x) \neq 0$ einer weiteren echten algebraischen Umformung störend im Wege stehen.

Wir werden im folgenden, ausgehend von der ursprünglichen Formel (0), auf zwei verschiedene Arten eine solche echte algebraische Umformung vornehmen. Jede dieser beiden Umformungen wird ein gewisses Vielfaches von hR, mit einem durch den Körper K bzw. seine Galoisgruppe $\mathfrak{G}$ in invarianter Weise bestimmten natürlichen Zahlfaktor g_{K} bzw. $c_{\mathfrak{G}}$, als eine Determinante aus Logarithmen von Einheitenbeträgen aus K darstellen. Im ersten Falle ist dabei allerdings nicht notwendig $g_{\mathsf{K}} \neq 0$. Für die spezielle Klasse von Körpern K, für die $g_{\mathsf{K}} \neq 0$ ist, ergibt sich jedoch unmittelbar eine Darstellung von $g_{\mathsf{K}}hR$ als Regulator eines Einheitensystems aus K, oder — wie wir dafür kurz sagen wollen — eine *arithmetische Darstellung von* $g_{\mathsf{K}}h$. Im zweiten Falle ist zwar stets $c_{\mathfrak{G}} \neq 0$; aber nur für eine spezielle Klasse von Körpern K ist die erhaltene Determinante der Regulator eines Einheitensystems aus K, so daß wieder nur für eine spezielle Klasse von Körpern K eine *arithmetische Darstellung von* $c_{\mathfrak{G}}h$ resultiert. In beiden Fällen wird ein expliziter arithmetischer Ausdruck für den Zahlfaktor g_{K} bzw. $c_{\mathfrak{G}}$ angegeben, der auch an sich interessant ist und der insbesondere erkennen läßt, wie K beschaffen sein muß, damit dieser Zahlfaktor den Wert 1 hat. Nur für diejenigen Körper K, für die letzteres der Fall ist, ist damit das Ziel der vorliegenden Untersuchung vollständig erreicht, während anderenfalls das erhaltene Einheitensystem aus K noch um den Faktor g_{K} bzw. $c_{\mathfrak{G}}$ zu hoch ist. Immerhin kann man aber auch dann noch von einer *arithmetischen Darstellung von h* sprechen, weil man ja mit ihrer Hilfe in jedem gegebenen Falle h rein arithmetisch bestimmen kann.

Arithmetische Darstellungen von h im engeren Sinne ($g_{\mathsf{K}} = 1$ bzw. $c_{\mathfrak{G}} = 1$) werden wir nur für zyklische reelle Zahlkörper K erhalten, und zwar nach der ersten Umformungsart nur für eine spezielle Klasse, nach der zweiten Umformungsart dagegen für alle solchen Körper. Darüber hinaus werden wir nach der ersten Umformungsart noch eine *arithmetische Darstellung von h im weiteren Sinne* ($g_{\mathsf{K}} \neq 0$) für eine gewisse Klasse reeller abelscher Zahlkörper K gewinnen, die auch nicht-zyklische Körper umfaßt—sie ist durch eine Einschränkung für die Primzerlegung ihrer Diskriminantenteiler gekennzeichnet —, während wir die zweite Umformungsart nicht zur Herleitung einer arithmetischen Darstellung von h für nicht-zyklische Körper werden ausnutzen können.

Für die hiernach noch erforderliche Vervollständigung der Ergebnisse des zweiten Abschnitts wird, wie ich glaube, die Heranziehung einer Methodik von Nutzen sein, die Weber [1, 2][1]) zum Beweis seines Satzes entwickelt hat, daß für die Kreiskörper $\mathsf{K} = \mathsf{P}_{2^\varrho}$ von 2-Potenzführer die Klassenzahl h_0 von $\mathsf{K}_0 = \mathsf{P}_{2^\varrho,0}$ ungerade ist. Ich werde zwar in dieser Arbeit den Weberschen Satz auf eine erheblich einfachere Weise aus dem Ergebnis der ersten Umformung folgern, hoffe jedoch in einer weiteren Arbeit die Methodik des Weberschen Beweises zur Abrundung der Ergebnisse des zweiten Abschnitts dieser Arbeit ausnutzen zu können.

---

[1]) Weber hat diesen Satz, sowie auch den entsprechenden Satz für die Relativklassenzahl h^* von $\mathsf{P}_{2^\varrho}/\mathsf{P}_{2^\varrho,0}$ (siehe unten Satz 36!) bewiesen, um ihn in seinem neuen Beweis des Kroneckerschen Fundamentalsatzes anzuwenden, daß jeder abelsche Körper in einem Kreiskörper enthalten ist.

8. Die erste Umformungsart

Unsere erste Art der Umformung der Klassenzahlformel (0) unterscheidet sich von der zu (7, 1) führenden Umformung nur dadurch, daß wir dafür sorgen, daß in den einzelnen Summen, die das Produkt (0) zusammensetzen, nur diejenigen Summanden stehenbleiben, die einem primen Halbsystem mod. f entsprechen. Dafür treten dann Zahlfaktoren zu ihnen hinzu, die zusammen den schon genannten Zahlfaktor g_K ergeben. Im Hinblick auf eine spätere Anwendung derselben Methode gehen wir gleich etwas allgemeiner vor, als es für den gegenwärtigen Zweck erforderlich ist, indem wir vorweg eine dieser Umformung zugrunde liegende allgemeine Summenformel herleiten.

Wir betrachten den Charakteren $\chi \neq 1$ von K zugeordnete Summen

$$S_f(\chi) = \sum_{\pm x \bmod. f} \chi(x)\, A_f(x),$$

wo f irgendein Vielfaches von $f(\chi)$ ist und $A_f(x)$ ein nur von der Restklasse x mod. f abhängiger Ausdruck, von dem wir nachher noch zwei formale Eigenschaften fordern werden. Wir suchen eine Reduktion der Summe $S_f(\chi)$ mit irgendeinem Vielfachen f von $f(\chi)$ auf die zugehörige Summe $S_{f(\chi)}(\chi)$ mit dem kleinsten solchen Vielfachen $f(\chi)$ selbst. Dazu gehen wir schrittweise vor, indem wir von f sukzessive Primfaktoren p abspalten, bis $f(\chi)$ erreicht ist. Sei demgemäß

$$f = f_0 p,$$

wobei auch f_0 Vielfaches von $f(\chi)$ ist. Dann können wir zwischen den Summationsgrößen x mod. f von $S_f(\chi)$ und x_0 mod. f_0 von $S_{f_0}(\chi)$ die Beziehung

$$x \equiv x_0 + y f_0 \bmod. f$$

mit y mod. p ansetzen. Dabei haben wir die beiden Fälle $p|f_0$ und $p\nmid f_0$ zu unterscheiden. Ist $p|f_0$, so durchläuft x ein primes Halbsystem mod. f, wenn x_0 ein primes Halbsystem mod. f_0 und y ein volles Restsystem mod. p durchläuft. Damit ergibt sich die einfache Beziehung

$$S_f(\chi) = \sum_{\pm x_0 \bmod. f_0} \chi(x_0) \sum_{y \bmod. p} A_{f_0 p}(x_0 + y f_0). \tag{1 a}$$

Ist aber $p\nmid f_0$, so durchläuft x, wenn x_0 und y wie eben laufen, außer einem primen Halbsystem mod. f noch weitere, nicht-prime Restklassen mod. f, nämlich zu jedem x_0 genau eine solche, gegeben durch

$$x^* \equiv x_0 + y^* f_0 \equiv x_0' p \bmod. f$$

mit eindeutig bestimmtem y^*. Hierbei durchläuft x_0' mit x_0 ein primes Halbsystem mod. f_0, und es gilt

$$\chi(x^*) = \chi(x_0) = \chi(x_0')\, \chi(p).$$

Damit ergibt sich die etwas kompliziertere Beziehung

$$S_f(\chi) + \chi(p) \sum_{\pm x_0' \bmod. f_0} \chi(x_0')\, A_{f_0 p}(x_0' p) = \sum_{\pm x_0 \bmod. f_0} \chi(x_0) \sum_{y \bmod. p} A_{f_0 p}(x_0 + y f_0). \tag{1 b}$$

Wir setzen nunmehr voraus, daß der Ausdruck $A_f(x)$ für Vielfache f_0 von $f(\chi)$ die folgenden beiden Eigenschaften hat:

$$\left\{\begin{aligned} \sum_{y \bmod p} A_{f_0 p}(x_0 + y f_0) &= A_{f_0}(x_0) + \alpha \\ A_{f_0 p}(x_0' p) &= A_{f_0}(x_0') \end{aligned}\right\}, \tag{2}$$

wo α nicht von x_0 abhängt. Da wegen $\chi(-1) = 1$ und $\chi \neq 1$

$$\sum_{\pm x_0 \bmod f_0} \chi(x_0) = \frac{1}{2} \sum_{x_0 \bmod f_0} \chi(x_0) = 0$$

ist, folgen dann aus den Beziehungen (1a), (1b) die Reduktionen

$$\begin{aligned} S_f(\chi) &= S_{f_0}(\chi) && \text{für } p \mid f_0, \\ S_f(\chi) &= (1 - \chi(p)) S_{f_0}(\chi) && \text{für } p \nmid f_0. \end{aligned}$$

Indem man von f sukzessive Primfaktoren p abspaltet, bis $f(\chi)$ erreicht ist, erhält man hiernach die Gesamtreduktion

$$S_f(\chi) = \prod_{p \left| \frac{f}{f(\chi)} \right.} (1 - \chi(p)) \cdot S_{f(\chi)}(\chi) = \prod_{p \mid f} (1 - \chi(p)) \cdot S_{f(\chi)}(\chi), \tag{3}$$

in der das Produkt über die verschiedenen Primteiler p von f zu erstrecken ist; die $p \mid f(\chi)$, die zunächst fehlen, können dabei zur Abrundung mitgeführt werden, weil ja für sie $\chi(p) = 0$ ist. Dies ist die angekündigte allgemeine Summenformel; sie gilt unter den Voraussetzungen (2) über den Ausdruck $A_f(x)$ in der betrachteten Summe $S_f(\chi)$. Wie aus dem Beweis klar ist, braucht man die Voraussetzungen (2) nur für die Primzahlen $p \left| \frac{f}{f(\chi)} \right.$ zu machen.

Für unsere gegenwärtige Anwendung haben wir speziell

$$A_f(x) = -\log \left| 1 - \zeta_f^x \right|$$

zu setzen. Dann sind die Voraussetzungen (2) (mit $\alpha = 0$) erfüllt, und die Summenformel (3) ergibt

$$\prod_{p \mid f} (1 - \chi(p)) \cdot \sum_{\pm x \bmod f(\chi)} \left(-\chi(x) \log \left| 1 - \zeta_{f(\chi)}^x \right| \right) = \sum_{\pm x \bmod f} \left(-\chi(x) \log \left| 1 - \zeta_f^x \right| \right),$$

wobei jetzt f das kleinste gemeinsame Vielfache aller $f(\chi)$, also der Führer von K sein soll. Trägt man dies in die Klassenzahlformel (0) ein, so erhält man als vorläufiges Ergebnis unserer ersten Umformung die Formel

$$g_{\mathsf{K}} h R = \prod_{\chi \neq 1} \sum_{\pm x \bmod f} \left(-\chi(x) \log \left| 1 - \zeta_f^x \right| \right) \tag{4}$$

mit dem Zahlfaktor

$$g_{\mathsf{K}} = \prod_{p \mid f} \prod_{\chi \neq 1} (1 - \chi(p)). \tag{5}$$

Anders als in (7, 1) ist in (4) in der Tat die Summation rechts auf ein **primes** Halbsystem mod. f beschränkt; dafür ist aber links der durch (5) gegebene Zahlfaktor g_{K} hinzugetreten.

9. Der Zahlfaktor g_K

Ehe wir mit der Umformung der gewonnenen Formel (8, 4) fortfahren, wollen wir uns näher mit dem in ihr auftretenden, durch (8, 5) gegebenen Zahlfaktor g_K beschäftigen. Dieser Zahlfaktor ist durch K in invarianter Weise bestimmt. Er ist eine ganzrationale nicht-negative Zahl; ersteres ist wegen der Symmetrie in den algebraisch-konjugierten Charakteren klar, letzteres erkennt man durch Zusammenfassung der Faktorenpaare mit konjugiert-komplexen Charakteren. Wir wollen eine auch der Form nach ganzrationale Darstellung von g_K herleiten, die die arithmetische Bedeutung dieser Zahl erkennen läßt.

Diese Darstellung ergibt sich aus der Bemerkung, daß $1 - \chi(p)$ der Wert für $s = 0$ des Beitrages $1 - \frac{\chi(p)}{p^s}$ der Primzahl p zur Produktentwicklung von $\frac{1}{L(s, \chi)}$ ist. Nach der in I zum Ausgang genommenen Produktformel (2, 1), die ja p-beitragsweise gilt und bewiesen wird[1]), ist daher $\prod\limits_{\chi \neq 1}(1 - \chi(p))$ der Wert für $s = 0$ des Beitrages von p zur Produktentwicklung von $\frac{\zeta(s)}{\zeta_K(s)}$, also

$$\prod_{\chi \neq 1} (1 - \chi(p)) = \left.\frac{\left(1 - \frac{1}{p^{n_p s}}\right)^{r_p}}{1 - \frac{1}{p^s}}\right|_{s=0} = \begin{Bmatrix} 0, & \text{wenn } r_p > 1 \\ n_p, & \text{wenn } r_p = 1 \end{Bmatrix}, \tag{1}$$

wo n_p den Grad und r_p die Anzahl der Primdivisoren $\mathfrak{p}$ von p in K bedeutet. Hieraus ergibt sich für g_K nach (8, 5) die ganzrationale Darstellung

$$g_K = \begin{Bmatrix} 0, & \text{wenn } r_p > 1 \text{ für mindestens ein } p|f \\ \prod\limits_{p|f} n_p, & \text{wenn } r_p = 1 \text{ für alle } p|f \end{Bmatrix}. \tag{2}$$

Aus dieser Darstellung fließen für die in unserer Anwendung besonders interessierenden Fragen, wann $g_K \neq 0$ oder $g_K = 1$ ist, die beiden Kriterien[2]):

Satz 1. *Dann und nur dann ist $g_K \neq 0$, wenn in K jeder Diskriminantenprimteiler p unzerlegt, d. h. von der Form $p \cong \mathfrak{p}^{\frac{n}{n_p}}$ mit einem Primdivisor n_p-ten Grades $\mathfrak{p}$ von K ist; und zwar ist dann $g_K = \prod\limits_{p|d} n_p$.*

Satz 2. *Dann und nur dann ist $g_K = 1$, wenn in K jeder Diskriminantenprimteiler p vollverzweigt, d. h. von der Form $p \cong \mathfrak{p}^n$ mit einem Primdivisor ersten Grades $\mathfrak{p}$ von K ist.*

Die in diesen Kriterien auftretenden Eigenschaften der Primzerlegung in K lassen sich nach dem Klassenkörperzerlegungsgesetz in seiner am Schluß von 1 gegebenen Formulierung auf Eigenschaften der Charaktere von K zurückführen. So ergeben sich die folgenden beiden Kriterien:

---

[1]) Siehe etwa Klassenkörperbericht, Teil I, § 8, Beweis von Satz 14.

[2]) Wir ersetzen in ihnen den Führer f durch den Diskriminantenbetrag d von K (auf Grund des Führerdiskriminantensatzes der Klassenkörpertheorie), weil das in diesem Zusammenhang naturgemäßer erscheint.

Satz 1'. *Dann und nur dann ist $g_{\mathsf{K}} \neq 0$, wenn für jeden Führerprimteiler p und alle Charaktere $\chi \neq 1$ von K die Charakterwerte $\chi(p) \neq 1$ sind; und zwar ist dann $g_{\mathsf{K}} = \prod_{p|f} n_p$, wo n_p dadurch bestimmt ist, daß die zu p gehörigen Charakterwerte $\chi(p) \neq 0$ die n_p-ten Einheitswurzeln sind.*

Satz 2'. *Dann und nur dann ist $g_{\mathsf{K}} = 1$, wenn für jeden Führerprimteiler p und alle Charaktere $\chi \neq 1$ von K sogar $\chi(p) = 0$, d. h. $p|f(\chi)$ gilt.*

Das Kriterium aus Satz 1' (von der Angabe des Wertes von g_{K} abgesehen) liest man auch unmittelbar aus (8, 5) ab. Das Kriterium aus Satz 2' hebt genau denjenigen Spezialfall hervor, in dem für alle $\chi \neq 1$ die Bedingung $(x, f(\chi)) = 1$ mit $(x, f) = 1$ gleichbedeutend ist, in dem man also bei der Herleitung von (7, 1) aus (0) die Summation ohne weiteres auf ein primes Halbsystem mod. f beschränken und so unmittelbar auf (8, 4) mit dem Faktor $g_{\mathsf{K}} = 1$ schließen kann.

Dieser letztere Spezialfall, der im folgenden von besonderer Bedeutung ist, läßt sich auch noch in anderer Weise charakterisieren. Wir betrachten dazu die eindeutige Zerlegung

$$\chi = \prod_{p|f} \chi_p$$

der Charaktere χ nach H in Komponenten χ_p, deren Führer Potenzen der verschiedenen Primteiler p von f sind; die Komponenten χ_p sind dabei allerdings nicht notwendig selbst Charaktere nach H, aber jedenfalls Restklassencharaktere mod. f, genauer sogar mod. p^{ϱ}, wo die p^{ϱ} die p-Beiträge zu f sind. Ist $f = p^{\varrho}$ Primzahlpotenz, so ist die fragliche Bedingung – daß $(x, f(\chi)) = 1$ mit $(x, f) = 1$ für alle $\chi \neq 1$ gleichbedeutend ist – ersichtlich erfüllt. Ist f zusammengesetzt, so ist dafür notwendig, daß für jedes $\chi \neq 1$ die Komponenten χ_p sämtlich dieselbe Ordnung haben, die dann auch die Ordnung von χ ist; denn mit χ ist auch jede Potenz von χ ein Charakter nach H. Dies vorausgesetzt, sei nun χ als Charakter nach H von maximaler Ordnung m gewählt, sei ferner

$$\chi' = \prod_{p|f} \chi'_p$$

ein weiterer Charakter nach H und m' seine Ordnung, die in m aufgeht. Wir wählen einen Primteiler $p \neq 2$ von f aus, was bei zusammengesetztem f möglich ist. Weil die prime Restklassengruppe mod. p^{ϱ}, also auch ihre Charaktergruppe, für $p \neq 2$ zyklisch ist, läßt sich dann zwischen χ und χ' die p-Komponente in der Form $\chi' \chi^{-\frac{m}{m'}k}$ (mit einem gewissen zu m' primen k) eliminieren. Dabei muß aber nach dem Gesagten notwendig der Hauptcharakter entstehen, also $\chi' = \chi^{\frac{m}{m'}k}$ gelten. Für zusammengesetztes f ist demnach K notwendig zyklisch. Im vorweggenommenen Falle $f = p^{\varrho}$ ist K ebenfalls zyklisch, weil für $p \neq 2$ die prime Restklassengruppe mod. p^{ϱ} und für $p = 2$ ihre Faktorgruppe nach der aus ± 1 mod. 2^{ϱ} bestehenden Untergruppe (auf die es für reelle K allein ankommt) zyklisch ist. Damit ist als notwendige Bedingung für den betrachteten Spezialfall gefunden, daß K zyklisch ist und ein erzeugender Charakter χ von K für alle $p|f$ Komponenten χ_p derselben Ordnung hat wie χ selbst. Diese Bedingung ist ersichtlich auch hinreichend.

Wir wollen einen Charakter χ von der Ordnung n und vom Führer f mit der Eigenschaft, daß für jeden Primteiler p von f die Komponente χ_p ebenfalls von der Ordnung n ist, einen *reinen Charakter* nennen. Als Ergebnis der vorstehenden Betrachtung haben wir dann in Ergänzung zu Satz 2′ das Kriterium:

Satz 2″. *Dann und nur dann ist* $g_{\mathsf{K}} = 1$, *wenn* K *zyklisch und ein erzeugender Charakter* χ *von* K *rein ist.*

Dieses Kriterium trifft insbesondere für die zyklischen Körper von Primzahlgrad zu, ferner, wie schon im Beweis hervorgehoben, für die (reellen) zyklischen Körper von Primzahlpotenzführer.

10. Einführung der Kreiseinheiten

Wir fahren nunmehr mit der Umformung der in 8 gewonnenen Klassenzahlformel (4) fort.

In den einzelnen Summen, die das Produkt zusammensetzen, zerlegen wir zunächst die Summation, die jetzt durchweg über irgendein primes Halbsystem x mod. f erstreckt ist, entsprechend der Klasseneinteilung nach H in die Summation über ein Halbsystem a mod. f aus H und ein Vertretersystem s der Klassen nach H. So erhalten wir aus (8, 4)

$$\begin{aligned} g_{\mathsf{K}} h R &= \prod_{\chi \neq 1} \sum_{\pm x \bmod. f} \left(-\chi(x) \log \left|1-\zeta_f^x\right|\right) \\ &= \prod_{\chi \neq 1} \sum_{s \text{ nach } H} \Big(-\chi(s) \sum_{\substack{\pm a \bmod. f \\ a \text{ in } H}} \log\left|1-\zeta_f^{sa}\right|\Big) \\ &= \prod_{\chi \neq 1} \sum_{s \text{ nach } H} \Big(-\chi(s) \log \prod_{\substack{\pm a \bmod. f \\ a \text{ in } H}} \left|1-\zeta_f^{sa}\right|\Big). \end{aligned}$$

Für die weitere arithmetische Behandlung dieser Formel ist es zweckmäßig, die rechts auftretenden absoluten Beträge in die in $x, -x$ symmetrische Form

$$\left|1-\zeta_f^x\right| = \left|\zeta_{2f}^x - \zeta_{2f}^{-x}\right| = \sqrt{\left(1-\zeta_f^x\right)\left(1-\zeta_f^{-x}\right)} \quad \text{(mit positiver Quadratwurzel)} \tag{1}$$

zu setzen. Damit folgt

$$g_{\mathsf{K}} h R = \prod_{\chi \neq 1} \sum_{s \text{ nach } H} \Bigg(-\chi(s) \log \prod_{\substack{\pm a \bmod. f \\ a \text{ in } H}} \sqrt{\left(1-\zeta_f^{sa}\right)\left(1-\zeta_f^{-sa}\right)}\Bigg). \tag{2}$$

In dieser Formel treten die Konjugiertenbeträge der ganzen Zahl

$$\lambda = \prod_{\substack{\pm a \bmod. f \\ a \text{ in } H}} \sqrt{-\left(1-\zeta_f^a\right)\left(1-\zeta_f^{-a}\right)} = \prod_{\substack{\pm a \bmod. f \\ a \text{ in } H}} \left(\zeta_{2f}^a - \zeta_{2f}^{-a}\right)$$

aus dem Kreiskörper P_{2f} auf, mit der wir uns jetzt näher zu beschäftigen haben. Die Zahl λ liegt, der Unbestimmtheit des Vorzeichens der (rein-imaginären) Quadratwurzel in dem ersten Ausdruck entsprechend, nur bis auf ein unbestimmtes Vorzeichen fest, das auf Grund des zweiten Ausdrucks dadurch normiert werden kann, daß man ein bestimmtes Halbsystem a mod. f aus H und überdies eine bestimmte Normierung mod. $2f$ dieses Halbsystems vorschreibt. Das Quadrat

$$\lambda^2 = \prod_{\substack{\pm a \bmod. f \\ a \text{ in } H}} \left(-(1-\zeta_f^a)(1-\zeta_f^{-a})\right)$$

liegt in P_f und gehört wegen der Invarianz bei den Automorphismen $\zeta_f \to \zeta_f^a$ von P_f/K zum betrachteten Körper K. Überdies hängt λ^2 nicht von der Wahl des Halbsystems a mod. f aus H ab, ist also eine durch H in invarianter Weise bestimmte Zahl aus K.

Dem Aufbau der Formel (2) liegen nun, wenn man die Quadratwurzeln gemäß (1) als Beträge von Zahlen aus P_{2f} darstellt, die Substitutionen $\zeta_{2f} \to \zeta_{2f}^s$ zugrunde. Für gerades f sind das Automorphismen von P_{2f}, die für die Zahlen des Teilkörpers K die Automorphismen S von K liefern. Für ungerades f, wo $P_{2f} = P_f$ ist, gilt dies nur dann, wenn die Vertreter s der Klassen nach H ungerade, also prim zu $2f$ normiert sind, was ja durch jeweilige Auswahl unter den Paaren $s, s+f$ geschehen kann[1]). Dann liefern also die Substitutionen $\zeta_{2f} \to \zeta_{2f}^s$ in jedem Falle die Automorphismen S von K. Für die durch sie entstehenden Konjugierten von λ wollen wir, wenn auch im allgemeinen nicht λ selbst, sondern nur λ^2 in K liegt, ruhig die Schreibweise λ^S verwenden, also

$$\lambda^S = \prod_{\substack{\pm a \bmod. f \\ a \text{ in } H}} \sqrt{-(1-\zeta_f^{sa})(1-\zeta_f^{-sa})} = \prod_{\substack{\pm a \bmod. f \\ a \text{ in } H}} (\zeta_{2f}^{sa} - \zeta_{2f}^{-sa}) \tag{3}$$

setzen, wobei wie bei λ selbst die Vorzeichen unbestimmt bleiben bzw. von der Wahl des Halbsystems a mod. f aus H und seiner Normierung mod. $2f$ abhängen. Auf diese Vorzeichen kommt es ja für unseren gegenwärtigen Zweck nicht an, weil in der Formel (2) nur die Beträge $|\lambda^S|$ vorkommen.

Durch die weitere Rechnung werden wir auf die Quotienten

$$\eta_S = \frac{\lambda}{\lambda^S} = \prod_{\substack{\pm a \bmod. f \\ a \text{ in } H}} \frac{\zeta_{2f}^a - \zeta_{2f}^{-a}}{\zeta_{2f}^{sa} - \zeta_{2f}^{-sa}} \tag{4}$$

geführt werden. Diese Zahlen η_S gehören dem betrachteten Körper K an. Liegt schon λ in K, so ist das klar. Liegt erst λ^2 in K, so erzeugt λ einen quadratischen Relativkörper über K. Da dieser in P_{2f} enthalten, also absolut-abelsch ist, wird er auch durch jede der Konjugierten λ^S erzeugt. Wegen der Eindeutigkeit des erzeugenden Radikals bis auf Zahlfaktoren aus dem Grundkörper gehören daher auch in diesem Falle die Quotienten η_S zu K. Die Zugehörigkeit der η_S zu K erkennt man auch daraus, daß die Ausdrücke (4) für sie bei den Automorphismen $\zeta_{2f} \to \zeta_{2f}^a$, $\zeta_{2f} \to \zeta_{2f}^{-1}$ und, falls f gerade, $\zeta_{2f} \to \zeta_{2f}^{1+f} = -\zeta_{2f}$ von P_{2f}/K invariant sind[2]). Wegen der Invarianz dieser Ausdrücke bei den Substitutionen $a \to -a$, $a \to a+f$ für die einzelnen Vertreter a hängen die η_S überdies nicht

[1]) Diese für ungerades f erforderliche ungerade Normierung des Vertretersystems s der Klassen nach H sei in den folgenden Ausführungen und auch im weiteren Verlaufe der Arbeit durchweg vorausgesetzt, ohne daß dies jedesmal besonders zum Ausdruck gebracht wird.

[2]) Für ungerades f ist zu diesem Schluß auch das Halbsystem a mod. f aus H ungerade normiert zu denken, was auf Grund der anschließenden Bemerkung geschehen kann.

von der Wahl des Halbsystems a mod. f aus H ab. Bei Übergang zu einem anderen Vertretersystem s der Klassen nach H ändern sie höchstens ihre Vorzeichen. Demnach sind die absoluten Beträge

$$|\eta_S| = \frac{|\lambda|}{|\lambda^S|} = \prod_{\substack{\pm a \bmod. f \\ a \text{ in } H}} \sqrt{\frac{\left(1-\zeta_f^a\right)\left(1-\zeta_f^{-a}\right)}{\left(1-\zeta_f^{sa}\right)\left(1-\zeta_f^{-sa}\right)}} \quad \text{(mit positiven Quadratwurzeln)},$$

auf die es zunächst allein ankommt, durch H und die Automorphismen S von K in invarianter Weise bestimmte Zahlen aus K, während die η_S selbst durch H und die S nur bis auf die Vorzeichen festliegen. Da alle $1-\zeta_f^x$ mit zu f primem x zueinander assoziiert sind, sind die η_S Einheiten; sie werden die *Kreiseinheiten von* K genannt. Für zusammengesetztes f sind bekanntlich schon die $1-\zeta_f^x$ Einheiten, so daß schon λ^2 eine Einheit aus K ist; doch werden wir hiervon in diesem Abschnitt der Arbeit keinen Gebrauch zu machen haben, sondern erst in **25** zum Beweis von Satz **26**.

11. Erste arithmetische Darstellung der Klassenzahl

Auf Grund von (**10**, 3) können wir die Klassenzahlformel (**10**, 2) in der Form

$$g_{\mathsf{K}}\, h\, R = \prod_{\chi \neq 1} \sum_S \left(-\chi(S) \log |\lambda^S|\right) \tag{1}$$

schreiben, wo S — wie im folgenden durchweg — die Elemente der Galoisgruppe $\mathfrak{G}$ von K durchläuft. Wir sind damit zu der ursprünglichen Bedeutung der χ als Charaktere von $\mathfrak{G}$ zurückgekehrt.

Nun besteht bekanntlich für Unbestimmte $u(S)$, die den Elementen S von $\mathfrak{G}$ zugeordnet sind, die Linearfaktorenzerlegung

$$\prod_{\chi} \sum_S \chi(S)\, u(S) = |u(S\,T^{-1})| \quad \begin{pmatrix} S \text{ Zeilenindex} \\ T \text{ Spaltenindex} \end{pmatrix} \tag{2}$$

der zu $\mathfrak{G}$ gehörigen Gruppendeterminante. Will man diese Determinante von dem $\chi = 1$ entsprechenden Linearfaktor $\sum_S u(S)$ befreien, so braucht man nur irgendeine Spalte (oder Zeile) durch Einsen zu ersetzen; denn alle Zeilen (Spalten) haben die gleiche Summe $\sum_S u(S)$. Ersetzt man etwa die $T=1$ entsprechende Spalte durch Einsen und zieht dann die $S=1$ entsprechende Zeile von allen übrigen Zeilen ab, so erhält man die Produktformel

$$\prod_{\chi \neq 1} \sum_S \chi(S)\, u(S) = |u(S\,T^{-1}) - u(T^{-1})|_{S,\, T \neq 1}. \tag{3}$$

Sie gestattet, das Produkt rechts in (1) als Determinante zu schreiben; man hat dazu nur die Spezialisierung $u(S) = -\log|\lambda^S|$ der Unbestimmten vorzunehmen, bei der nach (**10**, 4)

$$u(S\,T^{-1}) - u(T^{-1}) = -\log|\lambda^{S\,T^{-1}}| + \log|\lambda^{T^{-1}}| = \log\frac{|\lambda^{T^{-1}}|}{|\lambda^{S\,T^{-1}}|} = \log|\eta_S^{T^{-1}}|$$

wird. So ergibt sich aus (1) die Determinantendarstellung

$$g_{\mathsf{K}}\, h\, R = \left| \log \left| \eta_S^{T^{-1}} \right| \right|_{S,\, T \neq 1} \tag{4}$$

Die auftretende Determinante ist der Regulator des Systems der Kreiseinheiten η_S von K. Es gilt demnach

$$g_{\mathsf{K}}\, h = \frac{R(\eta_S)}{R}. \tag{5}$$

Sofern $g_{\mathsf{K}} \neq 0$ ist — siehe die obigen Sätze 1, 1 —, haben wir damit eine arithmetische Darstellung im weiteren Sinne der Klassenzahl h von K gewonnen. Das erhaltene Ergebnis lautet, noch einmal ausführlich zusammengefaßt, folgendermaßen:

Satz 3. *Es sei K ein reeller abelscher Zahlkörper vom Grade n mit der Eigenschaft, daß in ihm jeder Diskriminantenprimteiler p unzerlegt, d. h. von der Form* $p \cong \mathfrak{p}^{\frac{n}{n_p}}$, *mit einem Primdivisor n_p-ten Grades $\mathfrak{p}$ von K ist; oder — was dasselbe — daß für jeden Primteiler p des Führers f und alle Charaktere $\chi \neq 1$ von K die Charakterwerte $\chi(p) \neq 1$ sind, wobei dann n_p dadurch bestimmt ist, daß die $\chi(p) \neq 0$ die n_p-ten Einheitswurzeln sind.*

Dann ist das $\prod_{p|f} n_p$-fache der Klassenzahl h von K gleich dem Index der aus den Kreiseinheitenbeträgen

$$|\eta_S| = \prod_{\substack{\pm a \bmod. f \\ a \text{ in } H}} \sqrt{\frac{\left(1-\zeta_f^{a}\right)\left(1-\zeta_f^{-a}\right)}{\left(1-\zeta_f^{sa}\right)\left(1-\zeta_f^{-sa}\right)}} \qquad (s \text{ Vertretersystem der Klassen nach } H)$$

erzeugten Untergruppe in der Gruppe aller Einheitenbeträge von K.

Betrachten wir die Formel (5) vom Standpunkt der Strukturtheorie der Einheitengruppe von K, so ergibt sie die allgemeine Tatsache, daß der Index der in Satz 3 genannten Untergruppe ein Vielfaches der Zahl g_{K} ist. Im Falle $g_{\mathsf{K}} = 0$ bedeutet dies, daß die Kreiseinheiten von K nicht unabhängig sind, im Falle $g_{\mathsf{K}} \neq 1$, daß sie sicher kein Grundeinheitensystem von K bilden.

Zu der Formel (4) sei noch bemerkt, daß im Falle $g_{\mathsf{K}} \neq 0$ auf Grund der Positivität von $g_{\mathsf{K}} h R$ auch die rechts auftretende Determinante bei der festgelegten Koppelung zwischen Zeilen- und Spaltenfolge positiv ist und daher ohne das Betragzeichen der allgemeinen Regulatordefinition geschrieben werden konnte. Diese Positivität ist die Verallgemeinerung der in 6 für die reell-quadratischen Zahlkörper hervorgehobenen tiefliegenden Aussage über die Klassenverteilung im Restsystem mod. f. Nach der dortigen Bemerkung liegt jedoch diese Verallgemeinerung nicht tiefer als die Positivitätsaussage im quadratischen Spezialfall.

Ist speziell K zyklisch, so kann man in (4), (5) und Satz 3 das System der Kreiseinheiten η_S, die zwar den Automorphismen von K zugeordnet, aber nicht etwa durch sie konjugiert sind, durch ein gleich hohes Einheitensystem ersetzen, das aus den Konjugierten η^S einer Kreiseinheit η besteht, nämlich das System

$$\eta = \pm \eta_Z, \quad \eta^Z = \pm \eta_{Z^2} \eta_Z^{-1}, \quad \ldots, \quad \eta^{Z^{n-2}} = \pm \eta_{Z^{n-1}} \eta_{Z^{n-2}}^{-1}, \left(\eta^{Z^{n-1}} = \pm \eta_{Z^{n-1}}^{-1}\right), \tag{6}$$

wo Z ein erzeugender Automorphismus von K ist. Umgekehrt ist dabei

$$\left.\begin{array}{c} \eta_Z = \pm\eta, \quad \eta_{Z^2} = \pm\eta^{1+Z}, \quad \ldots, \\ \eta_{Z^n-1} = \pm\eta^{1+Z+\cdots+Z^{n-2}}, \quad \left(1 = \pm\eta^{1+Z+\cdots+Z^{n-1}}\right) \end{array}\right\}. \tag{6'}$$

Wir wollen η eine *erzeugende Kreiseinheit von* K nennen. Die Unbestimmtheit der Vorzeichen in diesen Formeln rührt daher, daß allgemein η_S durch S nur bis auf das Vorzeichen invariant bestimmt ist. In dem System η_S sind die $n-1$ Vorzeichen unabhängig voneinander, während sie in dem System η^S an das eine unbestimmte Vorzeichen von η gekoppelt sind. Dieses kann man etwa positiv normieren, ebenso wie man auch die Vorzeichen der η_S der Bestimmtheit zuliebe etwa positiv normieren könnte. Jedoch ist eine Normierung insofern nicht strukturinvariant, als sie sich im allgemeinen nicht auf die Konjugierten überträgt; es würden bei ihr nur in den ersten, nicht notwendig auch in den weiteren Transformationsgleichungen (6), (6') die positiven Zeichen stehen.

Nach dem Gesagten folgen im zyklischen Falle aus (4), (5) die Formeln

$$g_{\mathsf{K}}\, h\, R = \left|\log\left|\eta^{S T^{-1}}\right|\right|_{S,\, T \neq 1} = \left|\log\left|\eta^{Z^{\mu}-\nu}\right|\right|_{\mu,\nu \not\equiv 0 \bmod n} \tag{4_Z}$$

$$g_{\mathsf{K}}\, h = \frac{R(\eta^S)}{R}, \tag{5_Z}$$

und aus Satz 3 ergibt sich:

Satz 3_Z. *Es sei* K *ein reeller zyklischer Zahlkörper mit der in Satz* 1 *genannten Eigenschaft.*

Dann ist das $\prod\limits_{p|f} n_p$*-fache der Klassenzahl* h *von* K *gleich dem Index der aus den Konjugiertenbeträgen einer erzeugenden Kreiseinheit*

$$\eta = \prod_{\substack{\pm a \bmod f \\ a \text{ in } H}} \sqrt{\frac{(1-\zeta_f^a)(1-\zeta_f^{-a})}{(1-\zeta_f^{za})(1-\zeta_f^{-za})}} \quad (z \text{ Vertreter einer erzeugenden Klasse nach } H)$$

erzeugten Untergruppe in der Gruppe aller Einheitenbeträge von K.

Schließlich wollen wir noch das für den Spezialfall $g_{\mathsf{K}} = 1$ — siehe die obigen Sätze 2, 2′, 2″ — resultierende Ergebnis zusammenfassend hervorheben:

Satz 4. *Es sei* K *ein reeller abelscher Zahlkörper vom Grade* n *mit der Eigenschaft, daß in ihm jeder Diskriminantenprimteiler* p *voll verzweigt, d. h. von der Form* $p \cong \mathfrak{p}^n$ *mit einem Primdivisor ersten Grades* $\mathfrak{p}$ *von* K *ist; oder — was dasselbe — es sei* K *ein reeller zyklischer Zahlkörper mit der Eigenschaft, daß ein erzeugender Charakter* χ *von* K *rein ist.*

Dann ist die Klassenzahl h *von* K *gleich dem Index der aus den Konjugiertenbeträgen einer erzeugenden Kreiseinheit*

$$\eta = \prod_{\substack{\pm a \bmod f \\ a \text{ in } H}} \sqrt{\frac{(1-\zeta_f^a)(1-\zeta_f^{-a})}{(1-\zeta_f^{za})(1-\zeta_f^{-za})}} \quad (z \text{ Vertreter einer erzeugenden Klasse nach } H)$$

erzeugten Untergruppe in der Gruppe aller Einheitenbeträge von K.

Durch diesen Satz wird für eine spezielle Klasse reeller zyklischer Zahlkörper K eine arithmetische Darstellung im engeren Sinne der Klassenzahl h gegeben. Diese Klasse umfaßt insbesondere die reellen zyklischen Zahlkörper vom Primzahlgrad und die reellen abelschen Zahlkörper von Primzahlpotenzführer.

Daß Satz 3 nicht nur der Formulierung, sondern auch dem tatsächlichen Umfang nach allgemeiner ist als die beiden nur auf zyklische Zahlkörper bezüglichen Sätze 3_{Z}, 4, erkennt man daraus, daß es nicht-zyklische reelle Zahlkörper mit der in Satz 3 genannten Eigenschaft gibt, z. B. die reellen bizyklischen biquadratischen Zahlkörper

$$\mathsf{K} = \mathsf{P}(\sqrt{p}, \sqrt{p'}) \text{ mit Primzahlen } p,\ p' \equiv 1 \bmod. 4 \text{ und } \left(\frac{p}{p'}\right) = \left(\frac{p'}{p}\right) = -1,$$

wobei p' auch durch 2 ersetzt werden kann und dann $\left(\frac{p}{2}\right) = \left(\frac{2}{p}\right) = -1$ zu fordern ist. Für diese Körper K ist ersichtlich $g_{\mathsf{K}} = 4$; die Kreiseinheiten bilden also sicher kein Grundeinheitensystem.

Beispiele mit $g_{\mathsf{K}} = 0$ liefern etwa die reellen bizyklischen biquadratischen Zahlkörper

$$\mathsf{K} = \mathsf{P}(\sqrt{p}, \sqrt{p'}) \text{ mit Primzahlen } p,\ p' \equiv 1 \bmod. 4 \text{ und } \left(\frac{p}{p'}\right) = \left(\frac{p'}{p}\right) = 1,$$

wobei wieder p' auch durch 2 ersetzt werden kann und dann $\left(\frac{p}{2}\right) = \left(\frac{2}{p}\right) = 1$ zu fordern ist. Für diese Körper sind also die Kreiseinheiten nicht unabhängig.

12. Der Satz von Weber und seine Verallgemeinerung

Wie schon am Schluß von 7 bemerkt, hat Weber [1, 2] bewiesen, daß die größten reellen Teilkörper $\mathsf{P}_{2^\varrho,0}$ der Kreiskörper P_{2^ϱ} ungerade Klassenzahl h_0 haben. Ich entwickle nachstehend aus den Ergebnissen von **11** einen neuen, erheblich einfacheren Beweis dieses Weberschen Satzes sowie einer zusätzlichen Feststellung über die Einheiten von $\mathsf{P}_{2^\varrho,0}$, die Weber im gleichen Zusammenhang erhalten hat, und gebe anschließend eine Verallgemeinerung dieses Satzes auf eine gewisse Klasse reeller zyklischer Zahlkörper. Es ist einigermaßen erstaunlich, daß Weber, der ebenfalls von der in Satz 4 gegebenen arithmetischen Darstellung der Klassenzahl von $\mathsf{P}_{2^\varrho,0}$ ausgeht, diesen gedanklich wie rechnerisch äußerst einfachen Beweis nicht gesehen hat, sondern erst auf Grund einer sehr umfangreichen, tief in die Struktur der Einheitengruppe von $\mathsf{P}_{2^\varrho,0}$ eindringenden Untersuchung, die an sich sehr interessant ist, zum Ziel kommt.

Der Grundgedanke unseres Beweises ist die folgende von den reell-quadratischen Zahlkörpern K her geläufige Schlußweise. Ist ε die Grundeinheit von K (in der eindeutigen Normierung $\varepsilon > 1$) und η die Kreiseinheit von K (in der eindeutigen Normierung $\eta > 0$), so besteht nach (**11**, 4) die Beziehung

$$\eta = \varepsilon^h .$$

Gelingt dann die Feststellung $N(\eta) = -1$, so folgt $N(\varepsilon)^h = -1$, so daß h ungerade und auch $N(\varepsilon) = -1$ ist.

Wir wollen zunächst diese Schlußweise auf beliebige reelle abelsche Zahlkörper K verallgemeinern. Dabei können wir nicht ebenfalls einfach mit dem Vorzeichen der Norm arbeiten, haben vielmehr an seiner Stelle eine allgemeinere invariante Bildung zu verwenden, die folgendermaßen erklärt ist. Sei allgemein mit

$$\operatorname{sgn}.\,\alpha^S = (-1)^{\sigma(\alpha^S)}$$

die Signatur einer Zahl $\alpha \neq 0$ aus K bezeichnet; sie ist ein den Elementen S aus $\mathfrak{G}$ zugeordneter n-gliedriger Vektor, auf dessen Exponentenvektor $\sigma(\alpha^S)$ es hier ankommt. Ist dann $\eta_0, \ldots, \eta_{n-1}$ irgendein n-gliedriges Einheitensystem aus K, so betrachten wir die Determinante

$$\Sigma(\eta_\nu) \equiv \left|\sigma\left(\eta_\nu^S\right)\right| \bmod. 2 \qquad \begin{pmatrix} S \text{ Zeilenindex} \\ \nu \text{ Spaltenindex} \end{pmatrix} \tag{1}$$

aus den Signaturexponenten der η_ν. Es ist das eine dem Regulator $R(\eta_\nu)$ ähnliche Bildung. Sie unterscheidet sich von ihm, abgesehen von der um 1 größeren Reihenzahl, dadurch, daß an Stelle der Logarithmen $\log\left|\eta_\nu^S\right|$ die Signaturexponenten $\sigma\left(\eta_\nu^S\right)$ stehen, die sich formal wie Logarithmen verhalten. Wir wollen diese Determinante kurz die *Regulatrix* des Einheitensystems η_ν nennen. Die Beziehung $\Sigma(\eta_\nu) \not\equiv 0 \bmod. 2$ bedeutet, daß die Signaturen der η_ν voneinander unabhängig sind. Für ein durch -1 ergänztes Grundeinheitensystem[1]) $\varepsilon_0 = -1, \varepsilon_1, \ldots, \varepsilon_{n-1}$ von K ist die Regulatrix

$$\Sigma(\varepsilon_\nu) \equiv \Sigma \bmod. 2$$

eine dem Regulator $R(\varepsilon_\nu) = R$ zur Seite tretende Invariante von K, die *Regulatrix von* K. Für reell-quadratische Zahlkörper ist

$$\Sigma \equiv \begin{vmatrix} 1 & \sigma(\varepsilon) \\ 1 & \sigma(\varepsilon') \end{vmatrix} \equiv \sigma(\varepsilon') - \sigma(\varepsilon) \equiv \sigma(N(\varepsilon)) \bmod. 2\,,$$

also $\Sigma \equiv 0$ oder $1 \bmod. 2$, je nachdem $N(\varepsilon) = 1$ oder -1 ist. Allgemein bedeutet die $N(\varepsilon) = -1$ entsprechende Beziehung $\Sigma \not\equiv 0 \bmod. 2$, daß die Signaturen der Grundeinheiten ε_ν voneinander unabhängig sind, d. h. daß es in K Einheiten mit beliebig vorgeschriebener Signatur gibt.

Wir betrachten nunmehr das Kreiseinheitensystem η_S von K, wobei wir hier, anders als in **11**, auch die $S = 1$ zugeordnete triviale Kreiseinheit $\eta_1 = \pm 1$ mitrechnen, und zwar setzen wir entsprechend zu $\varepsilon_0 = -1$ auch $\eta_1 = -1$. Unter Beachtung dieser letzteren Festsetzung erkennt man, daß die Beziehung (**11**, 5) zwischen den Regulatoren die entsprechende Beziehung

$$\Sigma(\eta_S) \equiv g_{\mathsf{K}}\, h\, \Sigma \bmod. 2 \tag{2}$$

zwischen den Regulatrizen nach sich zieht. Hieraus ergibt sich die folgende Verallgemeinerung der oben für reell-quadratische Zahlkörper besprochenen Schlußweise:

Satz 5. *Es sei* K *ein reeller abelscher Zahlkörper.*

Sind die Signaturen der Kreiseinheiten η_S *von* K *unabhängig, so ist die Klassenzahl* h *von* K *ungerade, und auch die Signaturen der Grundeinheiten von* K *sind unabhängig.*

---

[1]) Der Kürze halber wollen wir fortan, sofern es sich um die Signaturen handelt, den Begriff Grundeinheitensystem von K immer mit dieser Ergänzung durch -1 verstehen. In der Tat reicht ja das System erst nach dieser Ergänzung zur Zusammensetzung aller Einheiten von K aus.

Aus (2) ersieht man noch, daß die Voraussetzung dieses Satzes nur für Körper K mit ungerader Invariante g_K, also insbesondere mit $g_K \neq 0$ zutreffen kann.

Ist speziell K zyklisch, und hat eine erzeugende Kreiseinheit η von K die Eigenschaft $N(\eta) = -1$, so ist nach (11, 6, 6′) das System der Konjugierten η^S auch hinsichtlich der Signaturen dem Kreiseinheitensystem η_S äquivalent, so daß auch

$$\Sigma(\eta^S) \equiv g_K h \Sigma \mod 2 \tag{2_Z}$$

gilt und das System η_S in Satz 5 durch das System η^S ersetzt werden kann. Die Regulatrix des Systems η^S berechnet sich nach (1) und der Gruppendeterminantenformel (11, 2) zu

$$\Sigma(\eta^S) \equiv \prod_{\chi} \sum_{S} \chi(S)\, \sigma(\eta^S) \mod 2. \tag{3}$$

Um die Unabhängigkeit der Signaturen der η^S festzustellen, hat man demgemäß zu zeigen, daß die Linearfaktoren $\sum\limits_{S} \chi(S)\,\sigma(\eta^S)$ sämtlich prim zu 2 sind. Insbesondere liefert der $\chi = 1$ entsprechende Linearfaktor die Bedingung $\sum\limits_{S} \sigma(\eta_S) \equiv \sigma(N(\eta)) \equiv 1 \mod 2$, also $N(\eta) = -1$, die wir zur Anwendung von Satz 5 sowieso schon voraussetzen mußten. Hiernach gilt:

Satz 5_Z. *Es sei K ein reeller zyklischer Zahlkörper.*

Sind für eine erzeugende Kreiseinheit η und alle Charaktere χ von K die Summen $\sum\limits_{S} \chi(S)\sigma(\eta^S)$ über die Signaturexponenten $\sigma(\eta^S)$ sämtlich prim zu 2, so ist die Klassenzahl h von K ungerade, und die Signaturen der Grundeinheiten von K sind unabhängig.

Aus (2_Z) ersieht man wieder noch, daß die Voraussetzung dieses Satzes nur für Körper K mit ungerader Invariante g_K, also insbesondere mit $g_K \neq 0$ zutreffen kann.

Für die speziellen zyklischen Körper $K = P_{2^\varrho,0}$ mit $n = 2^{\varrho-2}$ liegen nun die Verhältnisse insofern besonders einfach, als für sie alle $\chi(S) \equiv 1 \mod \mathfrak{z}$ sind, wo $\mathfrak{z}$ der einzige Primteiler, ersten Grades, von 2 im Körper $P_n = P_{2^{\varrho-2}}$ der Charaktere χ von K ist. Demnach sind hier alle Summen

$$\sum_{S} \chi(S)\, \sigma(\eta^S) \equiv \sum_{S} \sigma(\eta^S) \equiv \sigma(N(\eta)) \mod \mathfrak{z}, \tag{4}$$

so daß in diesem Spezialfall schon die Feststellung $N(\eta) = -1$ ausreicht, um die in Satz 5_Z genannten Folgerungen ziehen zu können. Diese Feststellung läßt sich aber leicht erbringen. Eine erzeugende Kreiseinheit von $P_{2^\varrho,0}$ ist

$$\eta = \frac{\zeta_{2^{\varrho+1}} - \zeta_{2^{\varrho+1}}^{-1}}{\zeta_{2^{\varrho+1}}^{z} - \zeta_{2^{\varrho+1}}^{-z}},$$

wo z ein Basiselement der primen Restklassengruppe mod. 2^ϱ nach der Untergruppe ± 1 mod. 2^ϱ, also etwa $z \equiv 1 + 2^2$ mod. 2^ϱ ist. Die Konjugierten von η sind

$$\eta^{Z^\nu} = \frac{\zeta_{2^{\varrho+1}}^{z^\nu} - \zeta_{2^{\varrho+1}}^{-z^\nu}}{\zeta_{2^{\varrho+1}}^{z^{\nu+1}} - \zeta_{2^{\varrho+1}}^{-z^{\nu+1}}} \qquad (\nu \mod 2^{\varrho-2}).$$

Unter Beachtung von $z^{2^{\varrho-2}} \equiv 1 + 2^{\varrho} \bmod. 2^{\varrho+1}$ ergibt sich in der Tat

$$N(\eta) = \eta^{1+z+\cdots+z^{2^{\varrho-2}-1}} = \frac{\zeta_{2^{\varrho+1}} - \zeta_{2^{\varrho+1}}^{-1}}{\zeta_{2^{\varrho+1}}^{1+2^{\varrho}} - \zeta_{2^{\varrho+1}}^{-1-2^{\varrho}}} = -1\,.$$

Nach dem Gesagten haben wir damit die Weberschen Ergebnisse:

Satz 6. *Für die größten reellen Teilkörper $\mathsf{P}_{2^{\varrho},0}$ der Kreiskörper $\mathsf{P}_{2^{\varrho}}$ ist die Klassenzahl h_0 ungerade, und die Signaturen der Grundeinheiten sind unabhängig*[1]).

Dieselbe Schlußweise läßt sich auch auf allgemeinere reelle zyklische Zahlkörper anwenden, nämlich immer dann, wenn die folgenden beiden Bedingungen erfüllt sind:

a) Die Primzahl 2 zerfällt im Körper P_n eines erzeugenden Charakters χ von K in Primdivisoren ersten Grades $\mathfrak{z}$ (Verzweigung zugelassen).

b) Für eine erzeugende Kreiseinheit η von K ist $N(\eta) = -1$.

Nach a) besteht dann nämlich die Kongruenz (4) für alle $\mathfrak{z}$, so daß nach b) die Voraussetzung von Satz 5_Z erfüllt ist. Somit folgen die Behauptungen von Satz 5_Z, und überdies, wie schon gesagt, die Gültigkeit der Tatsache:

c) Die Invariante g_{K} ist ungerade.

Die Bedingung a) ist nach dem bekannten Kreiskörperzerlegungsgesetz genau dann erfüllt, wenn der Grad $n = 2^{\nu}$ eine Potenz von 2 ist (und zwar hat dann 2 in P_n wieder nur einen einzigen Primteiler $\mathfrak{z}$, ersten Grades). Was die Bedingung b) betrifft, so hat man

$$N(\eta) = \eta^{1+z+\cdots+z^{n-1}} = \prod_{\substack{\pm a \bmod. f \\ a \text{ in } H}} \frac{\zeta_{2f}^{a} - \zeta_{2f}^{-a}}{\zeta_{2f}^{z^n a} - \zeta_{2f}^{-z^n a}}\,,$$

wo z Vertreter einer Basisklasse nach H ist. Für ungerades f ist nach dem in **10** Bemerkten z ungerade zu normieren, und wir denken auch das Halbsystem $a \bmod. f$ aus H ungerade (also als Halbsystem $a \bmod. 2f$ aus H) normiert. Wir betrachten die Reduktion

$$z^n a \equiv (-1)^{\delta_a} a' \bmod. f\,,$$

in der die a' eine Permutation der a sind und in der den a zugeordnete Vorzeichenexponenten $\delta_a \bmod. 2$ auftreten. Für ungerades f hat man dann auf Grund der getroffenen Normierungen sogar

$$z^n a \equiv (-1)^{\delta_a} a' \bmod. 2f\,,$$

während für gerades f etwas anders die erweiterte Reduktion

$$z^n a \equiv (-1)^{\delta_a} a'(1 + \varkappa_a f) \equiv (-1)^{\delta_a}(1+f)^{\varkappa_a} a' \bmod. 2f$$

mit weiteren, den a zugeordneten Exponenten $\varkappa_a \bmod. 2$ besteht. Damit wird ersichtlich

$$N(\eta) = (-1)^{\sum_a \delta_a} \qquad \text{für ungerades } f,$$

$$N(\eta) = (-1)^{\sum_a \delta_a + \sum_a \varkappa_a} \qquad \text{für gerades } f.$$

---

[1]) Weber [1, 2] formuliert die letztere Tatsache auf die folgende ersichtlich äquivalente Art: *In $\mathsf{P}_{2^{\varrho},0}$ ist jede total-positive Einheit Quadrat.*

Durch Produktbildung über das Halbsystem a mod. f aus H bestätigt man nun leicht die Richtigkeit der Beziehungen[1])

$$(-1)^{\sum_a \delta_a} = -1 \text{ oder } 1, \text{ je nachdem } f \text{ Potenz einer Primzahl } p \neq 2 \text{ oder nicht,}$$

$$(-1)^{\sum_a \varkappa_a} = -1 \text{ oder } 1, \text{ je nachdem } f \text{ Potenz der Primzahl } p = 2 \text{ oder nicht.}$$

Daraus folgt dann

$N(\eta) = -1$ oder 1, je nachdem f Primzahlpotenz oder zusammengesetzt. Die Bedingung b) ist also genau dann erfüllt, wenn $f = p^\varrho$ Primzahlpotenz ist.

Zusammengenommen sind demnach für einen reellen zyklischen Zahlkörper K die beiden Bedingungen a), b) genau dann erfüllt, wenn der Grad $n = 2^\nu$ eine Potenz von 2 und der Führer $f = p^\varrho$ Primzahlpotenz ist. Daß dann, wie oben hervorgehoben, die Tatsache c) gilt, erkennt man auch unmittelbar aus Satz 2'', nach dem für $f = p^\varrho$ sogar $g_{\mathsf{K}} = 1$ ist.

Für $p = 2$ ist, da die prime Restklassengruppe mod. 2^ϱ nach der Untergruppe ± 1 mod. 2^ϱ zyklische Faktorgruppe hat, der bereits in Satz 6 vorweggenommene Körper $\mathsf{K} = \mathsf{P}_{2^\varrho, 0}$ vom Grade $n = 2^{\varrho-2}$ der einzige reelle zyklische Zahlkörper vom Führer $f = 2^\varrho$.

Für $p \neq 2$ ist wegen $n = 2^\nu$ notwendig $\varrho = 1$, also $f = p$, sowie $p \equiv 1$ mod. 2^ν und wegen

$$\chi(-1) = \zeta_{2^\nu}^{\frac{p-1}{2}} = (-1)^{\frac{p-1}{2^\nu}} = 1$$

sogar $p \equiv 1$ mod. $2^{\nu+1}$. Zu jeder Primzahl p mit dieser Eigenschaft gibt es genau einen reellen zyklischen Zahlkörper K vom Führer $f = p$ und Grade $n = 2^\nu$, nämlich den Teilkörper 2^ν-ten Grades des zyklischen Kreiskörpers P_p vom Grade $p - 1$.

Nach dem schon Gesagten ist hiermit in Verallgemeinerung des Weberschen Satzes 6 bewiesen:

Satz 7. *Für die reellen zyklischen Zahlkörper K von 2-Potenzgrad $n = 2^\nu$ und Primzahlpotenzführer $f = p^\varrho$, d. h. außer für $\mathsf{P}_{2^\varrho, 0}$ auch noch für die Teilkörper 2^ν-ten Grades der Kreiskörper P_p mit Primzahlen $p \equiv 1$ mod. $2^{\nu+1}$, ist die Klassenzahl h ungerade, und die Signaturen der Grundeinheiten sind unabhängig.*

Für den Spezialfall $n = 2$ ist das die aus der Geschlechtertheorie der reell-quadratischen Zahlkörper $\mathsf{K} = \mathsf{P}(\sqrt{f})$ bekannte Tatsache, daß für Primzahlpotenzführer f (also $f = 2^3$ oder $f = p \equiv 1$ mod. 4) die Klassenzahl h ungerade und $N(\varepsilon) = -1$ ist.

13. Die verallgemeinerte Gruppenmatrix

Unsere zweite Art der Umformung der Klassenzahlformel (0), der wir uns jetzt zuwenden, beruht auf einer auch an sich interessanten Verallgemeinerung der Linearfaktorenzerlegung (**11**, 2) der Gruppendeterminante einer abelschen Gruppe $\mathfrak{G}$. Während die gewöhnliche Gruppenmatrix $\left(u\,(S\,T^{-1})\right)$ aus einem einzigen

[1]) Sie gelten jedenfalls immer dann, wenn f Führer und z Vertreter einer Basisklasse nach H für einen reellen zyklischen Zahlkörper K ist. — Siehe hierzu auch die etwas breiter ausgeführte ganz ähnliche Schlußweise im Beweis des späteren Hilfssatzes aus **29**.

System von Unbestimmten $u(S)$ gebildet ist, die den Elementen S von $\mathfrak{G}$ zugeordnet sind, betrachten wir eine ähnlich gebaute Matrix aus mehreren Unbestimmtensystemen $u_\chi(S)$, die den Charakteren χ von $\mathfrak{G}$ zugeordnet sind, zwischen denen aber noch gewisse Gleichheiten bestehen sollen.

Erstens sollen die Systeme $u_\chi(S)$ nicht von den Charakteren χ selbst, sondern nur von den Frobeniusschen Abteilungen der Charaktergruppe X von $\mathfrak{G}$ abhängen. Es sollen also die Gleichheiten

$$u_\chi(S) = u_{\chi^\mu}(S) \qquad \text{für } (\mu, n_\chi) = 1 \tag{1a}$$

bestehen, wo n_χ die Ordnung von χ bezeichnet. Zweitens sollen die Unbestimmten $u_\chi(S)$ eines solchen Systems nur von der Klasse abhängen, der S nach der χ zugeordneten Untergruppe $\mathfrak{H}_\chi$ von $\mathfrak{G}$ angehört. Es sollen also die Gleichheiten

$$u_\chi(S) = u_\chi(S') \qquad \text{für } \chi(S) = \chi(S') \tag{1b}$$

bestehen. Die Untergruppe $\mathfrak{H}_\chi$ hängt ebenso wie ihr Index n_χ in $\mathfrak{G}$ nur von der Abteilung von χ ab.

Im folgenden durchlaufe ψ immer ein Vertretersystem der Abteilungen von X, so daß man also alle Charaktere χ von $\mathfrak{G}$ eindeutig in der Form $\chi = \psi^\mu$ erhält, wo μ jeweils ein primes Restsystem mod. n_ψ durchläuft. Da die Potenzen $\chi = \psi^\mu$ gerade das volle System der Algebraisch-Konjugierten von ψ sind, kann man die ψ auch als ein Vertretersystem nicht algebraisch-konjugierter Charaktere von K definieren. Für jedes ψ sei ferner ein festes erzeugendes Element T_ψ der von der Ordnung n_ψ zyklischen Faktorgruppe $\mathfrak{G}/\mathfrak{H}_\psi$ gewählt, so daß also der Charakterwert $\psi(T_\psi)$ eine primitive n_ψ-te Einheitswurzel ist.

Es handelt sich dann um die Berechnung der Determinante der quadratischen Matrix

$$U_{\mathfrak{G}} = \left(u_\psi\left(S\,T_\psi^{-k}\right)\right) \qquad \begin{pmatrix}\text{Zeilenindex } S \\ \text{Spaltenindizes } \psi, k\end{pmatrix}, \tag{2}$$

wo der Zeilenindex S die Elemente aus $\mathfrak{G}$, der erste Spaltenindex ψ die Vertreter der Abteilungen von X und der zweite Spaltenindex k irgendein solches System von $\varphi(n_\psi)$ Restklassen mod. n_ψ durchläuft, daß die Einheitswurzeln $\psi(T_\psi)^k$ eine Ganzheitsbasis des Kreiskörpers P_{n_ψ} bilden, z. B. $k = 0, 1, \ldots, \varphi(n_\psi) - 1$. Da dann auf Grund der eindeutigen Darstellung $\chi = \psi^\mu$ die Spaltenanzahl $\sum\limits_\psi \varphi(n_\psi) = n$ die Ordnung von $\mathfrak{G}$ ist, ist $U_{\mathfrak{G}}$ wirklich eine quadratische Matrix, hat also eine Determinante.

Ist $\mathfrak{G}$ zyklisch von Primzahlordnung p, so hat X nur zwei Abteilungen, entsprechend einem erzeugenden Charakter und dem Hauptcharakter. Demgemäß hat man zwei Unbestimmtensysteme, deren erstes $u(S)$ aus p verschiedenen Unbestimmten besteht, während das zweite $v(S) = v$ sich auf eine Unbestimmte reduziert. Die Matrix $U_{\mathfrak{G}}$ entsteht dann aus der gewöhnlichen Gruppenmatrix $\left(u(S\,T^{-1})\right)$, indem man die $T = 1$ entsprechende Spalte durch die konstante Spalte $v(S) = v$ ersetzt. Gerade die Determinante der so modifizierten Gruppenmatrix spielte (für beliebige abelsche Gruppen) bei unserer ersten Umformung eine Rolle – siehe oben (**11**, 2, 3, 4) –, und zwar mit der Spezialisierung $u(S) = -\log|\lambda^S|$, $v = 1$ der Unbestimmten.

Wir wollen das Bildungsgesetz der in Rede stehenden Verallgemeinerung der Gruppenmatrix durch explizite Angabe der Matrix $U_{\mathfrak{G}}$ für die ersten drei abelschen Gruppen $\mathfrak{G}$ von nichtprimer Ordnung verdeutlichen. Für die zyklische Gruppe der Ordnung 4 ist

$$U_{\mathfrak{G}} = \begin{pmatrix} u_0 & u_3 & v_0 & w \\ u_1 & u_0 & v_1 & w \\ u_2 & u_1 & v_0 & w \\ u_3 & u_2 & v_1 & w \end{pmatrix}.$$

Für die bizyklische Gruppe der Ordnung 4 (Vierergruppe) ist

$$U_{\mathfrak{G}} = \begin{pmatrix} u_0 & v_0 & w_0 & z \\ u_0 & v_1 & w_1 & z \\ u_1 & v_0 & w_1 & z \\ u_1 & v_1 & w_0 & z \end{pmatrix}.$$

Für die zyklische Gruppe der Ordnung 6 ist

$$U_{\mathfrak{G}} = \begin{pmatrix} u_0 & u_5 & v_0 & v_2 & w_0 & z \\ u_1 & u_0 & v_1 & v_0 & w_1 & z \\ u_2 & u_1 & v_2 & v_1 & w_0 & z \\ u_3 & u_2 & v_0 & v_2 & w_1 & z \\ u_4 & u_3 & v_1 & v_0 & w_0 & z \\ u_5 & u_4 & v_2 & v_1 & w_1 & z \end{pmatrix}.$$

Dabei sind die den einzelnen Abteilungen von X entsprechenden Unbestimmtensysteme jeweils mit besonderen Buchstaben bezeichnet, und ihre Zuordnung zu den Elementen von $\mathfrak{G}$ ist in ohne weiteres durchsichtiger Weise durch entsprechende Numerierung wiedergegeben.

Wir weisen noch besonders darauf hin, daß man nicht etwa die gewöhnliche Gruppenmatrix durch Spezialisierung (Gleichsetzen von Unbestimmten) aus $U_{\mathfrak{G}}$ gewinnen kann; denn $U_{\mathfrak{G}}$ enthält, der Abteilung des Hauptcharakters entsprechend, stets eine konstante Spalte, die gewöhnliche Gruppenmatrix aber nicht. Es handelt sich daher nicht um eine Verallgemeinerung im strengen Sinne der Linearfaktorenzerlegung (**11**, 2) der gewöhnlichen Gruppendeterminante, sondern um eine neuartige Determinantenformel von ähnlicher Gestalt.

14. Linearfaktorenzerlegung der verallgemeinerten Gruppendeterminante

Für die Determinante der in (**13**, 2) definierten verallgemeinerten Gruppenmatrix $U_{\mathfrak{G}}$ besteht, wie wir jetzt beweisen wollen, in Verallgemeinerung der Formel (**11**, 2) für die gewöhnliche Gruppendeterminante die folgende Linearfaktorenzerlegung:

$$|U_{\mathfrak{G}}| = \pm c_{\mathfrak{G}} \prod_{\chi} \sum_{S \text{ nach } \mathfrak{H}_{\chi}}' \chi(S)\, u_{\chi}(S). \qquad (1)$$

Dabei ist $c_{\mathfrak{G}}$ eine durch $\mathfrak{G}$ bestimmte natürliche Zahl, die durch folgenden Ausdruck gegeben ist:

$$c_{\mathfrak{G}} = \prod_{p|n} p^{\frac{1}{2}\sum_{p^\mu|n}\left(q\left(\frac{n}{p^\mu}\right)-\frac{n}{p^\mu}\right)}, \tag{2}$$

wo allgemein $q(m)$ die Anzahl der Lösungen von $X^m = 1$ in $\mathfrak{G}$ bezeichnet.

Daß diese Zahl $c_{\mathfrak{G}}$ ganzrational ist, erkennt man daraus, daß für Teiler m der Gruppenordnung nach dem Basissatz für endliche abelsche Gruppen einerseits $q(m) \geqq m$ ist und andrerseits $q(m)$ und m dieselben Primfaktoren haben, woraus $q(m) \equiv m$ mod. 2 folgt.

Daß in (1) das Vorzeichen unbestimmt bleibt, liegt in der Natur der Sache, da ja, anders als bei der gewöhnlichen Gruppenmatrix, zwischen der Zeilen- und Spaltenfolge der Matrix $U_{\mathfrak{G}}$ keine Koppelung festgelegt ist.

Zum Beweis der Formel (1) multiplizieren wir die Matrix $U_{\mathfrak{G}}$ von links mit der Transponierten der Charaktermatrix

$$X = (\chi(S)) \qquad \begin{pmatrix}\text{Zeilenindex } S \\ \text{Spaltenindex } \chi\end{pmatrix},$$

bilden also das Matrizenprodukt

$$X' U_{\mathfrak{G}} = \left(\sum_S \chi(S)\, u_\psi\left(S\, T_\psi^{-k}\right)\right) \qquad \begin{pmatrix}\text{Zeilenindex } \chi \\ \text{Spaltenindizes } \psi,\, k\end{pmatrix}. \tag{3}$$

Die Elemente dieser Produktmatrix berechnen sich durch Zerlegung der Summation über die Elemente S aus $\mathfrak{G}$ entsprechend der Untergruppe $\mathfrak{H}_\psi$ und der Faktorgruppe $\mathfrak{G}/\mathfrak{H}_\psi$ in folgender Weise:

$$\begin{aligned}\sum_{S \text{ in } \mathfrak{G}} \chi(S)\, u_\psi\left(S\, T_\psi^{-k}\right) &= \sum_{A \text{ in } \mathfrak{H}_\psi} \sum_{\nu=0}^{n_\psi-1} \chi\left(A\, T_\psi^\nu\right) u_\psi\left(A\, T_\psi^{\nu-k}\right) \\ &= \sum_{A \text{ in } \mathfrak{H}_\psi} \chi(A) \sum_{\nu=0}^{n_\psi-1} \chi\left(T_\psi^\nu\right) u_\psi\left(T_\psi^{\nu-k}\right),\end{aligned}$$

letzteres unter Beachtung der für die Unbestimmten vorausgesetzten Eigenschaft (**13**, 1b). Nun gilt bekanntlich

$$\sum_{A \text{ in } \mathfrak{H}_\psi} \chi(A) = \begin{cases} \dfrac{n}{n_\psi} & \text{für } \chi = \psi^i \\ 0 & \text{für } \chi \neq \psi^i \end{cases} \qquad (i \text{ beliebig, nicht notwendig prim zu } n_\psi)$$

und im ersteren Falle

$$\begin{aligned}\sum_{\nu=0}^{n_\psi-1} \chi\left(T_\psi^\nu\right) u_\psi\left(T_\psi^{\nu-k}\right) &= \sum_{\nu \bmod n_\psi} \psi^i\left(T_\psi^\nu\right) u_\psi\left(T_\psi^{\nu-k}\right) \\ &= \psi\left(T_\psi\right)^{ik} \sum_{\nu \bmod n_\psi} \psi^i\left(T_\psi^\nu\right) u_\psi\left(T_\psi^\nu\right) \\ &= \psi\left(T_\psi\right)^{ik} \sum_{S \text{ nach } \mathfrak{H}_\psi} \psi^i(S)\, u_\psi(S).\end{aligned}$$

Damit wird

$$\sum_{S \text{ in } \mathfrak{S}} \chi(S)\, u_\varphi\left(S\, T_\varphi^{-k}\right) = \begin{cases} \dfrac{n}{n_\varphi}\, \psi(T_\varphi)^{ik} \sum\limits_{S \text{ nach } \mathfrak{H}_\varphi} \psi^i(S)\, u_\varphi(S) & \text{für } \chi = \psi^i \\ 0 & \text{für } \chi \neq \psi^i \end{cases}. \tag{4}$$

Seien nun die Zeilenindizes χ so angeordnet, daß immer die Elemente einer Abteilung beieinanderstehen und daß eine Abteilung, die aus einer anderen durch Potenzierung hervorgeht, dieser nachfolgt. Die ersten Spaltenindizes ψ seien in der bei den χ gewählten Reihenfolge der Abteilungen angeordnet; die jeweils $\varphi(n_\varphi)$ zweiten Spaltenindizes k entsprechen dabei formal den je $\varphi(n_\chi)$ Elementen der einzelnen Abteilungen. In dieser Weise wird ein den Abteilungen entsprechendes Grobschema für die Zeilen und Spalten der Produktmatrix $X' U_{\mathfrak{S}}$ festgelegt, das mit je $(\varphi(n_\chi), \varphi(n_\varphi))$-reihigen Teilmatrizen ausgefüllt ist. Die zweite der Formeln (4) besagt dann, daß in diesem Grobschema höchstens in und unterhalb der Grobdiagonale von Null verschiedene Teilmatrizen stehen. Daher zerfällt die Determinante in das Produkt der Determinanten der Teilmatrizen in der Grobdiagonale, die durch die erste Formel (4) (für zu n_φ prime i) gegeben sind. So ergibt sich aus (3), (4) (bei irgendeiner Zeilen- und Spaltenfolge)

$$|X|\,|U_{\mathfrak{S}}| = \pm \prod_\varphi \left(|\psi(T_\varphi)^{ik}| \cdot \prod_i \frac{n}{n_\varphi} \sum_{S \text{ nach } \mathfrak{H}_\varphi} \psi^i(S)\, u_\varphi(S) \right),$$

wo i in der Determinante und im Produkt jedesmal ein primes Restsystem mod. n_φ durchläuft. Daraus folgt durch andere Zusammenfassung der Produkte und unter Beachtung der für die Unbestimmten vorausgesetzten Eigenschaft (**13**, 1a) die Formel

$$|X|\,|U_{\mathfrak{S}}| = \pm \prod_\varphi \left(\left(\frac{n}{n_\varphi}\right)^{\varphi(n_\varphi)} |\psi(T_\varphi)^{ik}| \right) \cdot \prod_\chi \sum_{S \text{ nach } \mathfrak{H}_\chi} \chi(S)\, u_\chi(S),$$

also die behauptete Linearfaktorenzerlegung (1) mit dem Zahlfaktor

$$c_{\mathfrak{S}} = \pm |X|^{-1} \prod_\varphi \left(\left(\frac{n}{n_\varphi}\right)^{\varphi(n_\varphi)} |\psi(T_\varphi)^{ik}| \right). \tag{5}$$

15. Der Zahlfaktor $c_{\mathfrak{S}}$

Wir haben jetzt noch den zuletzt gefundenen Ausdruck (**14**, 5) für den Zahlfaktor $c_{\mathfrak{S}}$ in den behaupteten Ausdruck (**14**, 2) umzurechnen. Es genügt, dies für das Quadrat $c_{\mathfrak{S}}^2$ durchzuführen, da ja das Vorzeichen von $c_{\mathfrak{S}}$ schon (willkürlich) als positiv festgelegt wurde.

Da die $\psi(T_\varphi)^k$ eine Ganzheitsbasis des Kreiskörpers P_{n_φ} bilden sollten, während i ein primes Restsystem mod. n_φ durchläuft, also als Exponent von ψ die Automorphismen von P_{n_φ} liefert, ist das Determinantenquadrat

$$|\psi(T_\varphi)^{ik}|^2 = \sigma_{n_\varphi} d_{n_\varphi},$$

wo d_{n_ψ} den absoluten Betrag und σ_{n_ψ} das Vorzeichen der Diskriminante von P_{n_ψ} bezeichnet. Wegen

$$X'X = \Big(\sum_S \chi_1(S)\,\chi_2(S)\Big) = \Big(\sum_S \chi_1\chi_2(S)\Big) \qquad \begin{pmatrix}\chi_1 \text{ Zeilenindex}\\ \chi_2 \text{ Spaltenindex}\end{pmatrix}$$

ist ferner

$$|X|^2 = \sigma n^n,$$

wo σ das Vorzeichen der Permutation $\chi \to \chi^{-1}$ der Charaktere von $\mathfrak{G}$ bezeichnet. Nach (14, 5) wird damit

$$c_{\mathfrak{G}}^2 = \sigma n^{-n} \cdot \prod_\psi \left(\frac{n}{n_\psi}\right)^{2\varphi(n_\psi)} \cdot \prod_\psi \sigma_{n_\psi} d_{n_\psi}. \tag{1}$$

Einerseits ist nun

$$\sigma_{n_\psi} = \begin{Bmatrix} 1 & \text{für } n_\psi = 1, 2 \\ (-1)^{\frac{1}{2}\varphi(n_\psi)} & \text{für } n_\psi \neq 1, 2 \end{Bmatrix},$$

weil im ersteren Falle $\mathsf{P}_{n_\psi} = \mathsf{P}$ ist, während P_{n_ψ} im letzteren Falle $\frac{1}{2}\varphi(n_\psi)$ Paare konjugiert-komplexer Konjugierter hat. Andrerseits werden bei $\chi \to \chi^{-1}$ die einzelnen Abteilungen von X in sich permutiert, und zwar erfährt die Abteilung von ψ, sofern $n_\psi \neq 1, 2$, also ihre Elementanzahl $\varphi(n_\psi) \neq 1$ ist, genau $\frac{1}{2}\varphi(n_\psi)$ Transpositionen. Daraus folgt zusammengenommen

$$\sigma \prod_\psi \sigma_{n_\psi} = 1,$$

so daß die Vorzeichenfaktoren in (1) herausfallen[1]). Da $\sum_\psi \varphi(n_\psi) = n$ ist, ergibt sich aus (1)

$$c_{\mathfrak{G}}^2 = \frac{n^n \prod_\psi d_{n_\psi}}{\prod_\psi n_\psi^{2\varphi(n_\psi)}}. \tag{2}$$

Nun ist bekanntlich[2]) der Diskriminantenbetrag

$$d_{n_\psi} = \left(\frac{n_\psi}{\prod_{p|n_\psi} p^{\frac{1}{p-1}}}\right)^{\varphi(n_\psi)}.$$

Indem wir die Exponenten $\varphi(n_\psi)$ dadurch entfernen, daß wir die Multiplikation anstatt nur über die Abteilungsvertreter ψ über die sämtlichen Charaktere χ von $\mathfrak{G}$ erstrecken, erhalten wir damit aus (2)

$$c_{\mathfrak{G}}^2 = \frac{n}{n_\chi \prod_{p|n_\chi} p^{\frac{1}{p-1}}}. \tag{3}$$

---

[1]) Man beachte, daß diese Vorzeichenbetrachtung für unseren Beweis wesentlich ist. Es handelt sich nämlich bei ihr nicht um das unwesentliche Vorzeichen von $c_{\mathfrak{G}}$, sondern um das von $c_{\mathfrak{G}}^2$, also um die Realität von $c_{\mathfrak{G}}$.

[2]) Siehe etwa Zahlbericht, §§ 96, 97, und Hasse [5], § 27, c), 1.

Ist $\mathfrak{G} = \mathfrak{G}_1 \cdot \mathfrak{G}_2$ eine direkte Zerlegung von $\mathfrak{G}$ in zwei Gruppen $\mathfrak{G}_1$, $\mathfrak{G}_2$ mit zueinander teilerfremden Ordnungen n_1, n_2, so besteht eine entsprechende direkte Zerlegung $\chi = \chi_1 \chi_2$ der Charaktere χ von $\mathfrak{G}$ in die Charaktere χ_1 von $\mathfrak{G}_1$, χ_2 von $\mathfrak{G}_2$. Dabei gilt $n = n_1 n_2$, $n_\chi = n_{\chi_1} n_{\chi_2}$, $\prod\limits_{p|n_\chi} = \prod\limits_{p|n_{\chi_1}} \cdot \prod\limits_{p|n_{\chi_2}}$ und $\prod\limits_{\chi} = \Big(\prod\limits_{\chi_1}\Big)^{n_2} \cdot \Big(\prod\limits_{\chi_2}\Big)^{n_1}$. Hiermit folgt aus (3) für den Zahlfaktor $c_{\mathfrak{G}}$ die Reduktionsregel

$$c_{\mathfrak{G}} = c_{\mathfrak{G}_1}^{n_2}\, c_{\mathfrak{G}_2}^{n_1}.$$

Dieselbe Reduktionsregel gilt aber auch für den behaupteten Ausdruck (**14**, 2); denn man hat $\prod\limits_{p|n} = \prod\limits_{p_1|n_1} \cdot \prod\limits_{p_2|n_2}$, und weil in leicht verständlicher Bezeichnungsweise $q_1(n_1) = n_1$, $q_2(n_2) = n_2$ gilt:

$$\sum_{p^\mu|n}\left(q\left(\frac{n}{p^\mu}\right) - \frac{n}{p^\mu}\right) = \begin{cases} n_2 \sum\limits_{p_1^{\mu_1}|n_1}\left(q_1\left(\frac{n_1}{p_1^{\mu_1}}\right) - \frac{n_1}{p_1^{\mu_1}}\right) & \text{für } p_1|n_1 \\ n_1 \sum\limits_{p_2^{\mu_2}|n_2}\left(q_2\left(\frac{n_2}{p_2^{\mu_2}}\right) - \frac{n_2}{p_2^{\mu_2}}\right) & \text{für } p_2|n_2 \end{cases} \quad [1]$$

Demnach genügt es, die Formel (**14**, 2) für den Fall einer abelschen Gruppe $\mathfrak{G}$ von Primzahlpotenzordnung $n = p^\nu$ aus (3) zu folgern.

In diesem Falle lautet die bewiesene Formel (3)

$$c_{\mathfrak{G}}^2 = \prod_\chi c_\chi^2 \quad \text{mit} \quad c_\chi^2 = \begin{cases} \dfrac{p^\nu}{n_\chi} = p^\nu & \text{für } \chi = 1 \\ \dfrac{p^\nu}{n_\chi\, p^{\frac{1}{p-1}}} & \text{für } \chi \neq 1 \end{cases} \tag{4}$$

und die zu beweisende Formel (**14**, 2)

$$c_{\mathfrak{G}}^2 = p^{\sum\limits_{\varkappa=0}^{\nu}(q(p^\varkappa) - p^\varkappa)} \tag{5}$$

Nun sind die Ordnungen n_χ der Charaktere χ von $\mathfrak{G}$ im jetzt betrachteten Falle Potenzen von p, und aus der Isomorphie der Charaktergruppe X mit der Gruppe $\mathfrak{G}$ selbst folgt, daß für eine gegebene Potenz $p^\varkappa (\varkappa \geqq 1)$ genau $q(p^\varkappa) - q(p^{\varkappa-1})$ Charaktere χ mit $n_\chi = p^\varkappa$ vorhanden sind. Setzt man also

$$c_\chi = p^{\gamma_\chi}, \quad c_{\mathfrak{G}} = p^{\gamma_{\mathfrak{G}}},$$

so hat man nach (4)

$$2\gamma_\chi = \begin{cases} \nu - \varkappa = \nu & \text{für den Charakter } \chi = 1 \text{ mit } \varkappa = 0 \\ \nu - \varkappa - \dfrac{1}{p-1} & \text{für die je } q(p^\varkappa) - q(p^{\varkappa-1}) \text{ Charaktere } \chi \neq 1 \text{ mit festem } \varkappa \geqq 1 \end{cases}$$

und damit

$$2\gamma_{\mathfrak{G}} = \sum_{\chi} 2\gamma_\chi = \nu + \sum_{\varkappa=1}^{\nu}\left(\nu - \varkappa - \frac{1}{p-1}\right)(q(p^\varkappa) - q(p^{\varkappa-1}))$$

$$= \nu + \sum_{\varkappa=0}^{\nu-1} q(p^\varkappa) + \left(-\frac{1}{p-1}\right) q(p^\nu) - \left(\nu - \frac{1}{p-1}\right) q(1)$$

(partielle Summation!)

$$= \sum_{\varkappa=0}^{\nu-1} q(p^\varkappa) - \frac{p^\nu - 1}{p-1} \quad (\text{wegen } q(p^\nu) = p^\nu,\ q(1) = 1)$$

$$= \sum_{\varkappa=0}^{\nu-1} (q(p^\varkappa) - p^\varkappa) = \sum_{\varkappa=0}^{\nu} (q(p^\varkappa) - p^\varkappa),$$

wie es die Behauptung (5) verlangt.

Damit sind die Formeln (**14**, 1, 2) für die verallgemeinerte Gruppendeterminante vollständig bewiesen.

Wir heben noch die für unsere Anwendung wichtige Tatsache hervor:

Satz 8. *Dann und nur dann ist* $c_{\mathfrak{G}} = 1$, *wenn* $\mathfrak{G}$ *zyklisch ist.*

Denn nur in den zyklischen Gruppen gilt für die direkten Faktoren von p-Potenzordnung durchweg $q(p^\varkappa) = p^\varkappa$ $\left(\text{und auch allgemein durchweg } q\left(\frac{n}{p^\mu}\right) = \frac{n}{p^\mu}\right)$.

16. Die zweite Umformungsart

Durch ganz entsprechende Betrachtungen, wie sie bei unserer ersten Umformungsart von (8, 4) zu (**11**, 1) führten – siehe oben in **10** –, erhält man von der ursprünglichen Klassenzahlformel (0) ausgehend die Formel

$$h R = \prod_{\chi \neq 1} \sum_{S \text{ nach } \mathfrak{H}_\chi} \left(-\chi(S) \log |\lambda_\chi^S|\right), \tag{1}$$

wo die Zahlen λ_χ für die den Charakteren χ zugeordneten Teilkörper K_χ dieselbe Bedeutung haben wie oben λ für den vollen Körper K. Der χ zugeordnete Teilkörper K_χ ist als der Invariantenkörper der Gruppe $\mathfrak{H}_\chi$ erklärt, seine Galoisgruppe ist also die Faktorgruppe $\mathfrak{G}/\mathfrak{H}_\chi$, d. h. er ist zyklisch vom Grade n_χ mit χ als erzeugendem Charakter.

Der Ausdruck (1) hat nun genau die Struktur des für unsere verallgemeinerte Gruppendeterminante gefundenen Ausdrucks (**14**, 1), und zwar bei der Spezialisierung

$$u_\chi(S) = -\log |\lambda_\chi^S|, \quad u_1(S) = 1$$

der Unbestimmten. Bei dieser Spezialisierung sind die für (**14**, 1) vorausgesetzten Bedingungen (**13**, 1a, 1b) im Hinblick auf die angegebene Bedeutung der Zahlen λ_χ

erfüllt. Daher ist die Formel (14, 1) anwendbar. Sie liefert gemäß (13, 2) die Determinantenbetragdarstellung

$$c_{\mathfrak{G}}\, h\, R = \left\| \log \left| \lambda_{\psi}^{S\, T_{\psi}^{-k}} \right| \right\| \qquad \begin{pmatrix} \text{Zeilenindex } S \\ \text{Spaltenindizes } \psi, k \end{pmatrix}, \tag{2}$$

wo ψ, T_{ψ}, k die in 13 erklärte Bedeutung haben, und wo die $\psi = 1$ entsprechende Spalte durch Einsen zu ersetzen ist. Hieraus folgt, indem man die $S = 1$ entsprechende Zeile von allen übrigen Zeilen abzieht, die zu (11, 4) analoge Formel

$$c_{\mathfrak{G}}\, h\, R = \left\| \log \left| \eta_{\psi, S}^{T_{\psi}^{-k}} \right| \right\|_{S, \psi \neq 1} \qquad \begin{pmatrix} \text{Zeilenindex } S \\ \text{Spaltenindizes } \psi, k \end{pmatrix}, \tag{3}$$

wo die $\eta_{\psi, S} = \frac{\lambda_{\psi}}{\lambda_{\psi}^{S}}$ die Kreiseinheiten der Körper K_{ψ} sind. Der Bedeutung der ψ entsprechend bilden die K_{ψ} gerade das System aller verschiedenen zyklischen Teilkörper von K, und die T_{ψ} sind ein zugehöriges System von erzeugenden Automorphismen.

Die Determinante in (3) hat nun aber im allgemeinen nicht die Form eines Regulators $\| \log |\eta_S^T| \|_{S, T \neq 1}$ eines Einheitensystems η_S aus K, auf die wir ja mit unserer Untersuchung hinauswollen. Einerseits sind nämlich die den einzelnen Spalten zugeordneten Automorphismen T_{ψ}^{-k} im allgemeinen nicht das System aller Elemente $T \neq 1$ aus $\mathfrak{G}$, und andrerseits liegen statt eines einzigen unabhängigen Einheitensystems η_S mehrere Einheitensysteme $\eta_{\psi, S}$ zugrunde, zwischen denen Relationen bestehen.

Im einzelnen liegt in dieser Hinsicht der folgende Sachverhalt vor. Für festes ψ hängt $\eta_{\psi, S}$ (bis auf das Vorzeichen) nur von der Klasse von S nach $\mathfrak{H}_{\psi}$ ab. Für die Hauptklasse $\mathfrak{H}_{\psi}$ ist $\eta_{\psi, S} = \pm 1$; für die übrigen Klassen nach $\mathfrak{H}_{\psi}$ bilden die $\eta_{\psi, S}$ das System der $n_{\psi} - 1$ Kreiseinheiten von K_{ψ}. Das Gesamtsystem $\eta_{\psi, S}$ besteht hiernach, wenn man von den unechten Einheiten und von Gleichheiten absieht, aus $\sum_{\psi \neq 1} (n_{\psi} - 1)$ formal verschiedenen echten Einheiten. Diese Anzahl ist im allgemeinen größer als der Einheitenrang $n - 1 = \sum_{\psi \neq 1} \varphi(n_{\psi})$ von K; nur wenn alle n_{ψ} Primzahlen sind, wenn also K aus lauter zyklischen Körpern eines festen Primzahlgrades zusammengesetzt ist, ist sie gleich diesem Einheitenrang. Im allgemeinen bestehen daher auch zwischen den $\sum_{\psi \neq 1} (n_{\psi} - 1)$ formal verschiedenen echten $\eta_{\psi, S}$ noch Relationen, und zwar sicher dann, wenn der eben genannte Spezialfall nicht vorliegt. Eine Reihe von solchen Relationen läßt sich leicht angeben. Für festes $\psi \neq 1$ ist nämlich entweder $g_{\mathsf{K}_{\psi}} = 0$; dann besteht nach der Bemerkung hinter Satz 3 schon zwischen den $n_{\psi} - 1$ Kreiseinheiten $\eta_{\psi, S}$ von K_{ψ} mindestens eine Relation. Oder es ist $g_{\mathsf{K}_{\psi}} \neq 0$; dann sind diese $\eta_{\psi, S}$ unabhängig, und es lassen sich durch sie die Kreiseinheiten $\eta_{\psi', S}$ der echten Teilkörper $\mathsf{K}_{\psi'}$ von K_{ψ} (entsprechend den Potenzen der Abteilung von ψ mit niedrigerer Ordnung) in geeigneter Potenz darstellen. Ob damit alle Relationen zwischen den $\sum_{\psi \neq 1} (n_{\psi} - 1)$ formal verschiedenen echten $\eta_{\psi, S}$ erschöpft sind, muß ich dahingestellt sein lassen.

Um aus der Formel (3) eine arithmetische Darstellung der Klassenzahl von K zu gewinnen, ist nach alledem noch eine tiefer eindringende Untersuchung der

Struktur der Einheitengruppe von K in ihrer Beziehung zu den Einheitengruppen der zyklischen Teilkörper K_φ erforderlich. Ansätze dazu sehe ich in der schon am Schluß von 7 erwähnten Methodik von Weber [1, 2]. Ich hoffe, später auf diese Fragestellung zurückkommen zu können.

17. Zweite arithmetische Darstellung der Klassenzahl

Beschränkt man sich auf den Spezialfall der reellen zyklischen Zahlkörper, so läßt sich die in **16** gefundene Determinantenbetragdarstellung (3) oder vielmehr die ihr zugrunde liegende (2) leicht in eine arithmetische Darstellung der Klassenzahl überführen.

Ist K zyklisch, so ist einerseits, wie in Satz 8 festgestellt, der Zahlfaktor $c_{\mathfrak{G}} = 1$. Andrerseits sei Z ein erzeugender Automorphismus von K. Zieht man dann in (**16**, 2) für $\nu = 1, \ldots, n-1$ die $S = Z^{\nu+1}$ entsprechende Zeile von der $S = Z^\nu$ entsprechenden Zeile ab, so erhält man analog zu (**11**, 4_Z) die Determinantenbetragdarstellung

$$h\,R = \left\| \log \left| \eta_\varphi^{S\,T_\varphi^{-k}} \right| \right\|_{S,\,\varphi \neq 1} \quad \begin{pmatrix}\text{Zeilenindex } S \\ \text{Spaltenindizes } \varphi,\, k\end{pmatrix} \tag{1}$$

mit

$$\eta_\varphi = \eta_{\varphi, Z}\,.$$

Der so erhaltene Determinantenbetrag ist der Regulator des Systems der $\sum\limits_{\varphi \neq 1}' \varphi(n_\varphi) = n-1$ Einheiten $\eta_\varphi^{T_\varphi^{-k}}$ aus K. Für festes φ ist die Einheit η_φ, weil Z auch für K_φ einen erzeugenden Automorphismus liefert, eine erzeugende Kreiseinheit von K_φ. In das in Rede stehende Einheitensystem geht aber nicht die volle Menge aller ihrer $n_\varphi - 1$ Konjugierten $\eta_\varphi^{T_\varphi^{-k}}$ mit $T_\varphi^{-k} \neq 1$ ein, sondern nur eine $\varphi(n_\varphi)$-gliedrige Teilmenge, die durch die in **13** angegebene Auswahlvorschrift für k bestimmt ist, etwa die mit $k = 0, 1, \ldots, \varphi(n_\varphi) - 1$.

Die Abteilungsvertreter φ sind im vorliegenden zyklischen Falle schon durch ihre Ordnungen n_φ unterschieden, und diese Ordnungen durchlaufen die Teiler n' von n. Setzt man für $n_\varphi = n'$ entsprechend $K_\varphi = K_{n'}$ und $\eta_\varphi = \eta_{n'}$, so schreibt sich (1) analog zu (**11**, 4_Z) auch in der Form

$$h\,R = \left\| \log \left| \eta_{n'}^{Z^{\mu-\nu'}} \right| \right\| \begin{pmatrix}\text{Zeilenindex } \mu \not\equiv 0 \text{ mod. } n \\ \text{Spaltenindizes } n' | n, n' \neq 1 \text{ und } \nu' = 0, 1, \ldots, \varphi(n') - 1\end{pmatrix}, \tag{1'}$$

wo $\eta_{n'}$ eine erzeugende Kreiseinheit des Teilkörpers $K_{n'}$ vom Grade n' ist. Damit haben wir analog zu (**11**, 5_Z) die arithmetische Klassenzahldarstellung

$$h = \frac{R\left(\eta_{n'}^{Z^{-\nu'}}\right)}{R} \qquad (n'|n,\, n' \neq 1 \quad \text{und} \quad \nu' = 0, 1, \ldots, \varphi(n') - 1)\,. \tag{2}$$

In Verallgemeinerung der Sätze 3_Z, 4, die sich nur auf spezielle Klassen reeller zyklischer Zahlkörper bezogen, gilt nach (1′), (2):

Satz 9. *Es sei* K *ein beliebiger reeller zyklischer Zahlkörper vom Grade* n *und* Z *ein erzeugender Automorphismus von* K. *Für jeden Teiler* $n' \neq 1$ *von* n *bedeute* $\mathsf{K}_{n'}$ *den Teilkörper* n'*-ten Grades von* K *und* $\eta_{n'}$ *eine erzeugende Kreiseinheit von* $\mathsf{K}_{n'}$; *für* $n' = 1$ *sei* $\eta_1 = -1$ *verstanden.*

Dann ist die Klassenzahl h *von* K *gleich dem Index der aus den Konjugierten* $\eta_{n'}^{Z^{-\nu'}}$ *mit* $\nu' = 0, 1, \ldots, \varphi(n') - 1$ *der* $\eta_{n'}$ *erzeugten Untergruppe in der Gruppe aller Einheiten von* K.

Unbefriedigend ist an diesem Ergebnis noch, daß die aus den sämtlichen Konjugierten der $\eta_{n'}$ auszuwählende Teilmenge nicht in invarianter Weise festgelegt ist. Die hier getroffene Festlegung $\nu' = 0, 1, \ldots, \varphi(n') - 1$ ist zwar nur die einfachste Art, die in **13** angegebene allgemeine Auswahlvorschrift zu realisieren, nach der die $\zeta_{n'}^{\nu'}$ eine Ganzheitsbasis des Kreiskörpers $\mathsf{P}_{n'}$ bilden sollen; bei Übergang von Z zu anderen erzeugenden Automorphismen erhält man andere Realisierungen dieser Vorschrift[1]). Aber auch wenn man nur die allgemeine Vorschrift im Auge hat, ist das Bedürfnis nach Invarianz noch nicht befriedigt. Denn es ist nicht zu sehen, was diese Vorschrift mit dem Verhalten von $\eta_{n'}$ bei symbolischer Potenzierung mit Polynomen in Z zu tun hat. Zwar ist $\eta_{n'}^{Z^{n'}} = \eta_{n'}$, doch verhält sich Z als Exponent von $\eta_{n'}$ keineswegs wie eine primitive n'-te Einheitswurzel, d. h. für das irreduzible Kreisteilungspolynom $G_{n'}(t)$ vom Grade $\varphi(n')$ ist $\eta_{n'}^{G_{n'}(Z)}$ von ± 1 verschieden, wenn n' nicht Primzahl ist. Es tritt also nicht unmittelbar hervor, daß verschiedene Realisierungen der allgemeinen Auswahlvorschrift zu äquivalenten Einheitensystemen führen. Ich sehe im Augenblick keine Möglichkeit, diesen Schönheitsfehler zu beseitigen. [2]

Für eine spätere Anwendung wollen wir uns noch mit der Regulatrix des Kreiseinheitensystems $\eta_{n'}^{Z^{-\nu'}}$ der Teilkörper $\mathsf{K}_{n'}$ von K beschäftigen. Aus der arithmetischen Darstellung (2) der Klassenzahl folgt zunächst analog zu $(12, 2_Z)$ die Beziehung

$$\Sigma\left(\eta_{n'}^{Z^{-\nu'}}\right) \equiv h\,\Sigma \bmod 2\,. \tag{3}$$

Aus der Produktformel (14, 1) für die verallgemeinerte Gruppendeterminante und Satz 8 folgt ferner analog zu (12, 3) die Linearfaktorenzerlegung

$$\Sigma\left(\eta_{n'}^{Z^{-\nu'}}\right) \equiv \prod_{\chi} \sum_{S \text{ nach } \mathfrak{H}_\chi} \chi(S)\, \sigma\left(\eta_\chi^S\right) \bmod 2 \tag{4}$$

der in Rede stehenden Regulatrix. Aus (3), (4) ergibt sich ein zu Satz 5_Z analoger Satz, dessen besondere Formulierung wir übergehen, weil wir ihn nicht brauchen werden. Wir wollen jedoch hier für die spätere Verwendung die Linearfaktoren in (4) ausrechnen.

Der $\chi = 1$ entsprechende Linearfaktor ist wegen $\eta_1 = -1$ einfach $\sigma(-1) \equiv 1 \bmod 2$, kann also in (4) weggelassen werden. Für $\chi \neq 1$ ist

$$\eta_\chi^S = \prod_{\substack{\pm a \bmod f(\chi) \\ a \text{ in } \mathfrak{H}_\chi}} \frac{\zeta_{2f(\chi)}^{sa} - \zeta_{2f(\chi)}^{-sa}}{\zeta_{2f(\chi)}^{zsa} - \zeta_{2f(\chi)}^{-zsa}}\,.$$

---

[1]) Man kann so, indem man Z durch Z^{-1} ersetzt, auch das in (2) und Satz 9 auftretende, hier unschön wirkende Minuszeichen an ν' wegbringen, das nur für den Beweis zweckmäßig erschien.

Damit wird

$$\sum_{S \text{ nach } \mathfrak{H}_\chi} \chi(S)\,\sigma\left(\eta_\chi^S\right) \equiv \sum_{s \text{ nach } \mathfrak{H}_\chi} \chi(s) \sum_{\substack{\pm a \bmod. f(\chi) \\ a \text{ in } \mathfrak{H}_\chi}} \sigma\left(\frac{\zeta_{2f(\chi)}^{sa} - \zeta_{2f(\chi)}^{-sa}}{\zeta_{2f(\chi)}^{zsa} - \zeta_{2f(\chi)}^{-zsa}}\right) \bmod. 2\,,$$

oder also

$$\sum_{S \text{ nach } \mathfrak{H}_\chi} \chi(S)\,\sigma\left(\eta_\chi^S\right) \equiv \sum_{\pm x \bmod. f(\chi)} \chi(x)\,\sigma\left(\frac{\zeta_{2f(\chi)}^{x} - \zeta_{2f(\chi)}^{-x}}{\zeta_{2f(\chi)}^{zx} - \zeta_{2f(\chi)}^{-zx}}\right) \bmod. 2\,.$$

Die hierin auftretenden σ-Werte (Vorzeichenexponenten) bestimmen sich auf Grund der analytischen Darstellung

$$\frac{\zeta_{2f}^{x} - \zeta_{2f}^{-x}}{\zeta_{2f}^{zx} - \zeta_{2f}^{-zx}} = \frac{\sin 2\pi \dfrac{x}{2f}}{\sin 2\pi \dfrac{zx}{2f}}\,.$$

Da die Funktion $\sin 2\pi\xi$ von ξ die Periode 1 und für $0 < |\xi| < \frac{1}{2}$ das Vorzeichen von ξ hat, hat $\sin 2\pi \frac{x}{2f}$ das Vorzeichen des absolut-kleinsten Restes von x mod. $2f$. Der Exponent dieses Vorzeichens werde allgemein mit $\delta_{2f}(x)$ bezeichnet. Es ist dann also

$$\sigma\left(\frac{\zeta_{2f}^{x} - \zeta_{2f}^{-x}}{\zeta_{2f}^{zx} - \zeta_{2f}^{-zx}}\right) \equiv \delta_{2f}(x) - \delta_{2f}(zx) \bmod. 2.$$

Hieraus folgt für die zu berechnenden Linearfaktoren mit $\chi \neq 1$ die Darstellung

$$\sum_{S \text{ nach } \mathfrak{H}_\chi} \chi(S)\,\sigma\left(\eta_\chi^S\right) \equiv \sum_{\pm x \bmod. f(\chi)} \chi(x)\left(\delta_{2f(\chi)}(x) - \delta_{2f(\chi)}(zx)\right) \bmod. 2.$$

Damit ergibt sich für die in Rede stehende Regulatrix der Ausdruck

$$\Sigma\left(\eta_{n'}^{Z-\nu'}\right) \equiv \prod_{\chi \neq 1} \sum_{\pm x \bmod. f(\chi)} \chi(x)\left(\delta_{2f(\chi)}(x) - \delta_{2f(\chi)}(zx)\right) \bmod. 2. \tag{5}$$

18. Reelle zyklische biquadratische Zahlkörper

Zur Erläuterung der bei unseren beiden Umformungsarten erhaltenen Ergebnisse betrachten wir die reellen zyklischen biquadratischen Zahlkörper K.

Sei χ ein erzeugender Charakter von K. Wir denken uns χ in seine Komponenten χ_p zerlegt. Jedes solche χ_p ist entweder ein biquadratischer oder ein quadratischer Charakter. Wir fassen die biquadratischen χ_p zu einem Teilprodukt χ_0 und die quadratischen χ_p zu einem Teilprodukt ψ zusammen. So erhalten wir eine eindeutige Zerlegung

$$\chi = \chi_0 \psi$$

von χ in einen reinen biquadratischen Charakter χ_0 und einen quadratischen Charakter ψ, mit der Eigenschaft, daß bei der zugeordneten Zerlegung

$$f = f_0 g$$

des Führers f von χ die Führer f_0, g von χ_0, ψ zueinander teilerfremd sind. Speziell kann auch $\psi = 1$, $g = 1$, also $\chi = \chi_0$, $f = f_0$ gelten, nämlich genau dann, wenn schon χ selbst ein reiner Charakter ist.

Der Körper K ist durch Vorgabe der beiden Charaktere χ_0, ψ eindeutig und in invarianter Weise gekennzeichnet. Da K reell sein soll, besteht die Beziehung

$$\chi_0(-1) = \psi(-1).$$

Der Charakter χ_0 läßt sich aus dem zugeordneten quadratischen Charakter χ_0^2 entwickeln, dessen Führer $f_0^{(2)}$ jedenfalls ein Teiler von f_0 ist. Während ψ jeder beliebige quadratische Charakter sein kann, kommen für χ_0^2 nur solche quadratischen Charaktere in Frage, deren Komponenten χ_{0p}^2 Quadrate von Charakteren χ_{0p} sind. Es seien f_{0p}, $f_{0p}^{(2)}$ die Führer der χ_{0p}, χ_{0p}^2, also die Beiträge von p zu f_0, $f_0^{(2)}$. Wie leicht zu sehen, ist dann notwendig und hinreichend, daß

$$f_{0p}^{(2)} = \begin{Bmatrix} p \equiv 1 \bmod. 4 & \text{für} \quad p \neq 2 \\ 2^3 & \text{für} \quad p = 2 \end{Bmatrix}$$

ist. Zu jedem derartigen $f_{0p}^{(2)}$ gibt es genau einen quadratischen Charakter der Form χ_{0p}^2, gegeben durch das quadratische Restsymbol

$$\chi_{0p}^2(x) = \begin{Bmatrix} \left(\frac{x}{p}\right) \equiv x^{\frac{p-1}{2}} \bmod. p & \text{für} \quad p \neq 2 \\ \left(\frac{2}{x}\right) = (-1)^{\frac{x^*-1}{4}} & \text{für} \quad p = 2 \end{Bmatrix} \left(x^* = (-1)^{\frac{x-1}{2}} x \equiv 1 \bmod. 4\right),$$

und dazu für $p \neq 2$ genau ein Paar, für $p = 2$ genau zwei Paare konjugiert-komplexer biquadratischer Charaktere χ_{0p}, gegeben durch

$$\chi_{0p}(x) = \begin{Bmatrix} \left(\frac{x}{\mathfrak{p}}\right)_4 \equiv x^{\frac{p-1}{4}} \bmod. \mathfrak{p} \quad \text{für} \quad p \neq 2; \quad \text{dabei} \quad \chi_{0p}(-1) = (-1)^{\frac{p-1}{4}} \\ \left(\frac{-1}{x}\right)^{\alpha} \left(\frac{1+i}{x}\right)_4^{\pm 1} = (-1)^{\alpha \frac{x-1}{2}} i^{\pm \frac{x^*-1}{4}} \quad (\text{mit } \alpha \bmod. 2) \quad \text{für} \quad p = 2; \\ \text{dabei} \quad \chi_{02}(-1) = (-1)^{\alpha} \end{Bmatrix},$$

wo $\mathfrak{p}$ einer der beiden konjugiert-komplexen Primteiler von p im Körper $P_4 = P(i)$ der vierten Einheitswurzeln ist und die vierten Potenzrestsymbole in diesem Körper verstanden sind[1]). Dabei ist

$$f_{0p} = \begin{Bmatrix} p \equiv 1 \bmod. 4 & \text{für} \quad p \neq 2 \\ 2^4 & \text{für} \quad p = 2 \end{Bmatrix}.$$

Man erhält dann alle möglichen $\chi = \chi_0 \psi$, indem man ψ alle quadratischen Charaktere und den Hauptcharakter 1 durchlaufen läßt und zu jedem ψ vom Führer g alle diejenigen Produkte

$$\chi_0 = \prod_p \chi_{0p} \qquad \text{mit } p \nmid g$$

---

[1]) Siehe dazu Klassenkörperbericht, Teil II, § 10 (2) und § 19, VI.

von biquadratischen Charakteren χ_{0p} der angegebenen Art bildet, für die

$$\chi_0(-1) = \left\{\begin{array}{ll} (-1)^{\sum\limits_p \frac{p-1}{4}}, & \text{falls alle } p \neq 2 \\ (-1)^{\alpha + \sum\limits_{p \neq 2} \frac{p-1}{4}}, & \text{falls ein } p = 2 \end{array}\right\} = \psi(-1)$$

wird. Dabei ist

$$f_0 = \prod_p f_{0p} = \left\{\begin{array}{ll} \prod\limits_p f_{0p}^{(2)} = f_0^{(2)} = \prod\limits_p p & \text{für } 2 \nmid f_0^{(2)} \\ 2\prod\limits_p f_{0p}^{(2)} = 2 f_0^{(2)} = 2^4 \prod\limits_{p \neq 2} p & \text{für } 2 \mid f_0^{(2)} \end{array}\right\}.$$

Je zwei konjugiert-komplexe χ_0 führen zu konjugiert-komplexen $\chi = \chi_0 \psi$, also zum selben Körper K. Von der damit gegebenen vollständigen Übersicht über die zu betrachtenden Körper K durch ihre Charaktere brauchen wir zwar für die anschließende Durchführung der Klassenzahlbestimmung nur weniges; es erschien uns aber von Interesse, sie in dieser Ausführlichkeit voranzuschicken, damit man den Gegenstand der Betrachtung explizit vor Augen hat und seinen Umfang übersieht.

Die Charaktere $\neq 1$ von K sind die beiden konjugiert-komplexen biquadratischen Charaktere χ, $\bar{\chi}$ mit dem zugeordneten Teilkörper K selbst, sowie der quadratische Charakter $\chi^2 = \chi_0^2$, dem der quadratische Teilkörper K_2 von K zugeordnet ist. Zu dem Ausdruck (8, 5) für die Invariante g_{K} liefern die Charaktere χ, $\bar{\chi}$ keine Beiträge, weil für die $p|f$ durchweg $\chi(p)$, $\bar{\chi}(p) = 0$ gilt; dagegen liefert der Charakter $\chi^2 = \chi_0^2$ Beiträge für alle nicht in seinem Führer $f_0^{(2)}$ aufgehenden $p|f$, also für alle $p|g$. Hiernach wird

$$g_{\mathsf{K}} = \prod_{p|g} (1 - \chi^2(p)) = \prod_{p|g} \left(1 - \chi_0^2(p)\right). \tag{1}$$

Daraus folgt

$$g_{\mathsf{K}} = \left\{\begin{array}{l} 0, \text{ wenn mindestens eine Primzahl } p|g \text{ mit } \chi_0^2(p) = 1 \text{ vorhanden ist} \\ 2^r, \text{ wenn für die } r (\geqq 0) \text{ Primzahlen } p|g \text{ durchweg } \chi_0^2(p) = -1 \text{ ist} \end{array}\right\}. \tag{2}$$

Wie man sieht, ist im allgemeinen $g_{\mathsf{K}} = 0$, während $g_{\mathsf{K}} \neq 0$ ein Sonderfall ist, der das Zusammentreffen vieler Bedingungen erfordert.

Während die Anwendung des Ergebnisses unserer ersten Umformung (Satz 3_Z) an die Bedingung $g_{\mathsf{K}} \neq 0$ gebunden ist, ist in jedem Falle das Ergebnis unserer zweiten Umformung (Satz 9) anwendbar, das ja für beliebige reelle zyklische Zahlkörper gültig ist. Wir beginnen mit der Anwendung von Satz 9 und vergleichen anschließend das dabei gewonnene Ergebnis mit dem durch Anwendung von Satz 3_Z resultierenden Ergebnis für den Sonderfall $g_{\mathsf{K}} \neq 0$.

Das Einheitensystem aus Satz 9 besteht hier aus zwei konjugierten erzeugenden Kreiseinheiten η, η' von K und der Kreiseinheit η_2 von K_2. Da sich aus den vierten Einheitswurzeln 1, i, $i^2 = -1$, $i^3 = -i$ nur die Ganzheitsbasen ± 1, $\pm i$ von P_4 auswählen lassen, entsteht η' aus η durch einen der beiden erzeugenden Automorphismen von K. Es ist also

$$|\eta| = \prod_{\substack{\pm a \bmod f \\ \chi(a) = 1}} \frac{|1 - \zeta_f^a|}{|1 - \zeta_f^{za}|}, \qquad |\eta'| = \prod_{\substack{\pm a \bmod f \\ \chi(a) = 1}} \frac{|1 - \zeta_f^{za}|}{|1 - \zeta_f^{z^2 a}|}, \tag{3}$$

wo z eine Restklasse mod. f mit etwa $\chi(z) = i$ vertritt. Wir sind dabei von der in $a, -a$ symmetrischen Darstellung der Kreiseinheiten selbst in P_{2f} zu der formal einfacheren unsymmetrischen Darstellung ihrer absoluten Beträge in P_f zurückgegangen, weil diese letztere für die folgenden Ausführungen genügt und bequemer ist. Für die beiden weiteren Konjugierten von η ist

$$|\eta''| = \prod_{\substack{\pm a \bmod . f \\ \chi(a) = 1}} \frac{|1-\zeta_f^{z^2 a}|}{|1-\zeta_f^{z^3 a}|}, \qquad |\eta'''| = \prod_{\substack{\pm a \bmod . f \\ \chi(a) = 1}} \frac{|1-\zeta_f^{z^3 a}|}{|1-\zeta_f^{a}|},$$

oder auch

$$|\eta''| = \prod_{\substack{\pm b \bmod . f \\ \chi(b) = -1}} \frac{|1-\zeta_f^{b}|}{|1-\zeta_f^{z b}|}, \qquad |\eta'''| = \prod_{\substack{\pm b \bmod . f \\ \chi(b) = -1}} \frac{|1-\zeta_f^{z b}|}{|1-\zeta_f^{z^2 b}|}. \tag{4}$$

Ferner ist

$$|\eta_2| = \prod_{\substack{\pm a_0 \bmod . f_0^{(2)} \\ \chi_0^2(a_0) = 1}} \frac{\left|1-\zeta_{f_0^{(2)}}^{a_0}\right|}{\left|1-\zeta_{f_0^{(2)}}^{z a_0}\right|}. \tag{5}$$

Zwischen den angegebenen fünf formal verschiedenen echten Einheiten aus K muß außer der trivialen Normrelation

$$|N(\eta)| = |\eta|\,|\eta'|\,|\eta''|\,|\eta'''| = 1$$

noch eine weitere Relation bestehen. Sie ergibt sich, indem man eine Potenz von η_2 durch die Konjugierten von η darstellt. Diese Darstellung erhält man nun einfach aus der allgemeinen Summenformel (8, 3). Deren Anwendung auf den Übergang von $f(\chi_0^2) = f_0^{(2)}$ zu $f = f_0 g \left(= f_0^{(2)} g \text{ bzw. } 2 f_0^{(2)} g\right.$, je nachdem $2 \nmid f_0^{(2)}$ bzw. $\left. 2 | f_0^{(2)}\right)$ in dem Logarithmus des Ausdrucks (5) für $|\eta_2|$ ergibt nach Rückkehr zum Numerus die Beziehung

$$|\eta_2|^{\prod\limits_{p|g}(1-\chi_0^2(p))} = \prod_{\substack{\pm x \bmod . f \\ \chi_0^2(x) = 1}} \frac{|1-\zeta_f^{x}|}{|1-\zeta_f^{z x}|}.$$

Der Exponent links ist nach (1) die Invariante g_{K}. Im Produkt rechts ist $\chi_0^2(x) = \chi^2(x)$, und x durchläuft ein Halbsystem mod. f aus den Lösungen $x = a$ von $\chi(a) = 1$ und den Lösungen $x = b$ von $\chi(b) = -1$; nach (3), (4) ist daher das Produkt gleich $|\eta|\,|\eta''|$. Damit ergibt sich die gesuchte Relation zu

$$|\eta_2|^{g_{\mathsf{K}}} = |\eta|\,|\eta''| = |N_{\mathsf{K}/\mathsf{K}_2}(\eta)|,$$

oder also nach (2)

$$|N_{\mathsf{K}/\mathsf{K}_2}(\eta)| = |\eta|\,|\eta''|$$
$$= \begin{cases} 1, \text{ wenn mindestens eine Primzahl } p|g \text{ mit } \chi_0^2(p) = 1 \text{ vorhanden ist} \\ |\eta_2|^{2^r}, \text{ wenn für die } r\,(\geqq 0) \text{ Primzahlen } p|g \text{ durchweg } \chi_0^2(p) = -1 \text{ ist} \end{cases}. \tag{6}$$

Im ersteren allgemeinen Falle ($g_K = 0$) ist $|\eta|\,|\eta''| = 1$ die nach der Bemerkung hinter Satz 3 bestehende nicht-triviale Relation zwischen den Kreiseinheiten $\eta, \eta', \eta'', \eta'''$ von K. Die aus ihnen allein erzeugte Einheitengruppe hat dann niederen Rang als die volle Einheitengruppe von K, so daß man zur Bestimmung der Klassenzahl h von K auf die Kreiseinheit η_2 des Teilkörpers K_2 angewiesen ist. Man erhält hier nur die aus Satz 9 resultierende arithmetische Darstellung im engeren Sinne

$$h = \frac{R(\eta, \eta', \eta_2)}{R}. \tag{7}$$

Im letzteren Sonderfalle ($g_K \neq 0$) hat die aus den Beträgen der $\eta, \eta', \eta'', \eta'''$ erzeugte Untergruppe den Index 2^r in der Gruppe der Beträge von η, η', η_2, und man hat daneben die aus Satz 3_Z resultierende arithmetische Darstellung im weiteren Sinne

$$2^r\, h = \frac{R(\eta, \eta', \eta'')}{R}. \tag{8}$$

Ist speziell $r = 0$, d. h. ist χ ein reiner biquadratischer Charakter, so ist auch dies eine arithmetische Darstellung im engeren Sinne (Spezialfall $g_K = 1$, Satz 4).

III. DIE ARITHMETISCHE STRUKTUR DER RELATIVKLASSENZAHLFORMEL FÜR IMAGINÄRE KÖRPER

In diesem dritten Abschnitt setzen wir durchweg voraus, daß der betrachtete abelsche Zahlkörper K imaginär, also quadratisch über seinem größten reellen Teilkörper K_0 ist. Dann ist die Klassenzahl von K das Produkt

$$h = h_0 h^* ,$$

wo h_0 die Klassenzahl von K_0 ist – ihre arithmetische Struktur haben wir in II behandelt – und h^* die Relativklassenzahl von K/K_0; diese ist durch die Formel (5, 3b) gegeben:

$$\boxed{h^* = Q w \prod_{\chi_1} \frac{1}{2 f(\chi_1)} \sum_{x \bmod. f(\chi_1)}^{+} (-\chi_1(x)\, x)} \, . \qquad (*)$$

19. Klassenkörpertheoretischer Ganzzahligkeitsbeweis und arithmetische Deutung

Wir beginnen mit dem klassenkörpertheoretischen Nachweis der Ganzzahligkeit und einer sich dabei ergebenden arithmetischen Deutung der Relativklassenzahl h^* von K/K_0. Dazu müssen wir das Gerüst des Beweises der Klassenkörpereigenschaft des quadratischen Relativkörpers K/K_0 erstehen lassen[1]). Einige der hierbei einzuführenden Bezeichnungen wende ich dann weiterhin ohne jedesmalige neue Erklärung an.

Der Beweis der Klassenkörpereigenschaft von K/K_0 zerfällt in einen analytischen Teil, in dem festgestellt wird, daß die K durch Relativnormbildung der zu $\mathfrak{m}_0$ primen Divisoren zugeordnete Kongruenzgruppe H_0 mod. $\mathfrak{m}_0$ in K_0 bei beliebigem Modul $\mathfrak{m}_0$ höchstens den Index 2 hat, und einen arithmetischen Teil, in dem aus der sog. fundamentalen Ungleichungsfolge entnommen wird, daß dieser Index mindestens 2 ist, wenn der Modul $\mathfrak{m}_0 = \mathfrak{d}_0 p_\infty$ genommen wird, wo $\mathfrak{d}_0$ die Relativdiskriminante von K/K_0 und p_∞ das Produkt der unendlichen Primstellen von K_0 ist[2]). Zusammengenommen folgt dann, daß H_0 mod. $\mathfrak{d}_0 p_\infty$ genau den Index 2 hat,

[1]) Zu den nachfolgenden Ausführungen siehe Klassenkörperbericht, Teil I, § 6, Sätze (B''), (B'''), (B''''), sowie die zugehörigen Beweise in Teil Ia, vor allem § 14.

[2]) Dieser Modul ist der Führer von K/K_0. — Im Sinne des Führerbegriffs der allgemeinen Klassenkörpertheorie hätten wir eigentlich in dieser Arbeit durchweg auch für die Führer f von K und $f(\chi)$ von χ die unendliche Primstelle p_∞ von P mitberücksichtigen, nämlich p_∞ in f und $f(\chi)$ aufnehmen müssen, wenn K imaginär bzw. $\chi(-1) = -1$ ist. Im Spezialfall des Grundkörpers P kommt man jedoch gut auch ohne diese etwas unbequeme Belastung der Ausdrucksweise und der Formeln aus; siehe dazu auch Klassenkörperbericht, Teil I, Erl. 11.

also die Klassenkörpereigenschaft von K/K_0, und darüber hinaus, daß in der fundamentalen Ungleichungsfolge überall die Gleichheitszeichen stehen, was zusätzliche arithmetische Tatsachen über das Hauptgeschlecht und die ambigen Klassen von K/K_0 sowie über die Darstellbarkeit der Einheiten von K_0 als Relativnormen von Zahlen aus K ergibt.

Der arithmetische Teil dieses Beweises, auf dessen Gerüst es hier ankommt, fußt wesentlich auf der Anwendung der beiden Homomorphismen $1 + J$ und $1 - J$ auf die Klassengruppe von K, wo J den erzeugenden Automorphismus von K/K_0 (Übergang zum Konjugiert-Komplexen) bezeichnet. Wir stellen nachstehend die Verhältnisse bei der Anwendung dieser beiden Homomorphismen in übersichtlicher schematischer Form dar, und zwar so, wie sie sich nach Abschluß des Beweises, also nach Feststellung der Gleichheitszeichen in der fundamentalen Ungleichungsfolge ergeben. Dabei kommt es uns vornehmlich auf die Indizes einer Anzahl von Kongruenzgruppen in K_0 und K an. Diese Gruppenindizes setzen wir in unserem Schema an die Verbindungsstriche der die Kongruenzgruppen darstellenden Punkte. Die Homomorphismen $1 + J$ und $1 - J$ deuten wir durch Pfeile an.

An Kongruenzgruppen haben wir neben den Gruppen Δ_0, Δ aller Divisorenklassen und den Hauptklassen[1]) E_0, E von K_0, K zu betrachten:

1. *Kongruenzgruppen in* K_0

H_0 Relativnormen von Divisoren aus K,

$E_0^* = H_0 \cap E_0$ Relativnormen von Divisoren aus K in der Hauptklasse von K_0,

N_0 Relativnormen von Divisoren aus der Hauptklasse von K.

Dabei sollen nur zu $\mathfrak{d}_0$ prime Divisoren aus K in Betracht gezogen werden, und die angegebenen Relativnormen sollen zu vollen Strahlklassen mod. $\mathfrak{d}_0 p_\infty$ aufgefüllt werden. H_0, E_0^*, N_0 sind dann Kongruenzgruppen mod. $\mathfrak{d}_0 p_\infty$. Wir fassen auch Δ_0, E_0 als mod. $\mathfrak{d}_0 p_\infty$ erklärt auf, d. h. unter Beschränkung auf zu $\mathfrak{d}_0$ prime Divisoren als aus Strahlklassen mod. $\mathfrak{d}_0 p_\infty$ zusammengesetzt[2]). Statt der Strahlklasseneinteilung mod. $\mathfrak{d}_0 p_\infty$ genügt zur Beschreibung aller dieser Kongruenzgruppen schon die etwas gröbere Einteilung in die Klassen nach N_0, bei der die Hauptklasse N_0 aus allen denjenigen Hauptdivisoren von K_0 besteht, die durch prime Normenreste mod. $\mathfrak{d}_0 p_\infty$ von K/K_0 geliefert werden; diese Klassen nennen wir die *Normenrestklassen* von K/K_0. Die Relativnormen der zu $\mathfrak{d}_0$ primen Divisoren aus einer gewöhnlichen Klasse C von K liegen immer in derselben Normenrestklasse C_0 von K/K_0; wir nennen C_0 die *Relativnorm der Klasse* C.

2. *Kongruenzgruppen in* K

H Klassen mit Relativnorm N_0,

H^* Klassen mit Relativnorm in E_0, also in E_0^*,

A bei J invariante Klassen.

H, H^*, A sind Kongruenzgruppen mod. 1, d. h. aus gewöhnlichen Klassen zusammengesetzt.

[1]) Wo es auf deren Bedeutung als Divisorengruppen nicht ankommt, schreiben wir für sie einfach 1 bzw. lassen sie in Faktorgruppenbildungen wie Δ/E, Δ_0/E_0 einfach fort.

[2]) Siehe hierzu Klassenkörperbericht, Teil I, § 3.

Auf Grund der Ergebnisse aus dem Beweis für die Klassenkörpereigenschaft von K/K_0 stellen sich die Beziehungen dieser Kongruenzgruppen in K_0 und K zueinander schematisch wie folgt dar (siehe Abb. 1).

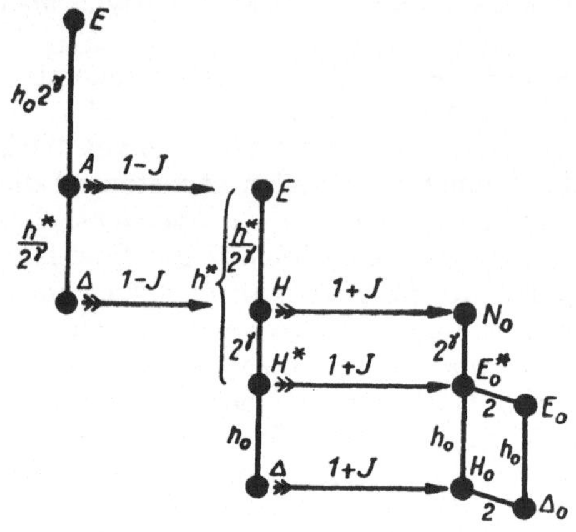

Abb. 1 $(\gamma = \delta + q^* - 1)$.

Wir erläutern jetzt diese schematische Darstellung und entnehmen aus ihr die uns interessierenden Folgerungen.

H_0 ist die eingangs genannte K zugeordnete Kongruenzgruppe mod. $\mathfrak{d}_0 p_\infty$ in K_0. Der Beweis der Klassenkörpereigenschaft von K/K_0 stellt fest, daß der Index

$$[\Delta_0 : H_0] = 2 \tag{1}$$

ist. Im weiteren Beweisgang der Klassenkörpertheorie ergibt sich überdies, daß H_0 den genauen Führer $\mathfrak{d}_0 p_\infty$ hat[1]). Hieraus folgt die für unseren Zweck entscheidende Feststellung, daß der Führer von H_0 auf jeden Fall $\neq 1$ ist, weil er, selbst wenn die Relativdiskriminante $\mathfrak{d}_0 = 1$ ist — das ist, wie wir noch sehen werden, durchaus möglich —, noch das Produkt p_∞ der unendlichen Primstellen enthält[2]). Mit H_0 haben auch die mod. $\mathfrak{d}_0 p_\infty$ erklärten Untergruppen E_0^* und N_0 den genauen Führer $\mathfrak{d}_0 p_\infty$.

Für den Index der Normenresthauptklasse N_0 findet sich[3]) auf Grund ihrer Definition der Wert

$$[\Delta_0 : N_0] = h_0 2^{\delta + q^*}, \tag{2}$$

wo δ die Anzahl der verschiedenen in $\mathfrak{d}_0$ aufgehenden Primdivisoren von K_0 ist und q^* die Anzahl derjenigen in bezug auf Einheitenquadrate ε_0^2 aus K_0 unabhängigen Einheiten η_0^* aus K_0, die Normenreste mod. $\mathfrak{d}_0 p_\infty$ von K/K_0 sind[4]):

$$[\eta_0^* : \varepsilon_0^2] = 2^{q^*}. \tag{3}$$

Diese Normenresteinheiten η_0^* erweisen sich[5]) als wirkliche Relativnormen von Zahlen aus K. Wegen $[\Delta_0 : E_0] = h_0$ folgt aus (2)

$$[E_0 : N_0] = 2^{\delta + q^*}. \tag{4}$$

Da, wie schon hervorgehoben, $\mathfrak{d}_0 p_\infty \neq 1$ ist, ist die gewöhnliche Hauptklasse E_0 nicht in der Kongruenzgruppe H_0 vom Führer $\mathfrak{d}_0 p_\infty$ enthalten. Für den Durchschnitt $E_0^* = H_0 \cap E_0$ ergibt sich daher aus (1)

$$[E_0 : E_0^*] = 2, \quad [H_0 : E_0^*] = h_0. \tag{5}$$

---

[1]) Siehe hierzu Klassenkörperbericht, Teil Ia, § 17, Satz 20.

[2]) In dieser letzteren Tatsache kommt die hier gegenüber der allgemeinen Klassenkörpertheorie der relativ-quadratischen Zahlkörper spezielle Voraussetzung zum Ausdruck, daß K imaginär ist, während K_0 reell ist.

[3]) Siehe Klassenkörperbericht, Teil Ia, § 14, II.

[4]) Hinsichtlich der abgekürzten Schreibweise des nachstehenden Gruppenindex siehe Klassenkörperbericht, Teil I a, § 1.

[5]) Siehe Klassenkörperbericht, Teil Ia, § 14, Satz 15.

Hiernach zerfällt jede gewöhnliche Klasse von K_0 in zwei Klassen nach E_0^*, von denen immer genau eine Relativnormen von Klassen aus K enthält. Diese letzteren Klassen nach E_0^*, die Relativnormen von Klassen aus K enthalten, bilden eine zur gewöhnlichen Klassengruppe Δ_0/E_0 von K_0 isomorphe Untergruppe $\mathsf{H}_0/\mathsf{E}_0^*$ vom Index 2 in der vollen Klassengruppe Δ_0/E_0^*.

H ist das Hauptgeschlecht und Δ/H die Gruppe der Geschlechter von K/K_0. Beim Homomorphismus $1 + J$ (Relativnormbildung) wird die Geschlechtergruppe Δ/H isomorph auf die Untergruppe $\mathsf{H}_0/\mathsf{N}_0$ vom Index 2 in der vollen Normenrestklassengruppe Δ_0/N_0 abgebildet. Dabei wird die Faktorgruppe Δ/H^* isomorph auf die Faktorgruppe $\mathsf{H}_0/\mathsf{E}_0^*$ abgebildet. Nach dem zu (5) Gesagten besitzt somit die Klassengruppe Δ/E von K die zur Klassengruppe Δ_0/E_0 von K_0 isomorphe Faktorgruppe Δ/H^*. Da hiernach $h_0 = [\Delta_0 : \mathsf{E}_0]$ ein Teiler von $h = [\Delta : \mathsf{E}]$ ist, folgt das gewünschte Ergebnis:

Satz 10. *Die Relativklassenzahl h^* von K/K_0 ist eine ganzrationale positive Zahl.*

Genauer ergibt sich, daß h^* die Ordnung der Untergruppe H^*/E der Klassengruppe Δ/E von K ist. Auf Grund der Bedeutung von H^* hat man daher die folgende arithmetische Deutung von h^*:

Satz 11. *Die Relativklassenzahl h^* von K/K_0 ist die Ordnung der Gruppe H^* derjenigen Klassen von K, deren Relativnormen in die Hauptklasse von K_0 fallen*[1]).

Der eigentliche Kern unseres Beweises für die in Satz 10 und Satz 11 ausgesprochenen Ergebnisse ist, noch einmal kurz zusammengefaßt, der Nachweis, daß jede gewöhnliche Klasse von K_0 Relativnormen von Klassen aus K enthält. Diese Tatsache folgt daraus, daß die K durch Relativnormbildung zugeordnete Kongruenzgruppe H_0 in K_0 erst bei Erklärung nach dem Führer $\mathfrak{d}_0 p_\infty$ von K/K_0 den Index 2 bekommt, während sie bei Erklärung nach einem echten Teiler dieses Führers (hier dem Teiler 1) noch den Index 1 hat[2]). Wir haben den Beweis etwas breiter aufgerollt und fahren mit der begonnenen Untersuchung auch noch fort, um gleichzeitig einen vertieften Einblick in die für unsere weiteren Untersuchungen grundlegende arithmetische Struktur des quadratischen Relativkörpers K/K_0 zu gewinnen.

---

[1]) Diese Deutung von h^* findet sich für den Spezialfall der Kreiskörper P_p von Primzahlführer p ohne Beweis bereits bei Kummer [5] ausgesprochen. Vermutlich hat Kummer sie auf Grund seiner stillschweigenden, im allgemeinen unzulässigen Annahme über das Verhalten der Klassen von K_0 bei der Einbettung in K (siehe oben **6**, Fußnote 3, S. 13) erschlossen und einen ausführlichen Beweis nicht für nötig gehalten.

[2]) Hinter dieser Schlußweise steckt ein allgemeiner Satz, den schon Kronecker [2] anstrebte, aber in falscher Richtung suchte (siehe oben **6**, Fußnote 3, S. 13). Er lautet:

Ist K_0 ein beliebiger algebraischer Zahlkörper und K ein relativ-abelscher Körper über K_0, dessen zugeordnete Kongruenzklasseneinteilung in K_0 zur Einteilung in die gewöhnlichen Divisorenklassen von K_0 fremd ist, so ist die Klassenzahl h_0 von K_0 ein Teiler der Klassenzahl h von K, und der Quotient h^*, die Relativklassenzahl von K/K_0, ist die Ordnung der Gruppe H^* derjenigen Klassen von K, deren Relativnormen in die Hauptklasse von K_0 fallen.

Der Beweis ergibt sich genau wie im Spezialfall des Textes, indem gezeigt wird, daß die Faktorgruppe der Klassengruppe von K nach der Untergruppe H^* durch Relativnormbildung isomorph auf die Klassengruppe von K_0 abgebildet wird. Kronecker versuchte dagegen, eine zur Klassengruppe von K_0 isomorphe Untergruppe in der Klassengruppe von K aufzuweisen.

Aus (4), (5) folgt ferner

$$[\mathsf{E}_0^* : \mathsf{N}_0] = 2^\gamma, \quad [\mathsf{H}_0 : \mathsf{N}_0] = h_0 2^\gamma, \tag{6}$$

wo zur Abkürzung $\gamma = \delta + q^* - 1$ gesetzt ist. Beim Homomorphismus $1 + J$ wird auch die Untergruppe H^*/H der Geschlechtergruppe isomorph auf die Untergruppe $\mathsf{E}_0^*/\mathsf{N}_0$ der Normenrestklassengruppe abgebildet. Nach (6) ergibt sich daher in Ergänzung zu den Sätzen 10, 11:

Satz 12. *Die Relativklassenzahl h^* von K/K_0 ist durch den Geschlechterfaktor 2^γ teilbar. Dabei ist*

$$\gamma = \delta + q^* - 1,$$

wo δ die Anzahl der verschiedenen in der Relativdiskriminante $\mathfrak{d}_0$ von K/K_0 aufgehenden Primdivisoren von K_0 ist und q^* die Anzahl derjenigen in bezug auf Einheitenquadrate ε_0^2 aus K_0 unabhängigen Einheiten η_0^* aus K_0, die Normenreste mod. $\mathfrak{d}_0 p_\infty$ von K/K_0 – und dann auch Relativnormen von Zahlen aus K – sind.

Der Quotient $\frac{h^*}{2^\gamma}$ ist die Ordnung der Gruppe der Klassen im Hauptgeschlecht H von K/K_0, während 2^γ die Ordnung der Gruppe H^*/H derjenigen Geschlechter von K/K_0 ist, deren Relativnormen in die Hauptklasse von K_0 fallen.

Nach (6) ist sicherlich $\gamma \geqq 0$, oder also

$$\delta + q^* \geqq 1, \tag{7}$$

d. h. es kann nicht gleichzeitig $\delta = 0$ und $q^* = 0$ gelten. Nun bedeutet $\delta = 0$, daß $\mathfrak{d}_0 = 1$, also K/K_0 unverzweigt ist. In diesem Falle sind die Normenreste mod. $\mathfrak{d}_0 p_\infty$ von K/K_0 einfach die total-positiven Zahlen aus K_0. Daher besagt (7), daß im Falle der Unverzweigtheit von K/K_0 nicht jede total-positive Einheit aus K_0 Quadrat in K_0 ist, oder anders gesagt, daß K/K_0 verzweigt sein muß, wenn in K_0 jede total-positive Einheit Quadrat ist. Die letztere Bedingung ist aber gleichbedeutend damit, daß für K_0 die Regulatrix $\Sigma_0 \not\equiv 0 \bmod. 2$ ist, d. h. daß die Signaturen der Grundeinheiten von K_0 unabhängig sind. Damit haben wir als Folge aus (7) die nachstehende Tatsache, die im Hinblick auf unsere weiteren Untersuchungen und auch an sich interessant ist:

Satz 13. *Sind die Signaturen der Grundeinheiten von K_0 unabhängig, so ist K/K_0 verzweigt.*

Ist speziell K_0 ein reell-quadratischer Zahlkörper, so bedeutet die Voraussetzung, daß die Grundeinheit von K_0 die Norm -1 hat. Unter dieser Voraussetzung gibt es also keinen imaginären absolut-abelschen unverzweigten quadratischen Relativkörper K/K_0. Entsprechend ist die Bedeutung von Satz 13 im allgemeinen Falle.

Wir haben bisher nur den auf den Homomorphismus $1 + J$ bezüglichen Teil unserer schematischen Darstellung in Abb. 1 besprochen und ausgewertet. Dieser Teil genügte für den vorstehend gegebenen Ganzzahligkeitsbeweis der Relativklassenzahl h^* und ihre arithmetische Deutung. Der Vollständigkeit halber, und auch im Hinblick auf unsere spätere Untersuchung über die Teilbarkeit der vollen Klassenzahl h durch 2, besprechen wir anschließend auch den auf den Homomorphismus $1 - J$ bezüglichen Teil des Schemas in Abb. 1, der im übrigen für das Zustandekommen des Beweises der Klassenkörpereigenschaft (1) von K/K_0 und ihrer Folgen ebenso wichtig ist wie der schon besprochene Teil.

A ist die Gruppe der ambigen Klassen von K/K_0. Beim Homomorphismus $1-J$ wird die Faktorgruppe Δ/A isomorph auf die Gruppe H/E der Klassen im Hauptgeschlecht abgebildet[1]). Daraus ergibt sich für den Quotienten $\frac{h^*}{2^\gamma}$ in Ergänzung zu der Deutung in Satz 12 die weitere arithmetische Deutung als Index der Untergruppe A der ambigen Klassen in der vollen Klassengruppe Δ von K.

Der naheliegende Gedanke, die Teilbarkeit von h durch h_0, und damit die Ganzzahligkeit von h^*, einfach aus dem Vorhandensein und der Bedeutung dieser Untergruppe A zu erschließen, wie er Kummer offensichtlich vorgeschwebt hat, führt nicht ohne weiteres zum Ziel. Zwar liefern die h_0 Klassen von K_0 bei der Einbettung in K formal h_0 ambige Klassen von K/K_0, aber es ist nicht gesagt, daß diese h_0 Klassen in K verschieden sind; sie können sich vielmehr, wie wir später sehen werden, auch auf eine Faktorgruppe von der Ordnung $\frac{1}{2}h_0$ reduzieren[2]). Zur richtigen Durchführung dieses Gedankens ist der Nachweis von $\gamma \geqq 0$, d. h. der obigen Ungleichung (7), oder also von Satz 13 zu erbringen. Lediglich im Falle, daß K/K_0 verzweigt ist, kann man die Teilbarkeit von h durch h_0, und damit die Ganzzahligkeit von h^*, ohne weiteres aus der klassenkörpertheoretischen Formel[3])

$$a = [A : E] = h_0\, 2^\gamma = h_0\, 2^{\delta + q^* - 1}$$

für die Anzahl a der ambigen Klassen von K/K_0 – oder aus Betrachtungen, die ihrem Beweis äquivalent sind – entnehmen[4]), ohne damit allerdings auch eine zur Klassengruppe von K_0 isomorphe Untergruppe in der Klassengruppe von K, und damit eine arithmetische Deutung von h^*, zu gewinnen. Ob überhaupt neben der vorher festgestellten, zur Klassengruppe von K_0 isomorphen Faktorgruppe Δ/H^* auch eine derartige Untergruppe von Δ auf eine allgemeingültige organische Art angegeben werden kann, etwa als eine bestimmte Untergruppe A_0 der Ordnung h_0 und vom Index 2^γ in A, erscheint mir fraglich.

Das wesentliche auf den Homomorphismus $1-J$ bezügliche Ergebnis ist der sog. Hauptgeschlechtssatz $H = \Delta^{1-J}$, nach dem jede Klasse aus dem Hauptgeschlecht von K/K_0 sich als symbolische $(1-J)$-te Potenz einer Klasse von K darstellt; daß umgekehrt jede solche Potenz zum Hauptgeschlecht gehört, ist nach dessen Definition ohne weiteres klar. Für quadratische Zahlkörper folgt aus dem Hauptgeschlechtssatz die bekannte Tatsache, daß der Exponent γ des Geschlechterfaktors mit dem 2-Rang der Klassengruppe Δ, d. h. mit der Anzahl der Basiselemente von Δ von 2-Potenzordnung, übereinstimmt. Wir wollen diese Tatsache auf den hier vorliegenden Fall des quadratischen Relativkörpers K/K_0 verallgemeinern.

Dazu gehen wir aus von der für jede Klasse C von K gültigen Identität

$$C^2 = C^{1-J}\, C^{1+J}. \tag{8}$$

---

[1]) Siehe Klassenkörperbericht, Teil I, § 6, Satz (B'''').

[2]) Siehe unten **22**, Satz 18. — Für die von Kummer und Kronecker allein behandelten Kreiskörper $K = P_f$ kommt dieser Fall nicht vor, wie wir in **25**, Satz 28, feststellen werden. Daher konnten Kummer und Kronecker auf die im Text angegebene Weise zum Ziel kommen (siehe oben **6**, Fußnote 3, S, 13).

[3]) Siehe Klassenkörperbericht, Teil Ia, § 13, Satz 13.

[4]) Für die Kreiskörper $K = P_f$ entnimmt man aus unserem späteren Satz 19 in **23** ohne weiteres, daß K/K_0 verzweigt oder unverzweigt ist, je nachdem f Primzahlpotenz oder zusammengesetzt ist.

Durchläuft C die Klassengruppe $\varDelta$ von K, so durchläuft C^{1-J} nach dem Hauptgeschlechtssatz das Hauptgeschlecht $\mathsf{H} = \varDelta^{1-J}$, während C^{1+J} die Gruppe $\varDelta^* = \varDelta^{1+J}$ derjenigen Klassen aus K durchläuft, die Relativnormen von Divisoren aus K enthalten. Da diese Relativnormen in K_0 liegen, und da jede Klasse aus K_0 Relativnormen von Divisoren aus K enthält, entsteht $\varDelta^*$ einfach dadurch, daß man die Klassengruppe $\varDelta_0$ von K_0 in die Klassengruppe $\varDelta$ des Erweiterungskörpers K einbettet; dabei bleibt, wie wir schon zuvor bemerkt haben und in **22**, Satz 18, beweisen werden, die Gruppe $\varDelta_0$ entweder erhalten oder reduziert sich auf eine Faktorgruppe halber Ordnung. Zwischen den Gruppen $\varDelta$, H, $\varDelta^*$ besteht der Identität (8) zufolge die Beziehung

$$\varDelta^2 \varDelta^* = \mathsf{H}\, \varDelta^*.$$

Mit ihrer Hilfe berechnet sich der 2-Rang r von $\varDelta$ wie folgt[1]):

$$2^r = [\varDelta : \varDelta^2] = [\varDelta : \varDelta^2 \varDelta^*]\,[\varDelta^2 \varDelta^* : \varDelta^2] = [\varDelta : \mathsf{H}\varDelta^*]\,[\varDelta^2 \varDelta^* : \varDelta^2]$$
$$= \frac{[\varDelta : \mathsf{H}]}{[\mathsf{H}\varDelta^* : \mathsf{H}]}\,[\varDelta^2 \varDelta^* : \varDelta^2] = \frac{[\varDelta : \mathsf{H}]}{[\varDelta^* : \mathsf{H} \cap \varDelta^*]}\,[\varDelta^2 \varDelta^* : \varDelta^2].$$

Hierin ist zunächst nach den auf $1 + J$ bezüglichen Ergebnissen

$$[\varDelta : \mathsf{H}] = h_0\, 2^{\gamma}.$$

Für die Klassen C^* aus $\varDelta^*$ ist ferner wegen $C^* = C^{*J}$ die Definitionsbeziehung $C^{*\,1+J} = 1$ von H gleichbedeutend mit $C^{*\,2} = 1$; daraus folgt

$$[\varDelta^* : \mathsf{H} \cap \varDelta^*] = \frac{h_0^*}{2^{r_0^*}},$$

wo h_0^* die Ordnung und r_0^* den 2-Rang von $\varDelta^*$ bedeuten. Schließlich ist

$$[\varDelta^2 \varDelta^* : \varDelta^2] = 2^{s_0^*},$$

wo s_0^* den 2-Rang von $\varDelta^*$ in $\varDelta$, d. h. die Anzahl der in bezug auf Quadrate aus $\varDelta$ unabhängigen Basiselemente (es genügt von 2-Potenzordnung) von $\varDelta^*$ bedeutet. Zusammengenommen ergibt sich

$$2^r = \frac{h_0}{h_0^*}\, 2^{\gamma + r_0^* + s_0^*}.$$

Nach dem oben vorweggenommenen späteren Ergebnis über die Einbettung von $\varDelta_0$ in $\varDelta$ hat somit $\varDelta$ den 2-Rang

$$r = \gamma + r_0^* + s_0^* + \varkappa, \tag{9}$$

wo γ der in Satz 12 erklärte Exponent des Geschlechterfaktors von K/K_0 ist, r_0^* und s_0^* die eben angegebene Bedeutung haben und $\varkappa = 0$ oder 1 ist, je nachdem die Klassengruppe $\varDelta_0$ von K_0 bei der Einbettung in die Klassengruppe $\varDelta$ von K erhalten bleibt oder sich auf eine Faktorgruppe halber Ordnung reduziert. Ist speziell h_0 ungerade, so hat man $r_0^* = 0$, $s_0^* = 0$, $\varkappa = 0$ und somit die aus der Theorie der quadratischen Zahlkörper geläufige einfache Beziehung $r = \gamma$. Hiervon werden wir in **37** eine interessante Anwendung machen.

---

[1]) Siehe dazu das Reduktionsprinzip in Klassenkörperbericht, Teil Ia, § 1, Hilfssatz 1, oder Hasse [5], § 14, a), 8.

20. Der Einheitenindex Q

Wir wenden uns jetzt zur Untersuchung des in der Relativklassenzahlformel (*) als Faktor voranstehenden Einheitenindex Q von K/K_0. Obwohl es sich dabei, wie wir gleich sehen werden, lediglich um die Entscheidung über die Alternative $Q = 1$ oder 2 handelt, von der man glauben könnte, daß sie leicht zu treffen ist, wird diese Untersuchung doch einen größeren Umfang annehmen, und wir werden ihr Endergebnis, nach Durchführung aller erforderlichen Zwischenbetrachtungen, erst in **24** aussprechen können.

Der Einheitenindex Q ist nach seiner in (5, 2) gegebenen Definition der Index der Untergruppe der durch

Einheitswurzeln ζ aus K

zu

Einheiten ε_0 aus K_0

assoziierten Einheiten $\zeta\varepsilon_0$ aus K in der Gruppe aller

Einheiten ε aus K.

Bei Verwendung meiner abgekürzten Schreibweise für die Indizes von Zahlgruppen[1]) schreibt sich dieser Index unter Berufung auf die eben eingeführten Bezeichnungen in der Form

$$Q = [\varepsilon : \zeta\varepsilon_0]. \tag{1}$$

Wir schicken folgende Bemerkung voraus. Die Konjugiertenbildung in K ist mit dem Übergang zum Quadrat des absoluten Betrages vertauschbar; denn bezeichnet J wie bisher den erzeugenden Automorphismus von K/K_0 (Übergang zum Konjugiert-Komplexen), so hat man, weil K abelsch ist, $\alpha^{S(1+J)} = \alpha^{(1+J)S}$, also $|\alpha^S|^2 = (|\alpha|^2)^S$ für alle α aus K und alle S aus $\mathfrak{G}$. Hiernach hat eine Einheit ε aus K mit $|\varepsilon| = 1$ die Eigenschaft $|\varepsilon^S| = 1$ für alle S aus $\mathfrak{G}$ und ist daher[2]) eine Einheitswurzel ζ aus K.

Aus dieser Bemerkung ergibt sich übrigens nach dem Isomorphieprinzip (Homomorphiesatz)[3]) für den in Rede stehenden Index die weitere Darstellung

$$Q = [|\varepsilon| : |\varepsilon_0|], \tag{1'}$$

d. h. Q ist auch der Index der Gruppe der Einheitenbeträge von K_0 in derjenigen von K. Abgesehen von der hiermit erzielten etwas einfacheren Formulierung der Definition von Q ist es jedoch für unsere Untersuchung bequemer und auch vom arithmetischen Standpunkt naturgemäßer, die erstgenannte Darstellung (1) von Q zugrunde zu legen[4]).

Ähnlich wie in **19** bei der Untersuchung der Divisorenklassengruppe betrachten wir hier das Verhalten der Gruppe ε mit ihren beiden Untergruppen ζ und ε_0 bei den beiden Homomorphismen $1 - J$ und $1 + J$.

Durch den Homomorphismus $1 - J$ wird die Gruppe ε auf die Untergruppe

$$\varepsilon^{1-J} = \frac{\varepsilon}{\bar{\varepsilon}} = \zeta^*$$

---

[1]) Siehe Klassenkörperbericht, Teil Ia, § 1.

[2]) Siehe etwa Zahlbericht, § 21, Satz 48, oder Hasse [5], § 28, b), 1.

[3]) Siehe Klassenkörperbericht, Teil Ia, § 1, Hilfssatz 2, oder Hasse [5], § 3, S. 18.

[4]) Ein arithmetisches Äquivalent für (1′) ist die weiter unten abzuleitende Darstellung (3b).

abgebildet, die nach der vorausgeschickten Bemerkung in der Gruppe ζ enthalten ist. Da $\zeta^{1-J} = \zeta^2$ ist, und da die Untergruppe ε_0 innerhalb der Gruppe ε durch $\varepsilon_0^{1-J} = 1$ charakterisiert ist, ist die Beziehung

$$\varepsilon^{1-J} = \zeta^2 \quad \text{gleichbedeutend mit} \quad \varepsilon = \zeta\,\varepsilon_0. \tag{2a}$$

Durch Anwendung von $1 - J$ auf (1) ergibt sich daher nach dem Isomorphieprinzip

$$Q = [\zeta^* : \zeta^2] = 1 \text{ oder } 2, \tag{3a}$$

letzteres weil die Gruppe ζ zyklisch ist.

Durch den Homomorphismus $1 + J$ wird die Gruppe ε auf die Untergruppe

$$\varepsilon^{1+J} = \varepsilon\,\bar{\varepsilon} = \mathsf{N}(\varepsilon)$$

abgebildet, wo N die Relativnormbildung für K/K_0 bezeichnet. Diese Untergruppe ist in der Gruppe ε_0 enthalten. Da $\varepsilon_0^{1+J} = \varepsilon_0^2$ ist, und da nach der vorausgeschickten Bemerkung die Untergruppe ζ innerhalb der Gruppe ε durch $\zeta^{1+J} = 1$ charakterisiert ist, ist die Beziehung

$$\varepsilon^{1+J} = \varepsilon_0^2 \quad \text{gleichbedeutend mit} \quad \varepsilon = \zeta\,\varepsilon_0. \tag{2b}$$

Durch Anwendung von $1 + J$ auf (1) ergibt sich daher nach dem Isomorphieprinzip

$$Q = \left[\mathsf{N}(\varepsilon) : \varepsilon_0^2\right] = 2^q, \tag{3b}$$

wo q die Bedeutung aus dem Satz über das Einheitenhauptgeschlecht[1]) für den quadratischen Relativkörper K/K_0 hat, nämlich die Anzahl der in bezug auf die Gruppe ε_0^2 unabhängigen Einheiten der Form $\eta_0 = \mathsf{N}(\varepsilon)$ aus K_0 bezeichnet[2]). Da für den Index Q nach (3a) nur die beiden Werte 1, 2 möglich sind, sind für den Exponenten q in (3b) (in dem hier zugrunde liegenden Spezialfall K/K_0 der allgemeinen Klassenkörpertheorie) nur die beiden Werte 0, 1 möglich.

Aus (2a), (2b), (3a), (3b) erhalten wir durch Zusammenfassung als erstes Ergebnis über den Einheitenindex Q von K/K_0:

Satz 14. *Es ist entweder $Q = 1$ oder $Q = 2$.*

Haben alle Einheiten ε aus K die beiden miteinander gleichbedeutenden Eigenschaften

$$\frac{\varepsilon}{\bar{\varepsilon}} = \zeta^2, \qquad \mathsf{N}(\varepsilon) = \varepsilon_0^2,$$

so ist $Q = 1$.

Gibt es aber eine Einheit ε^* aus K mit den beiden miteinander gleichbedeutenden Eigenschaften

$$\frac{\varepsilon^*}{\bar{\varepsilon}^*} = \zeta^* \quad \textit{ist kein Quadrat in } \mathsf{K}, \tag{4a}$$

$$\mathsf{N}(\varepsilon^*) = \varepsilon_0^* \quad \textit{ist kein Quadrat in } \mathsf{K}_0, \tag{4b}$$

so ist $Q = 2$.

---

[1]) Siehe Klassenkörperbericht, Teil Ia, § 12, Satz 12.

[2]) Man beachte den Unterschied zwischen dieser Anzahl q und der in (19, 3) und anschließend aufgetretenen Anzahl q^* der in bezug auf die Gruppe ε_0^2 unabhängigen Einheiten der Form $\eta_0^* = \mathsf{N}(\vartheta)$ aus K_0 (ϑ nicht notwendig Einheit ε). Es gilt $0 \leqq q \leqq q^* \leqq p \leqq n_0$, wo p die Anzahl der in bezug auf die Gruppe ε_0^2 unabhängigen total-positiven Einheiten aus K_0 und n_0 wie bisher den Grad von K_0 bezeichnet.

Multipliziert man die in (4a), (4b) auftretende Einheit ε^* aus K mit einer Einheitswurzel ζ aus K, so multipliziert sich die Einheitswurzel ζ^* mit deren Quadrat ζ^2. Daher kann man ε^* so normieren, daß ζ^* eine Einheitswurzel von 2-Potenzordnung wird, und zwar ist dann diese Ordnung notwendig die höchste für K mögliche solche Ordnung, d. h. der Beitrag 2^ω der Primzahl 2 zur Einheitswurzelanzahl w von K. Wir können somit die Eigenschaft (4a) in der normierten Form

$$\varepsilon^* = \zeta_{2^\omega} \overline{\varepsilon^*} \tag{4a_0}$$

ansetzen. Die in (4b) auftretende Einheit ε_0^* aus K_0 bleibt bei dieser Normierung von ε^* und ζ^* unbetroffen.

Im folgenden werden wir fortlaufend die beiden Fälle $\omega = 1$ und $\omega \geqq 2$, also $w \not\equiv 0 \bmod. 4$ und $w \equiv 0 \bmod. 4$ zu unterscheiden haben. Im ersteren Falle enthält K an Einheitswurzeln von 2-Potenzordnung nur die zweiten Einheitswurzeln ± 1, im letzteren Falle auch noch mindestens die vierten Einheitswurzeln $\pm \sqrt{-1}$. Die Unterscheidung dieser beiden Fälle wird auch über unsere gegenwärtige Aufgabe, die Bestimmung des Einheitenindex Q, hinaus noch wiederholt eine Rolle spielen. Sie hat für die Struktur von K/K_0 die folgende Bedeutung. Im Falle $w \equiv 0 \bmod. 4$ hat man für K/K_0 die besonders einfache Kummer-Erzeugung $K = K_0(\sqrt{-1})$, nach der sich K als das Kompositum von K_0 mit dem imaginärquadratischen Zahlkörper $P_4 = P(\sqrt{-1})$ darstellt. Die Charaktere χ_1 von K/K_0 leiten sich dann aus den Charakteren χ_0 von K_0 in der Form $\chi_1 = \upsilon \chi_0$ her, wo υ der erzeugende Charakter von P_4 ist, gegeben durch

$$\upsilon(x) = (-1)^\alpha \quad \text{für} \quad x \equiv (-1)^\alpha \bmod. 4. \tag{5}$$

Dieser quadratische Charakter υ wird im weiteren Verlauf der Arbeit immer wieder auftreten. Er ist auch einfach als der (einzige) Charakter vom Führer 4 gekennzeichnet. Im Falle $w \not\equiv 0 \bmod. 4$ lassen sich die Kummer-Erzeugung von K/K_0 und der Zusammenhang zwischen den Charakteren χ_0 von K_0 und χ_1 von K/K_0 nicht in gleich einfacher und allgemeingültiger Weise angeben.

Durch Satz 14 wird die Alternative $Q = 1$ oder 2 auf die Nichtexistenz oder Existenz einer Einheit ε^* aus K mit den Eigenschaften (4a), (4b) zurückgeführt. Es ist unsere Aufgabe, diese Alternative weiter auf Eigenschaften der Charaktere von K zurückzuführen. Dies wird allerdings nicht vollständig gelingen; denn dabei spricht, wie wir sehen werden, eine sozusagen nicht-abelsche Eigenschaft von K mit, nämlich das Verhalten der Divisorenklassen von K_0 bei der Einbettung in K, das ja nach Artin [1] wesentlich von einer nicht-abelschen Erweiterung der Galoisgruppe $\mathfrak{G}$ von K abhängt[1]), während doch die Charaktere χ von K grundsätzlich nur die abelschen Eigenschaften von K beschreiben können, wie sie in der Gruppe $\mathfrak{G}$ selbst zum Ausdruck kommen. Wir führen zunächst die fragliche Nichtexistenz oder Existenz von ε^* auf den Typus der Kummer-Erzeugung eines mit K/K_0 verbundenen absolut-abelschen reellen quadratischen Relativkörpers K_0'/K_0 zurück. Sodann kennzeichnen wir den Typus der Kummer-Erzeugung von K_0'/K_0

[1]) Siehe hierzu auch die grundsätzlichen Ausführungen in meinem Klassenkörperbericht, Teil II, § 27, wo ich über die angeführte Artinsche Arbeit berichte; vgl. insbesondere die dortige Bemerkung am Schluß von Nr. 3.

bis auf eine restliche Klasseneinbettungsfrage durch das Verzweigungsverhalten von K_0'/K_0 (das von dem Verzweigungsverhalten von K/K_0 selbst nur unwesentlich abweicht). Schließlich beschreiben wir das Verzweigungsverhalten von K_0'/K_0 durch die Charaktere χ von K, während die Klasseneinbettungsfrage unzurückgeführt bleiben muß.

21. Kriterium für $Q = 1$ oder 2 durch eine Kummer-Erzeugung

Wie in 20 sei 2^ω der Beitrag der Primzahl 2 zur Einheitswurzelanzahl w von K. Dann ist P_{2^ω}, aber nicht $P_{2^{\omega+1}}$ in K enthalten. Da $P_{2^{\omega+1}}$ absolut-abelsch und über P_{2^ω} quadratisch ist, ist dann

$$K' = K P_{2^{\omega+1}}$$

absolut-abelsch und über K quadratisch. Dieser Körper K' ist imaginär. Sein größter reeller Teilkörper

$$K_0' = (K P_{2^{\omega+1}})_0$$

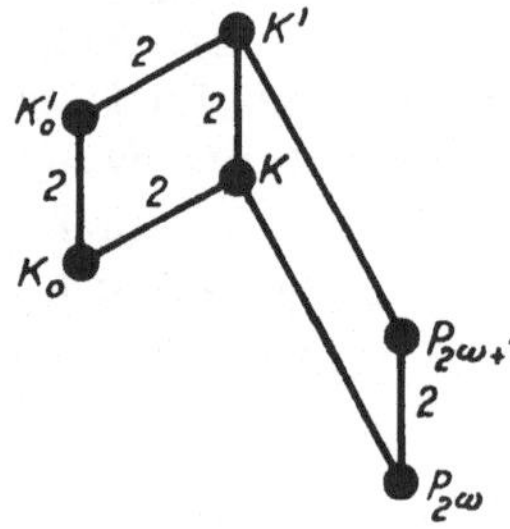

Abb. 2.

ist über K_0 quadratisch (siehe Abb. 2). Der so definierte mit K/K_0 verbundene quadratische Relativkörper K_0'/K_0 ist es, auf dessen Kummer-Erzeugung wir gemäß den Ausführungen am Schluß von **20** die in Satz 14 auftretende Einheitenexistenzfrage zurückführen werden.

Im Falle $w \not\equiv 0 \bmod. 4$, also $\omega = 1$, besteht zwischen den Kummer-Erzeugungen von K/K_0 und K_0'/K_0 ein einfacher Zusammenhang. Setzt man die Kummer-Erzeugung von K/K_0 als

$$K = K_0\left(\sqrt{-\mu_0}\right) \tag{1}$$

an, wobei μ_0 eine total-positive Zahl aus K_0 ist, so hat man

$$K' = K P_4 = K\left(\sqrt{-1}\right) = K_0\left(\sqrt{-\mu_0},\ \sqrt{-1}\right) = K_0\left(\sqrt{\mu_0},\ \sqrt{-1}\right);$$

also hat dann K_0'/K_0 die Kummer-Erzeugung

$$K_0' = K_0\left(\sqrt{\mu_0}\right). \tag{1'}$$

Im Falle $w \equiv 0 \bmod. 4$, also $\omega \geqq 2$, wo K/K_0 die Kummer-Erzeugung $K = K_0\left(\sqrt{-1}\right)$ hat, läßt sich auch die Kummer-Erzeugung von K_0'/K_0 explizit angeben. Zunächst hat $P_{2^{\omega+1}}/P_{2^{\omega+1},0}$ die Kummer-Erzeugung

$$P_{2^{\omega+1}} = P_{2^{\omega+1},0}\ \left(\sqrt{-1}\right).$$

Da $\sqrt{-1}$ in K enthalten ist, hat man also

$$K' = K P_{2^{\omega+1}} = K P_{2^{\omega+1},0}$$

und daher

$$K_0' = K_0 P_{2^{\omega+1},0} \tag{2}$$

(anders als im Falle $w \not\equiv 0 \bmod. 4$, wo $P_{2^{\omega+1},0} = P_{4,0} = P$ in K_0 enthalten ist). Weil $P_{2^\omega,0}$ in K_0 enthalten ist, kommt es hiernach nur auf die Angabe der Kummer-Erzeugung von $P_{2^{\omega+1},0}/P_{2^\omega,0}$ an (siehe Abb. 3).

Dazu betrachten wir die Zahl

$$\lambda_{2^\omega} = 1 + \zeta_{2^\omega} \quad \text{mit} \quad \lambda_{2^\omega} = \zeta_{2^\omega}\,\bar{\lambda}_{2^\omega} \tag{3}$$

aus P_{2^ω}. Sie stellt den (einzigen) Primdivisor von 2 in P_{2^ω} dar. Ihre Relativnorm

$$\lambda_{2^\omega,0} = \mathsf{N}(\lambda_{2^\omega}) = \lambda_{2^\omega}\,\bar{\lambda}_{2^\omega} = (1 + \zeta_{2^\omega})\left(1 + \zeta_{2^\omega}^{-1}\right) = \left(\zeta_{2^{\omega+1}} + \zeta_{2^{\omega+1}}^{-1}\right)^2 \tag{4}$$

in $\mathsf{P}_{2^\omega,0}$ stellt den (einzigen) Primdivisor von 2 in $\mathsf{P}_{2^\omega,0}$ dar. Zwischen diesen beiden Zahlen besteht die Divisorgleichung

$$\lambda_{2^\omega,0} \cong \lambda_{2^\omega}^2, \tag{5}$$

d. h. beide Seiten unterscheiden sich nur um einen Einheitsfaktor (aus P_{2^ω}). Die Grundzahl des Quadrats in (4) liegt in $\mathsf{P}_{2^{\omega+1},0}$, aber wegen der Primdivisoreigenschaft von $\lambda_{2^\omega,0}$ nicht in $\mathsf{P}_{2^\omega,0}$. Daher hat man

$$\mathsf{P}_{2^{\omega+1},0} = \mathsf{P}_{2^\omega,0}\left(\sqrt{\lambda_{2^\omega,0}}\right), \tag{6}$$

und dann nach (2) auch

$$\mathsf{K}_0' = \mathsf{K}_0\left(\sqrt{\lambda_{2^\omega,0}}\right). \tag{7}$$

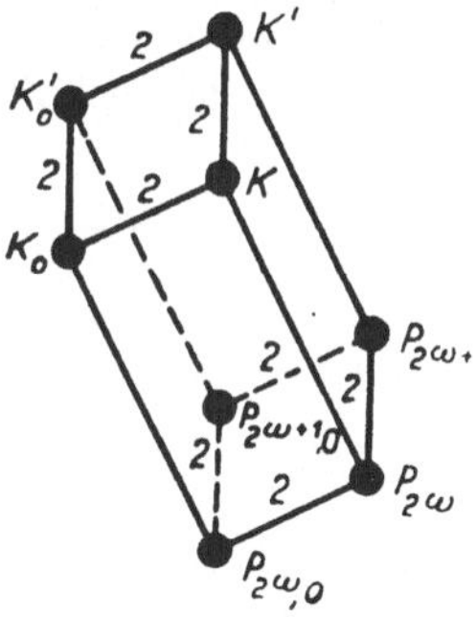

Abb. 3 ($\omega \geqq 2$).

Für den niedrigsten Wert $\omega = 2$ dieses Falles ist $\lambda_{2^2} = 1 + \zeta_{2^2} = 1 + \sqrt{-1}$, also $\lambda_{2^2,0} = \mathsf{N}\left(1 + \sqrt{-1}\right) = N\left(1 + \sqrt{-1}\right) = 2$, und daher

$$\mathsf{P}_{2^3,0} = \mathsf{P}_{2^2,0}\left(\sqrt{2}\right) = \mathsf{P}\left(\sqrt{2}\right), \quad \mathsf{K}_0' = \mathsf{K}_0\left(\sqrt{2}\right) \quad \text{für } \omega = 2.$$

Nach (4) ist ferner allgemein $(\lambda_{2^\omega,0} - 2)^2 = \lambda_{2^{\omega-1},0}$ und daher

$$\mathsf{P}_{2^4,0} = \mathsf{P}_{2^3,0}\left(\sqrt{2 + \sqrt{2}}\right), \qquad \mathsf{K}_0' = \mathsf{K}_0\left(\sqrt{2 + \sqrt{2}}\right) \qquad \text{für } \omega = 3,$$

$$\mathsf{P}_{2^5,0} = \mathsf{P}_{2^4,0}\left(\sqrt{2 + \sqrt{2 + \sqrt{2}}}\right), \quad \mathsf{K}_0' = \mathsf{K}_0\left(\sqrt{2 + \sqrt{2 + \sqrt{2}}}\right) \qquad \text{für } \omega = 4,$$

. . . .

Wir setzen jetzt das in Satz 14 erhaltene Kriterium für $Q = 2$ mit der Kummer-Erzeugung von $\mathsf{K}_0'/\mathsf{K}_0$ in Beziehung. Dazu bemerken wir vorweg, daß der Radikand der Kummer-Erzeugung eines quadratischen Relativkörpers $\mathsf{K}_0'/\mathsf{K}_0$ bis auf einen willkürlichen Quadratfaktor aus dem Grundkörper K_0 eindeutig festliegt.

Sei zunächst wieder $w \not\equiv 0 \bmod 4$. Ist $Q = 2$, so existiert nach Satz 14 eine Einheit ε^* aus K mit der Eigenschaft (20, 4 a$_0$), also hier $\varepsilon^* = -\overline{\varepsilon^*}$. Dann ist $\varepsilon^{*2} = -\varepsilon_0^*$ eine Einheit aus K_0, wobei ε_0^* die Einheit aus (20, 4b) ist. Daraus folgt

$$\mathsf{K} = \mathsf{K}_0\left(\sqrt{-\varepsilon_0^*}\right).$$

Nach (1), (1′) ist dann

$$\mathsf{K}_0' = \mathsf{K}_0\left(\sqrt{\varepsilon_0^*}\right).$$

Läßt sich umgekehrt der Radikand der Kummer-Erzeugung von $\mathsf{K}_0'/\mathsf{K}_0$ als Einheit ε_0^* aus K_0 wählen, so ist $\varepsilon^* = \sqrt{-\varepsilon_0^*}$ eine Einheit aus K, für die $\varepsilon^* = -\overline{\varepsilon^*}$ gilt und

$\mathsf{N}(\varepsilon^*) = \varepsilon_0^*$ kein Quadrat in K_0 ist, die also die Eigenschaften (20, $4\mathrm{a}_0$, 4b) hat. Somit ist dann $Q = 2$.

Sei ferner $w \equiv 0 \bmod 4$. Ist $Q = 2$, so existiert nach Satz 14 eine Einheit ε^* aus K mit der Eigenschaft (20, $4\mathrm{a}_0$), also $\varepsilon^* = \zeta_{2^\omega}\overline{\varepsilon^*}$. Da nach (3) auch $\lambda_{2^\omega} = \zeta_{2^\omega}\overline{\lambda}_{2^\omega}$ gilt, folgt

$$\lambda_{2^\omega} = \varepsilon^* \gamma_0 \tag{8}$$

mit einer Zahl γ_0 aus K_0, und daraus durch Relativnormbildung nach (4)

$$\lambda_{2^\omega, 0} = \varepsilon_0^* \gamma_0^2, \tag{9}$$

wo ε_0^* die Einheit aus (20, 4b) ist. Dann reduziert sich also die Kummer-Erzeugung (7) von $\mathsf{K}_0'/\mathsf{K}_0$ auf

$$\mathsf{K}_0' = \mathsf{K}_0\left(\sqrt{\varepsilon_0^*}\right).$$

Läßt sich umgekehrt der Radikand der Kummer-Erzeugung von $\mathsf{K}_0'/\mathsf{K}_0$ als Einheit ε_0^* aus K_0 wählen, so hat man (9) mit einer Zahl γ_0 aus K_0 und daraus nach (4), (5) weiter (8) mit einer Einheit ε^* aus K, für die $\mathsf{N}(\varepsilon^*) = \varepsilon_0^*$ kein Quadrat in K_0 ist, die also die Eigenschaft (20, 4b) – und dann auch (20, 4a) – hat. Somit ist dann $Q = 2$.

Damit ist folgendes Kriterium für die Alternative $Q = 1$ oder 2 bewiesen:

Satz 15. *Es sei genau 2^ω in w enthalten und $\mathsf{K}' = \mathsf{K}\mathsf{P}_{2^{\omega+1}}$.*
Dann und nur dann ist $Q = 2$, wenn die Kummer-Erzeugung von $\mathsf{K}_0'/\mathsf{K}_0$ den Typus

$$\mathsf{K}_0' = \mathsf{K}_0\left(\sqrt{\varepsilon_0^*}\right) \quad \textit{mit einer Einheit } \varepsilon_0^* \textit{ aus } \mathsf{K}_0$$

hat. Andernfalls ist $Q = 1$.

Wir bemerken noch, daß für $\omega = 1$ nach (1), (1′) in diesem Kriterium an Stelle des aus K/K_0 abgeleiteten quadratischen Relativkörpers $\mathsf{K}_0'/\mathsf{K}_0$ auch einfach K/K_0 selbst treten kann, weil es dabei auf das Vorzeichen des Radikanden der Kummer-Erzeugung nicht ankommt.

22. Kriterium für $Q = 1$ oder 2 durch Verzweigung und Klassenfrage

Nach der arithmetischen Theorie der Kummerschen Relativkörper[1]) ist die in Satz 15 erhaltene notwendige und hinreichende Bedingung für $Q = 2$, daß nämlich der Radikand der Kummer-Erzeugung von $\mathsf{K}_0'/\mathsf{K}_0$ als Einheit wählbar ist, höchstens dann erfüllt, wenn $\mathsf{K}_0'/\mathsf{K}_0$ die folgenden Verzweigungseigenschaften hat: die Primteiler in K_0 jeder Primzahl $p \neq 2$ sind in $\mathsf{K}_0'/\mathsf{K}_0$ unverzweigt, und die Primteiler in K_0 von $p = 2$ sind in $\mathsf{K}_0'/\mathsf{K}_0$ nicht *höchstverzweigt*, d. h. ihre Verzweigungszahl v – die Anzahl ihrer von 1 verschiedenen Verzweigungsgruppen – hat nicht den höchstmöglichen Wert $2e_0$ – das Doppelte der Verzweigungsordnung e_0 der Primzahl 2 in K_0[2]). Ein quadratischer Relativkörper heiße, wenn er diese Verzweigungseigenschaften hat, *höchstens unwesentlich verzweigt*, andernfalls *wesentlich verzweigt*. Es kann also höchstens dann $Q = 2$ sein, wenn $\mathsf{K}_0'/\mathsf{K}_0$ höchstens unwesentlich verzweigt

---

[1]) Siehe Klassenkörperbericht, Teil Ia, § 11, Sätze 9, 10.

[2]) Sofern die Primteiler von 2 überhaupt verzweigt sind, ist entweder $1 \leq v \leq 2e_0 - 1$ und v ungerade, oder es ist $v = 2e_0$. Letzteres ist der Fall der Höchstverzweigung; er ist auch einfach dadurch gekennzeichnet, daß v gerade ist.

ist. Ist umgekehrt K'_0/K_0 höchstens unwesentlich verzweigt, so ist nach der genannten Theorie die Kummer-Erzeugung von K'_0/K_0 jedenfalls vom Typus

$$K'_0 = K_0(\sqrt{\mu_0}) \quad \text{mit} \quad \mu_0 \cong \mathfrak{m}_0^2 \text{ in } K_0, \tag{1}$$

d. h. ihr Radikand μ_0 ist das Quadrat eines Divisors $\mathfrak{m}_0$ aus K_0. Es sind dann zwei Fälle möglich. Entweder $\mathfrak{m}_0$ gehört zur Hauptklasse von K_0; dann läßt sich μ_0 durch ein Zahlfaktorquadrat aus K_0 auf eine Einheit ε_0^* reduzieren, und nach Satz 15 ist $Q = 2$. Oder $\mathfrak{m}_0$ gehört zu einer Klasse $M_0 \neq 1$ von K_0; dann läßt sich μ_0 nicht auf eine Einheit reduzieren, und nach Satz 15 ist $Q = 1$. Wir nennen K'_0/K_0 im ersteren Falle vom *Einheitstypus*, im letzteren Falle vom *Klassentypus*[1]).

Damit ist aus Satz 15 folgendes Kriterium für die Alternative $Q = 1$ oder 2 gewonnen:

Satz 16. *Es sei genau* 2^ω *in* w *enthalten und* $K' = KP_{2^{\omega+1}}$.
Ist K'_0/K_0 *wesentlich verzweigt, so ist* $Q = 1$.
Ist aber K'_0/K_0 *höchstens unwesentlich verzweigt, so ist* $Q = 2$ *oder* 1, *je nachdem* K'_0/K_0 *vom Einheits- oder Klassentypus ist.*

Auch in diesem Kriterium kann wieder, wie in Satz 15, für $\omega = 1$ an Stelle von K'_0/K_0 einfach K/K_0 selbst treten. Für $\omega \geqq 2$ beachte man, daß zwar in $P_{2^{\omega+1},0}/P_{2^\omega,0}$ der Primteiler $\lambda_{2^\omega,0}$ von 2 höchstverzweigt ist, aber in K'_0/K_0 die Primteiler von 2 nicht notwendig höchstverzweigt sind; denn bei der Erweiterung des Grundkörpers $P_{2^\omega,0}$ auf K_0, bei der sich $P_{2^{\omega+1},0}$ zu K'_0 erweitert, kann ja $\lambda_{2^\omega,0}$ sich in Primdivisoren von durch 2 teilbarer Relativordnung verzweigen. Gerade darauf, ob dies der Fall ist oder nicht, kommt es für unser Kriterium an[2]).

Durch Satz 16 wird die Alternative $Q = 1$ oder 2 zu einem wesentlichen Teil auf die Alternative zurückgeführt, ob K'_0/K_0 wesentlich oder höchstens unwesentlich verzweigt ist, eine Alternative, die sich vermöge des Klassenkörperzerlegungsgesetzes durch die Charaktere von K entscheiden läßt, wie wir in **23** ausführen werden. Ist K'_0/K_0 höchstens unwesentlich verzweigt, so bleibt allerdings die weitere Alternative zu entscheiden, ob K'_0/K_0 vom Einheits- oder Klassentypus ist.

Der letztere Fall, nämlich daß K'_0/K_0 vom Klassentypus ist, in dem dann wie im wesentlich verzweigten Falle $Q = 1$ ist, läßt sich durch das Verhalten der Divisorenklassen von K_0 bei der Einbettung in K charakterisieren. Liegt dieser Fall vor, so hat man nach (1) für $\omega = 1$

$$\mathfrak{m}_0^2 \cong \mu_0 \cong -\mu_0 \text{ in } K_0, \quad \text{also} \quad \mathfrak{m}_0 \cong \sqrt{-\mu_0} \text{ in } K,$$

und für $\omega \geqq 2$ unter Beachtung von (**21**, 7, 5)

$$\mathfrak{m}_0^2 \cong \mu_0 = \lambda_{2^\omega,0}\,\gamma_0^2 \text{ in } K_0, \quad \text{also} \quad \mathfrak{m}_0 \cong \lambda_{2^\omega}\,\gamma_0 \text{ in } K.$$

Beidemal fällt dann also die durch $\mathfrak{m}_0$ bestimmte Klasse $M_0 \neq 1$ aus K_0 in die Hauptklasse von K. Fällt umgekehrt eine Divisorenklasse $M_0 \neq 1$ aus K_0 in die Hauptklasse von K, und ist $\mathfrak{m}_0$ ein Divisor aus M_0, so daß also

$$\mathfrak{m}_0 \cong \mu \text{ in } K$$

---

[1]) Zur Abkürzung der Ausdrucksweise werden wir bei Verwendung dieser beiden Begriffe die ihnen zugrunde liegende Obervoraussetzung, daß K'_0/K_0 höchstens unwesentlich verzweigt ist, nicht immer ausdrücklich angeben, sondern stillschweigend implizieren.

[2]) Man beachte übrigens, daß es im Falle $\omega \geqq 2$ für das Verzweigungsverhalten von K'_0/K_0 nur auf die Primteiler der Primzahl 2 ankommt, weil die Kummer-Erzeugende $\lambda_{2^\omega,0}$ selbst ein solcher ist, also keine Primteiler anderer Primzahlen enthält.

gilt, so folgt $\frac{\mu}{\bar{\mu}} \cong 1$, folglich ist $\frac{\mu}{\bar{\mu}} = \zeta$ nach der Vorbemerkung in **20** eine Einheitswurzel aus K, und diese Einheitswurzel ζ ist kein Quadrat in K, weil sich sonst μ durch einen Einheitswurzelfaktor aus K auf eine Zahl aus K_0 reduzieren ließe, also $M_0 = 1$ wäre. Daher kann man zu

$$\mu = \zeta_{2^\omega} \bar{\mu}$$

normieren. Für $\omega = 1$ hat man dann

$$\mathfrak{m}_0 \cong \mu = -\bar{\mu} \text{ in } \mathsf{K}, \quad \text{also} \quad \mathfrak{m}_0^2 \cong \mu^2 = -\mathsf{N}(\mu) = -\mu_0 \text{ in } \mathsf{K}_0,$$

wobei μ_0 aus K_0 durch die letzte Gleichung definiert ist; daraus folgt, daß dies μ_0 als der in den Kummer-Erzeugungen (**21**, 1, 1′) auftretende Radikand wählbar und somit $\mathsf{K}_0'/\mathsf{K}_0$ (höchstens unwesentlich verzweigt und) vom Klassentypus ist. Für $\omega \geqq 2$ hat man nach (**21**, 3, 4)

$$\mathfrak{m}_0 \cong \mu = \lambda_{2^\omega} \gamma_0 \text{ in } \mathsf{K}, \quad \text{also} \quad \mathfrak{m}_0^2 \cong \mathsf{N}(\mu) = \lambda_{2^\omega, 0} \gamma_0^2 \text{ in } \mathsf{K}_0,$$

mit γ_0 aus K_0; daraus folgt mit Hinblick auf die Kummer-Erzeugung (**21**, 7) wieder, daß $\mathsf{K}_0'/\mathsf{K}_0$ vom Klassentypus ist.

Wir haben damit in Ergänzung zu Satz 16 bewiesen:

Satz 17. *Dann und nur dann ist $\mathsf{K}_0'/\mathsf{K}_0$ vom Klassentypus, wenn es in K_0 eine Divisorenklasse $M_0 \neq 1$ gibt, die in K in die Hauptklasse fällt.*

Da nach dem vorstehenden Beweis, wenn $\mathsf{K}_0'/\mathsf{K}_0$ vom Klassentypus ist, für M_0 nur die eine, durch das Radikal $\sqrt{\mu_0} \cong \mathfrak{m}_0$ der Kummer-Erzeugung (1) von $\mathsf{K}_0'/\mathsf{K}_0$ festgelegte Klasse der Ordnung 2 in Frage kommt, ergibt sich überdies:

Satz 18. *Es gibt in K_0 höchstens eine Divisorenklasse $M_0 \neq 1$, die in K in die Hauptklasse fällt.*

Hiermit ist die in **19** vorweggenommene Tatsache bewiesen, daß die Klassengruppe von K_0 bei der Einbettung in K entweder erhalten bleibt oder sich auf eine Faktorgruppe halber Ordnung reduziert, nämlich auf die Faktorgruppe nach der durch M_0 erzeugten Untergruppe der Ordnung 2.

Die in den Sätzen 16, 17, 18 gewonnenen Erkenntnisse legen es nahe, an Stelle des Einheitenindex Q von K/K_0 zwei neue Invarianten einzuführen, nämlich den *Verzweigungsindex von* K/K_0, gegeben durch

> $Q^* = 1$ oder 2, je nachdem $\mathsf{K}_0'/\mathsf{K}_0$ wesentlich oder höchstens unwesentlich verzweigt ist,

und den *Klassenindex von* K/K_0, gegeben durch

> $k = 1$ oder 2, je nachdem die Klassengruppe von K_0 bei der Einbettung in K erhalten bleibt oder sich auf eine Faktorgruppe halber Ordnung reduziert.

Der Verzweigungsindex Q^* ist eigentlich eine Invariante des K/K_0 zugeordneten Hilfsrelativkörpers $\mathsf{K}_0'/\mathsf{K}_0$, kann aber mittelbar auch als Invariante von K/K_0 selbst aufgefaßt werden, wie es dem mit seiner Einführung verfolgten Zweck besser entspricht; wir werden ihn ja auch durch die Charaktere von K (und nicht die von K_0')

beschreiben. Der Klassenindex k gibt an, auf welchen Bruchteil sich die Ordnung h_0 der Klassengruppe von K_0 bei der Einbettung in K reduziert. Setzt man $k = 2^{\varkappa}$, so ist $\varkappa = 0$ oder 1 der in unserer 2-Rangformel (**19**, 9) auftretende Beitrag. Der Quotient

$$h_0^* = \frac{h_0}{k}$$

ist die Ordnung der Gruppe Δ^* der durch Divisoren aus K_0 gelieferten Klassen von K, wie sie schon beim Beweise von (**19**, 9) eingeführt wurde.

Durch Einführung dieser neuen Bildungen kann man die Relativklassenzahlformel (*) in die etwas abgeänderte Gestalt

$$\frac{h}{h_0^*} = k\,h^* = Q^*\,w \prod_{\chi_1} \frac{1}{2\,f(\chi_1)} \sum_{x \bmod. f(\chi_1)}^{+} (-\chi_1(x)\,x) \tag{2}$$

setzen, die an Stelle der Relativklassenzahl $h^* = \frac{h}{h_0}$ selbst den Index $kh^* = \frac{h}{h_0^*}$ der Untergruppe Δ^* in der vollen Klassengruppe Δ von K ausdrückt. Diese abgeänderte Relativklassenzahlformel (2) ist als ein theoretisch interessantes Seitenstück zur eigentlichen Relativklassenzahlformel (*) anzusehen. Dem hier verfolgten Ziel, der Berechnung der Relativklassenzahl h^*, ist sie jedoch weniger angemessen; denn der hereingebrachte Faktor k hat ja selbst wieder eine relativklassenzahlartige Bedeutung, insofern er mit der Beziehung zwischen den Klassen von K_0 und von K zu tun hat, während doch der Sinn der Relativklassenzahlformel gerade der ist, die Berechnung der Relativklassenzahl auf die Berechnung von Ausdrücken aus einem anderen, nach Möglichkeit elementareren Gedankenkreis zurückzuführen. Praktisch tritt das dadurch in Erscheinung, daß es in jedem gegebenen Falle – sei es bei der Betrachtung spezieller Klassen von Körpern, sei es in numerischen Einzelfällen – für die Entscheidung über die Alternative $Q = 1$ oder 2 gemäß Satz 16 einfacher ist, auf die Definition von Einheits- und Klassentypus aus der Kummer-Erzeugung zurückzugehen, als das Kriterium aus Satz 17 zugrunde zu legen, d. h. auf die Definition des Klassenindex k zurückzugehen.

23. Beschreibung der Verzweigung durch die Charaktere

Wir beschreiben der Einfachheit halber, und weil das im Rahmen unserer Untersuchung auch an sich von Interesse ist, zunächst das Verzweigungsverhalten von K/K_0 durch die Charaktere von K. Hierbei werden wir nicht von der Voraussetzung Gebrauch machen, daß K imaginär ist. Daher können wir die Ergebnisse nachher leicht auf den K/K_0 gemäß **21** zugeordneten Hilfsrelativkörper $\mathsf{K}_0'/\mathsf{K}_0$ übertragen, wie es das Kriterium aus Satz 16 erfordert, indem wir die Charaktere von K_0' auf die Charaktere von K zurückführen.

Das Verzweigungsverhalten einer Primzahl p im Körper K selbst bestimmt sich nach dem Klassenkörperzerlegungsgesetz aus der Charaktergruppe X von K in folgender Weise[1]). Es sei X_p die Untergruppe aller derjenigen Charaktere χ von K, deren Führer $f(\chi)$ nicht durch p teilbar ist. Dann ist X_p die Charaktergruppe des Trägheitskörpers K_p von K für p und mithin $[\mathsf{X} : \mathsf{X}_p] = [\mathsf{K} : \mathsf{K}_p]$ die Verzweigungs-

[1]) Siehe dazu die allgemeinen Ausführungen am Schluß von **1**. Wir wählen hier etwas andere Bezeichnungen, bei denen die Abhängigkeit von der Primzahl p hervortritt.

ordnung von p in K. Man kann X_p auch als die Untergruppe aller derjenigen Charaktere von K beschreiben, deren p-Komponente $\chi_p = 1$ ist. Die Faktorgruppe X/X_p wird durch die verschiedenen auftretenden p-Komponenten χ_p der Charaktere χ von K repräsentiert; die Anzahl dieser χ_p ist also gleich der Verzweigungsordnung von p in K.

Für die Primteiler von p im Relativkörper K/K_0 ist der Trägheitskörper das Kompositum $\mathsf{K}_0\mathsf{K}_p$. Da K/K_0 Primzahlgrad (nämlich den Grad 2) hat, liegt Verzweigung genau dann vor, wenn $\mathsf{K}_0\mathsf{K}_p = \mathsf{K}_0$, d. h. wenn K_p in K_0 enthalten ist. Ob dies der Fall ist, erkennt man klassenkörpertheoretisch daraus, ob die Charaktergruppe X_p von K_p in der Charaktergruppe X_0 von K_0 enthalten ist. Demnach sind die Primteiler von p dann und nur dann in K/K_0 verzweigt, wenn alle Charaktere χ von K mit nicht durch p teilbarem Führer $f(\chi)$ zu den Charakteren χ_0 von K_0 gehören. Anders ausgedrückt ist damit bewiesen:

Satz 19. *Die Primteiler einer Primzahl p sind dann und nur dann in* K/K_0 *verzweigt, wenn*

$$p \mid f(\chi_1) \text{ für alle Charaktere } \chi_1 \text{ von } \mathsf{K}/\mathsf{K}_0. \tag{1}$$

Für die Primzahl $p = 2$ bleibt noch zu untersuchen, wann im verzweigten Falle sogar Höchstverzweigung vorliegt. Diese Untersuchung macht einige Mühe.

Sei also jetzt vorausgesetzt, daß die Primteiler von 2 in K/K_0 verzweigt sind. Dann ist X_2 in X_0 enthalten. $\mathsf{X}_0/\mathsf{X}_2$ wird durch die verschiedenen 2-Komponenten $\chi_{0\,2}$ der Charaktere χ_0 von K_0 repräsentiert; die Anzahl dieser $\chi_{0\,2}$ ist gleich der Verzweigungsordnung e_0 der Primzahl 2 in K_0. Die Verzweigungszahl v für die Primteiler von 2 in K/K_0 ist nach der allgemeinen Verzweigungstheorie der relativ-zyklischen Zahlkörper von Primzahlgrad[1]) durch den Beitrag der Primzahl 2 zur Relativdiskriminante $\mathfrak{d}_0$ von K/K_0 gegeben; es ist nämlich

$$\mathfrak{d}_{0\,2} = \mathfrak{z}_0^{v+1},$$

wo $\mathfrak{z}_0$ das Produkt der verschiedenen Primteiler von 2 in K_0 bedeutet[2]). Durch Bildung der Norm in K_0 folgt

$$N_0(\mathfrak{d}_{0\,2}) = 2^{(v+1)\frac{n_0}{e_0}}. \tag{2}$$

Der hier im Exponenten auftretende Quotient $\frac{n_0}{e_0}$ ist nach dem zuvor über e_0 Gesagten gleich der Ordnung der Gruppe X_2. Nach der allgemeinen Schachtelungsformel für die Relativdiskriminante[3]) gilt nun für die Beiträge der Primzahl 2 zu den Diskriminanten von K und K_0

$$d_2 = d_{0\,2}^2\, N_0(\mathfrak{d}_{0\,2}).$$

Nach der Führerproduktformel (3, 2) gilt ferner

$$d_2 = \prod_{\chi_0} f(\chi_{0\,2}) \cdot \prod_{\chi_1} f(\chi_{1\,2}),$$
$$d_{0\,2} = \prod_{\chi_0} f(\chi_{0\,2}).$$

---

[1]) Siehe Klassenkörperbericht, Teil Ia, § 9, Satz 3_2.

[2]) Im folgenden bezeichnen wir die 2-Beiträge und 2-Komponenten immer durch Anfügung von 2 als Index; man beachte dabei die Regel $f_2(\chi) = f(\chi_2)$.

[3]) Siehe etwa Zahlbericht, § 15, Satz 39, oder Hasse [5], § 25, e).

Daraus ergibt sich

$$N_0(\mathfrak{d}_{02}) = \frac{\prod\limits_{\chi_1} f(\chi_{12})}{\prod\limits_{\chi_0} f(\chi_{02})}. \tag{3}$$

Ist ψ ein fester Charakter von K/K_0, über den wir nachher von Fall zu Fall verfügen werden, so paaren sich die Charaktere χ_0, χ_1 gemäß $\chi_1 = \psi\chi_0$, also $\chi_{12} = \psi_2\chi_{02}$. Hiernach kommt es für die Berechnung von v darauf an, bei geeigneter Wahl von ψ die Führerquotienten $\frac{f(\chi_{12})}{f(\chi_{02})} = \frac{f(\psi_2\chi_{02})}{f(\chi_{02})}$ zu bestimmen. Da jeweils die $\frac{n_0}{e_0}$ Charaktere χ_0 einer Klasse nach X_2 dieselbe 2-Komponente χ_{02} haben, genügt es dabei, χ_{02} ein Repräsentantensystem von $\mathsf{X}_0/\mathsf{X}_2$ durchlaufen zu lassen. Bei dieser Bedeutung von χ_{02} gilt dann nach (2), (3) gerade

$$2^{v+1} = \prod_{\chi_0} \frac{f(\psi_2\chi_{02})}{f(\chi_{02})}. \tag{4}$$

Es sei nun $f_2 = 2^\varrho$, wobei nach Voraussetzung $\varrho \geqq 1$ und dann notwendig sogar $\varrho \geqq 2$ ist, da ja 2^1 nie Führerbeitrag sein kann. Entsprechend der Basisdarstellung

$$x \equiv (-1)^\alpha (1 + 2^2)^\beta \bmod 2^\varrho \quad (\alpha \bmod 2,\ \beta \bmod 2^{\varrho-2}) \tag{5}$$

der primen Restklassengruppe mod. 2^ϱ bilden die folgenden beiden Charaktere v, φ_ϱ eine Basis der vollen Charaktergruppe mod. 2^ϱ:

$$\mathsf{v}(x) = (-1)^\alpha, \quad \varphi_\varrho(x) = \zeta^\beta_{2^{\varrho-2}}. \tag{6}$$

Der Charakter v, den wir schon in (**20**, 5) eingeführt hatten, hat den Führer $f(\mathsf{v}) = 2^2$ und die Ordnung 2. Der Charakter φ_ϱ, der nur bis auf Algebraisch-Konjugierte festliegt, hat für $\varrho > 2$ den Führer $f(\varphi_\varrho) = 2^\varrho$ und die Ordnung $2^{\varrho-2}$; für $\varrho = 2$ reduziert er sich auf den Hauptcharakter 1 und kann außer Betracht bleiben. An Stelle von φ_ϱ kann auch $\varphi'_\varrho = \mathsf{v}\,\varphi_\varrho$ als Basiselement genommen werden; wir bezeichnen nachstehend mit $\hat{\varphi}_\varrho$ einen jeweils geeignet gewählten der beiden Charaktere φ_ϱ, φ'_ϱ.

Da $\mathsf{X}_0/\mathsf{X}_2$ in X/X_2 den Index 2 hat, liegt dann für die Erzeugung dieser beiden Faktorgruppen genau einer der folgenden drei Fälle vor:

	a)	b)	c)
X/X_2	v, $\hat{\varphi}_\varrho$	v, $\hat{\varphi}_\varrho$	$\hat{\varphi}_\varrho$
$\mathsf{X}_0/\mathsf{X}_2$	$\mathsf{v}^2 = 1$, $\hat{\varphi}_\varrho$	v, $\hat{\varphi}_\varrho^2$	$\hat{\varphi}_\varrho^2$
	für $\varrho = 2$ fällt $\hat{\varphi}_\varrho$ fort	$\varrho \geqq 3$	$\varrho \geqq 3$

Dabei ist gemeint, daß X/X_2 und $\mathsf{X}_0/\mathsf{X}_2$ jeweils durch Charaktere aus X bzw. X_0 mit den angegebenen 2-Komponenten erzeugt werden. Als ψ läßt sich dabei jedesmal ein solcher Charakter wählen, dessen 2-Komponente ψ_2 aus den Erzeugenden von

X/X_2, aber nicht schon aus denen von X_0/X_2 zusammensetzbar ist; denn dann gehört ψ zu X, aber nicht zu X_0, wie verlangt. Wir behandeln jetzt nacheinander die genannten drei Fälle.

a) Hier kann man $\psi_2 = \upsilon$ vorschreiben. Dann hat man

$$\chi_{0\,2} = \hat{\varphi}_\varrho^\beta, \quad \psi_2 \chi_{0\,2} = \upsilon \hat{\varphi}_\varrho^\beta \quad (\beta \bmod. 2^{\varrho-2}),$$

also

$$\frac{f(\psi_2 \chi_{0\,2})}{f(\chi_{0\,2})} = \frac{f(\upsilon \hat{\varphi}_\varrho^\beta)}{f(\hat{\varphi}_\varrho^\beta)} = \left\{ \begin{array}{l} \dfrac{2^2}{1} = 2^2 \text{ für } \beta \equiv 0 \bmod. 2^{\varrho-2} \\ \dfrac{2^{\varrho-\sigma}}{2^{\varrho-\sigma}} = 1 \text{ für } (\beta, 2^{\varrho-2}) = 2^\sigma \text{ mit } 0 \leqq \sigma \leqq \varrho - 3 \end{array} \right\}.$$

Daraus folgt nach (4)

$$2^{v+1} = \prod_{\beta \bmod. 2^{\varrho-2}} \frac{f(\upsilon \hat{\varphi}_\varrho^\beta)}{f(\hat{\varphi}_\varrho^\beta)} = 2^2,$$

also

$$v = 1.$$

Andrerseits ist in diesem Falle $e_0 = [X_0 : X_2] = 2^{\varrho-2}$, also $2e_0 = 2^{\varrho-1}$. Es liegt keine Höchstverzweigung vor; vielmehr hat v den kleinstmöglichen Wert[1]).

b) Hier kann man $\psi_2 = \hat{\varphi}_\varrho$ vorschreiben. Dann hat man

$$\chi_{0\,2} = \upsilon^\alpha \hat{\varphi}_\varrho^{2\beta}, \quad \psi_2 \chi_{0\,2} = \upsilon^\alpha \hat{\varphi}_\varrho^{2\beta+1} \quad (\alpha \bmod. 2,\ \beta \bmod. 2^{\varrho-3}),$$

also

$$\frac{f(\psi_2 \chi_{0\,2})}{f(\chi_{0\,2})} = \frac{f(\upsilon^\alpha \hat{\varphi}_\varrho^{2\beta+1})}{f(\upsilon^\alpha \hat{\varphi}_\varrho^{2\beta})} = \left\{ \begin{array}{ll} \dfrac{2^\varrho}{1} = 2^\varrho & \text{für } \alpha \equiv 0 \bmod. 2,\ \beta \equiv 0 \bmod. 2^{\varrho-3} \\ \dfrac{2^\varrho}{2^2} = 2^{\varrho-2} & \text{für } \alpha \equiv 1 \bmod. 2,\ \beta \equiv 0 \bmod. 2^{\varrho-3} \\ \dfrac{2^\varrho}{2^{\varrho-\sigma-1}} = 2^{\sigma+1} & \text{für } \alpha \text{ beliebig, } (\beta, 2^{\varrho-3}) = 2^\sigma \text{ mit } \\ & \qquad 0 \leqq \sigma \leqq \varrho - 4 \end{array} \right\}.$$

Die Anzahl der Restklassenpaare α mod. 2, β mod. $2^{\varrho-3}$, für welche die letztere Beziehung mit festem σ erfüllt ist, ist $2 \cdot 2^{\varrho-4-\sigma} = 2^{\varrho-3-\sigma}$. Daher ergibt sich nach (4) mit leichter Rechnung im Exponenten (partielle Summation)

$$2^{v+1} = \prod_{\substack{\alpha \bmod. 2 \\ \beta \bmod. 2^{\varrho-3}}} \frac{f(\upsilon^\alpha \hat{\varphi}_\varrho^{2\beta+1})}{f(\upsilon^\alpha \hat{\varphi}_\varrho^{2\beta})} = 2^\varrho \cdot 2^{\varrho-2} \cdot 2^{\sum\limits_{\sigma=0}^{\varrho-4} (\sigma+1) 2^{\varrho-3-\sigma}} = 2^{2^{\varrho-1}},$$

also

$$v = 2^{\varrho-1} - 1.$$

---

[1]) Der Vollständigkeit halber geben wir hier und in den beiden anderen Fällen auch den Wert von $2e_0$ an, obwohl man das uns interessierende Vorliegen von Höchstverzweigung ($v = 2e_0$) auch schon einfach daraus erkennt, ob v gerade ist; siehe oben **22**, Fußnote 2, S. 58.

Andrerseits ist in diesem Falle $e_0 = [X_0 : X_2] = 2 \cdot 2^{\varrho-3} = 2^{\varrho-2}$, also $2e_0 = 2^{\varrho-1}$. Es liegt keine Höchstverzweigung vor; vielmehr hat v nur den größtmöglichen ungeraden Wert.

c) Hier kann man wiederum $\psi_2 = \hat{\varphi}_\varrho$ vorschreiben. Dann hat man

$$\chi_{0\,2} = \hat{\varphi}_\varrho^{2\beta}, \quad \psi_2\chi_{0\,2} = \hat{\varphi}_\varrho^{2\beta+1} \qquad (\beta \bmod. 2^{\varrho-3}),$$

also

$$\frac{f(\psi_2\chi_{0\,2})}{f(\chi_{0\,2})} = \frac{f\left(\hat{\varphi}_\varrho^{2\beta+1}\right)}{f\left(\hat{\varphi}_\varrho^{2\beta}\right)} = \left\{\begin{array}{lll} \dfrac{2^\varrho}{1} = 2^\varrho & \text{für} & \beta \equiv 0 \bmod. 2^{\varrho-3} \\ \dfrac{2^\varrho}{2^{\varrho-\sigma-1}} = 2^{\sigma+1} & \text{für} & (\beta, 2^{\varrho-3}) = 2^\sigma \quad \text{mit} \quad 0 \leqq \sigma \leqq \varrho - 4 \end{array}\right\}.$$

Die Anzahl der Restklassen β mod. $2^{\varrho-3}$, für welche die letztere Beziehung mit festem σ erfüllt ist, ist $2^{\varrho-4-\sigma}$. Daher ergibt sich nach (4) mit leichter Rechnung im Exponenten

$$2^{v+1} = \prod_{\beta \bmod. 2^{\varrho-3}} \frac{f\left(\hat{\varphi}_\varrho^{2\beta+1}\right)}{f\left(\hat{\varphi}_\varrho^{2\beta}\right)} = 2^\varrho \cdot 2^{\sum\limits_{\sigma=0}^{\varrho-4}(\sigma+1)2^{\varrho-4-\sigma}} = 2^{2^{\varrho-2}+1},$$

also

$$v = 2^{\varrho-2}.$$

Andrerseits ist in diesem Falle $e_0 = [X_0 : X_2] = 2^{\varrho-3}$, also $2e_0 = 2^{\varrho-2}$. Es liegt Höchstverzweigung vor.

Damit ist die Verzweigungszahl v in allen Fällen bestimmt. Höchstverzweigung liegt lediglich im Falle c) vor. Dieser Fall ist nun gegenüber den beiden übrigen Fällen a) und b) dadurch charakterisiert, daß der Charakter υ nicht als 2-Komponente χ_2 eines Charakters χ von K vorkommt, oder also dadurch, daß die Charaktere χ von K durchweg entweder nicht durch 2 teilbare oder mindestens durch 2^3 teilbare Führer $f(\chi)$ haben. Nimmt man die Bedingung aus Satz 19 für das Vorliegen einer Verzweigung überhaupt hinzu, so ergibt sich in Ergänzung zu Satz 19:

Satz 20. *Die Primteiler der Primzahl 2 sind dann und nur dann in K/K_0 höchstverzweigt, wenn*

$$2^3 | f(\chi_1) \text{ für alle Charaktere } \chi_1 \text{ von } \mathsf{K}/\mathsf{K}_0 \tag{7}$$

und

$$\text{entweder } 2 \nmid f(\chi_0) \text{ oder } 2^3 | f(\chi_0), \text{ für alle Charaktere } \chi_0 \text{ von } \mathsf{K}_0. \tag{8}$$

Die in den Sätzen 19, 20 für K/K_0 erhaltenen Ergebnisse gelten, wie eingangs bereits gesagt, auch für $\mathsf{K}_0'/\mathsf{K}_0$. Dabei wird das Verzweigungsverhalten von $\mathsf{K}_0'/\mathsf{K}_0$ durch die Charaktere von $\mathsf{K}_0'/\mathsf{K}_0$ und die von K_0 beschrieben. Für unsere Anwendung haben wir dann noch die Charaktere von $\mathsf{K}_0'/\mathsf{K}_0$ auf die Charaktere von K/K_0 zurückzuführen.

Da nach der Bedeutung von 2^ω als Beitrag der Primzahl 2 zur Einheitswurzelanzahl w von K zwar P_{2^ω}, aber nicht $\mathsf{P}_{2^{\omega+1}}$ in K enthalten ist, kommen zunächst bei der Erweiterung $\mathsf{K}' = \mathsf{K}\mathsf{P}_{2^{\omega+1}}$ zu den $2n_0$ Charakteren χ_0, χ_1 von K die $2n_0$ Charaktere $\psi\chi_0, \psi\chi_1$ hinzu, wo ψ ein fester Charakter von $\mathsf{P}_{2^{\omega+1}}/\mathsf{P}_{2^\omega}$ ist. Unter diesen $4n_0$ Charakteren χ' von K' sind dann die $2n_0$ Charaktere des Teilkörpers K_0' durch $\chi'(-1) = 1$ gekennzeichnet.

Im Falle $\omega = 1$ ist nun $\psi = \upsilon$. Wegen $\upsilon(-1) = -1$ sind dann $\chi_0, \upsilon\chi_1$ die $2n_0$ Charaktere von K_0', also $\upsilon\chi_1$ die n_0 Charaktere von K_0'/K_0. Beim Übergang von K/K_0 zu K_0'/K_0 sind demnach in den Sätzen 19, 20 die χ_1 durch die $\upsilon\chi_1$ zu ersetzen. Dabei ändern sich die in Frage kommenden Bedingungen (1) für $p \neq 2$ und (7) wegen $f(\upsilon) = 2^2$ nicht. Das ist auch von vornherein klar, da ja in diesem Falle das Verzweigungsverhalten von K/K_0 und K_0'/K_0 auf Grund des Zusammenhangs (21, 1, 1′) der Kummer-Erzeugungen das gleiche ist.

Im Falle $\omega \geqq 2$ kann $\psi = \varphi_{\omega+1}$ gewählt werden. Wegen $\varphi_{\omega+1}(-1) = 1$ sind dann $\chi_0, \varphi_{\omega+1}\chi_0$ die $2n_0$ Charaktere von K_0', also $\varphi_{\omega+1}\chi_0$ die n_0 Charaktere von K_0'/K_0. Beim Übergang von K/K_0 zu K_0'/K_0 sind demnach in Satz 20 die χ_1 durch die $\varphi_{\omega+1}\chi_0$ zu ersetzen; die Bedingung (1) mit $p \neq 2$ aus Satz 19 kommt in diesem Falle nicht in Frage, weil hier auf Grund der Kummer-Erzeugung (21, 7) nur die Primteiler von 2 verzweigt sein können. Bei Ersetzung der χ_1 durch die $\varphi_{\omega+1}\chi_0$ in der allein in Frage kommenden Bedingung (7) entsteht die Bedingung

$$2^3 | f(\varphi_{\omega+1}\chi_0) \quad \text{für alle Charaktere } \chi_0 \text{ von } K_0.$$

Sie bedeutet, daß kein χ_0 eine 2-Komponente der Form $\upsilon^\alpha \varphi_{\omega+1}^{-1}$ hat. Da die 2-Komponenten der χ_0 eine Gruppe bilden, ist das gleichbedeutend damit, daß kein χ_0 eine 2-Komponente der Form $\upsilon^\alpha \varphi_\sigma$ mit $\sigma \geqq \omega + 1$ hat, oder also wegen $f(\upsilon^\alpha\varphi_\sigma) = 2^\sigma$ mit

$$2^{\omega+1} \nmid f(\chi_0) \quad \text{für alle Charaktere } \chi_0 \text{ von } K_0.$$

Mit der Bedingung (8) zusammengefaßt ergibt das statt (7), (8) die eine Bedingung

$$\left\{\begin{array}{l} \text{entweder } 2 \nmid f(\chi_0), \\ \quad \text{oder } 2^3 | f(\chi_0) \text{ und } 2^{\omega+1} \nmid f(\chi_0), \text{ für alle Charaktere } \chi_0 \text{ von } K_0 \end{array}\right\}, \tag{9}$$

die mit anderen Worten aussagt, daß die Führer $f(\chi_0)$ der Charaktere χ_0 von K_0 durchweg entweder nicht durch 2 teilbar, oder mindestens durch 2^3 und höchstens durch 2^ω teilbar sein sollen.

Damit ist bewiesen:

Satz 21. *Es sei genau 2^ω in w enthalten und $K' = KP_{2^{\omega+1}}$.*

Im Falle $\omega = 1$ sind in K_0'/K_0 die Primteiler einer Primzahl $p \neq 2$ dann und nur dann verzweigt, wenn die Bedingung (1) *aus Satz* 19 *erfüllt ist, und die Primteiler der Primzahl* 2 *dann und nur dann höchstverzweigt, wenn die Bedingungen* (7), (8) *aus Satz* 20 *erfüllt sind.*

Im Falle $\omega \geqq 2$ sind in K_0'/K_0 die Primteiler jeder Primzahl $p \neq 2$ unverzweigt, und die Primteiler der Primzahl 2 *dann und nur dann höchstverzweigt, wenn die Bedingung* (9) *erfüllt ist.*

24. Kriterien für $Q = 1$ oder 2 durch Charaktere und Klassenfrage

Durch Satz 21 wird zunächst für jede feste Primzahl p das Verzweigungsverhalten im Hilfsrelativkörper K_0'/K_0 mittels der Charaktere von K beschrieben. Indem wir jetzt die dort festgestellten Bedingungen für alle Primzahlen p zusammenfassen, erhalten wir Kriterien dafür, ob K_0'/K_0 selbst wesentlich oder höchstens unwesentlich verzweigt ist, und damit nach Satz 16 Kriterien für die Alternative $Q = 1$ oder 2. Diese Kriterien lauten wie folgt:

Satz 22. *In der Einheitswurzelanzahl w von K sei genau 2^{ω} enthalten, und es sei* $\mathsf{K}' = \mathsf{K}\mathsf{P}_{2^{\omega+1}}$.

a) $w \not\equiv 0 \bmod. 4 \; (\omega = 1)$.

Es ist $Q = 1$, wenn entweder eine Primzahl $p \neq 2$ existiert mit:

$$p \mid f(\chi_1) \text{ für alle Charaktere } \chi_1 \text{ von } \mathsf{K}/\mathsf{K}_0, \tag{1}$$

oder für die Primzahl $p = 2$ die beiden Bedingungen erfüllt sind:

$$2^3 \mid f(\chi_1) \text{ für alle Charaktere } \chi_1 \text{ von } \mathsf{K}/\mathsf{K}_0 \tag{2}$$

und

$$\text{entweder } 2 \nmid f(\chi_0) \text{ oder } 2^3 \mid f(\chi_0), \text{ für alle Charaktere } \chi_0 \text{ von } \mathsf{K}_0. \tag{3}$$

Andernfalls ist $Q = 2$ oder 1, je nachdem $\mathsf{K}_0'/\mathsf{K}_0$ (oder — was dasselbe — K/K_0) vom Einheits- oder Klassentypus ist[1]).

b) $w \equiv 0 \bmod. 4 \; (\omega \geqq 2)$.

Es ist $Q = 1$, wenn für die Primzahl $p = 2$ die Bedingung erfüllt ist:

$$\text{entweder } 2 \nmid f(\chi_0) \text{ oder } 2^3 \mid f(\chi_0) \text{ und } 2^{\omega+1} \nmid f(\chi_0), \text{ für alle Charaktere } \chi_0 \text{ von } \mathsf{K}_0. \tag{4}$$

Andernfalls ist $Q = 2$ oder 1, je nachdem $\mathsf{K}_0'/\mathsf{K}_0$ vom Einheits- oder Klassentypus ist[2]).

Die Behauptungen $Q = 1$ und $Q = 2$ oder 1 können mit den am Schluß von 22 eingeführten Begriffsbildungen auch in der Form $Q^* = 1, k = 1$ bzw. $Q^* = 2, k = 1$ oder 2 ausgesprochen werden.

Wir sind in diesem Satz, der ein hübsches und für den Logistiker interessantes, aus der „Praxis" stammendes Beispiel eines nicht ganz leicht übersehbaren formal-logischen Zusammenhangs darstellt, von den — durch Nichtmathematiker geschriebenen — deutschsprachlichen Regeln für Stil und Interpunktion zugunsten einer möglichst weitgehenden Anpassung an die logistische Begriffsschrift mehr als sonst abgewichen und haben überdies die logischen Partikeln „und" und „oder" sowie „existiert" und „alle" durch Sperrung hervorgehoben. Auf das richtige Umgehen mit diesen Partikeln kommt es für die Anwendung der Kriterien in gegebenen Fällen, und wenn man die bei „andernfalls" vorliegenden Voraussetzungen explizit aufzustellen hat, entscheidend an.

Während der Satz 22 es unter Umständen erlaubt, in gegebenen Fällen allein aus den Charakteren von K abzulesen, daß $Q = 1$ ist, erfordert seine Anwendung für den Nachweis von $Q = 2$ in jedem Falle die schwierigere Entscheidung über Einheits- oder Klassentypus (bzw. der Klasseneinbettungsfrage).

Der Weg zu den in Satz 22 ausgesprochenen Ergebnissen war nicht einfach. Es mag außer Verhältnis erscheinen, daß wir eine so umfangreiche Untersuchung haben anstellen müssen, lediglich um den scheinbar unbedeutenden, in der Relativklassenzahlformel (*) voranstehenden Faktor $Q = 1$ oder 2 zu beherrschen. Aber die Erfahrung hat ja gelehrt, daß in der algebraischen Zahlentheorie nicht-triviale Aussagen über die Einheiten — und um solche handelt es sich hier — immer nur mit viel Mühe gewonnen werden können.

---

[1]) Diese Behauptung impliziert gemäß der oben in 22, Fußnote 1, S. 59 getroffenen Festsetzung, daß $\mathsf{K}_0'/\mathsf{K}_0$ und K/K_0 unter der durch „andernfalls" gegebenen Voraussetzung höchstens unwesentlich verzweigt sind.

[2]) Diese Behauptung impliziert wieder, daß $\mathsf{K}_0'/\mathsf{K}_0$ höchstens unwesentlich verzweigt ist.

25. Körpertypen mit $Q = 1$ und Körpertypen mit $Q = 2$

Wir können zunächst allein mittels der Charakterbedingungen aus Satz 22 leicht zwei Typen von imaginären abelschen Zahlkörpern K mit $Q = 1$ feststellen.

Satz 23. *Für imaginäre abelsche Zahlkörper* K *von Primzahlpotenzführer* $f = p^\varrho$ *ist* $Q = 1$.

Beweis. Ist $p \neq 2$, so ist $w \not\equiv 0 \bmod. 4$. Da sogar $p | f(\chi)$ für alle $\chi \neq 1$ gilt, ist (24, 1) für die in f steckende Primzahl p erfüllt.

Ist $p = 2$ und $w \not\equiv 0 \bmod. 4$, so kommt v nicht unter den χ vor. Daher sind (24, 2) und (24, 3) erfüllt.

Ist $p = 2$ und $w \equiv 0 \bmod. 4$, so kommt v zwar unter den χ vor, aber nicht unter den χ_0. Käme ein φ_σ mit $\sigma \geqq \omega + 1$ unter den χ_0 vor, so wäre die volle durch v und φ_σ erzeugte Charaktergruppe mod. 2^σ in X, also P_{2^σ} in K enthalten, entgegen der Bedeutung von 2^ω als der Beitrag von 2 zu w. Daher ist (24, 4) erfüllt.

Satz 24. *Für imaginäre zyklische Zahlkörper* K *ist* $Q = 1$.

Beweis. Es sei

$$\chi = \prod_{p|f} \chi_p \tag{1}$$

ein erzeugender Charakter von K in seiner Komponentenzerlegung. Da K imaginär sein soll, ist $\chi(-1) = -1$. Die χ_0, χ_1 sind die Potenzen

$$\chi_0 = \chi^g = \prod_{p|f} \chi_p^g, \quad \chi_1 = \chi^u = \prod_{p|f} \chi_p^u \tag{2}$$

mit geraden g und ungeraden u. Da K zyklisch sein soll, während P_{2^ω} für $\omega \geqq 3$ nicht zyklisch ist, ist entweder $\omega = 1$ oder $\omega = 2$.

Sei zunächst $\omega = 1$. Hat für einen Primteiler $p \neq 2$ von f die p-Komponente χ_p gerade Ordnung, so sind die Potenzen $\chi_p^u \neq 1$, also ist $p | f(\chi^u)$. Dann ist (24, 1) für diese Primzahl p erfüllt. Haben aber für alle Primteiler $p \neq 2$ von f die χ_p ungerade Ordnungen u_p und bezeichnet u_0 das dann ebenfalls ungerade kleinste gemeinsame Vielfache der u_p, so kommt $\chi^{u_0} = \chi_2^{u_0}$ in X vor [und ist wegen $\chi(-1) = -1$ von 1 verschieden]. Da χ_2 von 2-Potenzordnung ist, kommt dann auch χ_2 selbst in X vor, und zwar unter den χ_1, so daß wegen $\omega = 1$ notwendig $\chi_2 = \mathsf{v}\varphi_\varrho$ mit einem $\varrho \geqq 3$ ist. Dann sind alle $\chi_2^g = \varphi_\varrho^g \neq \mathsf{v}$ und alle $\chi_2^u = \mathsf{v}\varphi_\varrho^u \neq 1, \mathsf{v}$. Daher sind (24, 3) und (24, 2) erfüllt.

Sei ferner $\omega = 2$. Da dann v in X vorkommt, und zwar unter den χ_1, ist notwendig $\chi_2 = \mathsf{v}$, so daß die $\chi_0 = \chi^g = \prod_{\substack{p|f \\ p \neq 2}} \chi_p^g$ sämtlich nicht durch 2 teilbare Führer $f(\chi_0)$ haben. Daher ist (24, 4) erfüllt.

Ein weiterer Typus von imaginären abelschen Zahlkörpern K mit $Q = 1$ ergibt sich aus dem ursprünglichen, an die Definition von Q anknüpfenden Kriterium in Satz 14.

Satz 25. *Ist* K *ein imaginärer abelscher Zahlkörper derart, daß für den größten reellen Teilkörper* K_0 *die Signaturen der Grundeinheiten unabhängig sind, so ist* $Q = 1$.

Beweis. Die Voraussetzung läßt sich auch dahin aussprechen, daß in K_0 jede total-positive Einheit Quadrat ist. Dann kann es in K_0 keine Einheit ε_0^* mit der Eigenschaft (**20**, 4b) geben, denn eine solche Einheit müßte als Relativnorm aus dem imaginären Körper K total-positiv sein. Daher ist $Q = 1$.

Das Vorliegen des Typus aus Satz 25 kann allerdings nicht, wie bei den Sätzen 23 und 24, einfach aus den Charakteren von K festgestellt werden. Für den Spezialfall, daß K ein imaginärer biquadratischer Zahlkörper, also K_0 ein reell-quadratischer Zahlkörper ist, liegt der Typus aus Satz 25 genau dann vor, wenn die Grundeinheit von K_0 die Norm -1 hat.

Wir wollen jetzt weiter gewisse Typen von imaginären abelschen Zahlkörpern K aufweisen, für die $Q = 2$ ist. Gemäß Satz 23 können wir dabei von vornherein voraussetzen, daß der Führer f zusammengesetzt ist.

Wir gehen von der Tatsache aus, daß unter dieser Voraussetzung die Zahl

$$\eta = \prod_{\substack{a \bmod. f \\ a \text{ in } H}} \left(1 - \zeta_f^a\right) \tag{3}$$

eine Einheit aus K ist[1]), und untersuchen, unter welchen Voraussetzungen über K diese Einheit η die Eigenschaft hat, daß die zugehörige Einheitswurzel

$$\frac{\eta}{\bar{\eta}} = \zeta \quad \text{kein Quadrat in } \mathsf{K} \tag{4}$$

ist, so daß die Bedingung (**20**, 4a) erfüllt ist. Nach Satz 14 ist dann $Q = 2$.

Wegen $1 - \zeta_f^a = -\zeta_f^a\left(1 - \zeta_f^{-a}\right)$ ist

$$\zeta = (-1)^m \zeta_f^A,$$

wo

$$m = \sum_{\substack{a \bmod. f \\ a \text{ in } H}} 1 = \frac{\varphi(f)}{n}$$

die Anzahl der Restklassen a mod. f aus H und

$$A \equiv \sum_{\substack{a \bmod. f \\ a \text{ in } H}} a \mod. f$$

ihre Summe ist. Sei wie bisher 2^ω der Beitrag der Primzahl 2 zu w und 2^ϱ ihr Beitrag zu f. Ist f **ungerade**, also $\varrho = 0$, so ist ζ dann und nur dann kein Quadrat in K, wenn

$$m \not\equiv 0 \mod. 2 \tag{5_0}$$

ist. Ist f **gerade**, also $\varrho \geqq 2$, so ist $A \equiv 0 \bmod. 2^{\varrho - \omega}$, weil ζ_f^A eine Einheitswurzel aus K ist, und ζ ist dann und nur dann kein Quadrat in K, wenn im Falle $\omega = 1$

$$m + \frac{A}{2^{\varrho-1}} \not\equiv 0 \mod. 2 \tag{5_1}$$

[1]) Diese Einheit η hängt mit den in **10** eingeführten Kreiseinheiten von K_0 zusammen. Hat m die anschließend im Text angegebene Bedeutung, so ist $(-1)^m \eta \bar{\eta} = (-1)^m \mathsf{N}(\eta) = \lambda_0^2$ das Quadrat der Zahl λ_0 (in **10** mit λ bezeichnet, zu K_0 gehörig oder quadratisch über K_0), aus der sich die Kreiseinheiten von K_0 gemäß (**10**, 4) durch Bildung der Konjugiertenquotienten herleiten.

und im Falle $\omega \geqq 2$

$$\frac{A}{2^{\varrho-\omega}} \not\equiv 0 \bmod. 2 \tag{5$_2$}$$

ist. Hiernach kommt es darauf an, für gerades f noch die Restklasse A mod. $2^{\varrho-\omega+1}$ zu bestimmen.

Wir bestimmen genauer sogar A mod. 2^ϱ. Sei dazu m_0 die Anzahl der Restklassen a_0 mod. f aus H mit $a_0 \equiv 1$ mod. 2^ϱ, und durchlaufe b ein Vertretersystem der verschiedenen durch Zahlen aus H gelieferten Restklassen mod. 2^ϱ. Dann ist

$$A \equiv m_0 B \bmod. 2^\varrho$$

mit

$$B \equiv \sum_{\substack{b \bmod. 2^\varrho \\ b \text{ in } H}} b \bmod. 2^\varrho.$$

Die Gruppe der Restklassen b mod. 2^ϱ ist die engste Obergruppe von H mit 2-Potenzführer; ihre Ordnung ist $\frac{m}{m_0}$. Ist Ψ die Untergruppe aller Charaktere aus X mit 2-Potenzführer, so sind die Restklassen b mod. 2^ϱ durch $\psi(b) = 1$ für alle ψ aus Ψ charakterisiert.

1. Sei nun zunächst $\omega = 1$. Dann ist Ψ weder durch υ allein noch durch ein Paar $\upsilon, \varphi_\sigma (\sigma \geqq 3)$ erzeugt, also notwendig zyklisch und durch einen der folgenden Charaktere erzeugt:

a) $\varphi_\sigma (2 \leqq \sigma \leqq \varrho)$, b) $\upsilon \varphi_\sigma (3 \leqq \sigma \leqq \varrho)$.

Im Falle a) durchläuft b alle Reste mod. 2^ϱ mit $b \equiv \pm 1$ mod. 2^σ. Da diese zu Paaren entgegengesetzter $\pm b$ mod. 2^ϱ zusammentreten, wird

$$B \equiv 0 \bmod. 2^\varrho,$$

also auch

$$A \equiv 0 \bmod. 2^\varrho,$$

und somit

$$m + \frac{A}{2^{\varrho-1}} \equiv m \bmod. 2. \tag{6$_1$a}$$

Im Falle b) durchläuft b alle Reste mod. 2^ϱ mit $b \equiv 1, -1 + 2^{\sigma-1}$ mod. 2^σ. Da diese zu $2^{\varrho-\sigma}$ Paaren mit je der Summe $2^{\sigma-1}$ mod. 2^ϱ zusammentreten, wird

$$B \equiv 2^{\varrho-1} \bmod. 2^\varrho,$$

also

$$A \equiv m_0\, 2^{\varrho-1} \bmod. 2^\varrho$$

und somit

$$m + \frac{A}{2^{\varrho-1}} \equiv m + m_0 \equiv m_0 \bmod. 2, \tag{6$_1$b}$$

letzteres weil in diesem Falle $m = m_0 2^{\varrho-\sigma+1} \equiv 0$ mod. 2 ist[1]).

---

[1]) Auch im Falle a) ist $m = m_0 2^{\varrho-\sigma+1} \equiv 0$ mod. 2. Für eine glatte Formulierung des Endergebnisses ist es jedoch zweckmäßig, dort den Kongruenzwert m mod. 2 stehen zu lassen.

2. Sei ferner $\omega \geqq 2$. Dann enthält Ψ alle Charaktere mod. 2^ω, aber wegen des Vorkommens von υ keinen weiteren Charakter φ_σ oder $\upsilon\,\varphi_\sigma\,(\sigma > \omega)$. Daher durchläuft b alle Reste mod. 2^ϱ mit $b \equiv 1$ mod. 2^ω, und es wird

$$B \equiv \sum_{c \bmod 2^{\varrho-\omega}} (1 + c\,2^\omega) \equiv 2^{\varrho-\omega} + 2^{\varrho-1}(1 + 2^{\varrho-\omega}) \bmod 2^\varrho,$$

also

$$A \equiv m_0\,[2^{\varrho-\omega} + 2^{\varrho-1}(1 + 2^{\varrho-\omega})] \bmod 2^\varrho$$

$$\equiv m_0\,2^{\varrho-\omega} \bmod 2^{\varrho-\omega+1},$$

und somit

$$\frac{A}{2^{\varrho-\omega}} \equiv m_0 \bmod 2. \qquad (6_2)$$

Durch (5_0) und (5_1), (5_2) nebst $(6_1\mathrm{a})$, $(6_1\mathrm{b})$, (6_2) wird genau festgestellt, wann die Einheitswurzel ζ in (4) kein Quadrat und folglich $Q = 2$ ist. Als Bedingung stellt sich heraus, daß m bzw. m_0 ungerade ist, je nachdem ob die für (5_0), $(6_1\mathrm{a})$ oder die für $(6_1\mathrm{b})$, (6_2) gemachten Voraussetzungen vorliegen. Die Fälle, in denen es auf m ankommt, sind nun gegenüber den Fällen, in denen es auf m_0 ankommt, dadurch charakterisiert, daß es in den ersteren Fällen höchstens Charaktere χ_0 von K_0 mit 2-Potenzführer gibt, während es in den letzteren Fällen mindestens einen Charakter χ_1 von K/K_0 mit 2-Potenzführer gibt. Damit haben wir als Ergebnis unserer Untersuchung:

Satz 26. *Es sei* K *ein imaginärer abelscher Zahlkörper vom Grade n mit zusammengesetztem Führer* $f = 2^\varrho f_0$ ($\varrho \geqq 0$, f_0 *ungerade*).

Kommt unter den Charakteren χ_1 *von* K/K_0 *keiner mit 2-Potenzführer vor, so ist* $Q = 2$ *sicher dann, wenn die Anzahl* $m = \frac{\varphi(f)}{n}$ *der Restklassen a* mod. f *aus H ungerade ist.*

Kommt unter den Charakteren χ_1 *von* K/K_0 *einer mit 2-Potenzführer vor, so ist* $Q = 2$ *sicher dann, wenn die (in m aufgehende) Anzahl* m_0 *der Restklassen* a_0 mod. f *aus H mit* $a_0 \equiv 1$ mod. 2^ϱ *ungerade ist.*

Die Voraussetzungen dieses Satzes sind insbesonders für die Kreiskörper $\mathsf{K} = \mathsf{P}_f$ mit zusammengesetztem Führer f erfüllt, weil für sie H nur aus der einen Restklasse $a \equiv 1$ mod. f besteht. Da die Kreiskörper $\mathsf{K} = \mathsf{P}_{p^\varrho}$ mit Primzahlpotenzführer p^ϱ unter Satz 23 fallen, gilt demnach:

Satz 27. *Für die Kreiskörper* $\mathsf{K} = \mathsf{P}_f$ *ist* $Q = 1$ *oder* 2, *je nachdem f Primzahlpotenz oder zusammengesetzt ist.*

Hinsichtlich der in Satz 26 aufgewiesenen Körper K mit $Q = 2$ bemerken wir noch folgendes. Außer der Einheit η aus (3) und ihren Konjugierten, sowie den daraus durch Bildung von Potenzprodukten und Anfügung von Einheitswurzelfaktoren aus K abgeleiteten Einheiten (Kreiseinheiten) kennt man in allgemeiner Form keine weiteren Einheiten aus K. Man kann daher außer den in Satz 26 festgestellten keine weiteren allgemeinen Typen von imaginären abelschen Zahlkörpern K mit $Q = 2$ aufweisen; denn für die aus η abgeleiteten Einheiten ist, wie leicht zu sehen, die zugeordnete Einheitswurzel eine Potenz der Einheitswurzel ζ aus (4), so daß sich aus diesen Einheiten keine Erweiterung der Ergebnisse von Satz 26 ergibt.

Für die Körper K aus Satz 26 ist mit $Q = 2$ gemäß Satz 16 zugleich festgestellt, daß K_0'/K_0 höchstens unwesentlich verzweigt und vom Einheitstypus ist, und damit gemäß Satz 17 die Klasseneinbettungsfrage für K/K_0 dahin entschieden, daß nur die Hauptklasse von K_0 in die Hauptklasse von K fällt, d. h. daß der Klassenindex $k = 1$ ist. Letzteres gilt auch für die Körper K aus den Sätzen 23, 24; denn für sie wurde $Q = 1$ dadurch gezeigt, daß der Verzweigungsindex zu $Q^* = 1$ festgestellt wurde, indem nämlich das Erfülltsein der Charakterbedingungen für die wesentliche Verzweigtheit von K_0'/K_0 nachgewiesen wurde. Da die Körper K aus Satz 27 unter die aus Satz 23 bzw. Satz 26 fallen, können wir demnach feststellen:

Satz 28. *Für die imaginären abelschen Zahlkörper* K *aus den Sätzen* 23, 24, 26, 27 *ist der Klassenindex* $k = 1$, *d. h. fällt nur die Hauptklasse von* K_0 *in die Hauptklasse von* K.

Dies gilt nicht auch für die Körper K aus Satz 25. Für sie ist nach Satz 13 zwar K/K_0 verzweigt, also im Falle $w \not\equiv 0 \bmod. 4$ auch K_0'/K_0 verzweigt; aber es ist nicht gesagt, daß K_0'/K_0 sogar wesentlich verzweigt, und im Falle $w \equiv 0 \bmod. 4$ nicht einmal, daß K_0'/K_0 überhaupt verzweigt ist, wie es erforderlich wäre, um auch den Klassentypus für K_0'/K_0 auszuschließen – der Einheitstypus wird schon im Beweis von Satz 25 ausgeschlossen.

Für die Kreiskörper wurde das Ergebnis aus Satz 28, auf wesentlich die gleiche Weise, bereits von Kronecker [1] bewiesen.

Zur Entscheidung über die Alternative $Q = 1$ oder 2 kann schließlich unter Umständen auch der folgende Tatbestand dienlich sein:

Satz 29. *Ist* $\tilde{K}$ *ein imaginärer Teilkörper von* K, *so ist der Einheitenindex* $\tilde{Q}$ *von* $\tilde{K}/\tilde{K}_0$ *ein Teiler des Einheitenindex* Q *von* K/K_0, *also* $\tilde{Q} = 1$ *für* $Q = 1$ *und* $Q = 2$ *für* $\tilde{Q} = 2$. [3]

Beweis. Es genügt, die letztgenannte Beziehung zu beweisen. Nun sind die aus $\tilde{K}$ abgeleiteten Körper $\tilde{K}'$, $\tilde{K}_0'$ Teilkörper der aus K abgeleiteten Hilfskörper K', K_0'. Daher ist eine Kummer-Erzeugung von $\tilde{K}_0'/\tilde{K}_0$ auch eine solche von K_0'/K_0. Ist also $\tilde{Q} = 2$, d. h. ist $\tilde{K}_0'/\tilde{K}_0$ vom Einheitstypus, so gilt das gleiche auch für K_0'/K_0, d. h. es ist $Q = 2$.

Wir weisen schließlich hier noch auf das unten in **33** im Beweis von Satz 35 aus den Sätzen 26, 29 gefolgerte hinreichende Kriterium für $Q = 2$ hin.

26. Imaginäre bizyklische biquadratische Zahlkörper

Zur Erläuterung der über den Einheitenindex Q von K/K_0 gewonnenen Ergebnisse betrachten wir die imaginären bizyklischen biquadratischen Zahlkörper.

Es sind das die Körper

$$K = K_1 K_2 = P(\sqrt{-f_1}, \sqrt{-f_2}), \tag{1}$$

wo

$$K_1 = P(\sqrt{-f_1}), \quad K_2 = P(\sqrt{-f_2}) \tag{2}$$

zwei verschiedene imaginär-quadratische Zahlkörper mit den Diskriminanten $-f_1$, $-f_2$ (Führern f_1, f_2) sind. Der größte reelle Teilkörper ist der reell-quadratische Zahlkörper

$$\mathsf{K}_0 = \mathsf{P}(\sqrt{f_0}), \tag{3}$$

dessen Diskriminante (Führer) f_0 sich aus

$$f_0 \overset{\square}{=} f_1 f_2 \tag{4}$$

(Gleichheit bis auf einen rationalen Quadratfaktor) und den bekannten Teilbarkeits- und Kongruenzbedingungen für quadratische Körperdiskriminanten[1]) bestimmt.

Für diese Körper steht die Relativklassenzahlformel in enger Beziehung zu einer Klassenzahlproduktformel, die im Spezialfall $f_1 = 4$ der sog. Dirichletschen biquadratischen Zahlkörper

$$\mathsf{K} = \mathsf{K}_0 \mathsf{P}_4 = \mathsf{P}(\sqrt{f_0}, \sqrt{-1}) \tag{5}$$

schon von Dirichlet [3][2]), im allgemeinen Fall zuerst von Bachmann [1][3]) und dann von Amberg [1] sowie Herglotz [1] bewiesen wurde.

Es seien h, h_0, h_1, h_2 die Klassenzahlen von $\mathsf{K}, \mathsf{K}_0, \mathsf{K}_1, \mathsf{K}_2$ und w, w_1, w_2 die Einheitswurzelanzahlen von $\mathsf{K}, \mathsf{K}_1, \mathsf{K}_2$ (für K_0 ist die Einheitswurzelanzahl $w_0 = 2$). Ferner seien ε, ε_0 je eine Grundeinheit von K, K_0, wobei wir für ε_0 wie üblich die eindeutige Normierung $\varepsilon_0 > 1$ zugrunde gelegt denken und für ε jedenfalls $|\varepsilon| > 1$ fordern wollen. Dann sind $R = 2\log|\varepsilon|$, $R_0 = \log \varepsilon_0$ die Regulatoren von K, K_0, und der Einheitenindex von K/K_0 ist nach (**5**, 2) durch

$$Q = \frac{2R_0}{R} = \frac{\log \varepsilon_0}{\log|\varepsilon|}$$

gegeben. Aus den Produktformeln (**2**, 1) für die Zetafunktionen von $\mathsf{K}, \mathsf{K}_0, \mathsf{K}_1, \mathsf{K}_2$ erhält man durch Elimination der L-Funktionen die Produktformel

$$\frac{\zeta_{\mathsf{K}}(s)}{\zeta(s)} = \frac{\zeta_{\mathsf{K}_0}(s)}{\zeta(s)} \cdot \frac{\zeta_{\mathsf{K}_1}(s)}{\zeta(s)} \cdot \frac{\zeta_{\mathsf{K}_2}(s)}{\zeta(s)}.$$

Nach den Residuenformeln (**2**, 2) für $\mathsf{K}, \mathsf{K}_0, \mathsf{K}_1, \mathsf{K}_2$ folgt daraus weiter die Produktformel

$$\frac{(2\pi)^2 h R}{w\sqrt{d}} = \frac{2h_0 R_0}{\sqrt{f_0}} \cdot \frac{2\pi h_1}{w_1\sqrt{f_1}} \cdot \frac{2\pi h_2}{w_2\sqrt{f_2}}.$$

---

[1]) Für eine quadratische Körperdiskriminante d gilt zunächst, wie für jede Diskriminante eines algebraischen Zahlkörpers, $d \neq 1$ und $d \equiv 0$ oder 1 mod. 4. Ferner enthält d Primzahlen $p \neq 2$ höchstens zur ersten und $p = 2$ höchstens zur dritten Potenz, ist also aus Primzahlpotenzbeiträgen $p^1 (p \neq 2)$ und 2^2 oder 2^3 zusammengesetzt. Umgekehrt ist jede ganzrationale Zahl d mit diesen Eigenschaften eine quadratische Körperdiskriminante, und zu ihr gehört genau ein quadratischer Zahlkörper, nämlich $\mathsf{K} = \mathsf{P}(\sqrt{d})$, mit dem Führer $f = |d|$ und dem erzeugenden Charakter $\chi(x) = \left(\frac{d}{x}\right)$ (Kroneckersches Symbol).

[2]) Siehe hierzu auch Zahlbericht § 87, sowie einen rein arithmetischen Beweis von Hilbert [1].

[3]) Dort liegt noch nicht der heutige Begriff der ganzen algebraischen Zahl zugrunde. Sind $\varDelta_0$, $\varDelta_1$, $\varDelta_2$ die quadratfreien Kerne von f_0, f_1, f_2, so werden vielmehr als ganze Zahlen nur die ganzrationalen Funktionen von $\sqrt{\varDelta_0}$, $\sqrt{-\varDelta_1}$, $\sqrt{-\varDelta_2}$ mit ganzrationalen Koeffizienten betrachtet.

Nach der Führerproduktformel (**3**, 2) ist nun

$$d = f_0 f_1 f_2 .$$

Wie man ohne weiteres bestätigt, ist ferner

$$w = \frac{1}{2} w_1 w_2 ,$$

außer für den speziellen Körper $\mathsf{K} = \mathsf{P}(\sqrt{-1}, \sqrt{-2}) = \mathsf{P}_2$, mit $f_1 = 2^2$, $f_2 = 2^3$, für den $w_1 = 4$, $w_2 = 2$, $w = 8$, also $w = w_1 w_2$ ist. Von diesem Spezialfall abgesehen ergibt sich damit die Klassenzahlproduktformel

$$h = \frac{1}{2} Q h_0 h_1 h_2 . \tag{6}$$

Nach ihr stellt sich die Relativklassenzahl h^* von K/K_0 für die betrachteten Körper K in der Form

$$h^* = \frac{1}{2} Q h_1 h_2 \tag{7}$$

dar[1]).

In dem genannten Spezialfall $\mathsf{K} = \mathsf{P}(\sqrt{-1}, \sqrt{-2}) = \mathsf{P}_2$, gilt statt dessen $h = Q h_0 h_1 h_2$ und $h^* = Q h_1 h_2$. In diesem Falle ist, wie in Satz 27 festgestellt, $Q = 1$, also $h = h_0 h_1 h_2$ und $h^* = h_1 h_2$. Da hier bekanntlich $h_0, h_1, h_2 = 1$ sind, folgt auch $h = 1$ und $h^* = 1$. Wir schließen der Einfachheit halber diesen nicht weiter interessierenden Ausnahmefall in den folgenden Betrachtungen aus.

Die verschiedenen Gestalten, in denen die Klassenzahlproduktformel (6) in der Literatur auftritt, unterscheiden sich dadurch, wie genau und in welcher Weise der in ihr vorkommende Einheitenindex $Q = 1$ oder 2 von K/K_0 bestimmt ist. Wir wollen nachstehend alle Aussagen über Q zusammenstellen, die sich aus der in **20**–**25** entwickelten allgemeinen Theorie des Einheitenindex für die hier betrachteten speziellen Körper K ergeben.

Die beiden in der allgemeinen Theorie zu unterscheidenden Fälle für w sind hier folgendermaßen bestimmt:

Fall I. $\quad w \not\equiv 0 \bmod. 4$, wenn $f_1 \neq 4$, $f_2 \neq 4$.

Fall II. $\quad w \equiv 0 \bmod. 4$, wenn etwa $f_1 = 4$.

[1]) Für die reellen bizyklischen biquadratischen Zahlkörper $\mathsf{K} = \mathsf{P}(\sqrt{f_1}, \sqrt{f_2})$ erhält man auf ganz entsprechende Weise die Produktformel

$$h R = h_0 R_0 \cdot h_1 R_1 \cdot h_2 R_2 ,$$

und daraus die Klassenzahlproduktformel

$$h = \frac{1}{4} Q h_0 h_1 h_2 \quad \text{mit} \quad Q = \frac{R(\varepsilon_0, \varepsilon_1, \varepsilon_2)}{R},$$

die man auch leicht durch Anwendung des Ergebnisses (**16**, 3) unserer zweiten Umformungsart auf K und K_0, K_1, K_2 herleiten kann. Der hier als Analogon unseres Einheitenindex auftretende Quotient Q gibt an, um wieviel das System der Grundeinheiten $\varepsilon_0, \varepsilon_1, \varepsilon_2$ der quadratischen Teilkörper K_0, K_1, K_2 höher ist als ein Grundeinheitensystem von K. Es entsteht die Aufgabe, diesen *Einheitenindex Q von* K auf beliebige reelle nicht-zyklische Zahlkörper K zu verallgemeinern und für ihn eine zu **20**–**25** analoge Theorie zu entwickeln. Für die hier betrachteten Körper K ist über Q nach Amberg [1] im wesentlichen nur bekannt, daß jedenfalls $Q = 1$ oder 2 oder 4 ist.

In Fall I werden wir von den drei durch die Relation (4) verbundenen **Invarianten** f_0, f_1, f_2 von K wie schon bisher die beiden letzten f_1, f_2, die den imginär-quadratischen Teilkörpern K_1, K_2 entsprechen, zur Beschreibung von K verwenden. Fall II ist der oben bereits hervorgehobene Spezialfall (5) der Dirichletschen biquadratischen Zahlkörper; wir beschreiben in ihm K durch die eine verbleibende unabhängige Invariante f_0, die dem reell-quadratischen Teilkörper K_0 entspricht; nach unserer Voraussetzung $\mathsf{K} \neq \mathsf{P}_{2^3}$ ist dabei $f_0 \neq 2^3$, und für den Beitrag 2^ω von 2 zu w gilt $\omega = 2$. Statt der f_0, f_1, f_2 verwenden wir, wo dies einfacher ist, in beiden Fällen auch ihre quadratfreien Kerne $\Delta_0, \Delta_1, \Delta_2$ zur Beschreibung von K.

Definitionsgemäß ist zunächst $Q = 1$, wenn $\varepsilon_0 = \varepsilon$ bei geeigneter Normierung von ε gilt, und $Q = 2$, wenn $\varepsilon_0 = \zeta\varepsilon^2$ mit einer Einheitswurzel ζ aus K gilt. Im letzteren Falle ist ζ kein Quadrat aus K, da sonst der imaginäre Körper K durch Adjunktion der reellen Zahl $\sqrt{\varepsilon_0}$ zu K_0 entstände. Daher kann $\zeta = \zeta_{2^\omega}$ normiert werden. Bei geeigneter Normierung von ε hat man somit definitionsgemäß

$$\left\{\begin{array}{lll} Q = 1, & \text{wenn} & \varepsilon_0 = \varepsilon \\ Q = 2, & \text{wenn} & \left\{\begin{array}{l} \varepsilon_0 = -\varepsilon^2 \text{ im Falle I} \\ \varepsilon_0 = \sqrt{-1}\,\varepsilon^2 \text{ im Falle II} \end{array}\right\} \end{array}\right\}. \tag{8}$$

Aus Satz 25 ergibt sich, wie dort schon bemerkt:

$$Q = 1, \quad \text{wenn} \quad N_0(\varepsilon_0) = -1. \tag{9}$$

Wir behandeln weiterhin die beiden Fälle I, II getrennt.

Fall I. $\mathsf{K} = \mathsf{P}\left(\sqrt{-\Delta_1}, \sqrt{-\Delta_2}\right)$ mit $\Delta_1 \neq 1$, $\Delta_2 \neq 1$.

Die Charakterbedingungen aus Satz 22 ergeben:

$$Q = 1, \text{ wenn } \left\{\begin{array}{l} \Delta_1, \Delta_2 \text{ einen Primteiler } p \neq 2 \text{ oder den Primteiler 2 ge-} \\ \text{meinsam haben und im letzteren Falle } \Delta_0 \equiv 1 \bmod. 4 \text{ ist} \end{array}\right\}. \tag{10_{I}}$$

Wenn diese Bedingungen nicht erfüllt sind, wenn also

$$\left\{\begin{array}{l} \Delta_1, \Delta_2 \text{ keinen Primteiler } p \neq 2 \text{ gemeinsam haben und, falls} \\ \text{sie den Primteiler 2 gemeinsam haben, } \Delta_0 \equiv -1 \bmod. 4 \text{ ist} \end{array}\right\}, \tag{$\overline{10_{\mathrm{I}}}$}$$

so ist der relativ-quadratische Hilfskörper $\mathsf{K}_0'/\mathsf{K}_0$, hier gegeben durch

$$\mathsf{K}_0' = \mathsf{K}_0\left(\sqrt{\Delta_1}\right) = \mathsf{K}_0\left(\sqrt{\Delta_2}\right),$$

höchstens unwesentlich verzweigt, und nach Satz 22 (oder schon nach Satz 16) ist $Q = 2$ oder 1, je nachdem er vom Einheits- oder Klassentypus ist. Definitionsgemäß ist $\mathsf{K}_0'/\mathsf{K}_0$ genau dann vom Einheitstypus, wenn

$$\Delta_1 = \eta_0\gamma_0^2$$

mit einer Einheit η_0 und einer (von selbst ganzen) Zahl γ_0 aus K_0 ist. Durch Normbildung folgt daraus

$$\pm\,\Delta_1 = N_0(\gamma_0) \quad \text{mit ganzem } \gamma_0 \text{ aus } \mathsf{K}_0. \tag{11_{I}}$$

Man erhält dabei zugleich, daß $N_0(\eta_0) = 1$ ist, wie es nach (9) in diesem Falle sein muß. Ist umgekehrt neben $(\overline{10_{\mathrm{I}}})$ auch (11_{I}) erfüllt (wobei die Ganzzahligkeit von γ_0 ausdrücklich gefordert werden muß), so ist $\mathsf{K}_0'/\mathsf{K}_0$ vom Einheitstypus. Da nämlich $\mathsf{K}_0'/\mathsf{K}_0$ unter der Voraussetzung $(\overline{10_{\mathrm{I}}})$ höchstens unwesentlich verzweigt ist, hat man $\Delta_1 \cong \mathfrak{d}_{10}^2$ mit einem (ganzen) Divisor $\mathfrak{d}_{10}$ aus K_0. Dieser ist nach $(\overline{10_{\mathrm{I}}})$ nur aus Verzweigungsprimdivisoren von K_0 zusammengesetzt. Aus (11_{I}) folgt dann $N_0\left(\frac{\gamma_0}{\mathfrak{d}_{10}}\right) = 1$ und daraus bekanntlich $\frac{\gamma_0}{\mathfrak{d}_{10}} = \frac{\mathfrak{a}_0}{\mathfrak{a}_0'}$ mit einem Paar konjugierter ganzer Divisoren $\mathfrak{a}_0$, $\mathfrak{a}_0'$ aus K_0, die ohne Einschränkung zueinander teilerfremd angenommen werden können und dann zu den Verzweigungsprimdivisoren von K_0 prim sind. Da γ_0, $\mathfrak{d}_{10}$ ganz sind, geht das aber nur mit $\mathfrak{a}_0$, $\mathfrak{a}_0' = 1$. Somit folgt $\mathfrak{d}_{10} \cong \gamma_0$, also in der Tat $\Delta_1 \cong \gamma_0^2$, d. h. $\Delta_1 = \eta_0 \gamma_0^2$. Damit ist bewiesen:

$$\text{Ist } (\overline{10_{\mathrm{I}}}) \text{ erfüllt, so ist } \left\{\begin{array}{l} Q = 2, \text{ wenn } (11_{\mathrm{I}}) \text{ erfüllt ist} \\ Q = 1, \text{ wenn } (11_{\mathrm{I}}) \text{ nicht erfüllt ist} \end{array}\right\}. \qquad (12_{\mathrm{I}})$$

In rationaler Form drückt sich (11_{I}) durch die ganzrationale Lösbarkeit von $\frac{x^2 - \Delta_0 y^2}{4} = \pm \Delta_1$ oder, wie leicht zu sehen, auch von $\frac{\Delta_1 x_1^2 - \Delta_2 x_2^2}{4} = \pm 1$ aus; in der letzteren Form, mit einer geringfügigen, durch Berücksichtigung von (9) möglichen Modifikation, findet sich das Ergebnis bei Amberg [1] ausgesprochen.

Für die Lösbarkeit von (11_{I}) lassen sich in bekannter Weise notwendige Kongruenzbedingungen durch die Geschlechtscharaktere von K_0 angeben, nämlich mittels des quadratischen Normenrestsymbols in der Form

$$\left(\frac{\pm f_1, f_0}{p}\right) = \left(\frac{\pm f_1, \mp f_2}{p}\right) = 1 \text{ für alle Primteiler } p \neq 2 \text{ von } f_0, \qquad (13_{\mathrm{I}})$$

oder auch mittels des quadratischen Restsymbols in der Form

$$\left\{\begin{array}{ll} \left(\frac{\pm f_1}{p_2}\right) = 1 & \text{für alle Primteiler } p_2 \neq 2 \text{ von } f_2 \\ \left(\frac{\mp f_2}{p_1}\right) = 1 & \text{für alle Primteiler } p_1 \neq 2 \text{ von } f_1 \end{array}\right\}, \qquad (13_{\mathrm{I}}')$$

mit zwei festen (von den Primteilern p, p_1, p_2 unabhängigen) zueinander entgegengesetzten Vorzeichen an f_1, f_2. Sind diese Bedingungen erfüllt, so ist (11_{I}) jedenfalls durch eine ganze oder gebrochene Zahl γ_0 aus K_0 lösbar. Die verbleibende Ganzzahligkeitsforderung in (11_{I}) läßt sich im allgemeinen nicht durch Kongruenzbedingungen erfassen. Sie ist der nicht-abelsche Kern der Klasseneinbettungsfrage für K/K_0, die sich hier auf die Frage reduziert, ob der oben definierte Divisor $\mathfrak{d}_{10}$ zur Hauptklasse von K_0 gehört oder nicht. Nur wenn das Hauptgeschlecht von K_0 aus einer ungeraden Anzahl von Klassen besteht, d. h. wenn die 2-Klassengruppe von K_0 den Typus $(2, \ldots, 2)$ hat, sind die Geschlechtscharakterbedingungen (13_{I}), $(13_{\mathrm{I}}')$ für die ganzzahlige Lösbarkeit von (11_{I}) auch hinreichend. Denn da $\mathfrak{d}_{10}^2 \cong \Delta_1$ in der Hauptklasse liegt, kann dann – und auch nur dann – aus der Zugehörigkeit von $\mathfrak{d}_{10}$ zum Hauptgeschlecht auf die Zugehörigkeit von $\mathfrak{d}_{10}$ zur Hauptklasse geschlossen werden. Diese spezielle Bedingung ist insbesondere dann erfüllt, wenn K_0 nur ein einziges Geschlecht besitzt, d. h. wenn die Klassenzahl h_0 von K_0 ungerade ist.

Fall II. $\mathsf{K} = \mathsf{P}(\sqrt{\Delta_0}, \sqrt{-1})$ mit $\Delta_0 \neq 2$.

Die Charakterbedingungen aus Satz 22 ergeben:

$$Q = 1, \quad \text{wenn} \quad \Delta_0 \equiv 1 \bmod. 4. \tag{10_{II}}$$

Der relativ-quadratische Hilfskörper $\mathsf{K}_0'/\mathsf{K}_0$ ist hier gegeben durch

$$\mathsf{K}_0' = \mathsf{K}_0(\sqrt{2}).$$

Ist $\Delta_0 \not\equiv 1 \bmod. 4$, so ist er höchstens unwesentlich verzweigt und genau dann vom Einheitstypus, wenn

$$\pm 2 = N(\gamma_0) \text{ mit ganzem } \gamma_0 \text{ aus } \mathsf{K}_0 \tag{11_{II}}$$

gilt. Das beweist man ganz entsprechend wie vorher, mit 2 an Stelle von Δ_1. Damit ergibt sich:

$$\text{Ist } \Delta_0 \not\equiv 1 \bmod. 4, \text{ so ist } \begin{Bmatrix} Q = 2, \text{ wenn } (11_{II}) \text{ erfüllt ist} \\ Q = 1, \text{ wenn } (11_{II}) \text{ nicht erfüllt ist} \end{Bmatrix}. \tag{12_{II}}$$

In rationaler Form drückt sich (11_{II}) durch die ganzrationale Lösbarkeit von $\frac{x^2 - \Delta_0 y^2}{4} = \pm 2$ aus. Notwendig dafür sind die Geschlechtscharakterbedingungen

$$\left(\frac{\pm 2, f_0}{p}\right) = 1 \quad \text{für alle Primteiler } p \neq 2 \text{ von } f_0, \tag{13_{II}}$$

oder auch

$$\left(\frac{\pm 2}{p}\right) = 1 \quad \text{für alle Primteiler } p \neq 2 \text{ von } f_0, \tag{$13'_{II}$}$$

mit einem festen (von den Primteilern p unabhängigen) Vorzeichen an 2. Nur wenn das Hauptgeschlecht von K_0 ungeradklassig, also insbesondere wenn K_0 eingeschlechtig ist, sind diese Bedingungen für die ganzzahlige Lösbarkeit von (11_{II}) auch hinreichend.

Als ersten reell-quadratischen Zahlkörper mit geradklassigem Hauptgeschlecht findet man aus der Tabelle bei Sommer [1] den Körper

$$\mathsf{K}_0 = \mathsf{P}(\sqrt{82}),$$

und zwar liegt für ihn der Primteiler von 2 im Hauptgeschlecht, aber nicht in der Hauptklasse, sondern in der Klasse zweiter Ordnung der zyklischen Klassengruppe vierter Ordnung. Demgemäß stellen die beiden Körper

$$\mathsf{K} = \mathsf{P}(\sqrt{-2}, \sqrt{-41}) \quad \text{(Fall I)},$$
$$\mathsf{K} = \mathsf{P}(\sqrt{-1}, \sqrt{-82}) \quad \text{(Fall II)}$$

Beispiele dar, in denen $\mathsf{K}_0' = \mathsf{K}_0(\sqrt{2})$ vom Klassentypus und daher $Q = 1$, $Q^* = 2$, $k = 2$ ist.

Es sei weiter bemerkt, daß Hilbert [1][1]) das Kriterium für $Q = 1$ oder 2 in dem von ihm allein behandelten Falle II der Dirichletschen biquadratischen Zahlkörper in der folgenden andersartigen Form ausgesprochen hat:

$$Q = 1 \text{ oder } 2, \text{ je nachdem } N_0(\varepsilon) = \pm 1 \text{ oder } \pm\sqrt{-1}, \tag{14_{II}}$$

---

[1]) Siehe auch Zahlbericht, § 87.

wo N_0 für $\mathsf{K} = \mathsf{K}_0(\sqrt{-1})$ die Relativnormbildung in bezug auf $\mathsf{P}(\sqrt{-1})$ bedeutet. Die Richtigkeit von (14_{II}) ergibt sich ohne weiteres aus den Definitionsbedingungen (8) unter Beachtung von (9).

Noch nicht angewandt haben wir bisher das hinreichende Kriterium für $Q = 1$ aus Satz 23 und das hinreichende Kriterium für $Q = 2$ aus Satz 26. Der in diesen Kriterien auftretende Führer f von K ist das kleinste gemeinsame Vielfache der Führer f_0, f_1, f_2 von $\mathsf{K}_0, \mathsf{K}_1, \mathsf{K}_2$. Unter Satz 23 fällt lediglich der im vorstehenden ausgeschlossene Körper

$$\mathsf{K} = \mathsf{P}(\sqrt{-1},\ \sqrt{-2}) = \mathsf{P}_{2^3},$$

für den von der Regel (12_{II}) abweichend $Q = 1$ ist und dessen Ausnahmerolle hierdurch beleuchtet wird. Unter die beiden Fälle von Satz 26 fallen, wie man leicht bestätigt, nur die beiden Körperreihen

$$\left.\begin{cases} \mathsf{K} = \mathsf{P}(\sqrt{-q_1},\ \sqrt{-q_2}) \quad \text{mit Primzahlen } q_1, q_2 \equiv -1 \bmod. 4 \\ \mathsf{K} = \mathsf{P}(\sqrt{-1}, \sqrt{-q}),\ \mathsf{P}(\sqrt{-1}, \sqrt{-2q}),\ \mathsf{P}(\sqrt{-2}, \sqrt{-q}),\ \mathsf{P}(\sqrt{-2}, \sqrt{-2q}) \\ \qquad\qquad \text{mit einer Primzahl } q \equiv -1 \bmod. 4 \end{cases}\right\}. \tag{15}$$

Es sind das genau diejenigen imaginären bizyklischen biquadratischen Zahlkörper K, für die K_0 zwar schon zusammengesetzten Führer f_0 hat, aber doch noch eingeschlechtig ist, so daß für sie die notwendigen Bedingungen ($13'_I$) bzw. ($13'_{II}$) trivialerweise erfüllt und zugleich hinreichend für $Q = 2$ sind. Das Kriterium aus Satz 26 liefert also hier keine über diese trivialen Fälle hinausgehenden Beiträge zur Entscheidung über die Klassenfrage.

27. Vorbereitungen zum direkten Ganzzahligkeitsbeweis

Wir wenden uns nunmehr der Aufgabe zu, die Ganzzahligkeit der Relativklassenzahl h^* von K/K_0 auch direkt aus der Form des Ausdrucks (*) in Evidenz zu setzen. Die hierzu erforderlichen Umformungen der Beiträge der einzelnen Charaktere χ_1 von K/K_0 zu diesem Ausdruck werden zugleich eine für die wirkliche Berechnung von h^* in gegebenen Fällen brauchbarere Form dieser Beiträge liefern.

Wir geben zunächst dem Ausdruck (*) eine Gestalt, die seine arithmetische Struktur deutlicher hervortreten läßt. Dazu fassen wir die Charaktere $\chi = \chi_1$ von K/K_0 (ähnlich wie in **13** die Charaktere $\chi = \chi_0$ von K_0) zu Frobeniusschen Abteilungen zusammen. Da die Charaktere χ_0 von K_0 zunächst nicht mehr vorkommen werden, lassen wir dabei den Index 1 an den Charakteren χ_1 von K/K_0 fort. Es durchlaufe im folgenden ψ immer ein Vertretersystem der Abteilungen der χ, und es bezeichne n_ψ die Ordnung von ψ, ferner zur Abkürzung P_ψ den Kreiskörper P_{n_ψ}, dem ψ angehört, und N_ψ die Normbildung in diesem Körper. Die Bildungen $n_\psi, \mathsf{P}_\psi, N_\psi$ sind, wie auch der Führer $f(\psi)$, Invarianten der Abteilung $\chi = \psi^\mu$, wo μ ein primes Restsystem mod. n_ψ durchläuft. Man beachte ferner, daß auch die geforderte Eigenschaft $\psi(-1) = -1$ der Abteilung von ψ eigentümlich ist; denn bei ihrem Vorliegen ist n_ψ gerade, so daß die μ sämtlich ungerade sind. Die arithmetische Bedeutung der Zusammenfassung in Abteilungen besteht darin, daß die Charaktere einer Abteilung immer gerade ein volles System algebraisch-konjugierter Charaktere bilden, so daß ein über sie erstrecktes Produkt einfach die Norm N_ψ eines (etwa des ψ entsprechenden) Faktors ist. Hiernach schreibt sich die Relativklassenzahlformel (*) in der Gestalt

$$h^* = Q\, w \prod_{\psi} N_\psi\,(\Theta(\psi)), \tag{1}$$

wo die Summen

$$\Theta(\psi) = \frac{1}{2 f(\psi)} \sum_{x \bmod. f(\psi)}^{r} (-\psi(x)\, x) \tag{2}$$

Zahlen aus den Kreiskörpern P_ψ mit den formalen Nennern $2 f(\psi)$ sind.

Diese Zahlen lassen sich weiter additiv in je zwei Zahlen aus P_ψ mit den formalen Nennern 2 und $f(\psi)$ zerlegen, indem man von der Antisymmetrie $\psi(x) \to -\psi(x)$ für $x \to f(\psi) - x$ der Wertverteilung von ψ im kleinsten positiven primen Restsystem x mod. $f(\psi)$ Gebrauch macht. Durch Zusammenfassung je zweier antisymmetrischer Summanden erhält man in der Tat

$$\Theta(\psi) = \frac{1}{2}\, \mathsf{A}(\psi) + \frac{1}{f(\psi)}\, \mathsf{B}(\psi) \tag{3}$$

mit

$$\mathsf{A}(\psi) = \sum_{\pm x \bmod. f(\psi)}^{+} \psi(x), \qquad \mathsf{B}(\psi) = \sum_{\pm x \bmod. f(\psi)}^{+} (-\psi(x)\, x), \tag{4}$$

wo $\sum\limits_{\pm x \bmod. f(\psi)}^{+}$, wie bereits in **4** festgesetzt, die Summation über das kleinste positive prime Halbsystem x mod. $f(\psi)$ (die zu $f(\psi)$ primen x mit $0 < x < \frac{1}{2} f(\psi)$) bedeuten soll.

Im Spezialfall $f(\psi) = 2^\varrho$ $(\varrho \geqq 3)$ hat die Wertverteilung von ψ im kleinsten positiven primen Restsystem mod. 2^ϱ noch eine weitere Antisymmetrie, die zu einer weiteren Reduktion der Summe $\Theta(\psi)$ führt. Die eben genannte Antisymmetrie entsprang aus der stets vorhandenen Lösung $u \equiv -1$ mod. $f(\psi)$ der Kongruenz $u^2 \equiv 1$ mod. $f(\psi)$, in Verbindung mit der geforderten Eigenschaft $\psi(-1) = -1$. Für $f(\psi) = 2^\varrho$ $(\varrho \geqq 3)$ hat nun die Kongruenz $u^2 \equiv 1$ mod. $f(\psi)$ die weitere Lösung $u \equiv 1 + 2^{\varrho-1}$ mod. 2^ϱ, die zusammen mit der erstgenannten die volle Lösungsgruppe vom Typus (2, 2) erzeugt, und da ψ den Führer $f(\psi) = 2^\varrho$ haben soll, ist notwendig auch $\psi(1 + 2^{\varrho-1}) = -1$. Daraus ergibt sich die weitere Antisymmetrie $\psi(x) \to -\psi(x)$ für $x \to x + 2^{\varrho-1}$, die zusammen mit der erstgenannten besagt, daß die einem Quadrupel

$$x, \quad 2^{\varrho-1} - x, \quad 2^{\varrho-1} + x, \quad 2^\varrho - x$$

entsprechenden Charakterwerte in dem Zusammenhang

$$\psi(x), \quad \psi(x), \quad -\psi(x), \quad -\psi(x)$$

stehen. Durchläuft x das kleinste positive prime Halbsystem mod. $2^{\varrho-1}$, so durchlaufen diese Quadrupel gerade das kleinste positive prime Restsystem mod. 2^ϱ in seiner Aufspaltung in die vier der Größe nach aufeinanderfolgenden Viertelsysteme

$$0 \ldots 1 \cdot 2^{\varrho-2} \ldots 2 \cdot 2^{\varrho-2} \ldots 3 \cdot 2^{\varrho-2} \ldots 4 \cdot 2^{\varrho-2}$$

Durchläuft x ein beliebiges primes Halbsystem mod. $2^{\varrho-1}$, so durchlaufen die Quadrupel ein zugehöriges volles primes Restsystem mod. 2^ϱ. Hieraus ergibt sich für die Summe $\Theta(\psi)$ die weitere Reduktion

$$\Theta(\psi) = \frac{1}{2^{\varrho+1}} \sum_{\pm x \bmod 2^{\varrho-1}}^{+} \left(-\psi(x)\left[x + (2^{\varrho-1} - x) - (2^{\varrho-1} + x) - (2^\varrho - x)\right]\right),$$

also einfach

$$\Theta(\psi) = \frac{1}{2} \sum_{\pm x \bmod 2^{\varrho-1}}^{+} \psi(x) \quad \text{für} \quad f(\psi) = 2^\varrho \; (\varrho \geqq 3). \tag{5}$$

Damit ist der formale Nenner $2f(\psi) = 2^{\varrho+1}$ in (2), (3) bereits auf 2^1 reduziert.

Die Summen $\mathsf{A}(\psi)$, $\mathsf{B}(\psi)$ in (4) sind insofern keine rein algebraischen Bildungen, als in ihnen für die Summation ein bestimmtes primes Halbsystem mod. $f(\psi)$ gefordert wird, das durch eine Größenvorschrift gekennzeichnet ist, die letzten Endes auf die analytische Quelle für die Klassenzahlbestimmung zurückgeht[1]). Für die hier verfolgte Ganzzahligkeitsuntersuchung kann man nun aber von dieser Größenvorschrift absehen. Bei Übergang zu einem beliebigen primen Halbsystem mod. $f(\psi)$ (Weglassen des Index + am Summenzeichen) gelten nämlich ersichtlich die Kongruenzen

$$\mathsf{A}(\psi) \equiv \sum_{\pm x \bmod f(\psi)} \psi(x) \bmod 2, \quad \mathsf{B}(\psi) \equiv \sum_{\pm x \bmod f(\psi)} (-\psi(x)\, x) \bmod f(\psi). \tag{4'}$$

Für die Bestimmung des wirklichen Nenners von $\Theta(\psi)$, und genauer des additiven Kongruenzwertes[2]) von $\Theta(\psi)$ mod. $^+1$, darf man daher in (3) die Ausdrücke (4) durch die ihnen kongruenten Summen aus (4′) ersetzen. Wir werden das nur in dem Falle brauchen, wo die beiden formalen Nenner 2 und $f(\psi)$ in (3) teilerfremd sind. In diesem Falle ist der uns interessierende wirkliche Nenner von $\Theta(\psi)$ gleich dem Produkt der wirklichen Nenner von $\frac{1}{2}\mathsf{A}(\psi)$ und $\frac{1}{f(\psi)}\mathsf{B}(\psi)$. Diese letzteren Nenner können dann nach dem zuvor Gesagten unter Zugrundelegung der Kongruenzwerte (4′) statt der genauen Werte (4) bestimmt werden. Für die wirkliche Berechnung der Relativklassenzahl genügen jedoch die Kongruenzwerte (4′) nicht, sondern man hat in jedem Falle die genauen Summenwerte (4) zu bestimmen.

28. Die Charaktere mit zusammengesetztem Führer

Wir beginnen mit der Betrachtung derjenigen Beiträge $N_\psi(\Theta(\psi))$ zur Relativklassenzahlformel (**27**, 1, 2), die von Charakteren ψ mit zusammengesetztem Führer $f(\psi) = f$ herrühren.

Einer echten Zerlegung $f = f_1 f_2$ in zwei teilerfremde Faktoren f_1, f_2 entspricht eine echte Zerlegung $\psi = \psi_1\psi_2$ in zwei Charaktere ψ_1, ψ_2 derart, daß $f(\psi_1) = f_1$, $f(\psi_2) = f_2$ ist. Die Charaktere ψ_1, ψ_2 gehören dabei nicht notwendig zur Charaktergruppe X von K. Wegen $\psi(-1) = -1$ ist etwa

$$\psi_1(-1) = 1, \qquad \psi_2(-1) = -1.$$

---

[1]) Siehe die Herleitung der Formel (**4**, 1b).

[2]) Siehe dazu Klassenkörperbericht. Teil Ia, § 3, und Hasse [5], § 24, c).

Durchlaufen nun x_1, x_2 die kleinsten positiven primen Restsysteme mod. f_1, f_2, und setzt man

$$\frac{x}{f} = \frac{x_1}{f_1} + \frac{x_2}{f_2}, \tag{1}$$

so durchläuft x ein primes Restsystem mod. f, für dessen Zahlen x jedenfalls $0 < x < 2f$ gilt. Beschränkt man x_1, x_2 auf die kleinsten positiven primen Halbsysteme mod. f_1, f_2 und nimmt dafür die Komplemente $f_1 - x_1$, $f_2 - x_2$ hinzu, so ergibt sich für das zugehörige prime Restsystem x mod. f eine Zerlegung in vier Viertelsysteme, deren Reduktion auf die kleinsten positiven Reste x_0, x_0', x_0'', x_0''' mod. f jeweils durch Abziehen eines Vielfachen $\varepsilon(x_1, x_2) f$ mit $\varepsilon(x_1, x_2) = 0$ oder 1 erfolgt, und zwar nach dem Schema

$$\frac{x_0}{f} = \frac{x_1}{f_1} + \frac{x_2}{f_2} - 0,$$

$$\frac{x_0'}{f} = \frac{f_1 - x_1}{f_1} + \frac{x_2}{f_2} - \varepsilon(x_1, x_2),$$

$$\frac{x_0''}{f} = \frac{x_1}{f_1} + \frac{f_2 - x_2}{f_2} - (1 - \varepsilon(x_1, x_2)),$$

$$\frac{x_0'''}{f} = \frac{f_1 - x_1}{f_1} + \frac{f_2 - x_2}{f_2} - 1,$$

wo

$$\varepsilon(x_1, x_2) = 0 \text{ oder } 1, \text{ je nachdem } \frac{x_1}{f_1} > \frac{x_2}{f_2} \quad \text{oder} \quad \frac{x_1}{f_1} < \frac{x_2}{f_2}. \tag{2}$$

Wegen

$$x \equiv f_2 x_1 \bmod. f_1, \qquad x \equiv f_1 x_2 \bmod. f_2$$

hat man nun

$$\psi_1(x) = \psi_1(f_2)\,\psi_1(x_1), \qquad \psi_2(x) = \psi_2(f_1)\,\psi_2(x_2).$$

Führt man hierin die eben erklärte Aufteilung in Viertelsysteme durch, so ergibt sich, daß die einem Quadrupel

$$x_0, \quad x_0', \quad x_0'', \quad x_0'''$$

entsprechenden Werte des Charakters $\psi = \psi_1 \psi_2$ in dem Zusammenhang

$$\psi(x_0), \quad \psi(x_0), \quad -\psi(x_0), \quad -\psi(x_0)$$

stehen, ganz analog zu der Verteilung der Werte von ψ in dem in **27** betrachteten Spezialfall $f(\psi) = 2^\varrho$ ($\varrho \geqq 3$) auf die dortigen Viertelsysteme, nur daß hier die Viertelsysteme nicht der Größe nach aufeinanderfolgen, sondern durcheinander geschoben sind. Wie dort folgt damit für die Summe $\Theta(\psi)$ aus (**27**, 2) hier die Reduktion

$$\Theta(\psi) = \frac{1}{2f} \sum_{x_0} (-\psi(x_0)\,[x_0 + x_0' - x_0'' - x_0'''])$$

$$= \psi_1(f_2)\,\psi_2(f_1) \sum_{\pm x_1 \bmod. f_1}^{+} \; \sum_{\pm x_2 \bmod. f_2}^{+} \left(-\psi_1(x_1)\,\psi_2(x_2)\left[\frac{2x_2}{f_2} - \varepsilon(x_1, x_2)\right]\right).$$

Wegen $\psi_1(-1) = 1$ und $\psi_1 \neq 1$ ist hierin

$$\sum_{\pm x_1 \bmod. f_1} \psi_1(x_1) = \frac{1}{2} \sum_{x_1 \bmod. f_1} \psi_1(x_1) = 0.$$

Daher hat die dem ersten Summanden der eckigen Klammer entsprechende Doppelsumme den Wert 0, so daß nur die dem zweiten Summanden der eckigen Klammer entsprechende Doppelsumme stehenbleibt. Auf Grund der Bedeutung (2) von $\varepsilon(x_1, x_2)$ ergibt sich so die einfache Formel:

$$\Theta(\psi) = \psi_1(f_2)\,\psi_2(f_1) \sum^{+}_{\substack{\pm x_1,\, \pm x_2 \bmod. f_1, f_2 \\ \frac{x_1}{f_1} < \frac{x_2}{f_2}}} \psi_1(x_1)\,\psi_2(x_2) \tag{3}$$

für $\psi = \psi_1 \psi_2$ mit teilerfremden $f(\psi_1) = f_1 \neq 1$, $f(\psi_2) = f_2$

und $\psi_1(-1) = 1$, $\psi_2(-1) = -1$.

Dabei entspricht die in $\psi_1(-1) = 1$, $\psi_2(-1) = -1$ liegende Unsymmetrie der Unsymmetrie der Summationsbedingung $\frac{x_1}{f_1} < \frac{x_2}{f_2}$. Daß auch $f_2 \neq 1$ ist, braucht nicht besonders gefordert zu werden, da es aus der Forderung $\psi_2(-1) = -1$ folgt.

Durch die Formel (3) ist insbesondere die Ganzzahligkeit von $\Theta(\psi)$ im betrachteten Falle festgestellt und damit bewiesen:

Satz 30. *Ist ψ ein Charakter von K/K_0 mit zusammengesetztem Führer $f(\psi)$, so ist $N_\psi(\Theta(\psi))$ eine ganzrationale Zahl.*

Das hätte man auch etwas einfacher durch bloße Bestimmung des Kongruenzwertes von $\Theta(\psi)$ mod.$^+$ 1 beweisen können, indem man ein primes Halbsystem mod. $f(\psi)$ aus einem solchen mod. $f(\psi_1)$ und einem vollen primen Restsystem mod. $f(\psi_2)$ gemäß (1) zusammensetzt und dabei die Kongruenzwerte der Summen $\mathsf{A}(\psi)$ mod. 2 und $\mathsf{B}(\psi)$ mod. $f(\psi)$ aus (**27**, 4) bestimmt. In der Tat liest man aus (**27**, 4′) mittels dieser Zerlegung (1) des primen Halbsystems x mod. $f(\psi)$ ohne weiteres die Kongruenzen $\mathsf{A}(\psi) \equiv 0$ mod. 2 und $\mathsf{B}(\psi) \equiv 0$ mod. $f(\psi)$ ab und erhält so nach (**27**, 3) die Kongruenz $\Theta(\psi) \equiv 0$ mod.$^+$ 1, d. h. die Ganzzahligkeit von $\Theta(\psi)$. Führt man bei der eben genannten Zerlegung (1) des primen Halbsystems mod. $f(\psi)$ wieder die Reduktion auf die kleinsten positiven Reste durch, so ergibt sich für den genauen Wert der Summe $\Theta(\psi)$ an Stelle von (3) die ähnlich gebaute und unter den gleichen Voraussetzungen gültige Formel

$$\Theta(\psi) = \psi_1(f_2)\,\psi_2(f_1) \sum_{\substack{\pm x_1,\, x_2 \bmod. f_1, f_2 \\ \frac{x_1}{f_1} + \frac{x_2}{f_2} > 1}} \psi_1(x_1)\,\psi_2(x_2)\,. \quad [4] \tag{3′}$$

Für den Spezialfall der Kreiskörper $\mathsf{K} = \mathsf{P}_f$ mit zusammengesetztem Führer f hat Kummer [7] die Beiträge der Charaktere mit zusammengesetztem Führer zur Relativklassenzahlformel im wesentlichen auf diese Weise dargestellt, allerdings mit zwei Abweichungen. Einmal summiert er durchweg über volle prime Restsysteme, und dann legt er gleich die vollständige Primzahlpotenzzerlegung von f zugrunde.

Wir haben hier die etwas umständlicher zu beweisende Formel (3) an die Spitze gestellt und den Beweis für sie voll ausgeführt, weil sie gegenüber der Formel (3′) vom theoretischen Standpunkt den Vorzug der Symmetrie und für die wirkliche Berechnung der Relativklassenzahl den Vorzug hat, daß in ihr beide Summationsgrößen x_1, x_2 auf kleinste positive prime Halbsysteme beschränkt sind. Hierdurch wird in numerischen Fällen Rechenarbeit erspart. Die beträchtliche Ersparnis an Rechenarbeit, die die Formel (3) gegenüber der ursprünglichen Formel (**27**, 3, 4) bietet, liegt auf der Hand; während man für (3) nur die Wertverteilung der Komponenten ψ_1, ψ_2 in den kleinsten positiven primen Halbsystemen mod. $f(\psi_1)$, $f(\psi_2)$ aufzustellen braucht, hätte man für (**27**, 3, 4) die Wertverteilung von ψ selbst in dem um ein Mehrfaches umfangreicheren kleinsten positiven Halbsystem mod. $f(\psi)$ aufzustellen.

Zur Erläuterung behandeln wir ein Beispiel: Sei $\psi_{105} = \psi_{21}\psi_5$ das Produkt des quadratischen Charakters $\psi_{21} = \psi_3\psi_7$ vom Führer 21 mit einem der beiden biquadratischen Charaktere ψ_5 vom Führer 5. Es ist $\psi_{21}(-1) = \psi_3(-1)\,\psi_7(-1) = (-1)\cdot(-1) = 1$ und $\psi_5(-1) = -1$. Die Wertverteilung von ψ_{21}, ψ_5 in den kleinsten positiven primen Halbsystemen x mod. 21, y mod. 5, sowie die Lösungen der Ungleichung $\frac{x}{21} < \frac{y}{5}$, d. h. $5x < 21y$, ergeben sich schematisch folgendermaßen:

x	1	2	4	5	8	10
$\psi_3(x)$	1	−1	1	−1	−1	1
$\psi_7(x)$	1	1	1	−1	1	−1
$\psi_{21}(x)$	1	−1	1	1	−1	−1

Schema 1 a

y	1	2
$\psi_5(y)$	1	i

Schema 1 b

		x	1	2	4	5	8	10
		$5x$	5	10	20	25	40	50
y	$21y$							
1	21		1	1	1	0	0	0
2	42		1	1	1	1	1	0

Schema 2

Dabei sind in dem letzten Schema die Werte des in (2) eingeführten $\varepsilon(x, y) = 0$ oder 1 tabelliert. Nach (3) ergibt sich hieraus

$$\Theta(\psi_{105}) = \psi_{21}(5)\,\psi_5(21)$$

$$\left[\left(1 + \psi_{21}(2) + \psi_{21}(4)\right) + \left(1 + \psi_{21}(2) + \psi_{21}(4) + \psi_{21}(5) + \psi_{21}(8)\right)\psi_5(2)\right] = 1 + i,$$

also

$$N(\Theta(\psi_{105})) = 2.$$

Bei Berechnung nach (**27**, 3, 4) hätte man an Stelle der einfachen Aussonderung der Ungleichungslösungen die Wertverteilung von $\psi_{105} = \psi_3\psi_7\psi_5$ in dem 24-gliedrigen kleinsten positiven primen Halbsystem mod. 105 aufzustellen. Schon dies ist mühsamer. Überdies ergeben sich dann bei der Berechnung von $\Theta(\psi_{105}) = \frac{1}{2}\,\mathsf{A}(\psi_{105}) + \frac{1}{105}\,\mathsf{B}(\psi_{105})$ erheblich größere Zahlen für die Glieder der Summe $\mathsf{B}(\psi_{105})$.

29. Seitenstück zum Gaußschen Lemma

Um aus der Formel (**28**, 3) über Satz 30 hinaus noch eine weitere wichtige Folgerung zu ziehen, beweisen wir zuvor einen Hilfssatz, der dem Gedankenkreis um das Gaußsche Lemma aus der Theorie der quadratischen Reste angehört. Um ein abgerundetes zahlentheoretisches Ergebnis darzubieten, fassen wir diesen Hilfssatz etwas weiter, als er nachher tatsächlich gebraucht wird.

Es handelt sich um die Anzahl der Lösungen der in **28** hervorgetretenen Ungleichung $\frac{x_1}{f_1} < \frac{x_2}{f_2}$ mit x_1, x_2 aus den kleinsten positiven primen Halbsystemen mod. f_1, f_2, und zwar unter der speziellen Voraussetzung, daß eine der beiden Zahlen f_1, f_2 Primzahl ist.

Hilfssatz.[1]) *Für eine natürliche Zahl $m \neq 1, 2$ und eine nicht in m aufgehende Primzahl $p \neq 2$ sei N die Anzahl der Lösungen von $\frac{x}{m} < \frac{y}{p}$ mit x, y aus den kleinsten positiven primen Halbsystemen* mod. m, p.

Ist m zusammengesetzt, so ist N gerade.

Ist $m = q^\varrho$ Primzahlpotenz, so ist $(-1)^N = \left(\frac{q}{p}\right)$.

Für unsere Anwendung werden wir nur den Fall brauchen, daß m zusammengesetzt ist, überdies mit der Einschränkung, daß m (als Führer eines Charakters) nicht von der Form $2m_0$ mit ungeradem m_0 ist. Unter diesen Voraussetzungen kommen in dem nachstehenden Beweis von den fünf zu unterscheidenden Einzelfällen die drei etwas komplizierteren zum Fortfall.

Beweis. Es mögen x, y durchweg die kleinsten positiven primen Halbsysteme mod. m, p durchlaufen, also

$$0 < x < \frac{m}{2} \quad \text{mit} \quad (x, m) = 1, \qquad y = 1, 2, \ldots, \frac{p-1}{2}.$$

Die zu betrachtenden N Lösungen x, y sind durch

$$px - my < 0$$

gekennzeichnet. Für jede solche Lösung gilt

$$0 < my - px < \frac{p}{2} m.$$

Zerlegt man das Intervall $0 \ldots \frac{p}{2} m$ in die $\frac{p+1}{2}$ Teilintervalle

$$\underset{0}{0 \ldots \tfrac{1}{2} m} \ldots \underset{1}{\tfrac{3}{2} m} \quad \ldots\ldots\ldots \quad \underset{\frac{p-1}{2}}{\tfrac{p-2}{2} m \ldots \tfrac{p}{2} m}$$

deren 0-tes die Länge $\frac{m}{2}$ hat, während das 1-te, ..., $\frac{p-1}{2}$-te die Länge m haben, so ergibt sich für die Anzahl N die Zerlegung

$$N = N_0 + N_1 + \cdots + N_{\frac{p-1}{2}},$$

wo N_k die Anzahl der Lösungen x, y mit $my - px$ im k-ten Teilintervall bezeichnet.

[1]) Zusatz bei der Korrektur (1951): Einer freundlichen Mitteilung von G. Beyer verdanke ich den Hinweis, daß dieser Hilfssatz durch leichte Umformung aus einem Satz von Winogradow [1] folgt.

Eine Gleichung der Form

$$px = \pm x' + mz,$$

mit ganzrationalem z, wo x' wieder dem System der x angehört, also jede Reduktion eines Vielfachen px auf seinen absolut-kleinsten Rest $\pm x'$ mod. m, bezeichnen wir kurz als eine Reduktion und nennen $\pm x'$ ihren Rest und z ihren Multiplikator. Letzterer gehört, wie man sofort sieht, dem System $z = 0, 1, \ldots, \frac{p-1}{2}$ an. Es sei R_z die Anzahl der Reduktionen mit festem Multiplikator z, ferner U die Anzahl der Reduktionen mit ungeradem Multiplikator.

Zunächst ist N_0 die Anzahl der Lösungen x, y mit

$$-\frac{m}{2} < px - my < 0.$$

Diese Lösungen entsprechen eineindeutig den Reduktionen mit negativem Rest $-x'$, weil bei diesen letzteren der Multiplikator $z \neq 0$ ist. Für $k = 1, 2, \ldots, \frac{p-1}{2}$ ist ferner N_k die Anzahl der Lösungen x, y mit

$$-\frac{m}{2} - km < px - my < \frac{m}{2} - km.$$

Schreibt man dies in der Form

$$-\frac{m}{2} < px - m(y-k) < \frac{m}{2},$$

so erkennt man, daß diese Lösungen eineindeutig denjenigen Reduktionen entsprechen, deren Multiplikator dem System $z = 0, 1, \ldots, \frac{p-1}{2} - k$ angehört. Diese letzteren Reduktionen erhält man aus der Menge aller $\frac{\varphi(m)}{2}$ Reduktionen, indem man die Reduktionen mit $z = \frac{p-1}{2} - (k-1), \ldots, \frac{p-1}{2}$ wegläßt. Demnach ist

$$N_k = \frac{\varphi(m)}{2} - \left(R_{\frac{p-1}{2}-(k-1)} + \cdots + R_{\frac{p-1}{2}}\right) \quad \left(k = 1, \ldots, \frac{p-1}{2}\right)$$

Daraus folgt

$$N_1 + \cdots + N_{\frac{p-1}{2}} = \frac{p-1}{2}\frac{\varphi(m)}{2} - \left(R_1 + 2R_2 + \cdots + \frac{p-1}{2} R_{\frac{p-1}{2}}\right)$$

$$\equiv \frac{p-1}{2}\frac{\varphi(m)}{2} - \sum_u R_u \mod 2,$$

wo u die ungeraden Zahlen der Reihe $1, \ldots, \frac{p-1}{2}$ durchläuft, also

$$N_1 + \cdots + N_{\frac{p-1}{2}} \equiv \frac{p-1}{2}\frac{\varphi(m)}{2} + U \mod 2.$$

Damit ergibt sich für die in Rede stehende Anzahl N die Kongruenz

$$N \equiv \frac{p-1}{2}\frac{\varphi(m)}{2} + N_0 + U \mod 2, \tag{1}$$

wo N_0 die Anzahl der Reduktionen mit negativem Rest und U die Anzahl der Reduktionen mit ungeradem Multiplikator ist.

Für den Rest des Beweises haben wir einige Fälle zu unterscheiden, je nachdem m ungerade oder gerade, zusammengesetzt oder Primzahlpotenz ist.

Sei erstens m ungerade. Die Multiplikation aller Reduktionen liefert in bekannter Weise die Kongruenz

$$p^{\frac{1}{2}\varphi(m)} \equiv (-1)^{N_0} \mod. m, \tag{2_1}$$

während die Addition aller Reduktionen bei ungeradem m wegen $\sum_x z \equiv U \mod. 2$ die Kongruenz

$$U \equiv 0 \mod. 2$$

ergibt. Ist nun m zusammengesetzt, so hat man nach dem kleinen Fermatschen Satz

$$p^{\frac{1}{2}\varphi(m)} \equiv 1 \mod. m, \quad \text{nach } (2_1) \text{ also} \quad N_0 \equiv 0 \mod. 2,$$

außerdem

$$\frac{\varphi(m)}{2} \equiv 0 \mod. 2.$$

Damit ergibt sich nach (1)

$$N \equiv 0 \mod. 2. \tag{3_1 a}$$

Ist aber $m = q^\varrho$ Primzahlpotenz, so hat man nach dem Eulerschen Kriterium

$$p^{\frac{1}{2}\varphi(m)} \equiv \left(\frac{p}{q}\right) \mod. m, \quad \text{nach } (2_1) \text{ also } (-1)^{N_0} = \left(\frac{p}{q}\right) \text{ (Gaußsches Lemma)},$$

außerdem

$$\frac{\varphi(m)}{2} \equiv \frac{q-1}{2} \mod. 2.$$

Damit ergibt sich nach (1) und dem quadratischen Reziprozitätsgesetz

$$(-1)^N = (-1)^{\frac{p-1}{2}\frac{q-1}{2}} \left(\frac{p}{q}\right) = \left(\frac{q}{p}\right). \tag{3_1 b}$$

Sei zweitens m gerade. Dann sind die x ungerade, und die Reduktionsgleichung zieht die Kongruenz

$$px \equiv \pm x'(1+m)^z \mod. 2m$$

nach sich. Die Multiplikation aller Reduktionen liefert demnach hier die schärfere Kongruenz

$$p^{\frac{1}{2}\varphi(m)} \equiv (-1)^{N_0}(1+m)^U \mod. 2m. \tag{2_2}$$

Ist nun m zusammengesetzt, aber zunächst nicht von der Form $m = 2q^\varrho$ (mit einer Primzahl $q \neq 2$), so hat man nach dem kleinen Fermatschen Satz mit leichten Ergänzungen hinsichtlich des 2-Beitrages zu m

$$p^{\frac{1}{2}\varphi(m)} \equiv 1 \mod. 2m, \text{ nach } (2_2) \text{ also } N_0, U \equiv 0 \mod. 2,$$

außerdem

$$\frac{\varphi(m)}{2} \equiv 0 \bmod. 2.$$

Damit ergibt sich nach (1)

$$N \equiv 0 \bmod. 2. \tag{3_2a}$$

Ist ferner $m = 2q^{\varrho}$, so hat man wegen $p \equiv (-1)^{\frac{p-1}{2}} \bmod. 4$

$$p^{\frac{1}{2}\varphi(m)} \equiv (-1)^{\frac{p-1}{2}\frac{q-1}{2}} \bmod. 4, \quad \text{nach } (2_2) \text{ also } N_0 + U \equiv \frac{p-1}{2}\frac{q-1}{2} \bmod. 2,$$

außerdem

$$\frac{\varphi(m)}{2} \equiv \frac{q-1}{2} \bmod. 2.$$

Damit ergibt sich nach (1) wieder

$$N \equiv 0 \bmod. 2. \tag{3_2a$'$}$$

Ist schließlich m Primzahlpotenz, also hier $m = 2^{\varrho}$ ($\varrho \geqq 2$), und setzt man $\left(\frac{2}{p}\right) = (-1)^{\delta}$, so hat man auf Grund der Basisdarstellung von p mod. $2^{\varrho+1}$

$$p^{\frac{1}{2}\varphi(m)} \equiv (-1)^{\frac{p-1}{2}\frac{\varphi(m)}{2}} (1+m)^{\delta} \bmod. 2m,$$

$$\text{nach } (2_2) \text{ also} \qquad N_0 \equiv \frac{p-1}{2}\frac{\varphi(m)}{2}, \; U \equiv \delta \bmod. 2.$$

Damit ergibt sich nach (1)

$$(-1)^N = \left(\frac{2}{p}\right). \tag{3_2b}$$

Durch die Feststellungen (3_1a), (3_1b), (3_2a), (3_2a$'$), (3_2b) ist der Hilfssatz in jedem der fünf unterschiedenen Fälle bewiesen.

30. Die Charaktere von 2-Potenzordnung mit zusammengesetztem Führer

Wir ziehen jetzt mittels des in **29** bewiesenen Hilfssatzes aus der Formel (**28**, 3) die bereits angekündigte, über Satz 30 hinausgehende Folgerung. Sie betrifft die Teilbarkeit von $N_{\psi}(\Theta(\psi))$ durch 2 für Charaktere ψ von 2-Potenzordnung n_{ψ} mit zusammengesetztem Führer $f(\psi)$. Gerade durch diese Folgerung wird es uns in **33** gelingen, die von Kummer [7] noch offengelassene Möglichkeit, eine Potenz 2^{r-2} im Nenner von h^*, auszuschließen[1]).

Ist $n_{\psi} = 2^{\mu}$, so sind alle Charakterwerte $\psi(x) \equiv 1 \bmod. \mathfrak{z}$, wo $\mathfrak{z}$ der einzige Primteiler, ersten Grades, von 2 im Körper $P_{\psi} = P_{2^{\mu}}$ ist. Ist zudem $f(\psi)$ zusammengesetzt, so folgt daher aus (**28**, 3) die Kongruenz

$$\Theta(\psi) \equiv N(f_1, f_2) \bmod. \mathfrak{z},$$

[1]) Siehe oben **6**, Fußnote 2, S. 13.

wo $f = f_1 f_2$ irgendeine echte Zerlegung von $f = f(\psi)$ ist und $N(f_1, f_2)$ die Anzahl der Lösungen von $\frac{x_1}{f_1} < \frac{x_2}{f_2}$ mit x_1, x_2 aus den kleinsten positiven primen Halbsystemen mod. f_1, f_2 bezeichnet. Durch Normbildung ergibt sich daraus weiter

$$N_\psi(\Theta(\psi)) \equiv N(f_1, f_2) \bmod 2. \qquad (1)$$

Hierbei ist es gleichgültig, ob die in (**28**, 3) zugrunde gelegte Reihenfolge von $f_1 = f(\psi_1)$, $f_2 = f(\psi_2)$ mit $\psi_1(-1) = 1$, $\psi_2(-1) = -1$ oder die umgekehrte gewählt wird, weil ja die über die vollständigen primen Halbsysteme erstreckte Doppelsumme den Wert 0 hat, also die Doppelsumme mit der einschränkenden Ungleichung $\frac{x_1}{f_1} < \frac{x_2}{f_2}$ bei der Umkehrung der Reihenfolge nur ihr Vorzeichen ändert, was mod. 2 belanglos ist. Nimmt man hinzu, daß der zusammengesetzte Führer $f(\psi)$ mindestens eine Primzahl $p \neq 2$ enthält und daß diese, weil n_ψ eine Potenz von 2 ist, nur zur ersten Potenz in $f(\psi)$ steckt, so kann man demnach die in (**28**, 3) zugrunde liegende Zerlegung $f = f_1 f_2$ hier in der Form $f = mp$ mit einer Primzahl $p \neq 2$ ansetzen. Nach dem Hilfssatz aus **29** ergibt sich dann aus (1) die Folgerung:

Satz 31. *Es sei ψ ein Charakter von K/K_0, dessen Ordnung n_ψ eine Potenz von 2 und dessen Führer $f(\psi)$ zusammengesetzt ist.*

Stecken in $f(\psi)$ mindestens drei verschiedene Primzahlen, so ist

$$N_\psi(\Theta(\psi)) \equiv 0 \bmod 2.$$

Stecken aber in $f(\psi)$ nur zwei verschiedene Primzahlen p, q, von denen etwa $p \neq 2$ ist, so ist

$$N_\psi(\Theta(\psi)) \equiv 0 \textit{ oder } 1 \bmod 2, \textit{ je nachdem } \left(\frac{q}{p}\right) = 1 \textit{ oder } -1 \textit{ ist.}$$

Für unsere Anwendung werden wir nur den ersteren Fall brauchen, daß in $f(\psi)$ mindestens drei verschiedene Primzahlen stecken, und überdies mit der Einschränkung, daß eine echte Zerlegung $\psi = \psi_1\psi_2\psi_3$ mit paarweise teilerfremden $f(\psi_1) = f_1$, $f(\psi_2) = f_2$, $f(\psi_3) = f_3$ existiert, bei der alle drei Werte $\psi_1(-1)$, $\psi_2(-1)$, $\psi_3(-1) = -1$ sind. Man könnte versuchen, die Behauptung $N_\psi(\Theta(\psi)) \equiv 0 \bmod 2$ für diesen Fall noch auf eine andere – vielleicht einfachere – Art zu beweisen, indem man nämlich die zur Herleitung der Formel (**28**, 3) benutzte Methode von vornherein auf eine dreigliedrige Zerlegung $\psi = \psi_1\psi_2\psi_3$ anwendet. Letzteres ist leicht durchführbar. Man erhält dabei unter der eben genannten Einschränkung für die Zerlegung die Formel

$$\Theta(\psi) = -\psi_1(f_2 f_3)\,\psi_2(f_1 f_3)\,\psi_3(f_1 f_2) \sum_{(x_1, x_2, x_3 \text{ in } \mathfrak{X})} \psi_1(x_1)\,\psi_2(x_2)\,\psi_3(x_3), \qquad (2)$$

wo der Summationsbereich $\mathfrak{X}$ durch die folgenden vier Ungleichungen für $\xi_1 = \frac{x_1}{f_1}$, $\xi_2 = \frac{x_2}{f_2}$, $\xi_3 = \frac{x_3}{f_3}$ gegeben ist:

$$\xi_1 + \xi_2 + \xi_3 < 1$$

$$-\xi_1 + \xi_2 + \xi_3 > 0$$

$$\xi_1 - \xi_2 + \xi_3 > 0$$

$$\xi_1 + \xi_2 - \xi_3 > 0,$$

oder kurz

$$2 \operatorname{Max} \xi_i < \sum \xi_i < 1 \quad (i = 1, 2, 3). \qquad (3)$$

Diese Ungleichungen definieren im Raum der rechtwinkligen Koordinaten x_1, x_2, x_3 das Innere eines Tetraeders $\mathfrak{T}$, dessen Ecken der Nullpunkt und die drei ihm nicht benachbarten und nicht gegenüberliegenden Eckpunkte des achsenparallelen Rechtflachs im ersten Oktanten mit den Seitenlängen $\frac{f_1}{2}, \frac{f_2}{2}, \frac{f_3}{2}$ sind. Da $\mathfrak{T}$ in diesem Rechtflach enthalten ist, braucht die Beschränkung der x_1, x_2, x_3 auf die kleinsten positiven Halbsysteme mod. f_1, f_2, f_3 hier nicht besonders angegeben zu werden. Zu summieren ist über alle Gitterpunkte im Inneren von $\mathfrak{T}$, wobei nur die mit je zu f_1, f_2, f_3 primen Koordinaten x_1, x_2, x_3 von Null verschiedene Beiträge zur Summe liefern.

Für den Fall, daß $n_\psi = 2^\mu$ ist, folgt aus (2) analog zu (1) die Kongruenz

$$N_\psi(\Theta(\psi)) \equiv N(f_1, f_2, f_3) \bmod. 2, \tag{4}$$

wo $N(f_1, f_2, f_3)$ die Anzahl der Gitterpunkte in $\mathfrak{T}$ mit je zu f_1, f_2, f_3 primen Koordinaten bezeichnet. Zum Beweis der für unsere spätere Anwendung gebrauchten Teilbehauptung von Satz 31 wäre dann zu zeigen, daß diese Anzahl gerade ist. Es ist mir nicht gelungen, hierfür einen direkten Beweis, ähnlich dem des Hilfssatzes in **29** zu geben. Daß $N(f_1, f_2, f_3)$ in der Tat gerade ist, geht aus der Kongruenz (4) durch Vergleich mit dem Ergebnis von Satz 31 hervor[1]).

Die Formel (2) läßt sich für die numerische Berechnung der Beiträge $N_\psi(\Theta(\psi))$ zur Relativklassenzahl bei mehrfach zusammengesetztem Führer $f(\psi)$ mit Vorteil ausnutzen, um die schon durch (**28**, 3) erreichte Reduktion auf kleinere Zahlenwerte noch weiter zu treiben. So ist in dem am Schluß von **28** behandelten Beispiel $\psi_{105} = \psi_3\psi_7\psi_5$ die einschränkende Bedingung $\psi_3(-1), \psi_7(-1), \psi_5(-1) = -1$ erfüllt. Für die zu betrachtenden Gitterpunkte x_1, x_2, x_3 (Schema 1) ergibt die (zweistellige) Dezimalbruchentwicklung der ξ_1, ξ_2, ξ_3 (Schema 2), daß genau die vier mit * angedeuteten Gitterpunkte die Ungleichungen (3) erfüllen, d. h. in $\mathfrak{T}$ liegen.

3	7	5
1	1	1
1	1	2
1	2	1
1	2	2
1	3	1
1	3	2

Schema 1.

3	7	5	Σ	$\mathfrak{T}$
0.33...	0.14...	0.20	0.67...	*
0.33...	0.14...	0.40	0.87...	*
0.33...	0.28...	0.20	0.81...	*
0.33...	0.28...	0.40	1.01...	
0.33...	0.42...	0.20	0.95...	*
0.33...	0.42...	0.40	1.15...	

Schema 2. (Max. unterstrichen.)

Damit ergibt sich

$$\Theta(\psi_{105}) = -\psi_3(35)\,\psi_7(15)\,\psi_5(21)\,(1 + \psi_5(2) + \psi_7(2) + \psi_7(3)) = 1 + i,$$

also

$$N(\Theta(\psi_{105})) = 2,$$

wie schon in **28** gefunden.

[1]) Dabei ist die obengenannte Einschränkung über die Werte $\psi_1(-1), \psi_2(-1), \psi_3(-1)$ zu machen. Numerische Beispiele scheinen jedoch zu bestätigen, daß $N(f_1, f_2, f_3)$ auch ohne diese Einschränkung, also für alle paarweise teilerfremden $f_1, f_2, f_3 \neq 1, 2$, gerade ist. Siehe dazu eine von mir [4] gestellte Aufgabe.

31. Die Charaktere mit ungeradem Primzahlpotenzführer

Wir betrachten weiter diejenigen Beiträge $N_\psi(\Theta(\psi))$ zur Relativklassenzahlformel (**27**, 1, 2), die von Charakteren ψ mit ungeradem Primzahlpotenzführer $f(\psi) = p^\varrho\ (p \neq 2)$ herrühren. Um für sie den genauen Nenner zu bestimmen, berechnen wir nach (**27**, 4′) die Kongruenzwerte $\mathsf{A}(\psi)$ mod. 2, $\mathsf{B}(\psi)$ mod. p^ϱ, und erhalten damit nach (**27**, 3) und der Bemerkung am Schluß von **27** eine Aussage über den Kongruenzwert von $\Theta(\psi)$ mod.$^+$ 1.

Es sei g eine primitive Wurzel mod. p mit der Normierung $g^{p-1} \equiv 1$ mod. p^ϱ. Dann hat die prime Restklassengruppe mod. p^ϱ die Basisdarstellung

$$x \equiv g^\alpha (1+p)^\beta \qquad (\alpha \text{ mod. } p-1, \quad \beta \text{ mod. } p^{\varrho-1}). \tag{1}$$

Dementsprechend ist ein Charakter ψ vom Führer $f(\psi) = p^\varrho$ durch

$$\psi(x) = \zeta^{-\alpha}\, \mathsf{Z}^{-\beta} \tag{2}$$

gegeben, wo ζ eine primitive m-te Einheitswurzel mit $m \mid p-1$ und Z eine primitive $p^{\varrho-1}$-te Einheitswurzel ist[1]). Die Ordnung von ψ ist dabei $n_\psi = m p^{\varrho-1}$. Wegen $\psi(-1) = -1$ ist m ein solcher Teiler von $p-1$, daß $\frac{p-1}{m}$ ungerade ist, daß also die höchste in $p-1$ steckende Potenz von 2 auch in m steckt; denn es ist ja $-1 \equiv g^{\frac{p-1}{2}}$ mod. p^ϱ, also $\psi(-1) = \zeta^{-\frac{p-1}{2}} = (-1)^{\frac{p-1}{m}}$. Der Körper P_ψ ist aus den beiden zueinander fremden Kreiskörpern P_m, $\mathsf{P}_{p^{\varrho-1}}$ der Grade $\varphi(m)$, $\varphi(p^{\varrho-1})$ zusammengesetzt.

Ein primes Halbsystem mod. p^ϱ erhält man, wenn man in der Basisdarstellung (1) den Exponentenbereich auf α mod. $\frac{p-1}{2}$ einschränkt, während β mod. $p^{\varrho-1}$ bleibt. Damit berechnen sich die Kongruenzwerte der Summe $\mathsf{A}(\psi)$ mod. 2 und $\mathsf{B}(\psi)$ mod. p^ϱ gemäß (**27**, 4′) wie folgt.

Berechnung von $\mathsf{A}(\psi)$ mod. 2

Nach (2) wird

$$\mathsf{A}(\psi) \equiv \sum_{\pm x \text{ mod. } p^\varrho} \psi(x) \equiv \sum_{\alpha \text{ mod. } \frac{p-1}{2}} \zeta^{-\alpha} \sum_{\beta \text{ mod. } p^{\varrho-1}} \mathsf{Z}^{-\beta} \text{ mod. } 2. \tag{3}$$

Hierin ist

$$\sum_{\alpha \text{ mod. } \frac{p-1}{2}}^{+} \zeta^{-\alpha} = \frac{\zeta^{-\frac{p-1}{2}} - 1}{\zeta^{-1} - 1} = -\zeta \frac{2}{1-\zeta}. \tag{4}$$

Ist nun $m \neq 2^\mu$, so daß m außer dem Beitrag 2^μ noch einen ungeraden Bestandteil $\neq 1$ enthält, so ist $1-\zeta$ Einheit, und aus (4) folgt

$$\sum_{\alpha \text{ mod. } \frac{p-1}{2}} \zeta^{-\alpha} \equiv 0 \text{ mod. } 2 \qquad \text{für } m \neq 2^\mu. \tag{4a}$$

---

[1]) **Die Minuszeichen in den Exponenten erweisen sich für die nachfolgende Rechnung bequem. Siehe dazu die Bemerkung in 5, Fußnote 1, S. 10.**

Ist aber $m = 2^\mu$, so stellt $1 - \zeta$ den einzigen Primteiler, ersten Grades, $\mathfrak{z}$ von 2 im Körper $\mathsf{P}_m = \mathsf{P}_{2^\mu}$ dar, und aus (4) folgt

$$\sum_{\alpha \bmod. \frac{p-1}{2}} \zeta^{-\alpha} \equiv 0 \bmod. \frac{2}{\mathfrak{z}}, \quad \text{aber nicht mod. } 2, \quad \text{für } m = 2^\mu. \tag{4b}$$

Ferner ist

$$\sum_{\beta \bmod. p^\varrho - 1} \mathsf{Z}^{-\beta} = \begin{Bmatrix} 1 & \text{für } \varrho = 1 \\ 0 & \text{für } \varrho \geqq 2 \end{Bmatrix}. \tag{5}$$

Trägt man (4a), (4b), (5) in (3) ein, so ergibt sich

$$\mathsf{A}(\psi) \equiv 0 \begin{Bmatrix} \text{mod. } 2 & & \text{für } n_\varphi \neq 2^\mu \\ \text{mod. } \frac{2}{\mathfrak{z}}, & \text{aber nicht mod. } 2, & \text{für } n_\varphi = 2^\mu \end{Bmatrix}. \tag{6}$$

Man beachte dabei, daß für $n_\varphi = 2^\mu$ notwendig $\varrho = 1$ ist. Aus (6) folgt durch Division mit 2

$$\frac{1}{2}\mathsf{A}(\psi) \equiv 0 \begin{Bmatrix} \text{mod.}^+ 1 & & \text{für } n_\varphi \neq 2^\mu \\ \text{mod.}^+ \frac{1}{\mathfrak{z}}, & \text{aber nicht mod.}^+ 1, & \text{für } n_\varphi = 2^\mu \end{Bmatrix}. \tag{7}$$

Berechnung von $\mathsf{B}(\psi)$ mod. p^ϱ.

Nach (2) wird

$$\mathsf{B}(\psi) \equiv \sum_{\pm x \bmod. p^\varrho} (-\psi(x)\, x) \equiv - \sum_{\alpha \bmod. \frac{p-1}{2}} \zeta^{-\alpha} g^\alpha \sum_{\beta \bmod. p^\varrho - 1} \mathsf{Z}^{-\beta} (1+p)^\beta \bmod. p^\varrho. \tag{8}$$

Hierin ist

$$- \sum_{\alpha \bmod. \frac{p-1}{2}}^{+} \zeta^{-\alpha} g^\alpha = - \frac{(\zeta^{-1} g)^{\frac{p-1}{2}} - 1}{\zeta^{-1} g - 1} = \zeta \frac{g^{\frac{p-1}{2}} + 1}{g - \zeta} = \zeta \prod_u (g - \zeta^u), \tag{9}$$

wo u die ungeraden Reste $\not\equiv 1$ mod. $p - 1$ durchläuft. Ist nun $m \neq p - 1$, so ist $g - \zeta$ prim zu p, während $g^{\frac{p-1}{2}} + 1 \equiv 0$ mod. p^ϱ ist. Damit folgt aus (9)

$$- \sum_{\alpha \bmod. \frac{p-1}{2}} \zeta^{-\alpha} g^\alpha \equiv 0 \bmod. p^\varrho \qquad \text{für } m \neq p - 1. \tag{9a}$$

Ist aber $m = p - 1$, so ist $g - \zeta$ durch die ϱ-te Potenz eines der $\varphi(p-1)$ Primteiler, ersten Grades, $\mathfrak{p}$ von p im Körper $\mathsf{P}_m = \mathsf{P}_{p-1}$ teilbar, aber prim zu den $\varphi(p-1) - 1$ konjugierten Primteilern $\mathfrak{p}', \mathfrak{p}'', \ldots \neq \mathfrak{p}$. In entsprechender Beziehung wie $g - \zeta$ zu $\mathfrak{p}$ stehen die $\varphi(p-1) - 1$ Linearfaktoren $g - \zeta^u$ mit zu $p - 1$ primen $u \not\equiv 1$ mod. $p - 1$ je zu den konjugierten Primteilern $\mathfrak{p}', \mathfrak{p}'', \ldots \neq \mathfrak{p}$, während die restlichen Linearfaktoren $g - \zeta^u$ (mit zu $p-1$ nichtprimen ungeraden u) prim zu p sind. Damit folgt aus (9)

$$-\sum_{\alpha \bmod. \frac{p-1}{2}} \zeta^{-\alpha} g^{\alpha} \equiv 0 \bmod. \mathfrak{p}'^{\varrho} \mathfrak{p}''^{\varrho} \ldots, \text{ aber prim zu } \mathfrak{p}, \qquad \text{für } m = p-1. \quad (9\,\mathrm{b})$$

Im Spezialfall $p = 3$ ist wegen $\psi(-1) = -1$ notwendig $m = p - 1 = 2$. Dann ist $\mathsf{P}_{p-1} = \mathsf{P}$, also $\mathfrak{p} = p$ der einzige Primteiler von p, und (9b) besagt

$$-\sum_{\alpha \bmod. \frac{p-1}{2}} \zeta^{-\alpha} g^{\alpha} \quad \text{prim zu } p \qquad \text{für } p = 3. \qquad (9\,\mathrm{b}')$$

Das ist auch ohne Rechnung klar, weil die Summe sich auf ein einziges Glied 1 reduziert.

Für $p \neq 3$ dagegen hat p mehrere Primteiler $\mathfrak{p}, \mathfrak{p}', \ldots$ in P_{p-1}, und die in (9b) erhaltene zusätzliche Aussage, daß die betrachtete Summe prim zu $\mathfrak{p}$ ist, wird uns nichts nützen, weil aus ihr nicht gefolgert werden kann, daß die Norm der Summe links nur durch die Norm von $\mathfrak{p}'^{\varrho} \mathfrak{p}''^{\varrho} \ldots$, also nur durch die Potenz $p^{\varrho(\varphi(p-1)-1)}$ teilbar ist.

Ferner ist für $\varrho \geqq 2$

$$\sum_{\beta \bmod. p^{\varrho-1}}^{+} \mathsf{Z}^{-\beta} (1+p)^{\beta} = \frac{(\mathsf{Z}^{-1}(1+p))^{p^{\varrho-1}} - 1}{\mathsf{Z}^{-1}(1+p) - 1} = \mathsf{Z}\,\frac{(1+p)^{p^{\varrho-1}} - 1}{1 + p - \mathsf{Z}}. \qquad (10)$$

Der Zähler des letzteren Ausdrucks ist genau durch p^{ϱ} teilbar, der Nenner genau durch den durch $1 - \mathsf{Z}$ dargestellten einzigen Primteiler, ersten Grades, $\mathfrak{P}$ von p im Körper $\mathsf{P}_{p^{\varrho-1}}$. Damit folgt aus (10)

$$\sum_{\beta \bmod. p^{\varrho-1}}' \mathsf{Z}^{-\beta} (1+p)^{\beta} \equiv 0 \bmod. \frac{p^{\varrho}}{\mathfrak{P}}, \text{ aber nicht mod. } p^{\varrho}, \qquad (11)$$

zunächst für $\varrho \geqq 2$, aber trivialerweise auch für $\varrho = 1$, wo die Summe sich auf ein einziges Glied 1 reduziert und $\mathfrak{P} = p$ ist.

Trägt man (9a), (9b), (9b′), (11) in (8) ein, so ergibt sich

$$\mathsf{B}(\psi) \equiv 0 \left\{ \begin{array}{lr} \text{mod. } p^{\varrho} & \text{für } n_{\psi} \neq \varphi(p^{\varrho}) \\ \text{mod. } \frac{p^{\varrho}}{\mathfrak{P}^*}, \text{ aber für } p=3 \text{ nicht mod. } p^{\varrho}, & \text{für } n_{\psi} = \varphi(p^{\varrho}) \end{array} \right\}, \qquad (12)$$

wo $\mathfrak{P}^*$ der einzige Primteiler, ersten Grades, von $\mathfrak{p}$ im Körper $\mathsf{P}_{p-1} \mathsf{P}_{p^{\varrho-1}}$ ist[1]). Aus (12) folgt durch Division mit p^{ϱ}

$$\frac{1}{p^{\varrho}} \mathsf{B}(\psi) \equiv 0 \left\{ \begin{array}{lr} \text{mod.}^{+}\, 1 & \text{für } n_{\psi} \neq \varphi(p^{\varrho}) \\ \text{mod.}^{+} \frac{1}{\mathfrak{P}^*}, \text{ aber für } p = 3 \text{ nicht mod.}^{+}\, 1, & \text{für } n_{\psi} = \varphi(p^{\varrho}) \end{array} \right\}. \qquad (13)$$

---

[1]) Man beachte, daß man nicht etwa einfach durch Produktbildung auf $\mathsf{B}(\psi) \equiv 0 \bmod. p^{\varrho} \frac{p^{\varrho}}{\mathfrak{P}}$ bzw. mod. $\mathfrak{p}'^{\varrho} \mathfrak{p}''^{\varrho} \ldots \frac{p^{\varrho}}{\mathfrak{P}}$ schließen darf. Da nämlich das Produkt der ausgerechneten Summen (9a), (9b) und (11) nur der Kongruenzwert von $\mathsf{B}(\psi) \bmod. p^{\varrho}$ ist, hat man vielmehr den größten gemeinsamen Teiler der durch Produktbildung entstehenden Divisormoduln mit p^{ϱ} zu nehmen; dieser hat, den beiden Fällen (9a), (9b) entsprechend, die im Text eingesetzten Werte p^{ϱ} bzw. $\frac{p^{\varrho}}{\mathfrak{P}^*}$.

Die Ergebnisse (7) und (13) liefern nach (**27**, 3) durch Addition eine Aussage über den Kongruenzwert von $\Theta(\psi)$ mod.$^{+}1$ und damit eine Aussage über den Nenner von $\Theta(\psi)$. Da jeweils höchstens e i n Primteiler $\mathfrak{z}$ von 2 und e i n Primteiler $\mathfrak{P}^*$ von p in diesem Nenner steckt, erhält man durch Normbildung die folgenden Tatsachen über den Nenner von $N_\varphi(\Theta(\psi))$:

Satz 32. *Ist* ψ *ein Charakter von* K/K_0 *mit ungeradem Primzahlpotenzführer* $f(\psi) = p^\varrho\,(p \neq 2)$, *so ist* $N_\varphi(\Theta(\psi))$ *eine rationale Zahl, deren Nenner höchstens* $2p$ *ist.*

Der Nennerprimfaktor 2 *tritt genau dann auf, wenn* ψ *von 2-Potenzordnung* $n_\varphi = 2^\mu$ *ist; es ist dann* $\varrho = 1$ *und* 2^μ *die höchste in* $p-1$ *steckende 2-Potenz.*

Der Nennerprimfaktor p *tritt höchstens dann auf, wenn* ψ *von der Ordnung* $n_\varphi = \varphi(p^\varrho)$ *ist; für* $p = 3$ *tritt er dann auch wirklich auf.*

32. Die Charaktere mit 2-Potenzführer

Wir betrachten schließlich diejenigen Beiträge $N_\varphi(\Theta(\psi))$ zur Relativklassenzahlformel (**27**, 1, 2), die von Charakteren ψ mit 2-Potenzführer $f(\psi) = 2^\varrho$ herrühren. Es sind das die in (**23**, 5, 6) eingeführten Charaktere, soweit $\psi(-1) = -1$ ist, also die $\psi = \mathsf{v}\varphi_\varrho\,(\varrho \geqq 2)$.

Für $\underline{\varrho = 2}$, also $\psi = \mathsf{v}$, ist $\mathsf{P}_\varphi = \mathsf{P}$, und man hat nach (**27**, 3, 4) unmittelbar

$$\Theta(\psi) = \frac{1}{2} - \frac{1}{2^2} = \frac{1}{2^2} \qquad \text{für } \psi = \mathsf{v}\,, \tag{1}$$

also auch

$$N_\varphi(\Theta(\psi)) = \frac{1}{2^2} \qquad \text{für } \psi = \mathsf{v}\,. \tag{2}$$

Für $\underline{\varrho \geqq 3}$ ist, entsprechend der Basisdarstellung

$$x \equiv (-1)^\alpha\,(1+2^2)^\beta \bmod. 2^\varrho \qquad (\alpha \bmod. 2, \quad \beta \bmod. 2^{\varrho-2}) \tag{3}$$

der primen Restklassengruppe mod. 2^ϱ, der Charakter $\psi = \mathsf{v}\varphi_\varrho$ durch

$$\psi(x) = (-1)^\alpha\,\mathsf{Z}^\beta \tag{4}$$

gegeben, wo Z eine primitive $2^{\varrho-2}$-te Einheitswurzel ist. Die Ordnung von ψ ist $n_\varphi = 2^{\varrho-2}$. Der Körper P_φ ist der Kreiskörper $\mathsf{P}_{2^{\varrho-2}}$, vom Grade $\varphi(2^{\varrho-2}) = 2^{\varrho-3}$

In (**27**, 5) war nun bereits

$$\Theta(\psi) = \frac{1}{2} \sum_{\pm x \bmod. 2^{\varrho-1}}^{+} \psi(x) \qquad \text{für } \psi = \mathsf{v}\varphi_\varrho\,(\varrho \geqq 3) \tag{5}$$

festgestellt. Die dem zugrunde liegende Reduktion des vollen primen Restsystems mod. 2^ϱ auf sein kleinstes positives Viertelsystem, nämlich das kleinste positive prime Halbsystem mod. $2^{\varrho-1}$, bedeutete algebraisch die Reduktion der primen Restklassengruppe mod. 2^ϱ auf die Faktorgruppe nach der Untergruppe der Lösungen von $u^2 \equiv 1 \bmod. 2^\varrho$, einer abelschen Gruppe vom Typus (2, 2). Die letztere Reduktion kann aber auch dadurch vollzogen werden, daß man, entsprechend der Basisdarstellung

$$u \equiv (-1)^\mu \left((1+2^2)^{2^{\varrho-3}}\right)^\nu \bmod. 2^\varrho \qquad (\mu, \nu \bmod. 2)$$

dieser Lösungen, in der Basisdarstellung (3) den Exponentenbereich auf α mod. 1, β mod. $2^{\varrho-3}$ beschränkt. Wegen $\psi(u) = \pm 1 \equiv 1$ mod. 2 gilt daher nach (4) die Kongruenz

$$\Theta(\psi) \equiv \frac{1}{2} \sum_{\beta \bmod. 2^{\varrho-3}} \mathsf{Z}^{\beta} \bmod.^{+} 1 \qquad \text{für } \psi = \mathsf{u}\varphi_{\varrho}\ (\varrho \geqq 3).$$

Hierin ist

$$\sum_{\beta \bmod. 2^{\varrho-3}}^{+} \mathsf{Z}^{\beta} = \frac{\mathsf{Z}^{2^{\varrho-3}} - 1}{\mathsf{Z} - 1} = \frac{2}{1 - \mathsf{Z}}.$$

Damit folgt

$$\Theta(\psi) \equiv 0 \bmod.^{+} \frac{1}{\mathfrak{Z}}, \text{ aber nicht mod.}^{+} 1, \quad \text{für } \psi = \mathsf{u}\varphi_{\varrho}\ (\varrho \geqq 3), \tag{6}$$

wo $\mathfrak{Z}$ der durch $1 - \mathsf{Z}$ dargestellte einzige Primteiler, ersten Grades, von 2 im Körper $\mathsf{P}_{2^{\varrho-2}}$ ist. Aus (6) ergibt sich durch Normbildung

$$N_{\varphi}(\Theta(\psi)) \equiv 0 \bmod.^{+} \frac{1}{2}, \text{ aber nicht mod.}^{+} 1, \quad \text{für } \psi = \mathsf{u}\varphi_{\varrho}\ (\varrho \geqq 3). \tag{7}$$

Durch (2) und (7) ist der wirkliche Nenner von $N_{\varphi}(\Theta(\psi))$ in den hier betrachteten Fällen genau bestimmt:

Satz 33. *Ist $\psi = \mathsf{u}\varphi_{\varrho}$ ein Charakter von K/K_0 vom Führer $f(\psi) = 2^{\varrho}$, so ist $N_{\varphi}(\Theta(\psi))$ eine rationale Zahl, deren Nenner für $\varrho = 2$ genau 2^2, für $\varrho \geqq 3$ genau 2 ist.*

Wir geben noch einen weiteren Beweis der Tatsache (6), und damit von (7) und Satz 33, der uns eine für später wichtige Formel an die Hand gibt. Dazu bezeichnen wir mit $s_{2^{\varrho}}(x) = (-1)^{\delta_{2^{\varrho}}(x)}$ das Vorzeichen des absolut-kleinsten Restes von x mod. 2^{ϱ}. Die Bezeichnung für den Exponenten $\delta_{2^{\varrho}}(x)$ dieses Restes war schon in **17** für die dortige Formel (5) allgemein eingeführt worden. Während es dort auf diesen Exponenten nur mod. 2 ankam, wollen wir ihn hier durch die Festsetzung $\delta_{2^{\varrho}}(x) = 0$ oder 1 normieren; dann gilt

$$\delta_{2^{\varrho}}(x) = \frac{1 - s_{2^{\varrho}}(x)}{2}. \tag{8}$$

Die Funktion $s_{2^{\varrho}}(x)$ der primen Restklassen x mod. 2^{ϱ} hat dieselben beiden Antisymmetrien $s_{2^{\varrho}}(x) \to -s_{2^{\varrho}}(x)$ bei $x \to -x$ und $x \to x + 2^{\varrho-1}$, wie sie in **27** für den Charakter $\psi(x)$ festgestellt wurden, so daß also das Produkt $\psi(x)s_{2^{\varrho}}(x)$ bei den genannten Substitutionen invariant ist. Demnach läßt sich die Formel (5) in der invarianten Gestalt

$$\Theta(\psi) = \frac{1}{2} \sum_{\pm x \bmod. 2^{\varrho-1}} \psi(x)\, s_{2^{\varrho}}(x) \qquad \text{für } \psi = \mathsf{u}\varphi_{\varrho}\ (\varrho \geqq 3) \tag{5'}$$

schreiben, in der die Summation nunmehr über ein beliebiges primes Halbsystem mod. $2^{\varrho-1}$ erstreckt werden darf.

Sei weiter eine feste Restklasse $z \bmod. 2^\varrho$ so gewählt, daß $\psi(z)$ eine primitive $2^{\varrho-2}$-te Einheitswurzel ist, etwa die Basisklasse $z \equiv 1 + 2^2 \bmod. 2^\varrho$. Durch Multiplikation mit $1 - \bar{\psi}(z) \cong \mathfrak{Z}$ ergibt sich dann aus (5′)

$$\begin{aligned}(1-\bar{\psi}(z))\,\Theta(\psi) &= \frac{1}{2}\sum_{\pm x \bmod. 2^{\varrho-1}} \psi(x)\, s_{2^\varrho}(x) - \frac{1}{2}\sum_{\pm x \bmod. 2^{\varrho-1}} \psi(z^{-1}x)\, s_{2^\varrho}(x) \\ &= \frac{1}{2}\sum_{\pm x \bmod. 2^{\varrho-1}} \psi(x)\, s_{2^\varrho}(x) - \frac{1}{2}\sum_{\pm x \bmod. 2^{\varrho-1}} \psi(x)\, s_{2^\varrho}(zx) \\ &= \sum_{\pm x \bmod. 2^{\varrho-1}} \psi(x)\, \frac{s_{2^\varrho}(x) - s_{2^\varrho}(zx)}{2},\end{aligned}$$

oder also nach (8)

$$(1-\bar{\psi}(z))\,\Theta(\psi) = -\sum_{\pm x \bmod. 2^{\varrho-1}} \psi(x)\,(\delta_{2^\varrho}(x) - \delta_{2^\varrho}(zx)) \quad \text{für } \psi = \cup\varphi_\varrho \; (\varrho \geqq 3). \tag{9}$$

Dabei ist definitionsgemäß $\delta_{2^\varrho}(x) = 0$ oder 1, je nachdem der absolut-kleinste Rest von $x \bmod. 2^\varrho$ positiv oder negativ ist.

Die rechte Seite der Formel (9) ist vom Typus der Linearfaktoren der Regulatrix in (**17**, 5). Wir werden sie in **38** anzuwenden haben, und zwar wird dabei gerade diese Beziehung zu (**17**, 5) eine Rolle spielen. Auch wird uns (9) in **34** bei der numerischen Berechnung der Relativklassenzahl für die imaginären abelschen Zahlkörper von 2-Potenzführer dienlich sein.

Durch die Formel (9) wird zunächst in Evidenz gesetzt, daß $\mathfrak{Z}\Theta(\psi)$ ganz ist. Man entnimmt ihr aber auch leicht, daß $\mathfrak{Z}\Theta(\psi)$ prim zu 2 ist. Wählt man nämlich das exponentielle prime Halbsystem $x \equiv z^\nu \bmod. 2^{\varrho-1}$ ($\nu \bmod. 2^{\varrho-3}$) mit $z \equiv 1 + 2^2 \bmod. 2^\varrho$ und beachtet $\psi(x) \equiv 1 \bmod. \mathfrak{Z}$, so folgt aus (9)

$$(1-\bar{\psi}(z))\,\Theta(\psi) \equiv -\sum_{\nu \bmod. 2^{\varrho-3}} (\delta_{2^\varrho}(z^\nu) - \delta_{2^\varrho}(z^{\nu+1})) \equiv -\delta_{2^\varrho}(1) + \delta_{2^\varrho}\left(z^{2^{\varrho-3}}\right) \bmod. \mathfrak{Z},$$

wegen $z^{2^{\varrho-3}} \equiv 1 + 2^{\varrho-1} \bmod. 2^\varrho$ also

$$(1-\bar{\psi}(z))\,\Theta(\psi) \equiv 1 \bmod. \mathfrak{Z}. \tag{10}$$

Damit ist in der Tat (6) als Folge aus (9) erkannt.

33. Direkter Ganzzahligkeitsbeweis

Wir kommen jetzt zur Anwendung der in **28**–**32**, Sätze 30–33 gewonnenen Ergebnisse über die Zahlen $N_\psi(\Theta(\psi))$ auf den direkten Nachweis der Ganzzahligkeit der Relativklassenzahl h^* von K/K_0.

Nach (**27**, 1) war

$$h^* = Q\,w \prod_\psi N_\psi(\Theta(\psi)), \tag{1}$$

wo ψ ein Vertretersystem der Abteilungen algebraisch-konjugierter Charaktere von K/K_0 durchläuft. In den Sätzen 30, 32, 33 wurde festgestellt, daß in den Beiträgen

$N_\psi(\Theta(\psi))$ dieser Vertreter ψ zur Relativklassenzahl h^* nur folgende drei Typen von Nennerprimfaktoren vorkommen:

a) wenn $f(\psi) = p^\varrho(p \neq 2)$ und $n_\psi = \varphi(p^\varrho)$ ist, für $p \neq 3$ eventuell und für $p = 3$ sicher der Nennerprimfaktor p,

b) wenn $f(\psi) = 2^\varrho$, also $\psi = \upsilon\varphi_\varrho$ ist, für $\varrho = 2$ sicher das Nennerprimfaktorquadrat 2^2 und für $\varrho \geqq 3$ sicher der Nennerprimfaktor 2,

c) wenn $f(\psi) = p \neq 2$ und $n_\psi = 2^\mu$ ist, sicher der Nennerprimfaktor 2.

In jedem dieser Fälle ist ψ durch $f(\psi)$ bis auf Algebraisch-Konjugierte eindeutig festgelegt, so daß unter den Vertretern ψ für eine gegebene Primzahlpotenz $f(\psi) = p^\varrho(p \neq 2)$, 2^ϱ, $p \neq 2$ jeweils höchstens ein Charakter vom Typus a), b), c) vorkommt.

Wir zeigen zunächst, daß die Nennerprimfaktoren der beiden Typen a), b) durch die in (1) als Faktor voranstehende Einheitswurzelanzahl w von K herausgehoben werden.

a) Für $p \neq 2$ erzeugt ein Charakter ψ mit $f(\psi) = p^\varrho$ und $n_\psi = \varphi(p^\varrho)$ die Charaktergruppe des Kreiskörpers P_{p^ϱ}. Sein Vorkommen bedeutet also, daß P_{p^ϱ} in K enthalten ist. Geht genau p^ω in w auf, so kommen demnach unter den Vertretern ψ an Charakteren dieser Art genau ω vor, nämlich mit $\varrho = 1, \ldots, \omega$. Soweit ihnen wirklich Nennerprimfaktoren p entsprechen, werden diese durch den Beitrag p^ω zu w herausgehoben.

b) Für $p = 2$ erzeugt der Charakter $\upsilon\varphi_2 = \upsilon$ die Charaktergruppe des Kreiskörpers P_{2^2} und ein Charakter $\upsilon\varphi_\varrho(\varrho \geqq 3)$ zusammen mit υ die Charaktergruppe des Kreiskörpers P_{2^ϱ}. Das Vorkommen von $\upsilon\varphi_2 = \upsilon$ bedeutet also, daß P_{2^2} in K enthalten ist, und das Vorkommen von $\upsilon\varphi_\varrho(\varrho \geqq 3)$ neben υ, daß sogar P_{2^ϱ} in K enthalten ist. Geht genau 2^ω in w auf, so kommen demnach im Falle $\omega \geqq 2$ unter den Vertretern ψ an Charakteren $\upsilon\varphi_\varrho$ genau $\omega - 1$ vor, nämlich mit $\varrho = 2, \ldots, \omega$. Die ihnen entsprechenden Nennerprimfaktoren 2^2 für $\varrho = 2$ und 2 für $\varrho \geqq 3$ werden dann durch den Beitrag 2^ω zu w herausgehoben. Im Falle $\omega = 1$ kommt $\upsilon\varphi_2 = \upsilon$ nicht unter den ψ vor, und es kann höchstens ein $\upsilon\varphi_\varrho(\varrho \geqq 3)$ vorkommen, weil aus dem Vorkommen eines weiteren $\upsilon\varphi_\sigma(\sigma > \varrho)$ folgte, daß $(\upsilon\varphi_\sigma)^{2^{\sigma-\varrho}} = \varphi_\varrho$ und damit auch υ vorkäme. Der höchstens eine, $\upsilon\varphi_\varrho$ entsprechende Nennerprimfaktor 2 wird dann wieder durch den Beitrag 2^1 zu w herausgehoben.

Über diese Beweise a), b) hinaus ergeben sich weitere, spezielle Folgerungen daraus, daß die Nennerprimfaktoren vom Typus a) für $p = 3$ und die Nennerprimfaktoren $p = 2$ vom Typus b) nicht nur eventuell, sondern sicher vorkommen. Darauf werden wir in **34** eingehen.

Die noch zu betrachtenden Nennerprimfaktoren 2 vom Typus c) und die zugehörigen Charaktere ψ mit $f(\psi) = p \neq 2$ und $n_\psi = 2^\mu$ wollen wir *irregulär* nennen. Für ihre Behandlung ist es zweckmäßig, unter diesen Begriff auch noch die folgenden beiden Nennerprimfaktoren 2 vom Typus b) und die zugehörigen Charaktere einzubeziehen:

c_1) für $w \equiv 0 \bmod. 4$ den dann sicher vorkommenden Charakter υ mit dem einen der beiden ihm entsprechenden Nennerprimfaktoren 2,

c_2) für $w \not\equiv 0 \bmod. 4$ den dann eventuell vorkommenden einen Charakter $\upsilon\varphi_\varrho(\varrho \geqq 3)$ mit dem ihm entsprechenden Nennerprimfaktor 2.

Die übrigen Charaktere und Nennerprimfaktoren sollen *regulär* heißen. Diese Definition der Irregularität oder Regularität hängt im allgemeinen nur von dem Charakter ψ und nicht von dem Körper K ab; nur für die Charaktere $\psi = \upsilon\varphi_\varrho$ ($\varrho \geqq 3$) kommt es auf K an, nämlich darauf, ob $w \not\equiv 0 \bmod. 4$ oder $w \equiv 0 \bmod. 4$ ist.

Wir können dann das Ergebnis der obigen Beweise a), b) folgendermaßen aussprechen:

Satz 34. *In der Relativklassenzahlformel*

$$h^* = 2Q\frac{w}{2}\prod_\psi N_\psi(\Theta(\psi)) \tag{1'}$$

werden die regulären Nennerprimfaktoren p der Beiträge $N_\psi(\Theta(\psi))$ durch die p-Beiträge zu $\frac{w}{2}$ herausgehoben.

Genauer gesagt: Setzt man (1') in die Form

$$h^* = 2Q\prod_\psi h_\psi^* \tag{2}$$

mit

$$h_\psi^* = \begin{Bmatrix} p\,N_\psi(\Theta(\psi)) & \text{für } f(\psi) = p^\varrho\,(p \neq 2)\,, \quad n_\psi = \varphi(p^\varrho) \\ 2\,N_\psi(\Theta(\psi)) & \text{für } f(\psi) = 2^\varrho \quad \text{im Falle } w \equiv 0 \bmod. 4 \\ N_\psi(\Theta(\psi)) & \text{sonst} \end{Bmatrix}. \tag{3}$$

so sind die Beiträge h_ψ^* für die regulären ψ ganzrationale Zahlen, für die irregulären ψ rationale Zahlen mit dem genauen Nenner 2.

Bezeichnet r die Anzahl der irregulären Vertreter ψ, so ist hiernach $2^{r-1}h^*$ und für $Q = 2$ sogar $2^{r-2}h^*$ ganz. Bei den Kreiskörpern P_f mit zusammengesetztem Führer kommt für jede Primzahl $p|f$ genau ein irregulärer Vertreter ψ vor, und nach Satz 27 ist für sie $Q = 2$; damit haben wir das in **6** angeführte Ergebnis von Kummer [7].

c) Wir kommen jetzt zur Behandlung der in der Relativklassenzahlformel (2) noch verbliebenen irregulären Nennerprimfaktoren 2. Da in (2) nur noch der Faktor $2Q = 2$ oder 2^2 voransteht, kann ein vollständiges Herausheben dieser Nennerprimfaktoren im allgemeinen nur dadurch zustande kommen, daß gewisse Beiträge h_ψ^* durch 2 teilbar sind. Nun haben wir in Satz 31 in der Tat ein Ergebnis dieser Art gewonnen. Mit seiner Hilfe zeigen wir jetzt, daß genügend viele durch 2 teilbare Beiträge h_ψ^* zur Verfügung stehen, um unter Mitwirkung des Faktors $2Q$ alle irregulären Nennerprimfaktoren 2 herauszuheben.

Seien $\psi_1, \ldots, \psi_r$ die r irregulären unter den Vertretern ψ der Charaktere von K/K_0. Dann kommen auch alle ungeradgliedrigen Produkte χ mit voneinander verschiedenen Faktoren aus den $\psi_1, \ldots, \psi_r$ unter den Charakteren von K/K_0 vor; denn bei ungerader Gliederzahl des Produkts gilt $\chi(-1) = -1$. Diese Produkte χ sind untereinander nicht algebraisch-konjugiert, so daß wir ohne Einschränkung annehmen können, daß sie unter den Vertretern ψ vorkommen. Für jedes solche mindestens dreigliedrige Produkt ψ ist der in (3) definierte Beitrag $h_\psi^* = N_\psi(\Theta(\psi))$ nach Satz 31 durch 2 teilbar; denn die Ordnung n_ψ ist eine Potenz von 2, weil dies für $\psi_1, \ldots, \psi_r$ der Fall ist, und der Führer $f(\psi)$ enthält mindestens drei verschiedene Primzahlen, weil $\psi_1, \ldots, \psi_r$ paarweise teilerfremde Führer haben.

Es genügt für unseren Beweis, die dreigliedrigen Produkte aus den $\psi_1, \ldots, \psi_r$ heranzuziehen. Um zu zeigen, daß die diesen $\binom{r}{3}$ Produkten ψ entsprechenden Beiträge h_ψ^* unter Mitwirkung des Faktors $2Q = 2^{1+q}$ die r irregulären Nennerprimfaktoren 2 herausheben, haben wir nur das Bestehen der Ungleichung

$$1 + q + \binom{r}{3} \geqq r$$

für alle $r \geqq 0$ zu bestätigen. Für jedes $r > 3$ ist nun diese Ungleichung in der Tat erfüllt, und zwar unabhängig von dem Wert $q = 0$ oder 1; ebenso auch in den trivialen Fällen $r = 0$ und $r = 1$. Für $r = 2$ und $r = 3$ jedoch muß zu ihrem Beweis $q = 1$, also $Q = 2$ festgestellt werden. Wir zeigen nachstehend im Anschluß an die Kriterien aus **25** die Richtigkeit der folgenden etwas allgemeineren Tatsache:

Kommen unter den Vertretern ψ der Charaktere von K/K_0 irreguläre in einer Anzahl $r \geqq 2$ vor, so ist $Q = 2$.

Für diesen restlichen Nachweis stützen wir uns auf das für $Q = 2$ hinreichende Kriterium aus Satz 26, und zwar in Verbindung mit Satz 29. Nach Satz 29 genügt es zu zeigen, daß für irgendein Paar verschiedener irregulärer Vertreter ψ_1, ψ_2 der zugeordnete imaginäre Teilkörper $\tilde{\mathsf{K}}$ – mit ψ_1, ψ_2 als erzeugenden Charakteren – die Eigenschaft $\tilde{Q} = 2$ hat. Da $\tilde{\mathsf{K}}$ jedenfalls zusammengesetzten Führer $\tilde{f} = f(\psi_1)\, f(\psi_2)$ hat, ist Satz 26 auf $\tilde{\mathsf{K}}$ anwendbar. Je nachdem, von welchem der drei Typen c), c_1), c_2) die beiden irregulären Charaktere ψ_1, ψ_2 sind, haben wir dabei die folgenden beiden Fälle zu unterscheiden:

$$\text{c}') \quad f(\psi_1) = p_1 \dotplus 2, \quad f(\psi_2) = p_2 \dotplus 2,$$

$$\text{c}'') \quad f(\psi_1) = p_1 \dotplus 2, \quad f(\psi_2) = 2^\varrho.$$

c′) Da dann unter den Charakteren von $\tilde{\mathsf{K}}/\tilde{\mathsf{K}}_0$ keiner mit 2-Potenzführer vorkommt, liegt der erste Fall aus Satz 26 vor. $\tilde{\mathsf{K}}$ hat den Grad $\tilde{n} = n_{\psi_1} n_{\psi_2} = 2^{\mu_1} 2^{\mu_2}$, wo $2^{\mu_1}, 2^{\mu_2}$ die höchsten in $p_1 - 1$, $p_2 - 1$ steckenden Potenzen von 2 sind. Daher wird hier die fragliche Anzahl $\tilde{m} = \frac{\varphi(\tilde{f})}{\tilde{n}} = \frac{(p_1 - 1)(p_2 - 1)}{2^{\mu_1} 2^{\mu_2}}$ ungerade.

c″) Da dann unter den Charakteren von $\tilde{\mathsf{K}}/\tilde{\mathsf{K}}_0$ einer ψ_2 mit 2-Potenzführer vorkommt, liegt der zweite Fall aus Satz 26 vor. Die Restklassen $\tilde{a}_0$ mod. $\tilde{f}$ aus $\tilde{H}$ mit $\tilde{a}_0 \equiv 1 \bmod. 2^\varrho$ entstehen durch direkte Zusammensetzung der $\frac{\varphi(p_1)}{n_{\psi_1}} = \frac{p_1 - 1}{2^{\mu_1}}$ Restklassen $\tilde{a}_1$ mod. p_1 mit $\psi_1(\tilde{a}_1) = 1$ und der einen Restklasse $\tilde{a}_2 \equiv 1 \bmod. 2^\varrho$. Daher wird auch hier die fragliche Anzahl $\tilde{m}_0 = \frac{p_1 - 1}{2^{\mu_1}}$ ungerade.

In beiden Fällen c′), c″) folgt somit aus Satz 26, daß $\tilde{Q} = 2$ ist. Nach dem Gesagten ist damit unser direkter Ganzzahligkeitsbeweis für die Relativklassenzahl h^* von K/K_0 erbracht. Genauer ist bewiesen:

Satz 35. *In der Relativklassenzahlformel* (2) *werden die verbliebenen irregulären Nennerprimfaktoren 2 durch den Faktor $2Q$ und durch die Beiträge h_ψ^* der $\binom{r}{3}$ Produkte ψ aus je drei verschiedenen der r irregulären Vertreter $\psi_1, \ldots, \psi_r$ herausgehoben.*

Durch die Sätze 34, 35 sind wir, über den direkten Ganzzahligkeitsbeweis hinaus, tiefer in die arithmetische Struktur der Relativklassenzahl eingedrungen, indem wir sogar die Ganzzahligkeit der einzelnen Beiträge h_ψ^* bis auf eventuelle Nenner 2 festgestellt und das Herausheben der dabei verbliebenen Nenner 2 durch die übrigen Beiträge genau verfolgt haben. Eine arithmetische Deutung der Beiträge h_ψ^* kommt dabei allerdings nicht heraus. Für die Kreiskörper P_p von Primzahlführer p hat Kummer [5] versucht, eine solche Deutung zu geben. Seine Ausführungen bedürfen jedoch zum mindesten der kritischen Nachprüfung, da er ohne nähere Erklärung mit Logarithmen idealer Primfaktoren arbeitet.

Zur Erläuterung von Satz 35 betrachten wir einige Beispiele von imaginären abelschen Zahlkörpern K mit $r = 3$ nicht algebraisch-konjugierten irregulären Charakteren. Die Reihe der irregulären Charaktere, nach steigenden Führern geordnet, beginnt mit

$$\psi_3,\ \psi_4 = \upsilon,\ \psi_5,\ \psi_7,\ \psi_8 = \upsilon\varphi_3 \text{ (falls } \upsilon \text{ nicht vorkommt)},\ \psi_{11},\ \psi_{13},\ \ldots .$$

Dabei gibt der Index von ψ jeweils den Führer $f(\psi)$ an; für jede Primzahl $p \neq 2$ bezeichnet also hier ψ_p denjenigen bis auf Algebraisch-Konjugierte eindeutig bestimmten Charakter ψ vom Führer p, dessen Ordnung die höchste in $p-1$ steckende Potenz 2^μ ist. So sind ψ_3, ψ_7 die quadratischen Charaktere von den Führern 3, 7, ferner ψ_5 einer der beiden konjugierten biquadratischen Charaktere vom Führer 5, ... Den Tripeln

$$\psi_7,\ \psi_3,\ \psi_5$$

$$\psi_4,\ \psi_3,\ \psi_5$$

$$\psi_8,\ \psi_3,\ \psi_5$$

als erzeugenden Charakteren entsprechen die imaginären abelschen Zahlkörper

K_{105} mit dem ungeraden Führer $f = 105 = 7 \cdot 3 \cdot 5$ und $w = 30 \not\equiv 0 \bmod. 4$,

K_{60} mit dem geraden Führer $f = 60 = 4 \cdot 3 \cdot 5$ und $w = 60 \equiv 0 \bmod. 4$,

K_{120} mit dem geraden Führer $f = 120 = 8 \cdot 3 \cdot 5$ und $w = 30 \not\equiv 0 \bmod. 4$,

deren Galoisgruppe jedesmal vom Typus (2, 2, 4) ist. K_{105} entsteht aus dem Kreiskörper $\mathsf{P}_{105} = \mathsf{P}_7\mathsf{P}_3\mathsf{P}_5$, indem man P_7 durch den quadratischen Teilkörper $\mathsf{P}_7^{(2)} = \mathsf{P}\left(\sqrt{-7}\right)$ der dreigliedrigen Perioden ersetzt; K_{60} ist der Kreiskörper $\mathsf{P}_{60} = \mathsf{P}_4\mathsf{P}_3\mathsf{P}_5$ selbst; K_{120} entsteht aus dem Kreiskörper $\mathsf{P}_{120} = \mathsf{P}_8\mathsf{P}_3\mathsf{P}_5$, indem man $\mathsf{P}_8 = \mathsf{P}\left(\sqrt{-1},\ \sqrt{-2}\right)$ durch den quadratischen Teilkörper $\mathsf{P}_8^{(2)} = \mathsf{P}\left(\sqrt{-2}\right)$ ersetzt.

Ein volles Vertretersystem nicht algebraisch-konjugierter Charaktere ψ von K/K_0 entsteht jeweils durch Hinzunahme des Produkts ψ_f vom Führer f der drei erzeugenden irregulären Charaktere; man beachte dazu, daß $\psi(-1) = -1$ sein muß. Nun findet man, für ψ_3, ψ_5, ψ_7 nach der Grundformel (27, 2) und für ψ_4, ψ_8 nach den reduzierten Formeln (32, 1), (27, 5), aus der Definition (3) der h_ψ^* sofort

$$h_{\psi_3}^* = 3\,N\,(\Theta\,(\psi_3)) = 3\,\Theta\,(\psi_3) = 3 \cdot \frac{-1+2}{2 \cdot 3} = 3 \cdot \frac{1}{2 \cdot 3} = \frac{1}{2},$$

$$h_{\psi_4}^* = h_\upsilon^* = 2\,N\,(\Theta\,(\upsilon)) = 2\,\Theta\,(\upsilon) = 2 \cdot \frac{1}{2^2} = \frac{1}{2},$$

$$h^*_{\psi_5} = 5\,N(\Theta(\psi_5)) = 5\,N\left(\frac{-1-2\mathrm{i}+3\mathrm{i}+4}{2\cdot 5}\right) = 5\,N\left(\frac{3+\mathrm{i}}{2\cdot 5}\right) = 5\cdot\frac{10}{2^2\cdot 5^2} = \frac{1}{2},$$

$$h^*_{\psi_7} = N(\Theta(\psi_7)) = \Theta(\psi_7) = \frac{-1-2+3-4+5+6}{2\cdot 7} = \frac{7}{2\cdot 7} = \frac{1}{2},$$

$$h^*_{\psi_3} = h^*_{\upsilon\varphi_3} = N(\Theta(\upsilon\varphi_3)) = \Theta(\upsilon\varphi_3) = \frac{1}{2}.$$

Wie in dem Beispiel am Schluß von **28, 30** bereits festgestellt wurde, ist ferner

$$h^*_{\psi_{105}} = N(\Theta(\psi_{105})) = N(1+\mathrm{i}) = 2.$$

Durch eine entsprechende kurze Rechnung[1]) findet man ebenso

$$h^*_{\psi_{60}} = N(\Theta(\psi_{60})) = N(-\mathrm{i}(1+\mathrm{i})) = 2,$$

$$h^*_{\psi_{120}} = N(\Theta(\psi_{120})) = N(-(1+\mathrm{i})) = 2.$$

Damit berechnet sich nach (2) die Relativklassenzahl h^* von K/K_0 für die drei Körper $\mathsf{K} = \mathsf{K}_{105}, \mathsf{K}_{60}, \mathsf{K}_{120}$ zu

$$h^* = 2\cdot 2\cdot\frac{1}{2}\cdot\frac{1}{2}\cdot\frac{1}{2}\cdot 2 = 1.$$

Der voranstehende Faktor $2Q = 2\cdot 2$ hebt nur zwei der drei irregulären Nennerprimfaktoren 2 heraus, während der dritte erst durch den letzten Beitrag $h^*_{\psi_f} = 2$ des Produkts ψ_f der drei erzeugenden irregulären Charaktere herausgehoben wird.

---

[1]) Geht man etwa nach der Methode nach **28** vor, so braucht man die dortigen drei Schemata 1a, 1b, 2 nur so weit auszufüllen, wie es den Lösungen der Ungleichung in (**28**,3) entspricht. Man beginnt demgemäß zweckmäßig mit **28**, Schema 2; in den obigen Fällen $\psi_{60} = \psi_{12}\psi_5$, $\psi_{120} = \psi_{24}\psi_5$ genügen dafür die Ausschnitte

	x	1	5	.....	29
	$5x$	5	25	.....	145
y	$12y$				
1	12	1	0	.....	0
2	24	1	0	.....	0

$(5x < 12y)$

	x	1	5	7	11	.....	59
	$5x$	5	25	35	55	.....	295
y	$24y$						
1	24	1	0	0	0	.....	0
2	48	1	1	1	0	.....	0

$(5x < 24y)$

Dementsprechend genügen für **28**, Schemata 1a, 1b die Ausschnitte

x	1	5 29
$\psi_4(x)$	1	1 ....
$\psi_3(x)$	1	−1 ....
$\psi_{12}(x)$	1	−1 ....

x	1	5	7 59
$\psi_8(x)$	1	−1	−1 ....
$\psi_3(x)$	1	−1	1 ....
$\psi_{24}(x)$	1	1	−1 ....

y	1	2
$\psi_5(y)$	1	i

Hieraus kann man gemäß der Formel (**28**, 3) bereits ablesen:

$$\Theta(\psi_{60}) = \psi_{12}(5)\,\psi_5(12)\,(\psi_{12}(1)\,\psi_5(1) + \psi_{12}(1)\,\psi_5(2)) = (-1)\cdot\mathrm{i}\cdot(1+\mathrm{i}) = -\mathrm{i}(1+\mathrm{i}),$$

$$\Theta(\psi_{120}) = \psi_{24}(5)\,\psi_5(24)\,(\psi_{24}(1)\,\psi_5(1) + \psi_{24}(1)\,\psi_5(2) + \psi_{24}(5)\,\psi_5(2) + \psi_{24}(7)\,\psi_5(2))$$
$$= 1\cdot(-1)\cdot(1+\mathrm{i}+\mathrm{i}-\mathrm{i}) = -(1+\mathrm{i}).$$

Damit sind die oben eingesetzten Werte berechnet.

34. Der Satz von Weber und ein Seitenstück dazu

Wir kommen jetzt zu den in **33** bereits angekündigten ergänzenden Folgerungen aus den dortigen beiden Beweisen a) und b) für die Spezialfälle $p = 3$ bzw. 2. Diese Folgerungen ergeben sich, wie schon gesagt, daraus, daß die Nennerprimfaktoren $p = 3$ bzw. 2 in **33**, a) bzw. b) wirklich vorkommen. Zu ihrem Herausheben werden daher, wie die genannten Beweise erkennen lassen, die vollen Beiträge von $p = 3$ bzw. 2 zu w wirklich verbraucht, abgesehen von dem Beitrag 2 zu w in dem Falle, daß $w \not\equiv 0 \bmod. 4$ ist und kein Charakter $\mathsf{u}\varphi_\varrho$ von 2-Potenzführer unter den Vertretern ψ vorkommt. Wenn also außer den in jenen Beweisen betrachteten Charakteren der Typen **33**, a) bzw. b) keine weiteren Charaktere von K/K_0 vorkommen, d. h. wenn der Führer f von K eine Potenz von $p = 3$ bzw. 2 ist, so kann aus (**33**, 1) gefolgert werden, daß h^* nicht durch $p = 3$ bzw. 2 teilbar ist; für $p = 2$ beachte man dazu, daß nach Satz 23 dann $Q = 1$ ist und daß der obengenannte Ausnahmefall dann sicher nicht vorliegt.

Damit haben wir die beiden folgenden Tatsachen bewiesen:

Satz 36. *Für die imaginären abelschen Zahlkörper* K *von 2-Potenzführer* $f = 2^\varrho$ *ist die Relativklassenzahl* h^* *von* K/K_0 *nicht durch 2 teilbar.*

Satz 37. *Für die imaginären abelschen Zahlkörper* K *von 3-Potenzführer* $f = 3^\varrho$ *ist die Relativklassenzahl* h^* *von* K/K_0 *nicht durch 3 teilbar.*

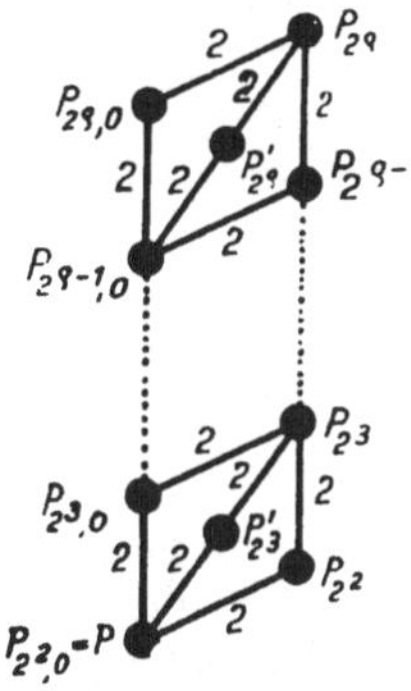

Abb. 4.

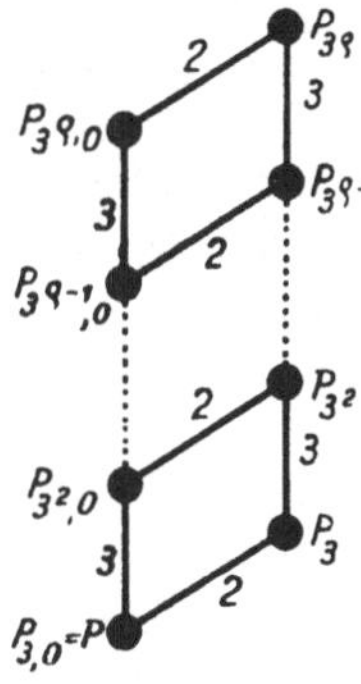

Abb. 5.

Für $p = 2$ gibt es an imaginären Zahlkörpern K von 2-Potenzführer $f = 2^\varrho$ für $\varrho = 2$ nur einen und für die $\varrho \geqq 3$ nur je zwei, nämlich für jedes $\varrho \geqq 2$ den Kreiskörper $\mathsf{K} = \mathsf{P}_{2^\varrho}$, dessen Charaktergruppe durch u und $\mathsf{u}\varphi_\varrho$ erzeugt wird, und für jedes $\varrho \geqq 3$ noch den in ihm enthaltenen zyklischen Teilkörper $\mathsf{K} = \mathsf{P}'_{2^\varrho}$, dessen Charaktergruppe durch $\mathsf{u}\varphi_\varrho$ allein erzeugt wird (siehe Abb. 4). Der letztere Körper ist durch

$$\mathsf{P}'_{2^\varrho} = \mathsf{P}_{2^{\varrho-1},0}\left(\sqrt{-\lambda_{2^{\varrho-1},0}}\right) \tag{1}$$

gegeben, wo $\lambda_{2^{\varrho-1},0}$ die in (**21**, 3, 4) eingeführte Zahl ist:

$$\lambda_{2^2,0} = 2, \quad \lambda_{2^3,0} = 2 + \sqrt{2}, \quad \lambda_{2^4,0} = 2 + \sqrt{2 + \sqrt{2}}, \ \ldots,$$

also

$$\mathsf{P}'_{2^3} = \mathsf{P}\left(\sqrt{-2}\right), \ \mathsf{P}'_{2^4} = \mathsf{P}\left(\sqrt{-(2 + \sqrt{2})}\right), \ \mathsf{P}'_{2^5} = \mathsf{P}\left(\sqrt{-\left(2 + \sqrt{2 + \sqrt{2}}\right)}\right), \ \ldots.$$

Für $p = 3$ gibt es, da hier die prime Restklassengruppe mod. 3^ϱ zyklisch von der Ordnung $\varphi(3^\varrho) = 2 \cdot 3^{\varrho-1}$ ist, an imaginären abelschen Zahlkörpern K von 3-Potenzführer $f = 3^\varrho$ für jedes $\varrho \geqq 3$ nur einen, nämlich den Kreiskörper $\mathsf{K} = \mathsf{P}_{3^\varrho}$ (siehe Abb. 5).

Spricht man also die Sätze 36, 37 so aus, daß der Umfang der in ihnen auftretenden Körperklassen hervortritt, so lauten sie:

Satz 36'. *Für die Kreiskörper* $\mathsf{K} = \mathsf{P}_{2^\varrho}$ $(\varrho \geqq 2)$ *und ihre imaginären Teilkörper* $\mathsf{K} = \mathsf{P}'_{2^\varrho}$ $(\varrho \geqq 3)$ *ist die Relativklassenzahl* h^* *von* K/K_0 *nicht durch* 2 *teilbar.*

Satz 37'. *Für die Kreiskörper* $\mathsf{K} = \mathsf{P}_{3^\varrho}$ $(\varrho \geqq 1)$ *ist die Relativklassenzahl* h^* *von* K/K_0 *nicht durch* 3 *teilbar.*

Satz 36' wurde von Weber [1, 2] auf dieselbe Art wie hier bewiesen, dort allerdings nur für die Kreiskörper P_{2^ϱ} selbst, nicht auch für die imaginären Teilkörper P'_{2^ϱ} ausgesprochen, wie es ohne weiteres hätte geschehen können. Nimmt man das in **12**, Satz 6 ausgesprochene und dort auf neue Art bewiesene Webersche Ergebnis hinzu, daß auch für die reellen Teilkörper $\mathsf{K}_0 = \mathsf{P}_{2^\varrho, 0}$ die Klassenzahl h_0 nicht durch 2 teilbar ist, so ergibt sich:

Satz 38. *Für die abelschen Körper* K *von* 2-*Potenzführer* $f = 2^\varrho$ *ist die volle Klassenzahl* h *nicht durch* 2 *teilbar.*

Dem Umfang der auftretenden Körperklasse nach ausgesprochen, ist dies das Webersche Haupttheorem[1]):

Satz 38'. *Für die Kreiskörper* $\mathsf{P}_{2^\varrho}(\varrho \geqq 2)$, *ihre reellen Teilkörper* $\mathsf{P}_{2^\varrho,0}(\varrho \geqq 2)$ *und ihre imaginären Teilkörper* $\mathsf{P}'_{2^\varrho}(\varrho \geqq 3)$ *ist die volle Klassenzahl* h *nicht durch* 2 *teilbar.*

Bei Weber [1, 2] werden, wie gesagt, die P'_{2^ϱ} nicht mit aufgeführt, obwohl dies dem Weberschen Beweise nach ohne weiteres hätte geschehen können.

Satz 37' ist ein, soweit ich sehe, bisher nicht bemerktes Seitenstück zu dem Weberschen Satz 36'. Die Frage, ob analog zu dem Weberschen Satz 6 auch für $\mathsf{K}_0 = \mathsf{P}_{3^\varrho, 0}$ die Klassenzahl h_0 nicht durch 3 teilbar ist und ob somit ein entsprechendes Seitenstück für $p = 3$ auch zu Satz 38 und dem Weberschen Haupttheorem Satz 38' gilt, muß ich einstweilen offen lassen.

Im Anschluß an die vorstehenden Sätze will ich jetzt noch näher auf die wirkliche Berechnung der Relativklassenzahlen $h^*_{2^\varrho}$ der $\mathsf{P}_{2^\varrho}/\mathsf{P}_{2^\varrho,0}$ und $h^*_{3^\varrho}$ der $\mathsf{P}_{3^\varrho}/\mathsf{P}_{3^\varrho,0}$ eingehen, nämlich ein systematisches Verfahren zur numerischen Berechnung dieser Relativklassenzahlen entwickeln. Dies Verfahren mag als Muster dafür dienen, was ich nach den Ausführungen im Vorwort auch für die Klassenzahlberechnung der allgemeinen abelschen Zahlkörper anstrebe.

Berechnung der Relativklassenzahlen $h^*_{2^\varrho}$ *der* $\mathsf{P}_{2^\varrho}/\mathsf{P}_{2^\varrho,0}$.

Zwischen den Relativklassenzahlen $h^*_{2^\varrho}$ der $\mathsf{P}_{2^\varrho}/\mathsf{P}_{2^\varrho,0}$ und $h^{*\prime}_{2^\varrho}$ der $\mathsf{P}'_{2^\varrho}/\mathsf{P}_{2^{\varrho-1},0}$ besteht ein von Weber [2] angegebenes rekurrentes Beziehungssystem. Nach der Relativklassenzahlformel (**33**, 1), und weil nach Satz 23 hier $Q = 1$ ist, hat man einerseits

$$h^*_{2^\varrho} = 2^\varrho \prod_{\sigma=2}^{\varrho} N_{\varphi_\sigma}(\Theta(\cup \varphi_\sigma)) \qquad (\varrho \geqq 2), \tag{2}$$

andrerseits

$$h^{*\prime}_{2^\varrho} = 2 N_{\varphi_\varrho}(\Theta(\cup \varphi_\varrho)) \qquad (\varrho \geqq 3). \tag{3}$$

---

[1]) Siehe dazu das in **7**, Fußnote 1, S. 16 Gesagte.

Wie bekannt und durch (32, 1) festgestellt, ist

$$h^*_{2^3} = 2^2\,\Theta(\cup) = 1\,. \tag{4}$$

Aus (2), (3), (4) ergibt sich das rekurrente Beziehungssystem

$$h^*_{2^\varrho} = h^{*\prime}_{2^3} \cdots h^{*\prime}_{2^\varrho} \qquad (\varrho \geqq 3)\,. \tag{5}$$

Nach (5) sind die $h^{*\prime}_{2^\varrho}$ als die arithmetischen Bausteine der $h^*_{2^\varrho}$ anzusehen.

Für die numerische Berechnung der $h^{*\prime}_{2^\varrho}$ gehen wir wie Weber [2] von der Formel (32, 9) für den Ausdruck $(1 - \bar{\varphi}_\varrho(z))\,\Theta(\cup\varphi_\varrho)$ aus. Sie ergibt mit Hinblick auf (3) durch Normbildung einen Ausdruck für $h^{*\prime}_{2^\varrho}$, nämlich

$$h^{*\prime}_{2^\varrho} = N_{\varphi_\varrho}\Bigl(-\sum_{\pm x \bmod 2^{\varrho-1}} \cup(x)\,\varphi_\varrho(x)\,\bigl(\delta_{2^\varrho}(x) - \delta_{2^\varrho}(z\,x)\bigr)\Bigr) \qquad (\varrho \geqq 3). \tag{6}$$

Wählt man in (6) wieder, wie am Schluß von 32, das exponentielle prime Halbsystem

$$x \equiv z^\nu \bmod 2^{\varrho-1} \ (\nu \bmod 2^{\varrho-3}) \quad \text{mit} \quad z \equiv 1 + 2^2 \equiv 5 \bmod 2^\varrho,$$

so erhält man die Webersche Formel

$$h^{*\prime}_{2^\varrho} = N_{2^{\varrho-2}}\Bigl(\sum_{\nu \bmod 2^{\varrho-3}} e^{(\nu)}_{2^\varrho}\,\zeta^\nu_{2^{\varrho-2}}\Bigr) \quad \text{mit} \quad e^{(\nu)}_{2^\varrho} = \delta_{2^\varrho}(5^{\nu+1}) - \delta_{2^\varrho}(5^\nu) \qquad (\varrho \geqq 3)\,, \tag{6'}$$

wo $N_{2^{\varrho-2}}$ die Normbildung im Kreiskörper $\mathsf{P}_{2^{\varrho-2}}$ bedeutet.

Das in (6′) eingeführte Koeffizientensystem $e^{(\nu)}_{2^\varrho}$ hängt mit den Vorzeichenwechseln in der Folge der absolut-kleinsten Reste der Potenzen $5^\nu \bmod 2^\varrho$ zusammen. Es ist nämlich $e^{(\nu)}_{2^\varrho} = 0, 1, -1$, je nachdem in dieser Folge beim Übergang von 5^ν zu $5^{\nu+1}$ kein Vorzeichenwechsel oder ein Vorzeichenwechsel $+, -$ oder ein Vorzeichenwechsel $-, +$ vorliegt. Hieraus ergibt sich für die Berechnung der Koeffizienten $e^{(\nu)}_{2^\varrho}$ das folgende Schema:

5^0	5^1	5^2	5^3	5^4	5^5	5^6	5^7	5^8	5^9	5^{10}	5^{11}	5^{12}	5^{13}	5^{14}	5^{15}	5^{16} …	
1	-3																mod. 2^3
1	5	-7															mod. 2^4
1	5	-7	-3	-15													mod. 2^5
1	5	25	-3	-15	-11	9	-19	-31									mod. 2^6
1	5	25	-3	-15	53	9	45	-31	-27	-7	-35	-47	21	-23	13	-63	mod. 2^7
.	.	.	.	.	.	.	.	.	.	.	.	.	.	.	.	.	. . .

Nach (6′) liest man aus den Vorzeichenwechseln in den Zeilen dieses Schemas ab:

$$\left.\begin{aligned}
h^{*\prime}_{2^3} &= N_{2^1}\bigl(\zeta^0_{2^1}\bigr)\\
h^{*\prime}_{2^4} &= N_{2^2}\bigl(\zeta^1_{2^2}\bigr)\\
h^{*\prime}_{2^5} &= N_{2^3}\bigl(\zeta^1_{2^3}\bigr)\\
h^{*\prime}_{2^6} &= N_{2^4}\bigl(\zeta^2_{2^4} - \zeta^5_{2^4} + \zeta^6_{2^4}\bigr)\\
h^{*\prime}_{2^7} &= N_{2^5}\bigl(\zeta^2_{2^5} - \zeta^4_{2^5} + \zeta^7_{2^5} - \zeta^{12}_{2^5} + \zeta^{13}_{2^5} - \zeta^{14}_{2^5} + \zeta^{15}_{2^5}\bigr)\\
&\ldots\ldots\ldots\ldots
\end{aligned}\right\} \tag{7}$$

Wir haben dann noch ein Verfahren zur Berechnung der Normen in (7) zu entwickeln. Dazu kann man rekurrent vorgehen, und zwar auf Grund der bekannten Regel

$$N_{2^{\varrho+1}}(\xi_{2^{\varrho+1}}) = N_{2^\varrho}(\mathsf{N}_{2^{\varrho+1}/2^\varrho}(\xi_{2^{\varrho+1}})) \quad \text{für} \quad \xi_{2^{\varrho+1}} \text{ aus } \mathsf{P}_{2^{\varrho+1}}, \tag{8}$$

wo $\mathsf{N}_{2^{\varrho+1}/2^\varrho}$ die Relativnormbildung für $\mathsf{P}_{2^{\varrho+1}}/\mathsf{P}_{2^\varrho}$ bedeutet. Entsprechend den irreduziblen Grundgleichungen

$$\zeta_{2^{\varrho+1}}^{2^\varrho} = -1 \quad \text{für } \mathsf{P}_{2^{\varrho+1}}, \quad \text{(9a)} \qquad \zeta_{2^{\varrho+1}}^2 = \zeta_{2^\varrho} \quad \text{für } \mathsf{P}_{2^{\varrho+1}}/\mathsf{P}_{2^\varrho} \quad \text{(9b)}$$

bestehen für die Zahlen $\xi_{2^{\varrho+1}}$ aus $\mathsf{P}_{2^{\varrho+1}}$ die eindeutigen Basisdarstellungen

$$\xi_{2^{\varrho+1}} = a_0 + a_1\zeta_{2^{\varrho+1}} + \cdots + a_{2^\varrho-1}\zeta_{2^{\varrho+1}}^{2^\varrho-1} = [a_0, a_1, \ldots, a_{2^\varrho-1}]$$
$$\text{mit rationalen } a_0, a_1, \ldots, a_{2^\varrho-1}, \tag{10a}$$

$$\xi_{2^{\varrho+1}} = \alpha_{2^\varrho} + \beta_{2^\varrho}\zeta_{2^{\varrho+1}} \quad \text{mit } \alpha_{2^\varrho}, \beta_{2^\varrho} \text{ aus } \mathsf{P}_{2^\varrho}, \tag{10b}$$

in deren ersterer eine für die numerische Rechnung zweckmäßige abgekürzte Schreibweise (Zifferndarstellung) eingeführt ist. Die Koeffizienten in (10b) erhält man, indem man in (10a) die Grundgleichung (9b) berücksichtigt und demgemäß die Glieder mit geraden und die Glieder mit ungeraden Exponenten von $\zeta_{2^{\varrho+2}}$ zusammenfaßt; sie ergeben sich dabei gleich in der Basisdarstellung (10a) (für P_{2^ϱ}), nämlich

$$\alpha_{2^\varrho} = [a_0, a_2, \ldots, a_{2^\varrho-2}], \quad \beta_{2^\varrho} = [a_1, a_3, \ldots, a_{2^\varrho-1}]. \tag{11}$$

Nun ist nach der Grundgleichung (9b)

$$\mathsf{N}_{2^{\varrho+1}/2^\varrho}(\alpha_{2^\varrho} + \beta_{2^\varrho}\zeta_{2^{\varrho+1}}) = \alpha_{2^\varrho}^2 - \zeta_{2^\varrho}\beta_{2^\varrho}^2. \tag{12}$$

Der hier rechts auftretende Ausdruck kann nach (11) unter Benutzung der Grundgleichung (9a) (für P_{2^ϱ}) in die Basisdarstellung (10a) (für P_{2^ϱ}) und damit (10b) (für $\mathsf{P}_{2^\varrho}/\mathsf{P}_{2^{\varrho-1}}$) übergeführt werden. Das Ergebnis dieser Umrechnung sei

$$\alpha_{2^\varrho}^2 - \zeta_{2^\varrho}\beta_{2^\varrho}^2 = \alpha_{2^{\varrho-1}} + \beta_{2^{\varrho-1}}\zeta_{2^\varrho}. \tag{13}$$

Nach (8), (12), (13) wird dann

$$N_{2^{\varrho+1}}(\alpha_{2^\varrho} + \beta_{2^\varrho}\zeta_{2^{\varrho+1}}) = N_{2^\varrho}(\alpha_{2^{\varrho-1}} + \beta_{2^{\varrho-1}}\zeta_{2^\varrho}). \tag{14}$$

Durch wiederholte Anwendung der Rekursionsformel (14), wobei jedesmal die von (12) zu (13) führende Umrechnung zu leisten ist[1]), folgt schließlich

$$N_{2^{\varrho+1}}(\alpha_{2^\varrho} + \beta_{2^\varrho}\zeta_{2^{\varrho+1}}) = N_{2^1}(\alpha_{2^1} + \beta_{2^1}\zeta_{2^1}) = \alpha_{2^1}^2 + \beta_{2^1}^2, \tag{15}$$

wo $\alpha_{2^1}, \beta_{2^1}$ in $\mathsf{P}_{2^1} = \mathsf{P}$ liegen. Durch (15) ist dann die Normberechnung geleistet.

[1]) Die dabei auftretenden Operationen der Quadratbildung und Multiplikation mit ζ_{2^ϱ} kann man nach einem einfachen Schema ausführen, das beispielsweise für $\varrho = 3$ so lautet:

	a_0	a_1	a_2	a_3
a_0	a_0^2	$a_0 a_1$	$a_0 a_2$	$a_0 a_3$
a_1	$-a_1 a_3$	$a_1 a_0$	a_1^2	$a_1 a_2$
a_2	$-a_2^2$	$-a_2 a_3$	$a_2 a_0$	$a_2 a_1$
a_3	$-a_3 a_1$	$-a_3 a_2$	$-a_3^2$	$a_3 a_0$
	*	*	*	*

$$\zeta_{2^3}[a_0, a_1, a_2, a_3] = [-a_3, a_0, a_1, a_2].$$

An die Stelle der Sterne sind, wie bei einer gewöhnlichen Ziffernmultiplikation, die Summen der Spalten einzutragen.

Von den Normen in (7) haben die drei ersten trivialerweise den Wert 1. Für die beiden weiteren in (7) angegebenen Normen verläuft das entwickelte Rekursionsverfahren (unter Weglassung der Zwischenrechnungen bei der letzteren) folgendermaßen:

$$\begin{aligned} h^{*\prime}_{2^6} &= N_{2^4}([0,0,1,0,0,-1,1,0]) = N_{2^4}([0,1,0,1]+[0,0,-1,0]\,\zeta_{2^4}) \\ &= N_{2^3}([0,1,0,1]^2-\zeta_{2^3}\,[0,0,-1,0]^2) = N_{2^3}([-2,1,0,0]) \\ &\qquad\qquad = N_{2^3}([-2,0]+[1,0]\zeta_{2^3}) \\ &= N_{2^2}([-2,0]^2-\zeta_{2^2}\,[1,0]^2) = N_{2^2}([4,-1]) = N_{2^2}(4-\zeta_{2^2}) \\ &= 4^2+1^2 = 17, \end{aligned}$$

$$\begin{aligned} h^{*\prime}_{2^7} &= N_{2^5}([0,1,-1,0,0,0,-1,-1]+[0,0,0,1,0,0,1,1]\,\zeta_{2^5}) \\ &= N_{2^4}([0,3,0,1]+[-2,0,-1,-2]\,\zeta_{2^4}) \\ &= N_{2^3}([2,12]+[-3,0]\,\zeta_{2^3}) \\ &= N_{2^2}(-140+39\,\zeta_{2^2}) \\ &= 140^2+39^2 = 21121. \end{aligned}$$

Eine brauchbare Probe für die Zahlenrechnung liegt darin, daß für die (zu 2 prime) Zahl $h^{*\prime}_{2^\varrho}$ wegen der Normdarstellung (6′) auf Grund der Klassenkörpereigenschaft von $\mathsf{P}_{2^{\varrho-2}}$ die Kongruenz

$$h^{*\prime}_{2^\varrho} \equiv 1 \bmod. 2^{\varrho-2}$$

gelten muß[1]).

Nach der vorstehenden Rechnung und nach (5) haben die fünf ersten Relativklassenzahlen $h^{*\prime}_{2^\varrho}$ und $h^{*}_{2^\varrho}$ ($\varrho \geqq 3$) die folgenden Werte:

$h^{*\prime}_{2^3} = 1,$	$h^{*}_{2^3} = 1,$
$h^{*\prime}_{2^4} = 1,$	$h^{*}_{2^4} = 1,$
$h^{*\prime}_{2^5} = 1,$	$h^{*}_{2^5} = 1.$
$h^{*\prime}_{2^6} = 17$ (Primzahl),	$h^{*}_{2^6} = 17,$
$h^{*\prime}_{2^7} = 21\,121$ (Primzahl)	$h^{*}_{2^7} = 17 \cdot 21\,121.$

Diese Werte hat bereits Weber [2] berechnet. Er gibt jedoch kein schematisches Verfahren für die Berechnung der Normen an und beschränkt sich für den letzten Wert auf die bloße Mitteilung des Ergebnisses. Ich habe nach dem vorstehenden systematischen Verfahren noch den nächstfolgenden Wert berechnet:

$$h^{*\prime}_{2^8} = 29\,102\,880\,226\,241. \qquad [5]$$

Ob auch dieser Wert Primzahl ist, habe ich nicht nachgeprüft. Die ganz mechanisch verlaufende Rechnung, in der erst ganz am Schluß sehr große Zahlen auftreten,

[1]) Bei der Durchführung der Rechnung ist außerdem eine fortlaufende Kontrolle erwünscht. Eine solche erhält man etwa, indem man die Rechnung gleichzeitig mod. p ausführt, wo p eine geeignete Primzahl ist. Besonders geeignet sind die Primzahlen $p \equiv 1$ mod. $2^{\varrho-2}$ (etwa die kleinste solche), weil für sie die vorkommenden $2^{\varrho-2}$-ten Einheitswurzeln ganzrationalen Zahlen kongruent sind. Man arbeitet dabei vorteilhaft mit Tabellen der Indizes des Restsystems mod. p für eine Primitivwurzel als Basis, wie sie etwa im Canon Arithmeticus von Jacobi [1] vorliegen.

nahm ohne Zuhilfenahme von Quadrattafeln nur etwa zwei Stunden in Anspruch, von denen eine durch Benutzung von Quadrattafeln hätte eingespart werden können.

Da $h^{*\prime}_{2^3}, h^{*\prime}_{2^4}, h^{*\prime}_{2^5} = 1$ und $h^{*\prime}_{2^6}, \ldots \equiv 1 \bmod. 2^4$ ist, können wir nach (5) noch die Kongruenz

$$h^*_{2^\varrho} \equiv 1 \bmod. 2^4 \qquad (\varrho \geqq 3)$$

feststellen.

Berechnung der Relativklassenzahlen $h^*_{3^\varrho}$ der $P_{3^\varrho}/P_{3^\varrho,0}$.

Hier gibt es kein Analogon zu den Teilkörpern P'_{2^ϱ}. Jedoch setzen sich auch hier – und Entsprechendes gilt ganz allgemein – die Relativklassenzahlen $h^*_{3^\varrho}$ der $P_{3^\varrho}/P_{3^\varrho,0}$ aus einfacheren arithmetischen Bausteinen zusammen, nämlich aus den Beiträgen h^*_ψ der Vertreter ψ der Charaktere von $P_{3^\varrho}/P_{3^\varrho,0}$.

Entsprechend der Basisdarstellung

$$x \equiv (-1)^\alpha (1+3)^\beta \qquad (\alpha \bmod. 2, \quad \beta \bmod. 3^{\varrho-1})$$

der primen Restklassengruppe mod. 3^ϱ wird die Charaktergruppe von P_{3^ϱ} durch die beiden Charaktere

$$\omega(x) = (-1)^\alpha \qquad \psi_\varrho(x) = \zeta^\beta_{3^{\varrho-1}}$$

erzeugt, die als Analoga der erzeugenden Charaktere v, φ_ϱ von P_{2^ϱ} anzusehen sind. Ein Vertretersystem ψ nicht algebraisch-konjugierter Charaktere von $P_{3^\varrho}/P_{3^\varrho,0}$ bilden die $\omega\psi_\sigma$ $(\sigma = 1, \ldots, \varrho)$. Nach der Relativklassenzahlformel (**33**, 2), und weil nach Satz 23 hier wieder $Q = 1$ ist, hat man demgemäß analog zu (2)

$$h^*_{3^\varrho} = 2 \prod_{\sigma=1}^{\varrho} h^*_{\omega\psi_\sigma} \qquad (\varrho \geqq 1), \tag{16}$$

wo nach (**33**, 3) analog zu (3)

$$h^*_{\omega\psi_\varrho} = 3\, N_{\psi_\varrho}(\Theta(\omega\psi_\varrho)) \qquad (\varrho \geqq 1) \tag{17}$$

ist. Für $\varrho = 1$ ist $\psi_\varrho = 1$ und, wie bekannt, nach (**27**, 2) analog zu (4)

$$h^*_{3^1} = 2\, h^*_\omega = 2 \cdot 3 \cdot \Theta(\omega) = 2 \cdot 3 \cdot \frac{-1+2}{2 \cdot 3} = 1. \tag{18}$$

Aus (16), (17), (18) ergibt sich das zu (5) analoge rekurrente Beziehungssystem

$$h^*_{3^\varrho} = h^*_{\omega\psi_1} \cdots h^*_{\omega\psi_\varrho} \qquad (\varrho \geqq 2). \tag{19}$$

Da die Charaktere $\omega\psi_\varrho$ für $\varrho \geqq 2$ regulär sind, sind die in (19) auftretenden arithmetischen Bausteine $h^*_{\omega\psi_\varrho}$ der $h^*_{3^\varrho}$ ganz, also natürliche Zahlen.

Für die numerische Berechnung der $h^*_{\omega\psi_\varrho}$ entwickeln wir zunächst ein Analogon zu der oben zum Ausgang genommenen Weberschen Formel (6′). Diese ging auf die Formel (**32**, 9) zurück, die ihrerseits aus der Formel (**32**, 5) [(**27**, 5)] gewonnen wurde. Wir müssen demgemäß zuerst die Herleitung eines Analogons der letztgenannten Formel nachholen.

Dazu stützen wir uns, analog zu den Antisymmetrien im Beweis von (**27**, 5), hier auf Gesetzmäßigkeiten der Wertverteilung des Charakters $\omega\psi_\varrho$ im kleinsten positiven Restsystem mod. 3^ϱ, und zwar haben wir hier die Einteilung dieses Restsystems in die drei Drittelsysteme

$$0 \ldots 1 \cdot 3^{\varrho-1} \ldots 2 \cdot 3^{\varrho-1} \ldots 3 \cdot 3^{\varrho-1}$$

zugrunde zu legen, die mit dem durch $u \equiv 1 + 3^{\varrho-1}$ mod. 3^ϱ erzeugten dreigliedrigen Lösungszyklus der Kongruenz $u^3 \equiv 1$ mod. 3^ϱ zusammenhängt. Es ist

$$\omega(u) = 1, \quad \psi_\varrho(u) = \varepsilon,$$

wo zur übersichtlicheren Gestaltung der späteren Formeln die primitive dritte Einheitswurzel $\zeta_{3^{\varrho-1}}^{3^{\varrho-2}} = \zeta_3 = \varepsilon$ gesetzt ist. Daraus folgert man für die Wertverteilung von ω und ψ_ϱ in den genannten Drittelsystemen ohne weiteres die Regeln

$$\omega(x + 3^{\varrho-1}) = \omega(x), \qquad \psi_\varrho(x + 3^{\varrho-1}) = \varepsilon^{\omega(x)} \psi_\varrho(x). \tag{20}$$

Wegen

$$\omega(-x) = -\omega(x), \quad \psi_\varrho(-x) = \psi_\varrho(x) \tag{21}$$

ergeben sich daraus weiter die Regeln

$$\omega(3^{\varrho-1} - x) = -\omega(x), \quad \psi_\varrho(3^{\varrho-1} - x) = \varepsilon^{-\omega(x)} \psi_\varrho(x), \tag{22}$$

die der Einteilung der drei Drittelsysteme (Restsysteme mod. $3^{\varrho-1}$) in je zwei Halbsysteme mod. $3^{\varrho-1}$ entsprechen. Auf Grund der Gesetzmäßigkeiten (20), (22) der Wertverteilung von ω und ψ_ϱ erhält man für die in (17) zugrunde liegende Zahl $\Theta(\omega\psi_\varrho)$, von der Definitionsformel (27, 2) ausgehend, die folgende Umformung, durch die die formalen Nenner bis auf einen Restnenner $\sqrt{-3}$ herausgehoben werden:

$$\begin{aligned}
\Theta(\omega\psi_\varrho) &= -\frac{1}{2 \cdot 3^\varrho} \sum_{x \bmod 3^\varrho}^{+} \omega(x) \psi_\varrho(x)\, x \\
&= -\frac{1}{2 \cdot 3^\varrho} \sum_{x \bmod 3^{\varrho-1}}^{+} \omega(x) \psi_\varrho(x) \left[x + \varepsilon^{\omega(x)} (x + 3^{\varrho-1}) + \varepsilon^{2\omega(x)} (x + 2 \cdot 3^{\varrho-1})\right] \\
&= -\frac{1}{2 \cdot 3} \sum_{x \bmod 3^{\varrho-1}}^{+} \omega(x) \psi_\varrho(x) \left(\varepsilon^{\omega(x)} + 2\, \varepsilon^{2\omega(x)}\right) \\
&= -\frac{1}{2 \cdot 3} \sum_{\pm x \bmod 3^{\varrho-1}}^{+} \omega(x) \psi_\varrho(x) \left[\left(\varepsilon^{\omega(x)} + 2\varepsilon^{2\omega(x)}\right) - \varepsilon^{-\omega(x)} \left(\varepsilon^{-\omega(x)} + 2\, \varepsilon^{-2\omega(x)}\right)\right] \\
&= -\frac{1}{3} \sum_{\pm x \bmod 3^{\varrho-1}}^{+} \omega(x) \psi_\varrho(x) \left(\varepsilon^{2\omega(x)} - 1\right) \\
&= -\frac{1}{3} \sum_{\pm x \bmod 3^{\varrho-1}}^{+} \left[\varepsilon^{\omega(x)} \psi_\varrho(x) \cdot \omega(x) \left(\varepsilon^{\omega(x)} - \varepsilon^{-\omega(x)}\right)\right],
\end{aligned}$$

und, da $\omega(x)\left(\varepsilon^{\omega(x)} - \varepsilon^{-\omega(x)}\right) = \varepsilon - \varepsilon^{-1} = \sqrt{-3}$ ist, schließlich analog zu (27, 5) [(32, 5)]

$$\Theta(\omega\psi_\varrho) = \frac{1}{\sqrt{-3}} \sum_{\pm x \bmod 3^{\varrho-1}}^{+} \varepsilon^{\omega(x)} \psi_\varrho(x) \qquad (\varrho \geqq 2). \tag{23}$$

Um daraus weiter ein Analogon zu der invarianten Schreibweise (**32**, 5′) zu erhalten, führen wir zu den dortigen Funktionen $s_{2^\varrho}(x)$, $\delta_{2^\varrho}(x)$ analoge Funktionen der primen Restklassen mod. 3^ϱ ein. Bezeichne dazu $r_{3^\varrho}(x)$ den kleinsten positiven Rest von x mod. 3^ϱ. Dann setzen wir

$$\delta_{3^\varrho}(x) = \begin{cases} -1 & \text{für } \quad 0 < r_{3^\varrho}(x) < 3^{\varrho-1} \\ 0 & \text{für } \quad 3^{\varrho-1} < r_{3^\varrho}(x) < 2\cdot 3^{\varrho-1} \\ 1 & \text{für } \quad 2\cdot 3^{\varrho-1} < r_{3^\varrho}(x) < 3\cdot 3^{\varrho-1} \end{cases}$$

und damit

$$s_{3^\varrho}(x) = \varepsilon^{-\delta_{3^\varrho}(x)\,\omega(x)}.$$

Mit Hinblick auf die ersten Formeln (20), (21) gilt

$$\begin{aligned} \delta_{3^\varrho}(x + 3^{\varrho-1}) &\equiv \delta_{3^\varrho}(x) + 1 \text{ mod. } 3, \quad & s_{3^\varrho}(x + 3^{\varrho-1}) &= \varepsilon^{-\omega(x)}\, s_{3^\varrho}(x), \\ \delta_{3^\varrho}(-x) &= -\,\delta_{3^\varrho}(x) \quad , & s_{3^\varrho}(-x) &= s_{3^\varrho}(x), \end{aligned}$$

so daß mit Hinblick auf die zweiten Formeln (20), (21) die Funktion $\psi_\varrho(x)\, s_{3^\varrho}(x)$ bei den Substitutionen $x \to x + 3^{\varrho-1}$ und $x \to -x$ invariant ist. Für x im kleinsten positiven Halbsystem mod. $3^{\varrho-1}$ ist $\delta_{3^\varrho}(x) = -1$, $s_{3^\varrho}(x) = \varepsilon^{\omega(x)}$. Daraus ergibt sich für die Formel (23) die zu (**32**, 5′) analoge invariante Schreibweise

$$\Theta(\omega\psi_\varrho) = \frac{1}{\sqrt{-3}} \sum_{\pm x \text{ mod. } 3^{\varrho-1}} \psi_\varrho(x)\, s_{3^\varrho}(x), \tag{23'}$$

wo die Summation nunmehr über ein b e l i e b i g e s primes Halbsystem mod. $3^{\varrho-1}$ erstreckt werden darf.

Um ferner hieraus ein Analogon zu (**32**, 9) zu erhalten, wählen wir eine feste Restklasse z mod. 3^ϱ so, daß $\psi_\varrho(z)$ eine primitive $3^{\varrho-1}$-te Einheitswurzel ist, etwa die Basisklasse $z \equiv 1 + 3$ mod. 3^ϱ. Durch Multiplikation mit $1 - \overline{\psi}_\varrho(z)$ ergibt sich dann aus (23′)

$$(1 - \overline{\psi}_\varrho(z))\,\Theta(\omega\psi_\varrho) = \sum_{\pm x \text{ mod. } 3^{\varrho-1}} \psi_\varrho(x) \frac{s_{3^\varrho}(x) - s_{3^\varrho}(zx)}{\sqrt{-3}} \qquad (\varrho \geqq 2), \tag{24}$$

und daraus mit Hinblick auf (17) durch Normbildung

$$h^*_{\omega\psi_\varrho} = N_{\psi_\varrho}\left(\sum_{\pm x \text{ mod. } 3^{\varrho-1}} \psi_\varrho(x) \frac{s_{3^\varrho}(x) - s_{3^\varrho}(zx)}{\sqrt{-3}}\right) \qquad (\varrho \geqq 2). \tag{25}$$

Da die dritten Einheitswurzeln einander mod. $\sqrt{-3}$ kongruent sind, heben sich in (24), (25) die formalen Nenner $\sqrt{-3}$ heraus. Die explizite Darstellung der Koeffizienten der $\psi_\varrho(x)$ in ganzzahliger Form ist etwas umständlicher als in (**32**, 9). Man hat nämlich hier keine zu (**32**, 8) analoge explizite Darstellung des normierten Exponenten $\mu = 0, \pm 1$ einer Potenz ε^μ durch diese Potenz. Es gilt jedoch in dieser Hinsicht die Beziehung

$$\varepsilon^\mu = \frac{2 - 3\mu^2 + \mu\sqrt{-3}}{2} \quad \text{für} \quad \mu = 0, \pm 1.$$

Aus ihr folgt die für $\mu, \mu' = 0, \pm 1$ gültige Beziehung

$$\frac{\varepsilon^{-\mu} - \varepsilon^{-\mu'}}{\sqrt{-3}} = \frac{-3(\mu^2 - \mu'^2) - (\mu - \mu')\sqrt{-3}}{2\sqrt{-3}} = (\mu - \mu')\frac{-1 + (\mu + \mu')\sqrt{-3}}{2}$$

$$= \begin{Bmatrix} -\mu & \text{für} \quad \mu' = -\mu \\ (\mu - \mu')\,\varepsilon^{\mu + \mu'} & \text{für} \quad \mu' \neq -\mu) \end{Bmatrix}.$$

Für $\mu = \delta_{3^\varrho}(x)\,\omega(x)$, $\mu' = \delta_{3^\varrho}(zx)\,\omega(zx) = \delta_{3^\varrho}(zx)\,\omega(x)$ ergibt sich damit

$$\frac{s_{3^\varrho}(x) - s_{3^\varrho}(zx)}{\sqrt{-3}}$$
$$= \begin{Bmatrix} -\delta_{3^\varrho}(x)\,\omega(x) & \text{für } \delta_{3^\varrho}(zx) = -\delta_{3^\varrho}(x) \\ (\delta_{3^\varrho}(x) - \delta_{3^\varrho}(zx))\,\omega(x)\,\varepsilon^{(\delta_{3^\varrho}(x) + \delta_{3^\varrho}(zx))\,\omega(x)} & \text{für } \delta_{3^\varrho}(zx) \neq -\delta_{3^\varrho}(x) \end{Bmatrix}. \tag{26}$$

Trägt man diese Werte für die Koeffizienten in (24) und (25) ein, so erhält man Analoga zu (32, 9) und zu der obigen Formel (6).

Um schließlich ein Analogon zu der Weberschen Formel (6′) zu bekommen, wählen wir das exponentielle prime Halbsystem

$$x \equiv z^\nu \bmod. 3^\varrho \quad (\nu \bmod. 3^{\varrho-2}) \qquad \text{mit } z \equiv 1 + 3 \equiv 4 \bmod. 3^\varrho.$$

Damit ergibt sich aus (25) die zu (6′) analoge Formel

$$h^*_{\omega\,\varphi_\varrho} = N_{3^{\varrho-1}}\Big(\sum_{\nu \bmod. 3^{\varrho-2}} e^{(\nu)}_{3^\varrho}\,\zeta^\nu_{3^{\varrho-1}}\Big) \qquad (\varrho \geqq 2), \tag{27}$$

wo $N_{3^{\varrho-1}}$ die Normbildung im Kreiskörper $\mathsf{P}_{3^{\varrho-1}}$ bedeutet und die Koeffizienten gemäß (26) durch

$$e^{(\nu)}_{3^\varrho} = \frac{s_{3^\varrho}(4^\nu) - s_{3^\varrho}(4^{\nu+1})}{\sqrt{-3}} = \begin{Bmatrix} -\delta^{(\nu)} & \text{für } \delta^{(\nu+1)} = -\delta^{(\nu)} \\ (\delta^{(\nu)} - \delta^{(\nu+1)})\,\varepsilon^{\delta^{(\nu)} + \delta^{(\nu+1)}} & \text{für } \delta^{(\nu+1)} \neq -\delta^{(\nu)} \end{Bmatrix} \tag{28}$$

mit der Abkürzung $\delta^{(\nu)} = \delta_{3^\varrho}(4^\nu)$ gegeben sind.

Ganz entsprechend, wie sich in **32** aus (9) ein weiterer Beweis der dortigen Tatsache (6) oder (10) ergab, die nach den obigen Formeln (3), (5) äquivalent mit dem Weberschen Satz 36′ ist, ergibt sich hier aus (27) ein weiterer Beweis des Satzes 37′. Bezeichnet nämlich $\mathfrak{t}$ den einzigen Primteiler von 3 im Körper $\mathsf{P}_{3^{\varrho-1}}$, so sind alle $\zeta^\nu_{3^{\varrho-1}} \equiv 1 \bmod. \mathfrak{t}$, und man hat

$$\sum_{\nu \bmod. 3^{\varrho-2}} e^{(\nu)}_{3^\varrho}\,\zeta^\nu_{3^{\varrho-1}} \equiv \sum_{\nu \bmod. 3^{\varrho-2}} e^{(\nu)}_{3^\varrho} \bmod. \mathfrak{t}.$$

Nach (28) ist aber

$$\sum_{\nu \bmod. 3^{\varrho-2}} e^{(\nu)}_{3^\varrho} = \sum_{\nu \bmod. 3^{\varrho-2}} \frac{s_{3^\varrho}(4^\nu) - s_{3^\varrho}(4^{\nu+1})}{\sqrt{-3}} = \frac{s_{3^\varrho}(1) - s_{3^\varrho}(1 + 3^{\varrho-1})}{\sqrt{-3}}$$
$$= \frac{\varepsilon - 1}{\sqrt{-3}} = -\varepsilon^{-1},$$

so daß nach (27) in der Tat die $h^*_{\omega\psi_\varrho}$ und damit nach (19) auch die $h^*_{3^\varrho}$ prim zu 3 sind. Aus der Normdarstellung (27) folgt dann auf Grund der Klassenkörpereigenschaft von $\mathsf{P}_{3^{\varrho-1}}$ noch genauer die Kongruenz

$$h^*_{\omega\psi_\varrho} \equiv 1 \bmod. 3^{\varrho-1},$$

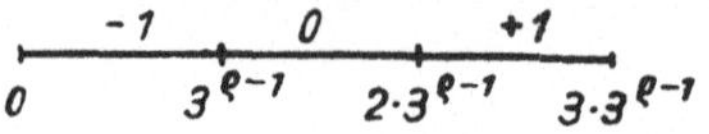

Abb. 6.

und daher nach (19) jedenfalls

$$h^*_{3^\varrho} \equiv 1 \bmod. 3, \tag{29}$$

was wir nachher noch etwas verschärfen werden.

Die in (27) auftretenden durch (28) gegebenen Koeffizienten $e^{(\nu)}_{3^\varrho}$ sind 0 oder sechste Einheitswurzeln ± 1, $\pm \varepsilon$, $\pm \varepsilon^2$. Sie hängen mit den Wechseln der Drittelsysteme zusammen, denen die kleinsten positiven Reste mod. 3^ϱ der Potenzfolge 4^ν angehören. Liegen die kleinsten positiven Reste von 4^ν und $4^{\nu+1}$ mod. 3^ϱ im selben Drittelsystem ($\delta^{(\nu+1)} = \delta^{(\nu)}$), so ist $e^{(\nu)}_{3^\varrho} = 0$. Findet dagegen beim Übergang von 4^ν zu $4^{\nu+1}$ ein Wechsel des Drittelsystems statt ($\delta^{(\nu+1)} \neq \delta^{(\nu)}$), so ist $e^{(\nu)}_{3^\varrho}$ eine sechste Einheitswurzel, und zwar entspricht

$$\left.\begin{array}{l} \left\{\begin{array}{lccc} \text{dem Wechselzyklus} & (+1,0), & (0,-1), & (-1,+1) \\ \text{der Einheitswurzelzyklus} & \varepsilon\;, & \varepsilon^2\;, & 1 \end{array}\right\}, \\ \left\{\begin{array}{lccc} \text{dem Wechselzyklus} & (-1,0), & (0,+1), & (+1,-1) \\ \text{der Einheitswurzelzyklus} & -\varepsilon^2\;, & -\varepsilon\;, & -1 \end{array}\right\}. \end{array}\right\} \tag{30}$$

Dabei sind die Drittelsysteme, der obigen Definition von $\delta_{3^\varrho}(x)$ entsprechend, durch die Werte —1, 0, + 1 gekennzeichnet (siehe Abb. 6). Hieraus ergibt sich für die Berechnung der Koeffizienten $e^{(\nu)}_{3^\varrho}$ das folgende Schema:

4^0	4^1	4^2	4^3	4^4	4^5	4^6	4^7	4^8	4^9	
1	4									mod. 3^2
-1	0									
1	4	16	10							mod. 3^3
-1	-1	0	0							
1	4	16	64	13	52	46	22	7	28	mod. 3^4
-1	-1	-1	+1	-1	0	0	-1	-1	0	
....	....	....	....	....	....	....	....	....	....	....

Nach (27) und (30) liest man aus den Wechseln der Drittelsysteme in den Zeilen dieses Schemas ab:

$$\left.\begin{array}{l} h^*_{\omega\psi_2} = N_{3^1}\left(-\varepsilon^2\zeta_3^0\right) \\ h^*_{\omega\psi_3} = N_{3^2}\left(-\varepsilon^2\zeta_{3^2}^1\right) \\ h^*_{\omega\psi_4} = N_{3^3}\left(\zeta_{3^3}^2 - \zeta_{3^3}^3 - \varepsilon^2\zeta_{3^3}^4 + \varepsilon^2\zeta_{3^3}^6 - \varepsilon^2\zeta_{3^3}^8\right) \\ \cdots\cdots\cdots\cdots\cdots\cdots \end{array}\right\} \tag{31}$$

Zur Berechnung der Normen in (31) kann man wieder ein Rekursionsverfahren entwickeln, das zu dem obigen in (8) bis (15) gegebenen weitgehend analog ist, nur daß man hier statt im rationalen Zahlkörper P zweckmäßig im Körper $P(\varepsilon) = P_3$ der Koeffizienten $e_{3^\varrho}^{(\nu)} = 0, \pm 1, \pm \varepsilon, \pm \varepsilon^2$ rechnet. Man hat dann die Grundgleichungen

$$\zeta_{3^{\varrho+1}}^{3^\varrho} = \varepsilon \quad \text{für } P_{3^{\varrho+1}}/P(\varepsilon), \qquad \zeta_{3^{\varrho+1}}^{3} = \zeta_{3^\varrho} \quad \text{für } P_{3^{\varrho+1}}/P_{3^\varrho}$$

und die Basisdarstellungen

$$\xi_{3^{\varrho+1}} = a_0 + a_1 \zeta_{3^{\varrho+1}} + \cdots + a_{3^\varrho-1} \zeta_{3^{\varrho+1}}^{3^\varrho-1} = [\dot{a}_0, a_1, \ldots, a_{3^\varrho-1}]$$

$$\text{mit } a_0, a_1, \ldots, a_{3^\varrho-1} \text{ aus } P(\varepsilon),$$

$$\xi_{3^{\varrho+1}} = \alpha_{3^\varrho} + \beta_{3^\varrho} \zeta_{3^{\varrho+1}} + \gamma_{3^\varrho} \zeta_{3^{\varrho+1}}^2 \text{ mit } \left\{\begin{array}{l} \alpha_{3^\varrho} = [a_0, a_3, \ldots, a_{3^\varrho-3}] \\ \beta_{3^\varrho} = [a_1, a_4, \ldots, a_{3^\varrho-2}] \\ \gamma_{3^\varrho} = [a_2, a_5, \ldots, a_{3^\varrho-1}] \end{array}\right\} \text{ aus } P_{3^\varrho}.$$

Für die Relativnorm hat man hier

$$N_{3^{\varrho+1}/3^\varrho}(\xi_{3^{\varrho+1}}) = \alpha_{3^\varrho}^3 + \zeta_{3^\varrho} \beta_{3^\varrho}^3 + \zeta_{3^\varrho}^2 \gamma_{3^\varrho}^3 - 3 \zeta_{3^\varrho} \alpha_{3^\varrho} \beta_{3^\varrho} \gamma_{3^\varrho}.$$

Damit ergibt sich die Rekursionsformel

$$N_{3^{\varrho+1}}\left(\alpha_{3^\varrho} + \beta_{3^\varrho} \zeta_{3^{\varrho+1}} + \gamma_{3^\varrho} \zeta_{3^{\varrho+1}}^2\right) = N_{3^\varrho}\left(\alpha_{3^\varrho}^3 + \zeta_{3^\varrho} \beta_{3^\varrho}^3 + \zeta_{3^\varrho}^2 \gamma_{3^\varrho}^3 - 3 \zeta_{3^\varrho} \alpha_{3^\varrho} \beta_{3^\varrho} \gamma_{3^\varrho}\right),$$

und somit durch Ablaufenlassen der Rekursion die Endformel

$$N_{3^{\varrho+1}}\left(\alpha_{3^\varrho} + \beta_{3^\varrho} \zeta_{3^{\varrho+1}} + \gamma_{3^\varrho} \zeta_{3^{\varrho+1}}^2\right) = N_{3^1}\left(\alpha_{3^1}^3 + \zeta_{3^1} \beta_{3^1}^3 + \zeta_{3^1}^2 \gamma_{3^1}^3 - \zeta_{3^1} \alpha_{3^1} \beta_{3^1} \gamma_{3^1}\right), \quad [6]$$

in der die Norm aus $P_{3^1} = P(\varepsilon)$ in bekannter Weise berechnet werden kann.

Für die dritte der in (31) angegebenen Normen – die beiden ersten haben trivialerweise den Wert 1 – verläuft dies Rekursionsverfahren unter Weglassung der Umrechnungen[1]) folgendermaßen:

$$\begin{aligned} h_{\omega\varphi_4}^* &= N_{3^3}([0, 0, 1, -1, -\varepsilon^2, 0, \varepsilon^2, 0, -\varepsilon^2]) \\ &= N_{3^3}\left([0, -1, \varepsilon^2] + [0, -\varepsilon^2, 0]\,\zeta_{3^3} + [1, 0, -\varepsilon^2]\,\zeta_{3^3}^2\right) \\ &= N_{3^2}\big([0, -1, \varepsilon^2]^3 + \zeta_{3^2}[0, -\varepsilon^2, 0]^3 + \zeta_{3^2}^2 [1, 0, -\varepsilon^2]^3 \\ &\qquad - 3\zeta_{3^2}[0, -1, \varepsilon^2][0, -\varepsilon^2, 0][1, 0, -\varepsilon^2]\big) \\ &= N_{3^2}\left((-\varepsilon - 2\varepsilon^2) + (-\varepsilon + 3\varepsilon^2)\zeta_{3^2} + (-\varepsilon - 2\varepsilon^2)\zeta_{3^2}^2\right) \\ &= N_3\big((-\varepsilon - 2\varepsilon^2)^3 + \varepsilon(-\varepsilon + 3\varepsilon^2)^3 + \varepsilon^2(-\varepsilon - 2\varepsilon^2)^3 \\ &\qquad - 3\varepsilon(-\varepsilon - 2\varepsilon^2)(-\varepsilon + 3\varepsilon^2)(-\varepsilon - 2\varepsilon^2)\big) \\ &= N_3(41\varepsilon + 57\varepsilon^2) = N_3\left(-49 - 8\sqrt{-3}\right) = 49^2 + 3 \cdot 8^2 = 2593. \end{aligned}$$

Hiernach und nach (19) haben die drei ersten Beiträge $h_{\omega\varphi_\varrho}^*$ und Relativklassenzahlen $h_{3^\varrho}^* (\varrho \geqq 2)$ die folgenden Werte:

$$\begin{array}{ll} h_{\omega\varphi_2}^* = 1, & h_{3^2}^* = 1, \\ h_{\omega\varphi_3}^* = 1, & h_{3^3}^* = 1, \\ h_{\omega\varphi_4}^* = 2593 \text{ (Primzahl)}, & h_{3^4}^* = 2593. \end{array}$$

---

[1]) Für diese kann man ein ganz analoges schematisches Verfahren ausbilden wie das oben in Fußnote 1, S. 104 angedeutete.

Diese Werte finden sich bereits in der von Kummer [6] berechneten Tafel der Relativklassenzahlen h_f^* von $\mathsf{P}_f/\mathsf{P}_{f,0}$ für alle $f \leqq 100$. Ich habe nach dem vorstehenden Verfahren noch den nächstfolgenden Wert berechnet:

$$h^*_{\omega\psi_5} = 5\,764\,966\,319\,758\,245\,087\,799.$$ [7]

Ob auch dieser Wert Primzahl ist, habe ich nicht nachgeprüft. Da $h^*_{\omega\psi_2} = 1$, $h^*_{\omega\psi_3} = 1$ und $h^*_{\omega\psi_4} \equiv 1 \bmod. 3^4$ (statt nur mod. 3^3) ist, verschärft sich die obige Kongruenz (29) zu

$$h^*_{3^\varrho} \equiv 1 \bmod. 3^4 \qquad (\varrho \geqq 2). \tag{29'}$$

Bemerkung über den allgemeinen Fall $f(\psi) = p^\varrho\,(p \neq 2,\ \varrho \geqq 2)$.

Im Anschluß an diese speziellen Untersuchungen wollen wir noch eine Verallgemeinerung der oben für den Sonderfall $f(\psi) = 3^\varrho\,(\varrho \geqq 2)$ hergeleiteten Formel (23) auf den Fall einer beliebigen ungeraden höheren Primzahlpotenz $f(\psi) = p^\varrho\,(p \neq 2,\ \varrho \geqq 2)$ anmerken. Dazu setzen wir in der Formel (27, 2) das kleinste positive prime Restsystem mod. p^ϱ in der Form $x + y\,p^{\varrho-1}$ an, wo x das kleinste positive prime Restsystem mod. $p^{\varrho-1}$ und y das kleinste positive volle Restsystem mod. p durchläuft. Entsprechend der Aufspaltung

$$x + y\,p^{\varrho-1} \equiv x\,(1 + y\,x^{-1}\,p^{\varrho-1}) \equiv x\,(1+p)^{y\,x^{-1}p^{\varrho-2}} \bmod. p^\varrho,$$

in der x^{-1} als Vertreter der zu x mod. p reziproken Restklasse zu verstehen ist, hat man dann die Regel

$$\psi\,(x + y\,p^{\varrho-1}) = \psi\,(x)\,\zeta^{y\,x^{-1}}, \tag{32}$$

wo

$$\zeta = \psi\,(1 + p^{\varrho-1}) = \psi\,(1+p)^{p^{\varrho-2}}$$

eine primitive p-te Einheitswurzel ist. Damit ergibt sich zunächst die Umformung

$$\begin{aligned}
\Theta\,(\psi) &= -\frac{1}{2p^\varrho} \sum_{x \bmod. p^\varrho}^{+} \psi\,(x)\,x = -\frac{1}{2p^\varrho} \sum_{x \bmod. p^{\varrho-1}}^{+}\ \sum_{y \bmod. p}^{+} \psi\,(x + y\,p^{\varrho-1})\,(x + y\,p^{\varrho-1}) \\
&= -\frac{1}{2p^\varrho} \sum_{x \bmod. p^{\varrho-1}}^{+} \psi\,(x) \sum_{y \bmod. p}^{+} (x + y\,p^{\varrho-1})\,\zeta^{y\,x^{-1}} = -\frac{1}{2p} \sum_{x \bmod. p^{\varrho-1}}^{+} \psi\,(x) \sum_{y \bmod. p}^{+} y\,\zeta^{y\,x^{-1}} \\
&= \frac{1}{2} \sum_{x \bmod. p^{\varrho-1}}^{+} \frac{\psi\,(x)}{1 - \zeta^{x^{-1}}},
\end{aligned}$$

letzteres unter Beachtung der ohne weiteres durch Ausmultiplizieren zu bestätigenden Tatsache

$$(\zeta + 2\,\zeta^2 + \cdots + (p-1)\,\zeta^{p-1})\,(\zeta - 1) = p$$

für jede primitive p-te Einheitswurzel ζ. In der so erhaltenen Formel reduzieren wir die Summation noch auf das kleinste positive prime Halbsystem x mod. $p^{\varrho-1}$, indem wir die aus (32) und $\psi\,(-1) = -1$ folgende Regel

$$\psi\,(p^{\varrho-1} - x) = -\,\psi\,(x)\,\zeta^{-x^{-1}}$$

anwenden. Da $1 - \zeta^{x^{-1}}$ bei der Substitution $x \to p^{\varrho - 1} - x$ das gleiche Verhalten hat wie $\psi(x)$, ist der Ausdruck $\frac{\psi(x)}{1 - \zeta^{x^{-1}}}$ bei dieser Substitution invariant. So ergibt sich die weitere Umformung

$$\Theta(\psi) = \sum_{\pm x \bmod p^{\varrho-1}}^{+} \frac{\psi(x)}{1 - \zeta^{x^{-1}}} \quad \text{mit} \quad \zeta = \psi(1 + p^{\varrho-1}). \tag{33}$$

Diese Formel kann auch in der Form

$$\Theta(\psi) = \frac{1}{1-\zeta} \sum_{\pm x \bmod p^{\varrho-1}}^{+} \psi(x)\, \eta^{(x^{-1})} \tag{33'}$$

geschrieben werden, wo

$$\eta^{(x^{-1})} = \frac{1-\zeta}{1-\zeta^{x^{-1}}} = 1 + \zeta^{x^{-1}} + \cdots + \zeta^{(x-1)\,x^{-1}}$$

das bekannte Einheitensystem aus dem Kreiskörper P_p ist (das leicht auch durch die Kreiseinheiten aus **10** darstellbar ist).

Im Spezialfall $p = 3$ geht die erhaltene Formel (33') in die obige Formel (23) über, wenn man die für die primitive 3-te Einheitswurzel $\zeta = \varepsilon$ gültigen Tatsachen $\frac{1}{1-\varepsilon} = \frac{\varepsilon}{\varepsilon - \varepsilon^{-1}} = \frac{\varepsilon}{\sqrt{-3}}$ und $\eta^{(1)} = 1$, $\eta^{(2)} = 1 + \varepsilon^2 = -\varepsilon$ beachtet.

Der ursprüngliche formale Nenner $2p^\varrho$ aus (27, 2) ist in (33), (33') auf den Restnenner $1 - \zeta$, also den einzigen Primteiler von p im Kreiskörper P_p herabgedrückt. Das ist noch nicht der wahre Nenner; nach Satz 32 ist dieser vielmehr 1 oder einer der $\varphi(p-1)$ Primteiler von p im Kreiskörper $\mathsf{P}_{p-1}\,\mathsf{P}_{p^{\varrho-1}}$ (letzteres höchstens im Spezialfall, daß die Ordnung $n_\psi = \varphi(p^\varrho)$ ist – dann stellt $1 - \zeta$ die $p^{\varrho-2}$-te Potenz der Relativnorm für $\mathsf{P}_{p-1}\,\mathsf{P}_{p^{\varrho-1}}/\mathsf{P}_{p^{\varrho-1}}$ dieses Primteilers dar). Hiernach müßte noch eine weitere Umformung von (33), (33') möglich sein, durch die dieses Nennergesetz in Evidenz gesetzt wird. Im Spezialfall $p = 3$ wurde eine solche Umformung oben im Anschluß an (23) mit dem Ergebnis (24) – oder nach Normbildung (27), (28) – durchgeführt. Ihre Verallgemeinerung auf beliebige ungerade Primzahlen p ist mir nicht gelungen. Immerhin stellt auch schon das Ergebnis (33') eine wesentliche Erleichterung für die Berechnung der Relativklassenzahlbeiträge $N_\psi(\Theta(\psi))$ von Charakteren ψ mit ungeraden höheren Primzahlpotenzführern dar.

So findet man beispielsweise für den wesentlich einzigen Charakter ψ_2 von $\mathsf{P}_{5^2}/\mathsf{P}_{5^2,0}$ einfach

$$\Theta(\psi_2) = \frac{1 + \psi_2(2)(1+\zeta^2)}{1-\zeta} \quad \text{mit} \quad \zeta = \psi_2(1+5). \quad [8]$$

Wegen $2^4 = 16 = 1 + 3 \cdot 5 \equiv (1+5)^3 \bmod 5^2$ ist dann $\psi_2(2)^4 = \zeta^3$, also $\psi_2(2) = i\zeta^2$, und daher

$$\Theta(\psi_2) = \frac{1 + i\zeta^2(1+\zeta^2)}{1-\zeta}. \quad [8]$$

Relativnormbildung in $\mathsf{P}_{4\cdot 5}/\mathsf{P}_5$ liefert daraus

$$\mathsf{N}(\Theta(\psi_2)) = \frac{1 + \zeta^4(1+\zeta^2)^2}{(1-\zeta)^2} = \frac{1 + \zeta^4 + 2\zeta + \zeta^3}{(1-\zeta)^2} = \frac{\zeta - \zeta^2}{(1-\zeta)^2} = \frac{\zeta}{1-\zeta}, \quad [8]$$

wobei das Wegheben von $1-\zeta$ unserer obigen allgemeinen Erkenntnis über die noch notwendig vorhandene Nennerreduktion in der Formel (33') entspricht. Normbildung in P_5 ergibt dann weiter

$$N_{\psi_2}(\Theta(\psi_2)) = N(\mathsf{N}(\Theta(\psi_2))) = \frac{1}{5}.$$

Für den wesentlich einzigen Charakter ψ_1 von $\mathsf{P}_5/\mathsf{P}_{5,0}$ hat man nach (27, 2) direkt

$$\Theta(\psi_1) = -\frac{1+2\mathrm{i}-3\mathrm{i}-4}{2\cdot 5} = \frac{3+\mathrm{i}}{2\cdot 5} = \frac{1}{3-\mathrm{i}},$$

also

$$N_{\psi_1}(\Theta(\psi_1)) = \frac{1}{2\cdot 5}.$$

Nach (27, 1) und unter Beachtung von Satz 23 ergeben sich daraus für die Relativklassenzahlen h_5^* und $h_{5^2}^*$ von $\mathsf{P}_5/\mathsf{P}_{5,0}$ und $\mathsf{P}_{5^2}/\mathsf{P}_{5^2,0}$ die Werte

$$h_5^* = 2\cdot 5\cdot N_{\psi_1}(\Theta(\psi_1)) = 1,$$

$$h_{5^2}^* = 2\cdot 5^2\cdot N_{\psi_1}(\Theta(\psi_1))\cdot N_{\psi_2}(\Theta(\psi_2)) = 1.$$

Ich habe nach dem vorstehenden Verfahren noch den nächstfolgenden Wert berechnen lassen:

$$h_{5^3}^* = 2\cdot 5^3\cdot N_{\psi_1}(\Theta(\psi_1))\cdot N_{\psi_2}(\Theta(\psi_2))\cdot N_{\psi_3}(\Theta(\psi_3)) = 57\,708\,445\,601.$$

Ob dieser Wert Primzahl ist, mußte offen gelassen werden. [9]

35. Bemerkungen über den Geschlechterfaktor

Bei dem direkten Ganzzahligkeitsbeweis in **33** sind, im Beweis von Satz 35, die in Satz 31 festgestellten Teilbarkeiten gewisser Beiträge $h_\psi^* = N_\psi(\Theta(\psi))$ durch 2 nicht sämtlich ausgenutzt worden. Außer den dreigliedrigen Produkten liefern ja auch die fünfgliedrigen, siebengliedrigen, ... Produkte ψ der irregulären $\psi_1, \ldots, \psi_r$ durch 2 teilbare Beiträge h_ψ^*. Darüber hinaus kann man noch in den Faktoren dieser Produkte zu den Algebraisch-Konjugierten übergehen; man hat dann allerdings aus den sämtlichen so entstehenden Produkten wieder ein Vertretersystem nicht Algebraisch-Konjugierter herauszugreifen. Schließlich braucht man sich gar nicht auf die irregulären Charaktere $\psi_1, \ldots, \psi_r$ und die wie angegeben aus ihnen abgeleiteten Charaktere von K/K_0 zu beschränken, sondern kann alle Charaktere von K/K_0 mit 2-Potenzordnung n_ψ und zusammengesetztem Führer $f(\psi)$ in Betracht ziehen, wobei nur im Falle, daß $f(\psi)$ nur zwei verschiedene Primteiler $p \neq 2, q$ enthält, noch die Einschränkung $\left(\frac{q}{p}\right) = 1$ zu machen ist. Für alle diese Charaktere ψ ist ja h_ψ^* nach Satz 31 und (33, 3) durch 2 teilbar; überdies sagt Satz 31 noch aus, daß im letztgenannten Falle für $\left(\frac{q}{p}\right) = -1$ der Beitrag h_ψ^* nicht durch 2 teilbar ist. So erhält man über die Ganzzahligkeit von h^* hinaus die Teilbarkeit von h^* durch eine gewisse Potenz 2^ν $(\nu \geqq 0)$.

Man könnte nun denken, daß sich auf diese Weise gerade der in Satz 12 mit klassenkörpertheoretischen Methoden festgestellte Geschlechterfaktor 2^γ $(\gamma \geqq 0)$ von h^* auf direkte Weise ergibt. Dies ist jedoch **nicht** immer der Fall. Vielmehr kann auch $\nu < \gamma$ oder $\nu > \gamma$ sein. Im ersteren Falle liefert Satz 31 noch nicht den vollen Geschlechterfaktor, während im letzteren Falle Satz 31 eine über das Ergebnis der Geschlechtertheorie hinausgehende Aussage liefert, nämlich daß die Anzahl $\frac{h^*}{2^\gamma}$ der Klassen im Hauptgeschlecht von K/K_0 noch durch $2^{\nu-\gamma}$ teilbar ist.

Wir wollen dies am Beispiel der imaginär-quadratischen Zahlkörper $\mathsf{K} = \mathsf{P}\left(\sqrt{-f}\right)$ erläutern. Hier ist einerseits die in Satz 12 auftretende Anzahl $q^* = 0$, also in bekannter Weise

$$\gamma = \delta - 1,$$

wo δ die Anzahl der verschiedenen Primteiler des Führers f ist. Andrerseits hat man hier nach den Formeln (33, 2, 1′)

$$h = h^* = 2\,h_\psi^* = 2\,\frac{w}{2}\,\Theta(\psi),$$

wo ψ der erzeugende Charakter von K ist. Ist $\gamma = 0$, also f Primzahlpotenz (Primzahl $p \equiv -1 \bmod. 4$ oder 2^2 oder 2^3), so ist ψ irregulär, also hat h_ψ^* nach Satz 34 den Nenner 2. Dann wird $\nu = 0$, also $\nu = \gamma$. Überdies folgt die aus der Geschlechtertheorie bekannte Tatsache, daß in diesem Falle h nicht durch 2 teilbar ist. Ist $\gamma \geqq 1$, also f zusammengesetzt, so ist ψ regulär, nach Satz 34 also h_ψ^* ganz. Ist dann sogar $\gamma \geqq 2$, enthält also f mindestens drei verschiedene Primteiler, so wird $\nu = 2$, also $\nu = \gamma$ oder $< \gamma$, je nachdem $\gamma = 2$ oder > 2 ist. Ist aber $\gamma = 1$, enthält also f nur zwei verschiedene Primteiler $p \neq 2$, q, so wird $\nu = 2$ oder 1, also $\nu > \gamma$ oder $= \gamma$, je nachdem $\left(\frac{q}{p}\right) = 1$ oder -1 ist; im letzteren Falle ist h_ψ^* nicht durch 2 teilbar, also h genau durch 2^1 teilbar. Damit haben wir die folgende über das Ergebnis der Geschlechtertheorie hinausgehende Aussage:

Satz 39. *Ist $\mathsf{K} = \mathsf{P}\left(\sqrt{-f}\right)$ ein imaginär-quadratischer Zahlkörper, dessen Führer f genau zwei verschiedene Primteiler $p \neq 2$, q enthält, so ist die Anzahl $\frac{h}{2}$ der Klassen im Hauptgeschlecht von K durch 2 teilbar oder nicht, je nachdem $\left(\frac{q}{p}\right) = 1$ oder -1 ist.*

Um im allgemeinen Falle die Teilbarkeit von h^* durch den Geschlechterfaktor 2^γ direkt aus der Relativklassenzahlformel (33, 2) zu beweisen, genügt hiernach Satz 31 nicht. Man braucht vielmehr eine Verallgemeinerung in der Richtung, daß unter geeigneten Voraussetzungen über ψ die Teilbarkeit von $N_\psi(\Theta(\psi))$ durch eine höhere Potenz von 2 festgestellt wird. Eine derartige Verallgemeinerung von Satz 31 ist mir nicht einmal im Falle der imaginär-quadratischen Zahlkörper gelungen. Da der nach obiger Methode mittels Satz 31 herleitbare Teiler 2^ν von h^* nichts Endgültiges darstellt, verzichte ich hier auf seine genaue Beschreibung und die Formulierung der entsprechenden Verallgemeinerung von Satz 35 auf beliebige imaginäre abelsche Zahlkörper.

36. Teilbarkeit durch die Relativklassenzahl eines Teilkörpers

Wir fragen, ob für einen imaginären Teilkörper $\tilde{\mathsf{K}}$ von K die Relativklassenzahl $\tilde{h}^*$ von $\tilde{\mathsf{K}}/\tilde{\mathsf{K}}_0$ Teiler der Relativklassenzahl h^* von K/K_0 ist.

Für die Untersuchung dieser Frage stützen wir uns auf die in (33, 2) gegebene Gestalt der Relativklassenzahlformel, nämlich

$$h^* = 2\,Q \prod_\psi h_\psi^*, \tag{1}$$

in der für jeden Vertreter ψ der Charaktere von K/K_0 der Beitrag h_ψ^* durch (33, 3) definiert ist. Man kann diese Definition der Beiträge h_ψ^* auch folgendermaßen aussprechen:

$$h_\psi^* = \begin{cases} p N_\psi(\Theta(\psi)), & \text{wenn } \psi \text{ erzeugender Charakter von } \mathsf{P}_{p^\varrho}\ (p \neq 2) \text{ ist,} \\ & \text{bzw. } (p = 2) \text{ wenn } w \equiv 0 \bmod. 4 \text{ und } \psi \text{ zusammen} \\ & \text{mit } \upsilon \text{ erzeugender Charakter von } \mathsf{P}_{2^\varrho} \text{ ist} \\ N_\psi(\Theta(\psi)) & \text{sonst} \end{cases} \tag{2}$$

Hiernach hängt der Beitrag h_ψ^* — ganz entsprechend wie in **33** die Regularität oder Irregularität von ψ – im allgemeinen nur vom Charakter ψ und nicht vom Körper K ab; nur für die speziellen Charaktere $\psi = \upsilon\varphi_\varrho$ $(\varrho \geqq 3)$ kommt es auch auf den betrachteten Körper K an, nämlich darauf, ob dieser die Eigenschaft $w \equiv 0 \bmod. 4$ hat oder nicht. Wie wir in **33** im Beweis b) zeigten, kann unter den Charakteren von K/K_0 für $w \not\equiv 0 \bmod. 4$ höchstens einer vom Typus $\upsilon\varphi_\varrho(\varrho \geqq 3)$ vorkommen, für den abweichend von der allgemeinen Regel $h_\psi^* = N_\psi(\Theta(\psi))$ ohne Faktor 2 zu setzen ist.

Dividiert man die Relativklassenzahlformel (1) für K/K_0 durch die entsprechende Formel für $\tilde{\mathsf{K}}/\tilde{\mathsf{K}}_0$, so erhält man demgemäß[1])

$$\frac{h^*}{\tilde{h}^*} = 2^\tau \frac{Q}{\tilde{Q}} \prod_{\psi'} h_{\psi'}^* \quad \text{mit } \tau = 0 \text{ oder } 1, \tag{3}$$

wo ψ' ein System nicht algebraisch-konjugierter Vertreter für diejenigen Charaktere von K/K_0 durchläuft, die nicht schon Charaktere von $\tilde{\mathsf{K}}/\tilde{\mathsf{K}}_0$ sind. Dabei ist nach (2) im allgemeinen $\tau = 0$; nur wenn $w \equiv 0 \bmod. 4$, aber $\tilde{w} \not\equiv 0 \bmod. 4$ ist, und unter den Charakteren von $\tilde{\mathsf{K}}/\tilde{\mathsf{K}}_0$ einer vom Typus $\upsilon\varphi_\varrho(\varrho \geqq 3)$, d. h. einer von 2-Potenzführer vorkommt, ist $\tau = 1$.

Um Beispiele zu erhalten, in denen $\tilde{h}^*$ kein Teiler von h^* ist, betrachten wir die in **26** behandelten imaginären bizyklischen biquadratischen Zahlkörper. Wie in (**26**, 1–4) sei

$$\mathsf{K} = \mathsf{K}_1\mathsf{K}_2 = \mathsf{P}\left(\sqrt{-f_1},\ \sqrt{-f_2}\right),$$
$$\mathsf{K}_1 = \mathsf{P}\left(\sqrt{-f_1}\right),\ \mathsf{K}_2 = \mathsf{P}\left(\sqrt{-f_2}\right),$$
$$\mathsf{K}_0 = \mathsf{P}\left(\sqrt{f_0}\right) \quad \text{mit} \quad f_0 \underset{2}{=} f_1 f_2,$$

und es seien h_1, h_2 die Klassenzahlen von K_1, K_2. Nimmt man als imaginären Teilkörper etwa $\tilde{\mathsf{K}} = \mathsf{K}_2$, so ist $\tilde{h}^* = h_2$, und der fragliche Quotient drückt sich nach (**26**, 7) in der Form

$$\frac{h^*}{\tilde{h}^*} = \frac{h^*}{h_2} = \frac{1}{2} Q h_1 \tag{4}$$

aus, wenn von dem in **26** ausgenommenen Spezialfall $\mathsf{K} = \mathsf{P}_{2^3}$ abgesehen wird. Man kann dann durch geeignete Wahl von f_1, f_2 erreichen, daß nicht nur dieser

---

1) Die auf $\tilde{\mathsf{K}}$ bezüglichen Größen werden im folgenden durch eine darübergesetzte Schlange bezeichnet.

Quotient gebrochen ausfällt, sondern auch der Quotient der vollen Klassenzahlen h von K und $\tilde{h} = h_2$ von $\tilde{\mathsf{K}} = \mathsf{K}_2$, der sich nach (26, 6) in der Form

$$\frac{h}{\tilde{h}} = \frac{h}{h_2} = \frac{1}{2} Q h_0 h_1 \qquad (5)$$

ausdrückt. Wir wollen alle Körper K der betrachteten Art mit dieser Eigenschaft bestimmen.

Der Quotient (5), und damit auch der Quotient (4), ist genau dann gebrochen, mit dem Nenner 2, wenn gleichzeitig

$$h_0 \text{ ungerade}, \quad h_1 \text{ ungerade}, \quad Q = 1$$

ist. Nach der Geschlechtertheorie der quadratischen Zahlkörper ist h_0 ungerade genau dann. wenn K_0 eingeschlechtig ist, d. h. wenn f_0 von einem der beiden Typen

$$f_0 = p \quad \text{oder} \quad f_0 = q_1 q_2 \qquad (6)$$

ist, mit einer Primzahl $p \equiv 1 \bmod. 4$, die auch durch 2^3 ersetzt werden darf, bzw mit zwei verschiedenen Primzahlen q_1, q_2, von denen jede auch durch 2^2 oder 2^3 ersetzt werden darf. Ebenso ist h_1 ungerade genau dann, wenn f_1 vom Typus

$$f_1 = q \qquad (7)$$

ist, mit einer Primzahl $q \equiv -1 \bmod. 4$, die auch durch 2^2 oder 2^3 ersetzt werden darf[1]). Setzen wir die beiden Bedingungen (6), (7) als erfüllt voraus, so wird

$$f_2 = pq \quad \text{oder} \quad f_2 = q_1 q_2 q, \qquad (8)$$

wenn nur beim letzteren Typus q von q_1, q_2 verschieden ist. Diese letztere Voraussetzung ist für unseren Zweck notwendig – und zwar hinsichtlich der Nebenfälle in dem Sinne, daß die gleichzeitigen Ersetzungen (q_1 oder $q_2 \to 2^2$ oder 2^3, $q \to 2^2$ oder 2^3) ausgeschlossen werden –, um die noch gestellte Bedingung $Q = 1$ zu erfüllen. Stimmt nämlich q mit q_1 oder q_2 überein — hinsichtlich der Nebenfälle im genannten Sinne –, so liegen gerade die in (26, 15) bestimmten Fälle mit $Q = 2$ vor. Beim ersteren Typus sind die gleichzeitigen Ersetzungen ($p \to 2^3$, $q \to 2^2$ oder 2^3) auszuschließen, die auf den Ausnahmefall $\mathsf{K} = \mathsf{P}_{2^*}$ führen. Von diesen Fällen abgesehen ist die restliche Bedingung $Q = 1$ nach (26, 10_{I}) bzw. (26, 10_{II}) in der Tat erfüllt, so daß dann aus (6), (7), (8) wirklich Körper K mit der verlangten Eigenschaft resultieren. Wir können somit feststellen:

Satz 40. *Für die imaginären bizyklischen biquadratischen Zahlkörper der beiden Typen*

$$\mathsf{K} = \mathsf{P}\left(\sqrt{-q}, \sqrt{-pq}\right) \quad \left\{\begin{array}{l} p \textit{ Primzahl} \equiv 1 \bmod. 4 \textit{ oder} \to 2^3 \\ q \textit{ Primzahl} \equiv -1 \bmod. 4 \textit{ oder} \to 2^2 \textit{ oder } 2^3 \\ \textit{nicht gleichzeitig } p \to 2^3,\ q \to 2^2 \textit{ oder } 2^3 \end{array}\right\}$$

[1]) Wir deuten diese Einsetzungen der Typensymbole $p \equiv 1 \bmod. 4$, $q \equiv -1 \bmod. 4$ durch die Schreibweise ($p \to 2^3$), ($q \to 2^2$ oder 2^3) an. Einige Aussagen und Formeln des Textes sind dabei dem Sinne gemäß geringfügig zu modifizieren; so ist z. B. in (6) bei den gleichzeitigen Ersetzungen ($q_1 \to 2^2$, $q_2 \to 2^3$) sinngemäß $f_0 = 2^3$ zu verstehen, weil das formale Produkt $2^2 \cdot 2^3$ erst nach Befreiung von dem quadratischen Faktor 2^2 Führer eines reell-quadratischen Zahlkörpers wird.

und

$$\mathsf{K} = \mathsf{P}\left(\sqrt{-q},\ \sqrt{-q_1 q_2 q}\right) \left\{ \begin{array}{l} q_1, q_2, q \text{ verschiedene Primzahlen} \equiv -1 \bmod 4 \\ \quad \text{oder} \to 2^2 \text{ oder } 2^3 \\ \text{nicht gleichzeitig } q_1 \text{ oder } q_2 \to 2^2 \text{ oder } 2^3, \\ \quad q \to 2^2 \text{ oder } 2^3 \end{array} \right\}$$

mit den imaginär-quadratischen Teilkörpern

$$\tilde{\mathsf{K}} = \mathsf{P}\left(\sqrt{-pq}\right) \quad \text{bzw.} \quad \tilde{\mathsf{K}} = \mathsf{P}\left(\sqrt{-q_1 q_2 q}\right),$$

und auch nur für diese beiden Typen, ist die Klassenzahl h von K nicht durch die Klassenzahl $\tilde{h}$ von $\tilde{\mathsf{K}}$ teilbar; vielmehr hat der Quotient $\frac{h}{\tilde{h}}$ den Nenner 2.

Der Quotient $\frac{Q}{\tilde{Q}}$ ist nach Satz 29 ganz; er hat einen der Werte 1, 2. Die Beiträge $h^*_{\psi'}$ sind nach Satz 34 für die regulären ψ' ganz, während sie für die irregulären ψ' den Nenner 2 haben. Seien $\tilde{\psi}_1, \ldots, \tilde{\psi}_{\tilde{r}}$ die in bezug auf K irregulären unter den Vertretern $\tilde{\psi}$ der Charaktere von $\tilde{\mathsf{K}}/\tilde{\mathsf{K}}_0$ und $\psi'_1, \ldots, \psi'_{r'}$ die irregulären unter den Vertretern ψ' der Charaktere von K/K_0, die nicht schon Charaktere von $\tilde{\mathsf{K}}/\tilde{\mathsf{K}}_0$ sind. Man kann dann hier aus (3) nicht wie in **33** aus (2) schließen, daß die r' irregulären Nennerprimfaktoren 2 durch den voranstehenden Faktor $2^r \frac{Q}{\tilde{Q}}$ und die Beiträge der $\binom{r'}{3}$ dreigliedrigen Produkte aus den $\psi'_1, \ldots, \psi'_{r'}$ herausgehoben werden; denn diese dreigliedrigen Produkte sind nicht notwendig sämtlich unter den ψ' vertreten, sondern können auch unter den $\tilde{\psi}$ vertreten sein. Sicher unter den ψ' vertreten sind die $\binom{\tilde{r}}{2} r'$ dreigliedrigen Produkte aus je zweien der $\tilde{\psi}_1, \ldots, \tilde{\psi}_{\tilde{r}}$ und einem der $\psi'_1, \ldots, \psi'_{r'}$; ist also $\tilde{r} \geqq 2$, so heben sich alle r' irregulären Nennerprimfaktoren heraus. Wie wir nachher an Beispielen zeigen werden, brauchen sich für $\tilde{r} = 0, 1$ nicht alle r' irregulären Nennerprimfaktoren herauszuheben, so daß der Quotient $\frac{h^*}{\tilde{h}^*}$ nicht notwendig ganz ist. Wir verzichten auf die Angabe einer genaueren oberen Schranke für den Nenner dieses Quotienten und stellen als Ergebnis unserer Untersuchung nur fest:

Satz 41. *Ist $\tilde{\mathsf{K}}$ ein imaginärer Teilkörper von K, so hat der Quotient $\frac{h^*}{\tilde{h}^*}$ der Relativklassenzahlen h^* von K/K_0 und $\tilde{h}^*$ von $\tilde{\mathsf{K}}/\tilde{\mathsf{K}}_0$ höchstens den Nenner $2^{r'}$, wo r' die Anzahl derjenigen nicht algebraisch-konjugierten irregulären Charaktere von K/K_0 ist, die nicht schon Charaktere von $\tilde{\mathsf{K}}/\tilde{\mathsf{K}}_0$ sind.*

Wenn es speziell mindestens zwei nicht algebraisch-konjugierte, in bezug auf K irreguläre Charaktere von $\tilde{\mathsf{K}}/\mathsf{K}_0$ gibt, so ist $\tilde{h}^*$ Teiler von h^*.

37. Imaginäre abelsche Zahlkörper mit ungerader Klassenzahl

Für die Kreiskörper $\mathsf{K} = \mathsf{P}_p$ von Primzahlführer $p \neq 2$ hat Kummer aus seiner Klassenzahlformel zwei interessante Sätze über die Teilbarkeit der vollen Klassenzahl $h = h_0 h^*$ durch Primzahlen gefolgert.

Der erste Satz von Kummer [2, 4] betrifft die Teilbarkeit der Klassenzahl h von P_p durch die Primzahl p. Er sagt aus, daß h_0 nur dann durch p teilbar sein kann, wenn auch h^* durch p teilbar ist, und gibt überdies als notwendige und hinreichende Bedingung hierfür – und damit auch für die Teilbarkeit von h durch p – an, daß p im Zähler einer der Bernoullischen Zahlen $B_2, B_4, \ldots, B_{\frac{p-3}{2}}$ aufgeht. Kummer hat diesen Satz mit Hinblick auf seinen Beweis [3] der Fermatschen Vermutung für die regulären (d. h. die nicht in der Klassenzahl h von P_p aufgehenden) Primzahlen p hergeleitet, als rationalzahliges Kriterium für die Regularität von p. Wegen dieser seiner Bedeutung ist er hinlänglich bekannt, und sein Beweis ist in Hilberts Zahlbericht ausführlich dargestellt[1]). Daher will ich hier nicht weiter auf ihn eingehen.

Weniger bekannt ist der zweite Satz von Kummer [8], auf den in Hilberts Zahlbericht nur kurz hingewiesen wird. Er betrifft die Teilbarkeit der Klassenzahl h von P_p durch die Primzahl 2 und sagt ganz entsprechend zum ersten aus, daß h_0 nur dann durch 2 teilbar sein kann, wenn auch h^* durch 2 teilbar ist, so daß also h dann und nur dann durch 2 teilbar ist, wenn h^* durch 2 teilbar ist. Dies ist wieder ein wesentlich rationalzahliges Kriterium für die Teilbarkeit von h durch 2, wenn auch anders als vorher bei der Teilbarkeit durch p hier für die Teilbarkeit von h^* durch 2 keine explizite Reduktion auf Teilbarkeitseigenschaften rationaler Zahlen angegeben wird. Über die Teilbarkeit von h^* durch 2 kann ja in jedem gegebenen Falle mittels der Relativklassenzahlformel, oder mittels der in 27–32 gewonnenen Formeln und Ergebnisse für ihre einzelnen Faktoren, entschieden werden, während die Entscheidung über die Teilbarkeit von h_0 durch 2, und damit über die Teilbarkeit von h durch 2, nach der Klassenzahlformel die schwierige Berechnung der Grundeinheiten von K_0 erfordern würde.

Es erhebt sich die Frage, ob ein entsprechender Zusammenhang zwischen der Teilbarkeit von h^* und h_0 durch 2 auch für beliebige abelsche Zahlkörper K besteht, d. h. ob aus der Nichtteilbarkeit von h^* durch 2 immer auch die Nichtteilbarkeit von h_0 durch 2 folgt. Diese Frage ist, wie wir am Beispiel der imaginären bizyklischen biquadratischen Zahlkörper erkennen werden, zu verneinen. Wir werden jedoch aus der in 19 entwickelten Geschlechtertheorie von K/K_0 allgemein gewisse notwendige Bedingungen für die Nichtteilbarkeit von h^* durch 2 folgern können, die sich auf die arithmetische Struktur von K und auf die Einheiten von K_0 beziehen, und werden zeigen, daß diese notwendigen Bedingungen zusammen mit der (besonders zu fordernden) Nichtteilbarkeit von h_0 durch 2 auch hinreichend für die Nichtteilbarkeit von h^* und damit von h durch 2 sind. Dies Ergebnis ist zwar rechnerisch von geringerem Interesse, weil die Nichtteilbarkeit von h_0 durch 2 schwieriger festzustellen ist als die Nichtteilbarkeit von h^* durch 2. Dafür ist es aber theoretisch bedeutsam, weil es einen arithmetischen Sachverhalt im Oberbau K/K_0 auf arithmetische Sachverhalte im Unterbau K_0 von K zurückführt. Nachdem so die begrifflichen Methoden der Geschlechtertheorie erschöpft sind, ohne zu einer Verallgemeinerung des Kummerschen Satzes geführt zu haben, werden wir in 38 auf rechnerischem Wege, nämlich durch Vergleich unserer Formeln für h^* und h_0 zeigen, daß sich der Kummersche Satz über die Teilbarkeit durch 2 jedenfalls auf die imaginären zyklischen Zahlkörper K verallgemeinert. Die Durchführung der vorstehend umrissenen Untersuchung über die Teilbarkeit von h durch 2 eignet sich insofern besonders gut zum Abschluß dieser Arbeit, als dabei fast alle im Verlauf der Arbeit gewonnenen Erkenntnisse benötigt oder jedenfalls berührt werden.

[1]) Siehe Zahlbericht §§ 137—139.

Wir beginnen mit der Anwendung der in **19** entwickelten Geschlechtertheorie auf die vorliegende Fragestellung. Nach Satz 12 ist h^* durch den Geschlechterfaktor 2^γ teilbar, dessen Exponent $\gamma = \delta + q^* - 1 \geqq 0$ ist. Als notwendige Bedingung für „h^* ungerade" ergibt sich daraus das Bestehen der Beziehung $\delta + q^* = 1$, oder also eines der beiden Beziehungspaare

$$\delta = 0, q^* = 1 \quad \text{oder} \quad \delta = 1, q^* = 0.$$

Dabei ist δ die Anzahl der verschiedenen in der Relativdiskriminante $\mathfrak{d}_0$ von K/K_0 aufgehenden Primdivisoren von K_0 und q^* die Anzahl derjenigen in bezug auf Quadrate aus K_0 unabhängigen Einheiten ε_0 aus K_0, die Normenreste mod. $\mathfrak{d}_0 p_\infty$ von K/K_0 sind. Nach Satz 19 stecken nun in $\mathfrak{d}_0$ die Primteiler aller und nur der Primzahlen p, die in den Führern $f(\chi_1)$ aller Charaktere χ_1 von K/K_0 aufgehen. Die Forderung $\delta = 0$ oder 1 bedeutet daher, daß es keine oder nur eine derartige Primzahl p gibt, und im letzteren Falle, daß diese Primzahl p in K_0 unzerlegt (nur träge und verzweigt) ist, d. h. daß $\chi_0(p) \neq 1$ ist für alle Charaktere $\chi_0 \neq 1$ von K_0. Nach der Produktformel für das Normenrestsymbol[1])

$$\prod_{\mathfrak{p}_0} \left(\frac{\varepsilon_0, K/K_0}{\mathfrak{p}_0}\right) = 1,$$

in der $\mathfrak{p}_0$ alle Primdivisoren und unendlichen Primstellen von K_0 durchläuft, ist ferner unter der Voraussetzung $\delta = 1$ die Normenrestbedingung für den einzigen Primteiler $\mathfrak{p}_0$ von $\mathfrak{d}_0$ eine Folge der Normenrestbedingungen für die in p_∞ zusammengefaßten unendlichen Primstellen. Die letzteren Bedingungen verlangen einfach, daß ε_0 total-positiv ist. Für $\delta = 0$ oder 1 ist demnach q^* die Anzahl der in bezug auf Quadrate aus K_0 unabhängigen total-positiven Einheiten aus K_0, oder – was dasselbe – die Anzahl der unabhängigen Relationen zwischen den Signaturen eines Grundeinheitensystems von K_0, und die Forderung $q^* = 0$ oder 1 bedeutet, daß es keine oder nur eine derartige Relation gibt[2]).

Die vorstehend hergeleiteten Bedingungen sind notwendig für „h^* ungerade" und zugleich hinreichend für $\gamma = 0$. Nimmt man die Forderung „h_0 ungerade" hinzu, so hat nach (**19**, 9), wie dort anschließend schon bemerkt, die volle Klassengruppe von K den 2-Rang $r = \gamma$; dann folgt also $r = 0$, d. h. es ist h ungerade und somit auch h^* ungerade.

Damit haben wir bewiesen:

Satz 42. *Es sei K ein beliebiger imaginärer abelscher Zahlkörper. Damit die Relativklassenzahl h^* von K/K_0 ungerade ist, ist notwendig, daß folgende drei Bedingungen erfüllt sind:*

1. *Es gibt entweder* a) *keine oder* b) *nur eine Primzahl p, deren Primteiler in K/K_0 verzweigt sind, d. h. die in den Führern $f(\chi_1)$ aller Charaktere χ_1 von K/K_0 aufgeht.*

---

[1]) Siehe dazu Klassenkörperbericht, Teil II, § 6 (6) sowie (5′) und § 7, III.

[2]) Für $\delta = 0$ liefert die Produktformel für das Normenrestsymbol, wie sofort zu sehen, die Beziehung $N_0(\varepsilon_0) = 1$ für jede Einheit ε_0 aus K_0. Hieraus erkennt man, daß für $\delta = 0$ zwischen den Signaturen eines Grundeinheitensystems von K_0 mindestens eine Relation besteht, wie auf andere Weise schon in Satz 13 festgestellt wurde. Für $\delta = 0$, $q^* = 1$ besteht somit genau eine solche Relation.

2. *Im Falle* b) *ist p in K_0 unzerlegt, d. h. es ist $\chi_0(p) \neq 1$ für alle Charaktere $\chi_0 \neq 1$ von K_0.*

3. *Im Falle* b) *sind die Signaturen eines Grundeinheitensystems von K_0 unabhängig; im Falle* a) *besteht zwischen diesen Signaturen genau eine Relation.*

Diese Bedingungen sind zugleich hinreichend dafür, daß K/K_0 eingeschlechtig ist. Gilt zudem

4. *Die Klassenzahl h_0 von K_0 ist ungerade,*

so ist auch umgekehrt h^* ungerade.

Hiernach sind die Bedingungen 1.–4. notwendig und hinreichend dafür, daß die volle Klassenzahl $h = h_0 h^*$ von K ungerade ist.

In diesem Satz ist die Feststellung enthalten, daß aus „h_0 ungerade“ unter gewissen Nebenbedingungen „h^* ungerade“ folgt, während der Kummersche Satz gerade umgekehrt aussagt, daß im Spezialfall $K = P_p$ aus „h^* ungerade“ folgt „h_0 ungerade“. Nun wurde im Beweis von Satz 42 die Voraussetzung „h^* ungerade“ nur insoweit ausgenutzt, als sie den Geschlechterfaktor 2^γ betrifft, der dann den Exponenten $\gamma = 0$ haben muß. Man könnte denken, durch volle Ausnutzung der Voraussetzung „h^* ungerade“, nach der auch der komplementäre Faktor $\frac{h^*}{2^\gamma}$ ungerade sein muß, allgemein auf „h_0 ungerade“ schließen zu können. Jedoch bietet die Geschlechtertheorie, soweit ich sehe, keine Handhabe für einen Rückschluß von der Anzahl $\frac{h^*}{2^\gamma}$ der Klassen im Hauptgeschlecht von K/K_0 auf die Klassenzahl h_0 von K_0.

In der Tat kann, wie wir jetzt am Beispiel der imaginären bizyklischen biquadratischen Zahlkörper K zeigen wollen, bei ungeradem h^* sehr wohl h_0 gerade sein. Wie in (26, 1–4) sei

$$K = K_1 K_2 = P(\sqrt{-f_1}, \sqrt{-f_2}),$$
$$K_1 = P(\sqrt{-f_1}), \quad K_2 = P(\sqrt{-f_2}),$$
$$K_0 = P(\sqrt{f_0}) \quad \text{mit} \quad f_0 \mathrel{\overline{\overline{\scriptstyle 2}}} f_1 f_2,$$

und es seien h_1, h_2 die Klassenzahlen von K_1, K_2, sowie ε_0 eine Grundeinheit von K_0.

In Anwendung von Satz 42 bestimmen wir zunächst alle Körper K dieser Art mit ungerader Klassenzahl h. Die Bedingungen 1., 2., 3. besagen hier, daß einer der folgenden beiden Fälle vorliegt:

a) f_1, f_2 haben keinen Primteiler gemeinsam; $N_0(\varepsilon_0) = 1$.

b) f_1, f_2 haben genau einen Primteiler q gemeinsam; $\left(\frac{f_0}{q}\right) = -1$ oder $q \mid f_0$ (letzteres kommt nur für $q = 2$ in Frage); $N_0(\varepsilon_0) = -1$.

Die Bedingung 4. besagt hier, wie schon in (36, 6) festgestellt, daß einer der folgenden beiden Fälle vorliegt:

c) $f_0 = p$; dann ist $N_0(\varepsilon_0) = -1$.

d) $f_0 = q_1 q_2$; dann ist $N_0(\varepsilon_0) = 1$.

Dabei sollen wieder die bei (36, 6, 7) getroffenen Festsetzungen über die Ersetzungen ($p \to 2^3$) und ($q \to 2^2$ oder 2^3) gelten[1]). Ist h ungerade, also h^* ungerade

[1]) Siehe auch wieder die Bemerkungen hierüber in 36, Fußnote 1, S. 117.

und h_0 ungerade, so ist nach Satz 42 sowohl a) oder b) als auch c) oder d) erfüllt; es liegt dann entweder das Fallpaar a), d) oder das Fallpaar b), c) vor. Umgekehrt ist nach Satz 42 in jedem dieser beiden Fallpaare h ungerade. Im Fallpaar a), d) folgt

$$f_1 = q_1 \quad f_2 = q_2 .$$

Im Fallpaar b), c) folgt etwa

$$f_1 = q \quad f_2 = pq ,$$

wo auch q wieder den bei (36, 6, 7) getroffenen Festsetzungen unterworfen ist – in b) war das zunächst noch nicht der Fall. Die dabei im Hauptfall (p, q ungerade Primzahlen) nach b) bestehende Einschränkung $\left(\frac{p}{q}\right) = -1$ ist in den Nebenfällen ($p \to 2^3$) und ($q \to 2^2$ oder 2^3) sinngemäß durch $\left(\frac{2}{q}\right) = -1$ bzw. $\left(\frac{p}{2}\right) = -1$ zu ersetzen, sofern nicht der Spezialfall ($p \to 2^3$, $q \to 2^2$ oder 2^3), also der Ausnahmefall $\mathsf{K} = \mathsf{P}_{2^3}$ von 26, vorliegt; in ihm tritt keine derartige Einschränkung auf, weil dann die Forderung $2 \mid f_0$ aus b) von selbst erfüllt ist. Im Hauptfall ist mit $\left(\frac{p}{q}\right) = -1$ nach dem quadratischen Reziprozitätsgesetz auch $\left(\frac{q}{p}\right) = -1$, es sind also p, q *gegenseitige Nichtreste*. Dieselbe Ausdrucksweise werde auch für die eben genannten Einschränkungen in den Nebenfällen verwendet; dadurch wird der Spezialfall $\mathsf{K} = \mathsf{P}_{2^3}$ aus dem Fallpaar b), c) ausgeschlossen, was mit Hinblick auf sein Vorkommen unter dem Fallpaar a), d) keine Einschränkung bedeutet. Hiernach können wir als Ergebnis feststellen:

Satz 43. *Die imaginären bizyklischen biquadratischen Zahlkörper* K *mit ungerader Klassenzahl h sind*

$$\mathsf{K} = \mathsf{P}\left(\sqrt{-q_1}, \sqrt{-q_2}\right) \quad (q_1, q_2 \text{ verschiedene Primzahlen} \equiv -1 \bmod 4 \text{ oder} \to 2^2 \text{ oder } 2^3),$$

$$\mathsf{K} = \mathsf{P}\left(\sqrt{-q}, \sqrt{-pq}\right) \quad \left\{\begin{array}{l} p \text{ Primzahl} \equiv 1 \bmod 4 \text{ oder} \to 2^3, \\ q \text{ Primzahl} \equiv -1 \bmod 4 \text{ oder} \to 2^2 \text{ oder } 2^3 \\ p, q \text{ gegenseitige Nichtreste} \end{array}\right\}$$

Wir konstruieren nunmehr Beispiele von Körpern K der betrachteten Art, für die zwar h^* ungerade aber h_0 gerade ist. Nach (26, 7) ist

$$h^* = \frac{1}{2} Q\, h_1\, h_2 ,$$

wenn von dem hier nicht in Betracht kommenden Spezialfall $\mathsf{K} = \mathsf{P}_{2^3}$ abgesehen wird. Notwendig und hinreichend für „h^* ungerade" ist hiernach, daß entweder

a') h_1 ungerade, h_2 ungerade, $Q = 2$

oder etwa

b') h_1 ungerade, h_2 genau durch 2^1 teilbar, $Q = 1$

ist. Die Klassenzahlforderungen in a') bedeuten nach der Geschlechtertheorie, daß f_1, f_2 Primzahlpotenzen sind. Da dann $f_0 \mathrel{\overline{\overline{2}}} f_1 f_2$ nur zwei verschiedene Primteiler hat, von denen mindestens einer $\equiv -1 \bmod 4$ ist, ist h_0 ungerade, so daß in diesem Falle kein Beispiel der verlangten Art resultiert. Die Klassenzahlforderungen in b′) bedeuten nach der Geschlechtertheorie und nach Satz 39, daß f_1 Primzahlpotenz ist, während f_2 genau zwei verschiedene Primteiler hat, die gegenseitige Nichtreste sind. Scheidet man auf Grund von Satz 43 diejenigen Kombinationen f_1, f_2 aus, für die h_0 ungerade wird, so bleiben genau die folgenden Fälle mit geradem h_0 übrig:

$$f_1 = q, \quad f_2 = pq', \quad f_0 = pqq' \quad \left\{\begin{array}{l} q, q' \text{ verschieden} \\ p, q' \text{ gegenseitige Nichtreste} \end{array}\right\},$$

wobei diejenigen Nebenfälle auszuschließen sind, in denen p und q oder p und q' gleichzeitig durch Potenzen von 2 ersetzt werden. Damit h^* ungerade wird, ist dann noch die in b′) enthaltene restliche Forderung $Q = 1$ zu erfüllen. Dazu reicht es hin (ohne notwendig zu sein), auch p, q als gegenseitige Nichtreste vorzuschreiben; denn dann sind die für $Q = 2$ notwendigen Charakterbedingungen $(26, 13'_{\mathrm{I}})$ bzw. $(26, 13'_{\mathrm{II}})$ verletzt. Gibt man demnach etwa p vor und wählt dazu q, q' als zwei verschiedene gegenseitige Nichtreste mit p — durch diese Nichtrestvorschriften werden gleichzeitig die zuvor verbotenen Nebenfälle ausgeschlossen —, so erhält man Beispiele der verlangten Art. Wir können somit als Ergebnis feststellen:

Satz 44. *Für die imaginären bizyklischen biquadratischen Zahlkörper (u. a.)*

$$\mathsf{K} = \mathsf{P}\left(\sqrt{-q}, \sqrt{-pq'}\right) \left\{\begin{array}{l} p \textit{ Primzahl} \equiv 1 \bmod 4 \textit{ oder} \to 2^3 \\ q, q' \textit{ verschiedene Primzahlen} \equiv -1 \bmod 4 \\ \qquad \textit{oder} \to 2^2 \textit{ oder } 2^3 \\ p, q \textit{ und } p, q' \textit{ gegenseitige Nichtreste} \end{array}\right\}$$

mit

$$\mathsf{K}_0 = \mathsf{P}\left(\sqrt{pqq'}\right)$$

ist zwar die Relativklassenzahl h^* von K/K_0 ungerade, aber die Klassenzahl h_0 von K_0 gerade.

Das einfachste Beispiel dieser Art ist

$$\mathsf{K} = \mathsf{P}\left(\sqrt{-1}, \sqrt{-10}\right) \quad \text{mit } \mathsf{K}_0 = \mathsf{P}\left(\sqrt{10}\right).$$

Es entspricht dem Fall $p = 5$, $q \to 2^2$, $q' \to 2^3$. Die gegenseitigen Nichtrestvorschriften sind wegen $\left(\frac{5}{2}\right) = \left(\frac{2}{5}\right) = -1$ erfüllt. In diesem Beispiel ist in der Tat

$$h_1 = 1, h_2 = 2, h^* = 1, \quad \text{aber} \quad h_0 = 2.$$

38. Imaginäre zyklische Zahlkörper mit ungerader Klassenzahl

Nachdem wir durch Satz 44 festgestellt haben, daß der für $\mathsf{K} = \mathsf{P}_p (p \neq 2)$ gültige Kummersche Satz — aus „h^* ungerade" folgt „h_0 ungerade" — nicht für jeden imaginären abelschen Zahlkörper K richtig ist, wenden wir uns jetzt dem Nachweis zu, daß sich dieser Satz jedenfalls auf die imaginären zyklischen Zahlkörper verallgemeinert. Unser Beweis wird den Kummerschen Spezialfall $\mathsf{K} = \mathsf{P}_p (p \neq 2)$ mit umfassen.

Sei im folgenden K ein imaginärer zyklischer Zahlkörper vom Grade n und χ ein erzeugender Charakter von K. Sei ferner Λ derjenige Teilkörper von K, dessen Grad die höchste in $n = 2^\nu u_0$ ($\nu \geqq 1$, u_0 ungerade) steckende Potenz 2^ν ist; dann ist

$\psi = \chi^{u_0}$ ein erzeugender Charakter von Λ. Der Teilkörper Λ ist auch als der imaginäre Teilkörper von K von 2-Potenzgrad gekennzeichnet; in der Tat ist er imaginär, weil nicht im größten reellen Teilkörper K_0 vom Grade $n_0 = 2^{\nu-1} u_0$ enthalten (oder: weil $\psi(-1) = -1$ ist), und jeder andere Teilkörper von K von 2-Potenzgrad ist reell, weil im größten reellen Teilkörper Λ_0 vom Grade $2^{\nu-1}$ enthalten. Der erzeugende Charakter ψ von Λ ist daher, bis auf algebraisch-konjugierte eindeutig, als Charakter von K/K_0 von 2-Potenzordnung gekennzeichnet.

Die Bedingung 1. aus Satz 42 besagt im vorliegenden zyklischen Fall, daß der Teilkörper Λ, oder also der Charakter ψ, Primzahlpotenzführer $f(\psi) = p^{\varrho}$ hat. Seien nämlich wie in (25, 1, 2)

$$\chi = \prod_{p \mid f} \chi_p, \quad \psi = \prod_{p \mid f} \chi_p^{u_0}, \quad \chi_1 = \prod_{p \mid f} \chi_p^{u}$$

die Komponentenzerlegungen für χ, für $\psi = \chi^{u_0}$ und für die Charaktere $\chi_1 = \chi^u$ (u ungerade) von K/K_0. Damit eine Primzahl p in allen Führern $f(\chi_1)$ aufgeht, ist notwendig und hinreichend, daß $\chi_p^u \neq 1$ für alle ungeraden u gilt, d. h. daß die ihr entsprechende Komponente χ_p gerade Ordnung hat. Daher besagt die Bedingung 1. aus Satz 42 hier, daß χ höchstens eine und somit genau eine Komponente gerader Ordnung besitzt, letzteres weil χ von der geraden Ordnung n ist. Da mit ψ auch die Komponenten $\psi_p = \chi_p^{u_0}$ von 2-Potenzordnung sind, ist aber ein χ_p genau dann von gerader Ordnung, wenn das zugehörige $\psi_p \neq 1$ ist. Die Bedingung 1. aus Satz 42 ist demnach gleichbedeutend damit, daß genau eine Komponente $\psi_p \neq 1$ ist, d. h. daß ψ Primzahlpotenzführer $f(\psi) = p^{\varrho}$ hat.

Hinsichtlich der Bedingung 2. aus Satz 42, die nach dem eben Gezeigten hier wirklich auftritt, weil der dortige Fall b) vorliegt, bemerken wir, daß hier die Primzahl p jedenfalls im Teilkörper Λ, also sicher in Λ_0 unzerlegt ist, wenn die dortige Bedingung 1. erfüllt ist; denn dann ist ja p nach dem oben Gezeigten in Λ voll verzweigt. Die Bedingung 2. aus Satz 42 verlangt hierüber hinaus, daß der einzige Primteiler in Λ_0 von p in K_0/Λ_0 unzerlegt (nur träge oder verzweigt) ist, d. h. daß für die Potenzen $\chi^g \neq 1$ (g gerade), soweit ihre Führer prim zu p sind (das ist höchstens für $g \equiv 0 \bmod. 2^{\nu}$ der Fall), durchweg $\chi^g(p) \neq 1$ ist.

Die Bedingung 3. aus Satz 42 besagt hier, da der dortige Fall b) vorliegt, daß die Signaturen eines Grundeinheitensystems von K_0 unabhängig sind.

Hiernach lautet die zu beweisende Verschärfung von Satz 42 wie folgt:

Satz 45. *Es sei K ein imaginärer zyklischer Zahlkörper. Damit die Relativklassenzahl h^* von K/K_0 ungerade ist, ist notwendig und hinreichend, daß folgende vier Bedingungen erfüllt sind:*

1. *Der imaginäre Teilkörper Λ von K von 2-Potenzgrad, oder also der (bis auf algebraisch-konjugierte eindeutig festliegende) Charakter ψ von K/K_0 von 2-Potenzordnung, hat Primzahlpotenzführer $f(\psi) = p^{\varrho}$.*
2. *Die Primzahl p ist in K_0 unzerlegt, d. h. für die Potenzen $\chi^g \neq 1$ (g gerade) eines erzeugenden Charakters χ von K, soweit ihre Führer prim zu p sind (was höchstens für $g \equiv 0 \bmod. 2^{\nu}$ zutrifft), gilt $\chi^g(p) \neq 1$.*
3. *Die Signaturen eines Grundeinheitensystems von K_0 sind unabhängig.*
4. *Die Klassenzahl h_0 von K_0 ist ungerade.*

Hiernach ist insbesondere die volle Klassenzahl $h = h_0 h^*$ von K dann und nur dann ungerade, wenn h^* ungerade ist.

Im Kummerschen Spezialfall $\mathsf{K} = \mathsf{P}_p$ $(p \neq 2)$ sind die Bedingungen 1. und 2. von selbst erfüllt, und Satz 45 stellt über das Kummersche Ergebnis hinaus fest, daß neben der Klassenzahlbedingung 4. auch noch die Einheitenbedingung 3. notwendig für „h^* ungerade" ist, sowie daß diese beiden Bedingungen zusammen dafür auch hinreichend sind[1]). Dasselbe gilt allgemeiner auch für die Kreiskörper $\mathsf{K} = \mathsf{P}_{p^\varrho}$ $(p \neq 2)$, die ja ebenfalls zyklisch sind. Für die Kreiskörper P_{2^ϱ}, oder vielmehr für deren durch (**34**, 1) gegebene imaginäre Teilkörper $\mathsf{K} = \mathsf{P}'_{2^\varrho}$ (nur die letzteren sind zyklisch) liefert Satz 45 weniger als die in **12** und **34** bewiesenen Sätze **6** und **36'** von Weber, nach denen für diese Körper h_0 und h^* tatsächlich ungerade und die Signaturen der Grundeinheiten von $\mathsf{K}_0 = \mathsf{P}_{2^{\varrho-1},0}$ unabhängig sind; im Beweis von Satz 45 werden wir übrigens von Satz 36' und der Beweismethode von Satz **6** Gebrauch zu machen haben. Im Spezialfall der imaginär-quadratischen Zahlkörper K sind die Bedingungen 2., 3., 4. für $\mathsf{K}_0 = \mathsf{P}$ trivialerweise erfüllt, während die Bedingung 1. hier besagt, daß K selbst Primzahlpotenzführer hat; Satz 45 liefert in diesem Falle einfach das aus der Geschlechtertheorie bekannte Kriterium für die Nichtteilbarkeit von $h = h^*$ durch 2. Übrigens wird unser Beweis für diesen Fall trivial, da dann die Klassenzahlformel für K_0, mit der wir die Relativklassenzahlformel für K/K_0 in Beziehung zu setzen haben, trivial wird; auszuschließen brauchen wir aber darum den Fall der imaginär-quadratischen Zahlkörper K nicht.

Satz 45 geht formal nur darin über Satz 42 hinaus, daß hier neben 1., 2., 3. auch 4. notwendig für „h^* ungerade" ist. Nur diese Behauptung muß also noch bewiesen werden. Wir werden jedoch bei unserem Beweis auch die übrigen Behauptungen, deren Richtigkeit auf Grund des allgemeinen Satzes 42 schon feststeht, im vorliegenden zyklischen Fall mühelos noch einmal feststellen können, und zwar diesmal auf rechnerische Weise, durch den Vergleich unserer Formeln für h^* und h_0, im Gegensatz zu dem in der Geschlechtertheorie wurzelnden begrifflichen Beweis von Satz 42.

Beweis von Satz 45. Wir gehen in folgender Weise vor. Zunächst zeigen wir, daß die Bedingung 1. notwendig für „h^* ungerade" ist. Sodann leiten wir unter Voraussetzung ihres Erfülltseins die Kongruenz

$$h^* \equiv \prod_{\chi_0 \neq 1} (1 - \chi_0(p)) \cdot \prod_{\chi_0 \neq 1} \sum_{\pm x \bmod f(\chi_0)} \chi_0(x) \left(\delta_{2f(\chi_0)}(x) - \delta_{2f(\chi_0)}(zx)\right) \bmod 2 \qquad (1)$$

her, in der p die Primzahl aus 1. ist, ferner z ein (ungerade normierter[2])) Vertreter einer erzeugenden Klasse nach der K zugeordneten Kongruenzgruppe H, und $\delta_{2f(\chi_0)}(x)$, wie schon in (**17**, 5) und (**32**, 9), der Vorzeichenexponent des absolut-kleinsten Restes von $x \bmod 2f(\chi_0)$, also $\delta_{2f(\chi_0)}(x) \equiv 0$ oder $1 \bmod 2$, je nachdem dieser Rest positiv oder negativ ist. Das erste Produkt rechts in (1) hat nach (**9**, 1) den Wert

$$\prod_{\chi_0 \neq 1} (1 - \chi_0(p)) = \begin{cases} 0, & \text{wenn } p \text{ in } \mathsf{K}_0 \text{ zerlegt} \\ n_p, & \text{wenn } p \text{ in } \mathsf{K}_0 \text{ unzerlegt} \end{cases}, \qquad (2)$$

wobei im letzteren Falle n_p der Grad des einzigen Primteilers von p in K_0 ist; da bei Erfülltsein von 1., wie zuvor schon bemerkt, die Primzahl p in Λ, also auch in Λ_0 voll verzweigt ist, und da definitionsgemäß K/Λ, also auch K_0/Λ_0 ungeraden

---

1) Diese zusätzlichen Feststellungen finden sich zwar bei Kummer [8] nicht ausgesprochen, man kann sie aber dem dortigen Beweis leicht entnehmen.

2) Siehe **10**, Fußnote 1, S. 22.

Grad u_0 hat, ist dann n_p sicher ungerade. Ist h^* ungerade, so ist nach (1), (2) notwendig p in K_0 unzerlegt. Damit ist dann neben 1. auch 2. als notwendig für „h^* ungerade" erwiesen und überdies festgestellt, daß bei Erfülltsein dieser beiden notwendigen Bedingungen h^* dem zweiten Produkt rechts in (1) kongruent mod. 2 ist. Dies letztere Produkt ist aber der in (17, 5) gefundene Ausdruck für die Regulatrix $\Sigma\left(\eta_{n_0}^{Z-\nu_0'}\right)$ des in Satz 9 auftretenden Kreiseinheitensystems der Teilkörper von K_0. Bei Erfülltsein der notwendigen Bedingungen 1. und 2. folgt somit aus (1) weiter die Kongruenz

$$h^* \equiv \Sigma\left(\eta_{n_0}^{Z-\nu_0'}\right) \bmod. 2.$$

Nach Satz 9 und (17, 3) ergibt sich daraus die Kongruenz

$$h^* \equiv h_0 \Sigma_0 \bmod. 2,$$

wo Σ_0 die Regulatrix von K_0 ist[1]). Aus ihr entnimmt man, daß – unter Voraussetzung der Bedingungen 1. und 2. – die Bedingungen 3. und 4. notwendig für „h^* ungerade" sind[1]), d. h. die zu beweisende Behauptung von Satz 45.

Es bleibt hiernach noch zu zeigen, daß die Bedingung 1. notwendig für „h^* ungerade" ist und daß unter ihrer Voraussetzung die Kongruenz (1) besteht. Diesen beiden Nachweisen wenden wir uns jetzt zu. Der erstere ist leicht zu erledigen, während der letztere, der als der Hauptteil unseres Beweises anzusehen ist, einige Mühe macht.

Aus der Voraussetzung, daß K zyklisch ist, folgt zunächst, daß entweder $w \not\equiv 0 \bmod. 4$ oder $w = 4$ ist, und ferner nach Satz 24, daß $Q = 1$ ist. Demgemäß lautet die Relativklassenzahlformel (27, 1) sowie ihre in (33, 2) angegebene Umgestaltung im vorliegenden zyklischen Falle

$$h^* = 2^{\frac{w}{2}} \prod_{\chi_1} \Theta(\chi_1) = 2^{\frac{w}{2}} \prod_{\psi_1} N_{\psi_1}(\Theta(\psi_1)) = 2 \prod_{\psi_1} h^*_{\psi_1} \tag{3}$$

$$\text{mit } \frac{w}{2} \equiv 1 \bmod. 2 \text{ oder } \frac{w}{2} = 2.$$

Die Beiträge $h^*_{\psi_1}$ der Vertreter ψ_1 zu h^* haben nach Satz 34 den Nenner 2 oder sind ganz, je nachdem ψ_1 ein irregulärer oder regulärer Charakter im dortigen Sinne ist, d. h. je nachdem ψ_1 Primzahlpotenzführer und 2-Potenzordnung hat oder nicht[2]). Ist also h^* ungerade, so hat nach (3) mindestens ein Vertreter ψ_1 Primzahlpotenzführer und 2-Potenzordnung. Da der eingangs definierte erzeugende Charakter ψ des imaginären Teilkörpers Λ von 2-Potenzgrad, wie schon hervorgehoben, bis auf algebraisch-konjugierte der einzige Charakter von K/K_0 von 2-Potenzordnung ist, so hat demnach für ungerades h^* dieser Charakter ψ Primzahlpotenzführer $f(\psi) = p^\varrho$. Damit ist die Bedingung 1. als notwendig für „h^* ungerade" erwiesen. Sei fortan vorausgesetzt, daß sie erfüllt ist. Wir haben dann noch das Bestehen der Kongruenz (1) zu beweisen.

---

[1]) Es ist das wesentlich dieselbe Schlußweise, die in 12 zum Beweise von Satz 5 und damit des Weberschen Satzes 6 führte.

[2]) Für zyklische Körper kann die Definition der irregulären und regulären Charaktere in dieser einfachen Weise ausgesprochen werden, weil dann der Fall, daß ein Charakter ψ_1 von Primzahlpotenzführer und 2-Potenzordnung regulär ist, nämlich der Ausnahmefall $\psi_1 = \mathsf{v}\varphi_\varrho(\varrho \geqq 3)$ für $w \equiv 0 \bmod. 4$, nicht vorkommt.

Diesem Hauptteil unseres Beweises schicken wir die folgenden Bemerkungen voraus. Die Charaktere χ_0 von K_0 und χ_1 von K/K_0 stellen sich als die Potenzen

$$\chi_0 = \chi^g, \quad \chi_1 = \chi^u$$

des erzeugenden Charakters χ von K mit geraden g und ungeraden u mod. n dar. Sie paaren sich mittels des erzeugenden Charakters $\psi = \chi^{u_0}$ von Λ in der Form

$$\chi_1 = \psi \chi_0 .$$

Dabei ist χ_0 jeweils Potenz von χ_1; denn der ungerade Beitrag zur Ordnung ist für χ_0 derselbe wie für χ_1, während der 2-Beitrag zur Ordnung von $\chi_0 = \chi^g$ ein (sogar echter) Teiler dessen für $\chi_1 = \chi^u$ ist. Demnach ist $f(\chi_0)$ jeweils Teiler von $f(\chi_1)$. Wir werden die beiden Fälle zu unterscheiden haben, daß die in $f(\psi) = p^\varrho$ steckende Primzahl $p \neq 2$ oder $= 2$ ist. Für $p \neq 2$ ist $\varrho = 1$; für $p = 2$ kommt jedes $\varrho \geqq 2$ in Frage, und es ist dann $\psi = \mathsf{v}\varphi_\varrho$.

Es sei nun z Vertreter einer erzeugenden Klasse nach H, so daß also $\chi(z)$ primitive n-te Einheitswurzel ist. Dann gilt

$$\prod_{\chi_1} (1 - \overline{\chi}_1(z)) = \prod_{u \bmod n} (1 - \overline{\chi}(z)^u) = \left. \frac{t^n - 1}{t^{\frac{n}{2}} - 1} \right|_{t=1} = 2 .$$

Führt man in (3) für den voranstehenden Faktor 2 diese Produktdarstellung ein, so ergibt sich

$$h^* = \frac{w}{2} \prod_{\chi_1} (1 - \overline{\chi}_1(z))\, \Theta(\chi_1) . \tag{4}$$

Zur Durchführung der Multiplikation von $\Theta(\chi_1)$ mit $1 - \overline{\chi}_1(z)$ verwenden wir statt der bisherigen Schreibweise (27, 2), nämlich

$$\Theta(\chi_1) = \frac{1}{2 f(\chi_1)} \sum_{x \bmod f(\chi_1)}^{+} (- \chi_1(x)\, x) , \tag{5}$$

wo x das kleinste positive prime Restsystem mod. $f(\chi_1)$ durchläuft, die invariante Schreibweise

$$\Theta(\chi_1) = \frac{1}{2 f(\chi_1)} \sum_{x \bmod f(\chi_1)} (- \chi_1(x)\, r_{f(\chi_1)}(x)) , \tag{6}$$

wo $r_{f(\chi_1)}(x)$ den kleinsten positiven Rest mod. $f(\chi_1)$ bezeichnet und x ein beliebiges primes Restsystem mod. $f(\chi_1)$ durchlaufen darf[1]). Aus (6) folgt analog zu (32, 9)

$$(1 - \overline{\chi}_1(z))\, \Theta(\chi_1) = - \frac{1}{2 f(\chi_1)} \sum_{x \bmod f(\chi_1)} \chi_1(x) \left(r_{f(\chi_1)}(x) - r_{f(\chi_1)}(z x) \right) .$$

Wegen $r_{f(\chi_1)}(-x) = f(\chi_1) - r_{f(\chi_1)}(x)$ geht nun bei $x \to -x$ die Differenz $r_{f(\chi_1)}(x) - r_{f(\chi_1)}(zx)$ ebenso wie $\chi_1(x)$ in den entgegengesetzten Wert über. Daher

[1]) Ganz entsprechend sind wir schon in den besonderen Fällen (32, 5′) und (34, 23′) vorgegangen, wo wir eine solche Multiplikation der in Rede stehenden Summe auszuführen hatten.

läßt sich die Summation auf ein primes Halbsystem mod. $f(\chi_1)$ reduzieren. Als Ergebnis unserer Multiplikation folgt so

$$(1-\bar{\chi}_1(z))\,\Theta(\chi_1) = -\frac{1}{f(\chi_1)} \sum_{\pm x \bmod f(\chi_1)} \chi_1(x)\,(r_{f(\chi_1)}(x) - r_{f(\chi_1)}(zx)). \qquad (7)$$

Hiermit sind die in (5) auftretenden formalen Nennerfaktoren 2 beseitigt[1]), und es ist hinsichtlich des Summationsbereiches in den einzelnen Beitragssummen schon ein gewisser Angleich der Formel für h^* an die Formel für h_0 erzielt, in deren letzterer ja die Beitragssummen ebenfalls über prime Halbsysteme mod. $f(\chi_0)$ erstreckt sind.

Um nun aus der Produktformel (4) den Kongruenzwert von h^* mod. 2 zu bestimmen, führen wir in den einzelnen Beitragssummen (7) den zuvor besprochenen Ansatz $\chi_1 = \psi\chi_0$ ein und bestimmen ihre Kongruenzwerte mod. $\mathfrak{z}$, wo $\mathfrak{z}$ der einzige Primteiler, ersten Grades, von 2 im Körper $P_\psi = P_{2^\nu}$ der Werte von ψ ist. Da durchweg $\psi(x) \equiv 1$ mod. $\mathfrak{z}$ gilt, reduzieren sich dabei die Faktoren $\chi_1(x)$ auf die $\chi_0(x)$. Für den Beweis der Kongruenz (1) kommt es dann darauf an, auch in der Summationsbedingung $\sum\limits_{\pm x \bmod f(\chi_1)}$ und in den Faktoren $r_{f(\chi_1)}(x) - r_{f(\chi_1)}(zx)$ von den $f(\chi_1)$ auf die (nach obigem in ihnen als Teiler enthaltenen) $f(\chi_0)$ zurückzugehen. Hierbei haben wir die schon genannten beiden Fälle $f(\psi) = p \neq 2$ und $f(\psi) = 2^\varrho$ zu unterscheiden.

1. $f(\psi) = p \neq 2$.

Da $\psi = \chi^{u_0}$ mit ungeradem u_0 ist, und da ψ in diesem Falle die 2-Komponente 1 hat, hat auch χ die 2-Komponente 1. Dasselbe gilt dann für alle $\chi_1 = \chi^u$ und $\chi_0 = \chi^g$, Daher sind hier alle $f(\chi_1)$ und $f(\chi_0)$ ungerade. Ferner ist dann $\frac{w}{2}$ ungerade

Für den speziellen Beitrag (7) zu (4) mit $\chi_1 = \psi$ gilt wegen $1 - \bar{\psi}(z) \cong \mathfrak{z}$ nach Satz 32 oder vielmehr nach dessen Beweis[2])

$$(1 - \bar{\psi}(z))\,\Theta(\psi) \equiv 1 \bmod \mathfrak{z}. \qquad (8)$$

Man kann diese Tatsache auch leicht erneut durch Bestimmung des Kongruenzwerts mod. $\mathfrak{z}$ der Summe (7) für diesen Spezialfall bestätigen. Aus (7) folgt nämlich zunächst die Kongruenz

$$(1 - \bar{\psi}(z))\,\Theta(\psi) \equiv \sum_{\pm x \bmod p} (r_p(x) - r_p(zx)) \bmod \mathfrak{z}.$$

Wählt man für x das kleinste positive prime Halbsystem mod. p und setzt die Reduktion

$$zx \equiv (-1)^{\delta_p(zx)}\, x' \bmod p$$

[1]) Diese auf den vorliegenden zyklischen Fall beschränkte Methode zur Beseitigung der formalen Nennerfaktoren 2 aus der Relativklassenzahlformel (27, 1, 2) hat Kummer [1, 4, 7] bei seinem Beweis der Ganzzahligkeit von h^* für die $K = P_{p^\varrho}$ angewendet, und zwar entsprechend auch für die formalen Nennerfaktoren p.

[2]) Nämlich nach der dort erhaltenen Kongruenz (31, 6) in Verbindung mit (27, 3); man kann auch direkt aus der in Satz 32 erhaltenen Tatsache $2\,N_\psi(\Theta(\psi)) \equiv 1$ mod. 2 auf (8) zurückschließen, weil $\mathfrak{z}$ der einzige Primteiler von 2 in P_ψ ist und den Grad 1 hat.

auf die absolut-kleinsten Reste mod. p an, wobei x' wieder das kleinste positive prime Halbsystem mod. p durchläuft, so ist $r_p(x) = x$ und $r_p(zx) = x'$ oder $p - x'$, je nachdem $\delta_p(zx) \equiv 0$ oder 1 mod. 2 ist, also

$$r_p(x) - r_p(zx) \equiv x - x' + \delta_p(zx) \bmod. 2.$$

Damit wird weiter

$$(1 - \bar{\psi}(z))\,\Theta(\psi) \equiv \sum_{\pm x \bmod. p}^{+} \delta_p(zx) \bmod. \mathfrak{z}.$$

Nach dem Gaußschen Lemma ist nun allgemein

$$\sum_{\pm x \bmod. p}^{+} \delta_p(ax) \equiv 0 \text{ oder } 1 \bmod. 2, \text{ je nachdem } \left(\frac{a}{p}\right) = 1 \text{ oder } -1.$$

Da hier der quadratische Charakter $\left(\frac{x}{p}\right) = \psi(x)^{2^\nu - 1}$ ist, ist $\left(\frac{z}{p}\right) = \psi(z)^{2^\nu - 1} = -1$, und somit $\sum_{\pm x \bmod. p}^{+} \delta_p(zx) \equiv 1 \bmod. 2$, was (8) ergibt.

Führt man in (4) für die übrigen Beiträge (7), mit $\chi_1 \neq \psi$, den Ansatz $\chi_1 = \psi\chi_0$ ein, bei dem $\chi_1(x) \equiv \chi_0(x) \bmod. \mathfrak{z}$ gilt, und berücksichtigt, daß die $f(\chi_1)$ und $\frac{w}{2}$ im vorliegenden Falle ungerade sind, sowie für $\chi_1 = \psi$ die Kongruenz (8), so erhält man die Kongruenz

$$h^* \equiv \prod_{\chi_0 \neq 1} \sum_{\pm x \bmod. f(\psi\chi_0)} \chi_0(x)\,(r_{f(\psi\chi_0)}(x) - r_{f(\psi\chi_0)}(zx)) \bmod. 2, \tag{9}$$

und zwar zunächst nur als Kongruenz mod. $\mathfrak{z}$, wegen der Rationalität beider Seiten dann aber auch mod. 2.

Wir reduzieren jetzt in den einzelnen Beitragssummen zu (9) die $\sum_{\pm x \bmod. f(\psi\chi_0)}$ jeweils auf eine $\sum_{\pm x \bmod. f(\chi_0)}$. Es ist $f(\psi\chi_0) = pf(\chi_0)$ oder $f(\chi_0)$, je nachdem $p \nmid f(\chi_0)$ oder $p \mid f(\chi_0)$. Zur Durchführung der Reduktion wenden wir die allgemeine Summenformel (8, 3) an, und zwar hier als Kongruenz mod. 2. Die zu betrachtenden Beitragssummen sind in der Tat von dem dortigen Typus

$$S_f(\chi_0) = \sum_{\pm x \bmod. f} \chi_0(x)\,A_f(\chi_0),$$

mit $f = f(\psi\chi_0)$ und dem nur von der Restklasse x mod. f abhängigen Ausdruck

$$A_f(x) = r_f(x) - r_f(zx).$$

Dieser Ausdruck erfüllt die Voraussetzungen (8, 2), die wir hier nur als Kongruenzen mod. 2 und nur für die eine bei der Reduktion auftretende Primzahl $p \neq 2$ zu bestätigen brauchen. Es gilt nämlich ersichtlich

$$r_{f_0 p}(x_0 + y f_0) = r_{f_0}(x_0) + r_p(y)\,f_0,$$

$$r_{f_0 p}(x_0' p) = p\,r_{f_0}(x_0') \equiv r_{f_0}(x_0') \bmod. 2$$

und daher einerseits

$$\sum_{y \bmod. p} A_{f_0 p}(x_0 + yp) = \sum_{y \bmod. p} (A_{f_0}(x_0) + A_p(y)\,f_0) = p\,A_{f_0}(x_0) + f_0 \sum_{y \bmod. p} A_p(y)$$
$$\equiv A_{f_0}(x_0) + \alpha \bmod. 2$$

mit von x_0 unabhängigem α, andrerseits

$$A_{f_0 p}(x_0' p) = pA_{f_0}(x_0') \equiv A_{f_0}(x_0') \bmod. 2.$$

Die Summenformel (8, 3) ist also als Kongruenz mod. 2 in der Tat anwendbar. Sie ergibt hier

$$S_{f(\psi\chi_0)}(\chi_0) \equiv (1-\chi_0(p))\, S_{f(\chi_0)}(\chi_0) \bmod. 2\,.$$

Als Ergebnis unserer Reduktion erhalten wir damit aus (9) die Kongruenz

$$h^* \equiv \prod_{\chi_0 \neq 1} (1-\chi_0(p)) \cdot \prod_{\chi_0 \neq 1} \sum_{\pm x \bmod. f(\chi_0)} \chi_0(x)\,(r_{f(\chi_0)}(x) - r_{f(\chi_0)}(z\,x)) \bmod. 2\,. \quad (10)$$

Die erhaltene Kongruenz (10) unterscheidet sich von der zu beweisenden Kongruenz (1) nur dadurch, daß in ihr die Funktionen $r_{f(\chi_0)}(x)$ an Stelle der Funktionen $\delta_{2\,f(\chi_0)}(x)$ stehen. Unser Beweis wird also erbracht sein, wenn wir zeigen, daß für jedes $f(\chi_0) = f_0$ die Beziehung

$$r_{f_0}(x) - r_{f_0}(z\,x) \equiv \delta_{2f_0}(x) - \delta_{2f_0}(z\,x) \bmod. 2 \quad (11)$$

gilt. Auf Grund der Bedeutung von $\delta_{2f_0}(x)$ als Vorzeichenexponent des absolut-kleinsten Restes $r^*_{2f_0}(x)$ von $x \bmod. 2f_0$ hat man nun

$$r_{f_0}(x) = \begin{cases} r^*_{2f_0}(x) & \text{für } \delta_{2f_0}(x) \equiv 0 \bmod. 2 \\ r^*_{2f_0}(x) + f_0 & \text{für } \delta_{2f_0}(x) \equiv 1 \bmod. 2 \end{cases}.$$

Normiert man also für den Augenblick das prime Halbsystem $x \bmod. f_0$ ungerade, so daß die $r^*_{2f_0}(x)$ ungerade sind, so folgt

$$r_{f_0}(x) \equiv 1 + \delta_{2f_0}(x) \bmod. 2\,.$$

Da gemäß **10** auch z ungerade zu normieren ist, hat man entsprechend

$$r_{f_0}(z\,x) \equiv 1 + \delta_{2f_0}(z\,x) \bmod. 2\,.$$

Zusammengenommen erhält man in der Tat die Beziehung (11) (und zwar diese unabhängig von der zum Beweis benutzten ungeraden Normierung des primen Halbsystems $x \bmod. f_0$, weil bei $x \to x + f_0$ und $x \to -x$ die Ausdrücke links und rechts invariant sind). Nach dem schon Gesagten vollendet diese Feststellung den Beweis von Satz 45 im Falle $f(\psi) = p \neq 2$.

II. $f(\psi) = 2^\varrho$.

Wegen $\psi = \chi^{u_0}$ mit ungeradem u_0 sind in diesem Falle die 2-Komponenten von χ und allen $\chi_1 = \chi^u$ zu $\psi = \upsilon\varphi_\varrho$ algebraisch-konjugiert. Daher sind hier alle $f(\chi_1)$ genau durch 2^ϱ teilbar. Für die $\chi_0 = \chi^g$ dagegen stecken in den $f(\chi_0)$ Potenzen 2^σ mit nur $0 \leqq \sigma \leqq \varrho - 1$. Ferner ist hier $\frac{w}{2} = 2$ oder $\frac{w}{2} \equiv 1 \bmod. 2$, je nachdem $\varrho = 2$ oder $\varrho \geqq 3$ ist.

Für die speziellen Beiträge (7) zu (4) mit zu ψ algebraisch-konjugierten $\chi_1 = \psi^u$ gilt nach (**32**, 1), (**32**, 6) oder (**32**, 10)

$$2\,(1 - \bar{\psi}(z))\,\Theta(\psi) = 1 \qquad \text{für } \varrho = 2 \text{ (also } \psi = \upsilon), \quad (12\,\text{a})$$

$$(1 - \bar{\psi}^u(z))\,\Theta(\psi^u) \equiv 1 \bmod. \mathfrak{z} \qquad \text{für } \varrho \geqq 3 \text{ (also } \psi = \upsilon\varphi_\varrho \neq \upsilon). \quad (12\,\text{b})$$

Für die Behandlung der übrigen Beiträge (7) zu (4), mit zu ψ nicht algebraisch-konjugierten $\chi_1 \neq \psi^u$, schreiben wir zur Abkürzung $f(\chi_1) = f = 2^\varrho f_1$, wobei dann $f_1 \neq 1$ und ungerade ist. Setzt man

$$x \equiv x_0 f_1 + x_1\, 2^\varrho \bmod. f, \quad (13)$$

so durchläuft x ein primes Halbsystem mod. f, wenn x_1 ein primes Halbsystem mod. f_1 und x_0 ein volles primes Restsystem mod. 2^ϱ durchläuft. Entsprechend wie bei (28, 1) gilt dabei hier

$$\frac{r_f(x)}{f} = \frac{r_{2^\varrho}(x_0)}{2^\varrho} + \frac{r_{f_1}(x_1)}{f_1} - \varepsilon(x_0, x_1) \tag{14}$$

mit

$$\varepsilon(x_0, x_1) = 0 \text{ oder } 1, \text{ je nachdem } \frac{r_{2^\varrho}(x_0)}{2^\varrho} + \frac{r_{f_1}(x_1)}{f_1} < 1 \text{ oder } > 1. \tag{15}$$

Führt man demnach in der Summe (7) die der Aufspaltung $f = 2^\varrho f_1$ entsprechende Komponentenzerlegung von χ_1 nach dem Schema aus 28 durch, so ergibt sich analog zu der dortigen Beziehung (3) hier mittels (14) die von dem formalen Nenner $f(\chi_1)$ befreite Beziehung

$$(1 - \overline{\chi}_1(z))\,\Theta(\chi_1) = \sum_{\pm x \bmod. f} \chi_1(x)\,(\varepsilon(x_0, x_1) - \varepsilon(z x_0, z x_1)), \tag{16}$$

in der die Restklassen x_0 mod. 2^ϱ und x_1 mod. f_1 der Restklasse x mod. f gemäß (13) zugeordnet sind. Nach der Definition (15) von $\varepsilon(x_0, x_1)$ ist nun

$$\varepsilon(x_0, x_1) \equiv \delta_{2f}(r_{2^\varrho}(x_0) f_1 + r_{f_1}(x_1) 2^\varrho) \bmod. 2,$$

also entsprechend auch

$$\begin{aligned}\varepsilon(x_0, x_1) &- \varepsilon(z x_0, z x_1)\\ &\equiv \delta_{2f}(r_{2^\varrho}(x_0) f_1 + r_{f_1}(x_1) 2^\varrho) - \delta_{2f}(r_{2^\varrho}(z x_0) f_1 + r_{f_1}(z x_1) 2^\varrho) \bmod. 2.\end{aligned}$$

Wegen der Invarianz von $\delta_{2f}(x) - \delta_{2f}(zx)$ mod. 2 bei $x \to x + f$ folgt aus der letzteren Beziehung nach (13) einfacher

$$\varepsilon(x_0, x_1) - \varepsilon(z x_0, z x_1) \equiv \delta_{2f}(x) - \delta_{2f}(z x) \bmod. 2.$$

Hiermit ergibt sich aus (16) die Kongruenz

$$(1 - \overline{\chi}_1(z))\,\Theta(\chi_1) \equiv \sum_{\pm x \bmod. f(\chi_1)} \chi_1(x)\,(\delta_{2f(\chi_1)}(x) - \delta_{2f(\chi_1)}(z x)) \bmod. 2. \tag{17}$$

Diese zunächst für die $\chi_1 \neq \psi^u$ bewiesene Kongruenz gilt, als Kongruenz mod. $\mathfrak{z}$ statt mod. 2, auch für die $\chi_1 = \psi^u$, abgesehen von dem trivialen Fall $\psi = \upsilon$ aus (12a). Denn ersetzt man für $\psi = \upsilon\varphi_\varrho$ ($\varrho \geqq 3$) in (17) rechts die Werte des Charakters $\chi_1 = \psi^u = \upsilon\varphi_\varrho^u$ mit $f(\chi_1) = 2^\varrho$ durch die Werte des Charakters $\chi_1' = \upsilon\varphi_{\varrho+1}^u$ mit $f(\chi_1') = 2^{\varrho+1}$, so entsteht (bis auf das Vorzeichen und die Ersetzung von $\varphi_{\varrho+1}$ durch $\varphi_{\varrho+1}^u$, die in den Kongruenzen mod. $\mathfrak{z}$ unwesentlich sind) der Ausdruck rechts in (32, 9). Nach (32, 9, 10) ist dieser letztere Ausdruck $\equiv 1$ mod. $\mathfrak{z}'$, wo $\mathfrak{z}'$ der Primteiler von 2 in $\mathsf{P}_{2^{\varrho+1}}$ ist. Wegen $\chi_1(x) \equiv \chi_1'(x)$ mod. $\mathfrak{z}'$ ist also der Ausdruck in (17) rechts $\equiv 1$ mod. $\mathfrak{z}$. Da auch der Ausdruck in (17) links, wie in (12b) schon festgestellt, $\equiv 1$ mod. $\mathfrak{z}$ ist, gilt somit (17) in der Tat als Kongruenz mod. $\mathfrak{z}$ auch für die $\chi_1 = \psi^u$, wenn $\psi \neq \upsilon$. Wir können hiernach sagen, daß (17) sicherlich für alle $\chi_1 \neq \psi$ gilt[1]).

Führt man in (4) für die Beiträge (7) mit $\chi_1 \neq \psi$ die Kongruenzwerte (17) und darin den Ansatz $\chi_1 = \psi\chi_0$ mit $\chi_1(x) \equiv \chi_0(x)$ mod. $\mathfrak{z}$ ein und berücksichtigt für den

[1]) Auf diesen Schluß bezieht sich die im Anschluß an Satz 45 gemachte Bemerkung, daß wir in unserem Beweis von dem Weberschen Satz 36′ über die Relativklassenzahl $h_{2^\varrho}^{*\prime}$ von P_{2^ϱ}' Gebrauch zu machen haben. In der Tat ist ja jede der beiden zum Beweise von (17) benutzten Tatsachen (32, 6, 10) äquivalent damit, daß $h_{2^\varrho}^{*\prime} = N_\psi\left[(1 - \overline{\psi}(z))\,\Theta(\psi)\right]_{\psi = \varphi_\varrho}$ ungerade ist.

Beitrag mit $\chi_1 = \psi$ die Kongruenz (12a) und $\frac{w}{2} = 2$ bzw. (12b) und $\frac{w}{2} \equiv 1 \bmod. 2$, so erhält man die Kongruenz

$$h^* \equiv \prod_{\chi_0 \neq 1} \sum_{\pm x \bmod. f(\psi\chi_0)} \chi_0(x)\,(\delta_{2f(\psi\chi_0)}(x) - \delta_{2f(\psi\chi_0)}(zx)) \bmod. 2\,, \tag{18}$$

und zwar zunächst wieder nur als Kongruenz mod. $\mathfrak{z}$, wegen der Rationalität beider Seiten dann aber auch mod. 2.

Wir reduzieren jetzt wieder in den einzelnen Beitragssummen zu (18) die $\sum\limits_{\pm x \bmod. f(\psi\chi_0)}$ jeweils auf eine $\sum\limits_{\pm x \bmod. f(\chi_0)}$. Es ist hier $f(\psi\chi_0) = 2^\varrho f_1$ (f_1 ungerade) und $f(\chi_0) = 2^{\varrho-\sigma} f_1$ $(0 \leq \sigma \leq \varrho - 1)$. Zur Durchführung der Reduktion wenden wir wie vorher die allgemeine Summenformel (8, 3) als Kongruenz mod. 2 an. Die zu betrachtenden Beitragssummen sind in der Tat von dem dortigen Typus

$$S_f(\chi_0) = \sum_{\pm x \bmod. f} \chi_0(x)\, A_f(\chi_0)\,,$$

mit $f = f(\psi\chi_0)$ und dem nur von der Restklasse x mod. f abhängigen Ausdruck

$$A_f(x) = \delta_{2f}(x) - \delta_{2f}(zx)\,.$$

Wir haben dann zu zeigen, daß dieser Ausdruck die Voraussetzungen (8, 2) als Kongruenzen mod. 2 für die eine bei der Reduktion auftretende Primzahl $p = 2$ erfüllt. Das ist hier etwas umständlicher als vorher. Wie man auf Grund der Definition von $\delta_{2f}(x)$ bestätigt, gilt für $f = 2f_0$

$$\delta_{2f}(x_0) + \delta_{2f}(x_0 + f_0) \equiv \delta_{2f_0}(x_0) \bmod. 2\,.$$

Daraus folgt

$$\delta_{2f}(zx_0) + \delta_{2f}(z(x_0 + f_0)) \equiv \left\{ \begin{array}{ll} \delta_{2f_0}(zx_0) & \bmod. 2 \text{ für } z \equiv 1 \bmod. 4 \\ \delta_{2f_0}(zx_0) + 1 & \bmod. 2 \text{ für } z \equiv -1 \bmod. 4 \end{array} \right\};$$

denn im oberen Falle ist $zf_0 \equiv f_0 \bmod. 2f$, also $\delta_{2f}(z(x_0 + f_0)) \equiv \delta_{2f}(zx_0 + f_0) \bmod. 2$, während im unteren Falle $zf_0 \equiv -f_0 \equiv f_0 - f \bmod. 2f$, also $\delta_{2f}(z(x_0 + f_0)) \equiv \delta_{2f}(zx_0 + f_0 - f) \equiv \delta_{2f}(zx_0 + f_0) + 1 \bmod. 2$ ist. Hiernach gilt

$$\sum_{y \bmod. 2} A_{2f_0}(x_0 + y f_0) \equiv A_{f_0}(x_0) + \alpha \bmod. 2$$

mit dem von x_0 unabhängigen $\alpha \equiv 0$ oder $1 \bmod. 2$, je nachdem $z \equiv 1$ oder -1 mod. 4. Die erste Voraussetzung (8, 2) ist hiernach erfüllt. Die zweite ist ebenfalls erfüllt, denn für $f = 2f_0$ gilt ersichtlich

$$\delta_{2f}(2x_0') \equiv \delta_{2f_0}(x_0') \bmod. 2\,,$$

also entsprechend auch

$$A_{2f_0}(2x_0') \equiv A_{f_0}(x_0') \bmod. 2\,.$$

Die Summenformel (8, 3) ist somit als Kongruenz mod. 2 anwendbar. Sie ergibt hier

$$S_{f(\psi\chi_0)}(\chi_0) \equiv (1 - \chi_0(2)) \cdot S_{f(\chi_0)}(\chi_0) \bmod. 2\,.$$

Als Ergebnis unserer Reduktion erhalten wir damit aus (18) die Kongruenz

$$h^* \equiv \prod_{\chi_0 \neq 1} (1 - \chi_0(2)) \cdot \prod_{\chi_0 \neq 1} \sum_{\pm x \bmod. f(\chi_0)} \chi_0(x)\,(\delta_{2f(\chi_0)}(x) - \delta_{2f(\chi_0)}(zx)) \bmod. 2\,. \tag{19}$$

Einfacher als vorher stimmt hier die erhaltene Kongruenz (19) schon mit der zu beweisenden Kongruenz (1) überein. Nach dem bereits Gesagten vollendet diese Feststellung den Beweis von Satz 45 auch im Falle $f(\psi) = 2^\varrho$.

ANHANG: RELATIVKLASSENZAHLTAFELN

Wir geben als Anhang eine mittels der Formeln aus **28–34** berechnete Tafel der Relativklassenzahlbeiträge $N_{\psi}(\Theta(\psi))$ für alle Charaktere ψ mit $\psi(-1) = -1$, deren Führer $f \leqq 100$ sind, sowie eine Tafel der Relativklassenzahlen h^* von K/K_0 für alle abelschen Zahlkörper K mit Führern $f \leqq 100$. Die letztere Tafel ergibt sich aus der ersteren nach der Formel (**27**, 1), indem noch nach den Methoden aus **20–25** der Einheitenindex von K/K_0 bestimmt wird, den wir ebenfalls in die Tafel aufgenommen haben.

Für die Kreisköper $\mathsf{K} = \mathsf{P}_f$ hat bereits Kummer [4, 7] Tafeln der letzteren Art berechnet[1]). Obwohl dafür in der Tat zunächst die Einzelbeiträge zu berechnen waren, kann man diese aus den Kummerschen Tafeln nicht mehr entnehmen, so daß für den Übergang zu den Teilkörpern der Kreiskörper ihre Neuberechnung in Gestalt unserer ersteren Tafel erforderlich war. Hierbei konnten die bekannten Tafeln von Reuschle [1] nutzbringend verwendet werden[2]).

I. Tafel der Relativklassenzahlbeiträge

Spalte 1 gibt die Führer $f \leqq 100$ nebst ihrer Primzahlpotenzzerlegung $f = \prod\limits_{p} p^{\varrho}$. Von den sämtlichen natürlichen Zahlen $\leqq 100$ fehlen dabei nur 1 und die Zahlen $\equiv 2$ mod. 4.

Spalte 2 gibt ein Vertretersystem ψ der Abteilungen algebraisch-konjugierter Charaktere mit $f(\psi) = f$ und $\psi(-1) = -1$. Mit der einzigen Ausnahme des kleinsten zusammengesetzten Führers $f = 12 = 2^2 \cdot 3$ gibt es für jeden Führer f mindestens eine solche Abteilung.

Die Vertreter ψ sind in ihrer Zusammensetzung aus Grundcharakteren angegeben, die den f zusammensetzenden Primzahlpotenzen p^{ϱ} entsprechen. Der an-

---

1) Beim Vergleich dieser Kummerschen mit unseren nachstehenden Tafeln ist zu beachten, daß Kummers erster Klassenzahlfaktor, wie in **6**, Fußnote 2, S. 13 ausgeführt, nur für Primzahlpotenzführer $f = p^{\varrho}$ mit unserer Relativklassenzahl h^* übereinstimmt, während er für zusammengesetzte Führer f gleich $\frac{1}{2} h^*$ ist. Ferner sei auf folgende Fehler in den Kummerschen Tafeln hingewiesen:

1. Bei Kummer [4] steht für $\lambda = 71$ fälschlich $7 \cdot 7 \cdot 29 \cdot 3851$; diese Angabe ist bereits bei Kummer [7] zu $7 \cdot 7 \cdot 79241$ berichtigt.

2. Bei Kummer [7] steht für $n = 92$ fälschlich $\frac{1}{2} \cdot 3 \cdot 67^2$; diese Angabe hat Kummer später auf Hinweis von Reuschle zu $\frac{1}{2} \cdot 3 \cdot 67$ berichtigt.

3. Bei Kummer [7] steht für $n = 68$ fälschlich 2^3; unsere Rechnung ergab, daß der richtige Wert in der Kummerschen Normierung 2^2 lautet.

2) Vgl. die in unserem Vorwort gemachte Bemerkung über diese Tafeln.

gefügte Index bezeichnet dabei (anders als im Verlauf unserer vorstehenden Untersuchungen) immer den **Führer** des Grundcharakters. Als Grundcharaktere sind gewählt:

Für jede Primzahl $p \neq 2$

ein Charakter χ_p von der Ordnung $p-1$ mit $\chi_p(-1) = -1$

und wenn $\varrho \geqq 2$

ein Charakter ψ_{p^ϱ} von der Ordnung $p^{\varrho-1}$ mit $\psi_{p^\varrho}(-1) = 1$; dabei $\psi_{p^\varrho}^p = \psi_{p^{\varrho-1}}$.

Für die Primzahl $p = 2$

der Charakter χ_{2^2} von der Ordnung 2 mit $\chi_{2^2}(-1) = -1$

und wenn $\varrho \geqq 3$

ein Charakter ψ_{2^ϱ} von der Ordnung $2^{\varrho-2}$ mit $\psi_{2^\varrho}(-1) = 1$; dabei $\psi_{2^\varrho}^2 = \psi_{2^{\varrho-1}}$.

Hinsichtlich der auf $p \neq 2$ bezüglichen Grundcharaktere χ_p, ψ_{p^ϱ} siehe (**31**, 1, 2). Die auf $p = 2$ bezüglichen Grundcharaktere χ_{2^2}, ψ_{2^ϱ} wurden in unserer Untersuchung wegen ihres häufigen Vorkommens kurz mit $\upsilon, \varphi_\varrho$ bezeichnet, und analog dazu die auf $p = 3$ bezüglichen Grundcharaktere χ_3, ψ_{3^ϱ} in **34** mit ω, ψ_ϱ; hier verwenden wir die angegebene systematische Bezeichnung auch für diese speziellen Grundcharaktere.

Die Werte der Grundcharaktere haben wir in einer besonderen *Hilfstafel* angefügt, und zwar einmal weil ganz allgemein eine solche Tafel sehr erwünscht ist, wenn man sich für die in vorstehender Arbeit behandelten Gegenstände Zahlenbeispiele bilden will, und dann aus dem folgenden speziell auf die Haupttafeln bezüglichen Grunde. Wir haben die Grundcharaktere nur bis auf die Auswahl unter ihren Algebraisch-Konjugierten festgelegt. Das hat zur Folge, daß ein Charakter ψ durch Angabe seiner Zusammensetzung aus ihnen im allgemeinen nicht einmal bis auf die Auswahl unter seinen Algebraisch-Konjugierten festgelegt wird. Kommen nämlich unter den ψ zusammensetzenden Grundcharakterpotenzen zwei solche vor, deren Ordnungen einen gemeinsamen Teiler $\neq 1, 2$ haben, und ersetzt man dann die eine dieser beiden Komponenten durch eine Algebraisch-Konjugierte (etwa, wie es im Rahmen unserer Tafeln ausreicht, durch die Konjugiert-Komplexe – mit einem Querstrich bezeichnet), die andere aber nicht durch die entsprechende Algebraisch-Konjugierte, so entsteht ein zu ψ **nicht** algebraisch-konjugierter Charakter ψ'. In derartigen Fällen, wie sie für gewisse zusammengesetzte Führer f vorkommen – im ersten Hundert allerdings nur für $f = 63, 80, 85, 91$ –, muß zur eindeutigen Festlegung der Abteilungen von ψ, ψ' noch eine Koppelung zwischen der Auswahl unter den Algebraisch-Konjugierten für die beiden fraglichen Komponenten vorgenommen werden. Dies geschieht hier durch die Festsetzung, daß die Werte aller Grundcharaktere gemäß der Hilfstafel mit einem festen System von Einheitswurzeln von Primzahlpotenzordnung gebildet werden. Eine Normierung[1]) dieses Systems unter seinen Algebraisch-Konjugierten, etwa durch analytische Festlegung der Einheits-

[1]) Für die χ_p ist die Normierung in der Hilfstafel dem Canon arithmeticus von **Jacobi** [1] entsprechend gewählt, indem die dort tabellierten Indizes in den Exponenten einer primitiven $(p-1)$-ten Einheitswurzel gesetzt sind und diese letztere dann, der Primzerlegung von $p-1$ entsprechend, als Produkt aus den am Kopf der Tafel angegebenen festen Einheitswurzeln von Primzahlpotenzordnung (mit Exponenten 1) dargestellt ist. Diese Zerlegung der Charakterwerte ist für die schrittweise Berechnung der Normen $N_\psi(\Theta(\psi))$ gemäß der Struktur von P_ψ zweckmäßig. Für die ψ_{p^ϱ} ist der Wert $\psi_{p^\varrho}(1+p)$ gleich der angegebenen festen $p^{\varrho-1}$-ten Einheitswurzel gesetzt.

wurzeln wie in 3, ist hier nicht nötig, da es auf die Festlegung der Charaktere ψ unter ihren Algebraisch-Konjugierten nicht ankommt.

Man kann die Abteilungen der Charaktere ψ auch wie bei Reuschle [1] durch Angabe der kleinsten positiven Restsysteme a mod. f aus den zugehörigen Kongruenzgruppen H_ψ mit $\psi(a) = 1$ eindeutig festlegen. Die Aufstellung dieser Restsysteme kann mittels der Hilfstafel leicht durchgeführt werden.

Spalte 3 gibt die Ordnung n_ψ von ψ, gleichzeitig den Index von H_ψ in Primzahlpotenzzerlegung.

Spalte 4 gibt den Grad $\varphi(n_\psi)$ des durch die Werte von ψ bestimmten Kreiskörpers P_{n_ψ}, also die Anzahl der algebraisch-konjugierten Charaktere, aus denen die Abteilung von ψ besteht. Dieser Grad ist, wie in den Erläuterungen zu Tafel II ausgeführt, dort für Kontrollzwecke wichtig.

Spalte 5 gibt den Beitrag $N_\psi(\Theta(\psi))$ von ψ zur Relativklassenzahl h^* von K/K_0 für alle diejenigen abelschen Zahlkörper K, bei denen ψ als Charakter von K/K_0 vorkommt; siehe dazu die Formeln (27, 1, 2).

Bei der Angabe dieses Beitrags sind die für Primzahlpotenzführer gemäß Satz 32 bzw. Satz 33 höchstens vorhandenen Nennerprimfaktoren in Bruchform vorangesetzt. Der dann folgende Zähler, der den wesentlichen Bestandteil des Beitrages darstellt, ist in seine Primzahlpotenzfaktoren zerlegt. Daß einer der nach der Theorie höchstens vorhandenen Nennerprimfaktoren sich in Wahrheit heraushebt, äußert sich dann durch sein Auftreten auch unter den Zählerprimfaktoren. Interessant ist das unterschiedliche Verhalten in dieser Hinsicht bei den drei bekannten Kummerschen Primzahlen im ersten Hundert $p = 37, 59, 67$, für die die Relativklassenzahl h^* von $\mathsf{P}_p/\mathsf{P}_{p,0}$ durch p teilbar ist. Bei den beiden ersteren hebt sich p bereits im Beitrag $N_{\chi_p}(\Theta(\chi_p))$ heraus, bei der letzteren erst dadurch, daß einer der hinzutretenden weiteren Beiträge $N_{\chi_p^d}(\Theta(\chi_p^d))$ (d ungerader Teiler von $p-1$) durch p teilbar wird, so daß dann in jedem Falle der hinzutretende durch p teilbare Faktor $w = 2p$ den Faktor p in h^* liefert.

Die Tafel ist in zwei Teile geteilt. Der erste Teil enthält die Primzahlpotenzführer $f = p^\varrho$; diese sind der Übersichtlichkeit halber nach den Primzahlen p (nicht nach der Größe von f) angeordnet. Der zweite Teil enthält die zusammengesetzten Führer f; diese sind mangels eines besseren systematisch durchführbaren Prinzips nach der Größe von f angeordnet.

II. Tafel der Relativklassenzahlen

Spalte 1 gibt wieder die Führer $f \leqq 100$ nebst ihrer Primzahlpotenzzerlegung. Einteilung nach Primzahlpotenzführern und zusammengesetzten Führern sowie Anordnung der Führer innerhalb dieser beiden Teile sind entsprechend wie in Tafel I.

Spalte 2 gibt für die einzelnen imaginären abelschen Zahlkörper K, die einem festen Führer f zugehören, je eine laufende Nummer. Entsteht K' aus K durch Übergang zu einer algebraisch-konjugierten Komponente im Charaktersystem, wie es bei den zuvor hervorgehobenen Führern $f = 63, 80, 85, 91$ vorkommt, so ist K' durch Anfügung eines Striches an die Nummer von K gekennzeichnet.

Spalte 3 gibt ein System erzeugender Charaktere von K, wodurch dann K eindeutig festgelegt ist. Dies System ist im allgemeinen den Primzahlpotenzinvarianten der Charaktergruppe X von K entsprechend gewählt; so ist z. B. bei $f = 35$ unter Nr. 6 statt des einen erzeugenden Charakters $\chi_5^2 \cdot \chi_7$ der Ordnung 6 das Erzeugendenpaar $\chi_5^2 \cdot \chi_7^3$, χ_7^2 der Ordnungen 2, 3 gesetzt. Nur bei den Grundcharakteren χ_7 selbst und ihren Potenzen ist von einer solchen Aufspaltung abgesehen. Charaktere mit zusammengesetztem Führer sind vor solchen mit Primzahlpotenzführer durch Einfügung eines Multiplikationspunktes zwischen den Grundcharakterpotenzen hervorgehoben, also beispielsweise $\psi_{2^3} \cdot \chi_3$, aber $\chi_{2^3} \psi_{2^3}$. Die Reihenfolge, in der die einzelnen zum Führer f gehörigen Zahlkörper K aufgeführt sind, macht keinen Anspruch auf strenge Systematik, ebenso auch nicht die Reihenfolge, in die die K festlegenden erzeugenden Charaktere gesetzt sind. Soweit durchführbar, ist das lexikographische Anordnungsverfahren in bezug auf die natürliche Folge der Primzahlen in den Indizes der Grundcharaktere zugrunde gelegt, ein Verfahren, das allerdings bei Auftreten zusammengesetzter Charaktere versagt. Durchweg erscheint jeder Körper K vor etwaigen Teilkörpern $\tilde{K}$, was für die Anwendung von Satz 29 (statt Satz 22) zum Nachweis von $Q = 1$ wichtig ist (siehe unten).

Spalte 4 gibt den Typus, d. h. das System der Primzahlpotenzinvarianten, der Charaktergruppe X und damit auch der Galoisgruppe 𝔊 von K. Die Anordnung der Primzahlpotenzinvarianten entspricht der Anordnung der zuvor angegebenen erzeugenden Charaktere. Ein und derselbe Typus erscheint dabei häufig, auch innerhalb des Systems der zu einem festen Führer f gehörigen Zahlkörper K, in verschiedener Anordnung, beispielsweise $(2^2, 2)$ und $(2, 2^2)$, ein Umstand, der zu beachten ist, wenn man in der Tafel nach den imaginären abelschen Zahlkörpern eines festen Typus sucht. Um die zyklischen Zahlkörper K hervorzuheben, ist bei Typen aus mehreren Potenzen verschiedener Primzahlen auch der entsprechende eingliedrige Typus angegeben, also beispielsweise $(2^2, 3) = 12$, $(2, 3, 5) = 30$.

Spalte 5 gibt die Einheitswurzelanzahl w von K in ihrer Primzahlpotenzzerlegung.

Spalte 6 gibt den Einheitenindex $Q = 1$ oder 2 von K/K_0.

Spalte 7 gibt die Relativklassenzahl h^* von K/K_0 in ihrer Primzahlpotenzzerlegung; von einer Ausrechnung der Primzahlpotenzprodukte wurde als arithmetisch ohne tiefere Bedeutung abgesehen.

Zur Bestimmung der Zahlen w, Q, h^* hat man ein vollständiges Vertretersystem ψ der Abteilungen algebraisch-konjugierter Charaktere von K/K_0 aufzustellen. Bei den Kreiskörpern $K = P_f$ – sie erscheinen jeweils unter Nr. 1 – erhält man ein solches System, indem man die in Tafel I aufgeführten Charaktere für f und alle in f aufgehenden Führer zusammenstellt, bei den zum Führer f gehörigen Teilkörpern K von P_f, indem man daraus jeweils diejenigen Charaktere herausgreift, die sich aus den in Spalte 3 angegebenen erzeugenden Charakteren zusammensetzen lassen. Als Kontrolle für die Vollständigkeit des so gewonnenen Vertretersystems kann dienen, daß die Summe der Grade n_ψ seiner Charaktere ψ (siehe Tafel I, Spalte 4) jeweils gleich dem halben Grad $n_0 = \frac{1}{2} n$ von K, also gleich dem halben Produkt der in Spalte 4 angegebenen Primzahlpotenzinvarianten von K sein muß. Ein Schema zur Aufstellung des Vertretersystems ψ und darauffolgenden Bestimmung der Zahlen w, Q, h^*, wie man es sich zwischen den Spalten 1–4 und 5–7 eingeschaltet zu denken hat, sei nachstehend für das Beispiel $f = 77$ wiedergegeben. Die Grade n_ψ sind dabei über den Charakteren ψ angegeben, und das

Herausgreifen des jeweiligen K entsprechenden Teilsystems ist dadurch zum Ausdruck gebracht, daß in der Zeile von K diejenigen Plätze, die Charakteren ψ von K/K_0 entsprechen, durch Eintragen des Beitrags von ψ zu h^* aus Tafel I hervorgehoben sind.

1	2	3	4	Vertretersystem ψ nebst Graden n_ψ								5	6	7
Führer	Nr.	erz. Charaktere	Typus	2	1	4	1	8	8	2	4	w	Q	h^*
				χ_7	χ_7^3	χ_{11}	χ_{11}^5	χ_7, χ_{11}^2	χ_7^2, χ_{11}	χ_7^2, χ_{11}	χ_7^3, χ_{11}^2			
	1	χ_7, χ_{11}	(2,3,2,5)	$\frac{1}{7}$	$\frac{1}{2}$	$\frac{1}{11}$	$\frac{1}{2}$	2^4	2^4	1	5	$2\cdot 7\cdot 11$	2	$2^8\cdot 5$
	2	χ_7, χ_{11}^2	(2,3,5) = 30	″	″			″			″	$2\cdot 7$	1	$2^4\cdot 5$
	3	χ_7, χ_{11}^5	(2,3,2)	″	″		″			″		$2\cdot 7$	2	1
77=7·11	4	χ_7^2, χ_{11}	(3,2,5) = 30			″	″		″	″		$2\cdot 11$	1	2^4
	5	χ_7^2, χ_{11}^5	(3,2) = 6				″			″		2	1	1
	6	χ_7^3, χ_{11}	(2,2,5)		″	″	″				″	$2\cdot 11$	2	5
	7	χ_7^3, χ_{11}^2	(2,5) = 10		″						″	2	1	5
	8	χ_7^3, χ_{11}^5	(2,2)		″		″					2	2	1

Zur *Bestimmung der Primzahlpotenzbeiträge p^ω zur Einheitswurzelanzahl w von* K braucht man nur festzustellen, für welche Primzahlpotenzen p^ω das volle Vertretersystem χ_p, $\chi_p\,\psi_{p^\omega}$ der Charaktere von $P_{p^\omega}/P_{p^\omega,0}$ im Vertretersystem ψ von K/K_0 vorkommt.

Zur *Bestimmung des Einheitenindex Q von* K/K_0 hat man die Sätze 22–27, 29 zur Verfügung, von denen die Sätze 22, 26 die Kenntnis des Vertretersystems ψ voraussetzen. In dem hier gesteckten Rahmen $f \leqq 100$ kommt man dabei mit der Kenntnis dieses Systems durchweg aus; es wird also hier in keinem einzigen Falle erforderlich, die Alternative, ob K_0'/K_0 vom Einheits- oder Klassentypus ist, durch eine Sonderbetrachtung zu entscheiden. In einer angefügten *Hilfstafel* ist für die zusammengesetzten Führer zusammengestellt, aus welchem der genannten Sätze jeweils $Q = 1$ oder 2 (auf einfachste Weise) erschlossen werden kann[1]); für die Primzahlpotenzführer ist nach Satz 23 durchweg $Q = 1$.

Zur *Bestimmung der Relativklassenzahl h^* von* K/K_0 hat man gemäß (27, 1) einfach für die K entsprechende Zeile das Produkt der in obigem Schema unter den Vertretern ψ aufgeführten Beiträge mit den nachfolgend angegebenen Zahlen w und Q zu nehmen.

Um die gegenseitigen Beziehungen zwischen den einzelnen imaginären abelschen Zahlkörpern K eines festen Führers f deutlicher vor Augen zu führen, als dies durch Angabe der sie festlegenden Systeme erzeugender Charaktere möglich ist, haben wir für jeden Führer f das System der zugehörigen Zahlkörper K durch einen *Graph* veranschaulicht[2]). Die Körper werden dabei durch Punkte dargestellt, das Enthaltensein durch Verbindungslinien, wobei die Richtung nach oben (senkrecht oder schräg) dem Aufsteigen vom Teilkörper zum Erweiterungskörper entspricht; die Ziffern an diesen Linien bedeuten die Relativgrade. In den Graphen unserer Tafel werden folgende drei Arten von Körpern unterschieden:

[1]) Die Anwendung des komplizierten Satzes 22 haben wir dabei soweit wie möglich durch Heranziehung der anderen Sätze vermieden.

[2]) Diese besondere Art der graphischen Veranschaulichung körpertheoretischer oder gruppentheoretischer Verhältnisse habe ich seit zwanzig Jahren in meinen Veröffentlichungen verwendet. Neuerdings bedient man sich ihrer in der Verbandstheorie.

1. Reelle abelsche Zahlkörper, gekennzeichnet durch fette Punkte ●

2. Imaginäre abelsche Zahlkörper K vom jeweiligen Führer f, gekennzeichnet durch kleine Kreise ○, in die die Nummer aus Spalte 2 gesetzt ist, unter der K beim Führer f auftritt.

3. Imaginäre abelsche Zahlkörper $\tilde{K}$, deren Führer $\tilde{f}$ ein echter Teiler des jeweiligen Führers f ist, gekennzeichnet durch kleine Quadrate □, in die die Nummer aus Spalte 2 gesetzt ist, unter der $\tilde{K}$ vorher beim Führer $\tilde{f}$ auftrat; der Teilführer $\tilde{f}$ ist dabei als Index der Nummer angefügt.

Die Verteilung dieser letzteren Körper $\tilde{K}$ nebst ihren indizierten Nummern läßt zusammen mit den eingetragenen Relativgraden leicht erkennen, welchen erzeugenden Charakteren die vom untersten Punkt – rationalen Zahlkörper P – ausgehenden Linien entsprechen, so daß wir die Graphen nicht noch durch Eintragen der erzeugenden Charaktere zu belasten brauchten. Auch durften wir die Angabe der Relativgrade, die sowieso zu einem beträchtlichen Teil gleich 2 sind, auf die den erzeugenden Charakteren entsprechenden Linien beschränken, weil man daraus alle übrigen Relativgrade nach bekannten Regeln in einfacher Weise ablesen kann. Im einzelnen sei noch bemerkt, daß man sich den Graph für den Typus (2, 2, 2) (siehe $f = 24$) als Würfel vorstellen mag, bei dem neben den 8 Eckpunkten noch den 6 Flächenmittelpunkten und 2 inneren Punkten auf der Raumdiagonale vom untersten zum obersten Punkt Körper entsprechen. Dies Gebilde tritt als Teil in einer Reihe weiterer Graphen auf (siehe $f = 40, 48, 56, 60, 72, 80, 84, 88, 96$). Besonders kompliziert ist hierunter der dem Typus $(2, 2^2, 2^2)$ entsprechende Graph ($f = 80$); bei ihm überlagert sich dem System von vier solchen Würfeln auf den beiden aus vier Quadraten zusammengesetzten Flächen noch der beim Typus $(2^2, 2^2)$ auftretende Teilgraph (siehe etwa die aus vier Quadraten bestehende Grundfläche bei $f = 65$), was dann überdies das Auftreten von vier weiteren Punkten im Inneren der vier Würfel zur Folge hat. Für alle übrigen nachstehend vorkommenden Graphen ist wohl die Struktur ohne nähere Erläuterung durchsichtig.

Die Graphen können u. a. auch dazu dienen, jeweils den größten reellen Teilkörper K_0 von K, von dessen Aufnahme in die eigentliche Tafel abgesehen wurde, schnell abzulesen. Man hat dazu unter den Linien, die vom K entsprechenden ○ nach unten auslaufen, diejenige aufzusuchen, die in einem ● (nicht ○ oder □) einläuft; dem so bestimmten ● entspricht K_0.

Tafel I: Die Relativklassenzahlbeiträge der Charaktere

1. Primzahlpotenzführer

1	2	3	4	5
Führer	Charakter	Ordnung	Grad	Beitrag
$2^2 = 4$	χ_{2^2}	2	1	$\frac{1}{2^2}$
$2^3 = 8$	$\chi_{2^2}\,\psi_{2^3}$	2	1	$\frac{1}{2}$
$2^4 = 16$	$\chi_{2^2}\,\psi_{2^4}$	2^2	2	$\frac{1}{2}$
$2^5 = 32$	$\chi_{2^2}\,\psi_{2^5}$	2^3	4	$\frac{1}{2}$
$2^6 = 64$	$\chi_{2^2}\,\psi_{2^6}$	2^4	8	$\frac{1}{2} \cdot 17$
3	χ_3	2	1	$\frac{1}{2 \cdot 3}$
$3^2 = 9$	$\chi_3\,\psi_{3^2}$	$2 \cdot 3$	2	$\frac{1}{3}$
$3^3 = 27$	$\chi_3\,\psi_{3^3}$	$2 \cdot 3^2$	6	$\frac{1}{3}$
$3^4 = 81$	$\chi_3\,\psi_{3^4}$	$2 \cdot 3^3$	18	$\frac{1}{3} \cdot 2593$
5	χ_5	2^2	2	$\frac{1}{2 \cdot 5}$
$5^2 = 25$	$\chi_5\,\psi_{5^2}$	$2^2 \cdot 5$	8	$\frac{1}{5}$
7	χ_7	$2 \cdot 3$	2	$\frac{1}{7}$
	χ_7^3	2	1	$\frac{1}{2}$
$7^2 = 49$	$\chi_7\,\psi_{7^2}$	$2 \cdot 3 \cdot 7$	12	$\frac{1}{7} \cdot 43$
	$\chi_7^3\,\psi_{7^2}$	$2 \cdot 7$	6	1
11	χ_{11}	$2 \cdot 5$	4	$\frac{1}{11}$
	χ_{11}^5	2	1	$\frac{1}{2}$
13	χ_{13}	$2^2 \cdot 3$	4	$\frac{1}{13}$
	χ_{13}^3	2^2	2	$\frac{1}{2}$
17	χ_{17}	2^4	8	$\frac{1}{2 \cdot 17}$
19	χ_{19}	$2 \cdot 3^2$	6	$\frac{1}{19}$
	χ_{19}^3	$2 \cdot 3$	2	1
	χ_{19}^9	2	1	$\frac{1}{2}$
23	χ_{23}	$2 \cdot 11$	10	$\frac{1}{23}$
	χ_{23}^{11}	2	1	$\frac{1}{2} \cdot 3$
29	χ_{29}	$2^2 \cdot 7$	12	$\frac{1}{29} \cdot 2^3$
	χ_{29}^7	2^2	2	$\frac{1}{2}$
31	χ_{31}	$2 \cdot 3 \cdot 5$	8	$\frac{1}{31}$
	χ_{31}^3	$2 \cdot 5$	4	1
	χ_{31}^5	$2 \cdot 3$	2	3
	χ_{31}^{15}	2	1	$\frac{1}{2} \cdot 3$
37	χ_{37}	$2^2 \cdot 3^2$	12	$\frac{1}{37} \cdot 37$
	χ_{37}^3	$2^2 \cdot 3$	4	1
	χ_{37}^9	2^2	2	$\frac{1}{2}$
41	χ_{41}	$2^3 \cdot 5$	16	$\frac{1}{41} \cdot 11^2$
	χ_{41}^5	2^3	4	$\frac{1}{2}$
43	χ_{43}	$2 \cdot 3 \cdot 7$	12	$\frac{1}{43} \cdot 211$
	χ_{43}^3	$2 \cdot 7$	6	1
	χ_{43}^7	$2 \cdot 3$	2	1
	χ_{43}^{21}	2	1	$\frac{1}{2}$
47	χ_{47}	$2 \cdot 23$	22	$\frac{1}{47} \cdot 139$
	χ_{47}^{23}	2	1	$\frac{1}{2} \cdot 5$
53	χ_{53}	$2^2 \cdot 13$	24	$\frac{1}{53} \cdot 4889$
	χ_{53}^{13}	2^2	2	$\frac{1}{2}$
59	χ_{59}	$2 \cdot 29$	28	$\frac{1}{59} \cdot 59 \cdot 233$
	χ_{59}^{29}	2	1	$\frac{1}{2} \cdot 3$
61	χ_{61}	$2^2 \cdot 3 \cdot 5$	16	$\frac{1}{61} \cdot 1861$
	χ_{61}^3	$2^2 \cdot 5$	8	41
	χ_{61}^5	$2^2 \cdot 3$	4	1
	χ_{61}^{15}	2^2	2	$\frac{1}{2}$
67	χ_{67}	$2 \cdot 3 \cdot 11$	20	$\frac{1}{67} \cdot 12\,739$
	χ_{67}^3	$2 \cdot 11$	10	67
	χ_{67}^{11}	$2 \cdot 3$	2	1
	χ_{67}^{33}	2	1	$\frac{1}{2}$
71	χ_{71}	$2 \cdot 5 \cdot 7$	24	$\frac{1}{71} \cdot 79\,241$
	χ_{71}^5	$2 \cdot 7$	6	7
	χ_{71}^7	$2 \cdot 5$	4	1
	χ_{71}^{35}	2	1	$\frac{1}{2} \cdot 7$
73	χ_{73}	$2^3 \cdot 3^2$	24	$\frac{1}{73} \cdot 134\,353$
	χ_{73}^3	$2^3 \cdot 3$	8	1
	χ_{73}^9	2^3	4	$\frac{1}{2} \cdot 89$
79	χ_{79}	$2 \cdot 3 \cdot 13$	24	$\frac{1}{79} \cdot 377\,911$
	χ_{79}^3	$2 \cdot 13$	12	53
	χ_{79}^{13}	$2 \cdot 3$	2	1
	χ_{79}^{39}	2	1	$\frac{1}{2} \cdot 5$
83	χ_{83}	$2 \cdot 41$	40	$\frac{1}{83} \cdot 279\,405\,653$
	χ_{83}^{41}	2	1	$\frac{1}{2} \cdot 3$
89	χ_{89}	$2^3 \cdot 11$	40	$\frac{1}{89} \cdot 118\,401\,449$
	χ_{89}^{11}	2^3	4	$\frac{1}{2} \cdot 113$
97	χ_{97}	$2^5 \cdot 3$	32	$\frac{1}{97} \cdot 577 \cdot 206\,209$
	χ_{97}^3	2^5	16	$\frac{1}{2} \cdot 3457$

2. Zusammengesetzte Führer

1 Führer	2 Charakter	3 Ordnung	4 Grad	5 Beitrag
$12=2^2\cdot 3$	—	—	—	—
$15=3\cdot 5$	$\chi_3\cdot\chi_5^2$	2	1	1
$20=2^2\cdot 5$	$\chi_{2^2}\cdot\chi_5^2$	2	1	1
$21=3\cdot 7$	$\chi_3\cdot\chi_7^2$	$2\cdot 3$	2	1
$24=2^3\cdot 3$	$\psi_{2^3}\cdot\chi_3$	2	1	1
$28=2^2\cdot 7$	$\chi_{2^2}\cdot\chi_7^2$	$2\cdot 3$	2	1
$33=3\cdot 11$	$\chi_3\cdot\chi_{11}^2$	$2\cdot 5$	4	1
$35=5\cdot 7$	$\chi_5\cdot\chi_7^2$	$2^2\cdot 3$	4	1
	$\chi_5^2\cdot\chi_7$	$2\cdot 3$	2	1
	$\chi_5^2\cdot\chi_7^3$	2	1	1
$36=2^2\cdot 3^2$	$\chi_{2^2}\cdot\psi_{3^2}$	$2\cdot 3$	2	1
$39=3\cdot 13$	$\chi_3\cdot\chi_{13}^2$	$2\cdot 3$	2	1
	$\chi_3\cdot\chi_{13}^4$	$2\cdot 3$	2	1
	$\chi_3\cdot\chi_{13}^6$	2	1	2
$40=2^3\cdot 5$	$\psi_{2^3}\cdot\chi_5$	2^2	2	1
	$\chi_{2^2}\psi_{2^3}\cdot\chi_5^2$	2	1	1
$44=2^2\cdot 11$	$\chi_{2^2}\cdot\chi_{11}^2$	$2\cdot 5$	4	1
$45=3^2\cdot 5$	$\psi_{3^2}\cdot\chi_5$	$2^2\cdot 3$	4	1
	$\chi_3\psi_{3^2}\cdot\chi_5^2$	$2\cdot 3$	2	1
$48=2^4\cdot 3$	$\psi_{2^4}\cdot\chi_3$	2^2	2	1
$51=3\cdot 17$	$\chi_3\cdot\chi_{17}^2$	2^3	4	1
	$\chi_3\cdot\chi_{17}^4$	2^2	2	5
	$\chi_3\cdot\chi_{17}^8$	2	1	1
$52=2^2\cdot 13$	$\chi_{2^2}\cdot\chi_{13}^2$	$2\cdot 3$	2	1
	$\chi_{2^2}\cdot\chi_{13}^4$	$2\cdot 3$	2	3
	$\chi_{2^2}\cdot\chi_{13}^6$	2	1	1
$55=5\cdot 11$	$\chi_5\cdot\chi_{11}^2$	$2^2\cdot 5$	8	5
	$\chi_5^2\cdot\chi_{11}$	$2\cdot 5$	4	1
	$\chi_5^2\cdot\chi_{11}^5$	2	1	2
$56=2^3\cdot 7$	$\psi_{2^3}\cdot\chi_7$	$2\cdot 3$	2	1
	$\chi_{2^2}\psi_{2^3}\ \chi_7^2$	$2\cdot 3$	2	1
	$\psi_{2^3}\cdot\chi_7^3$	2	1	2
$57=3\cdot 19$	$\chi_3\cdot\chi_{19}^2$	$2\cdot 3^2$	6	3
	$\chi_3\cdot\chi_{19}^6$	$2\cdot 3$	2	3
$60=2^2\cdot 3\cdot 5$	$\chi_{2^2}\cdot\chi_3\cdot\chi_5$	2^2	2	2
$63=3^2\cdot 7$	$\psi_{3^2}\cdot\chi_7$	$2\cdot 3$	2	1
	$\psi_{3^2}\cdot\overline{\chi}_7$	$2\cdot 3$	2	7
	$\chi_3\ \psi_{3^2}\cdot\chi_7^2$	$2\cdot 3$	2	1
	$\chi_3\ \psi_{3^2}\cdot\overline{\chi}_7^2$	$2\cdot 3$	2	1
	$\psi_{3^2}\cdot\chi_7^3$	$2\cdot 3$	2	1
$65=5\cdot 13$	$\chi_5\cdot\chi_{13}^2$	$2^2\cdot 3$	4	2^2
	$\chi_5\cdot\chi_{13}^4$	$2^2\cdot 3$	4	2^2
	$\chi_5\cdot\chi_{13}^6$	2^2	2	1
	$\chi_5^2\cdot\chi_{13}$	$2^2\cdot 3$	4	2^2
	$\chi_5^2\cdot\chi_{13}^3$	2^2	2	1
$68=2^2\cdot 17$	$\chi_{2^2}\cdot\chi_{17}^2$	2^3	4	2
	$\chi_{2^2}\cdot\chi_{17}^4$	2^2	2	2
	$\chi_{2^2}\cdot\chi_{17}^8$	2	1	2
$69=3\cdot 23$	$\chi_3\cdot\chi_{23}^2$	$2\cdot 11$	10	23
$72=2^3\cdot 3^2$	$\chi_{2^2}\psi_{2^3}\cdot\psi_{3^2}$	$2\cdot 3$	2	3
	$\psi_{2^3}\cdot\chi_3\psi_{3^2}$	$2\cdot 3$	2	1

1 Führer	2 Charakter	3 Ordnung	4 Grad	5 Beitrag
$75=3\cdot 5^2$	$\chi_3\cdot\psi_{5^2}$	$2\cdot 5$	4	11
	$\chi_3\cdot\chi_5^2\psi_{5^2}$	$2\cdot 5$	4	1
$76=2^2\cdot 19$	$\chi_{2^2}\cdot\chi_{19}^2$	$2\cdot 3^2$	6	19
	$\chi_{2^2}\cdot\chi_{19}^6$	$2\cdot 3$	2	1
$77=7\cdot 11$	$\chi_7\cdot\chi_{11}^2$	$2\cdot 3\cdot 5$	8	2^4
	$\chi_7^2\cdot\chi_{11}$	$2\cdot 3\cdot 5$	8	2^4
	$\chi_7^2\cdot\chi_{11}^5$	$2\cdot 3$	2	1
	$\chi_7^3\cdot\chi_{11}^2$	$2\cdot 5$	4	5
$80=2^4\cdot 5$	$\psi_{2^4}\cdot\chi_5$	2^2	2	1
	$\psi_{2^4}\cdot\overline{\chi}_5$	2^2	2	5
	$\chi_{2^2}\,\psi_{2^4}\cdot\chi_5^2$	2^2	2	1
$84=2^2\cdot 3\cdot 7$	$\chi_{2^2}\cdot\chi_3\cdot\chi_7$	$2\cdot 3$	2	1
	$\chi_{2^2}\cdot\chi_3\cdot\chi_7^3$	2	1	2
$85=5\cdot 17$	$\chi_5\cdot\chi_{17}^2$	2^3	4	1
	$\chi_5\cdot\overline{\chi}_{17}^2$	2^3	4	73
	$\chi_5\cdot\chi_{17}^4$	2^2	2	1
	$\chi_5\cdot\overline{\chi}_{17}^4$	2^2	2	5
	$\chi_5\cdot\chi_{17}^8$	2^2	2	1
	$\chi_5^2\cdot\chi_{17}$	2^4	8	17
$87=3\cdot 29$	$\chi_3\cdot\chi_{29}^2$	$2\cdot 7$	6	2^3
	$\chi_3\cdot\chi_{29}^4$	$2\cdot 7$	6	2^3
	$\chi_3\cdot\chi_{29}^{14}$	2	1	3
$88=2^3\cdot 11$	$\psi_{2^3}\cdot\chi_{11}$	$2\cdot 5$	4	11
	$\chi_{2^2}\,\psi_{2^3}\cdot\chi_{11}^2$	$2\cdot 5$	4	5
	$\psi_{2^3}\cdot\chi_{11}^5$	2	1	1
$91=7\cdot 13$	$\chi_7\cdot\chi_{13}^2$	$2\cdot 3$	2	1
	$\chi_7\cdot\overline{\chi}_{13}^2$	$2\cdot 3$	2	1
	$\chi_7\cdot\chi_{13}^4$	$2\cdot 3$	2	1
	$\chi_7\cdot\overline{\chi}_{13}^4$	$2\cdot 3$	2	13
	$\chi_7\cdot\chi_{13}^6$	$2\cdot 3$	2	2^2
	$\chi_7^2\cdot\chi_{13}$	$2^2\cdot 3$	4	1
	$\chi_7^2\cdot\chi_{13}$	$2^2\cdot 3$	4	37
	$\chi_7^2\cdot\chi_{13}^3$	$2^2\cdot 3$	4	2^2
	$\chi_7^3\cdot\chi_{13}^2$	$2\cdot 3$	2	7
	$\chi_7^3\cdot\chi_{13}^4$	$2\cdot 3$	2	1
	$\chi_7^3\cdot\chi_{13}^6$	2	1	1
$92=2^2\cdot 23$	$\chi_{2^2}\cdot\chi_{23}^2$	$2\cdot 11$	10	67
$93=3\cdot 31$	$\chi_3\cdot\chi_{31}^2$	$2\cdot 3\cdot 5$	8	151
	$\chi_3\cdot\chi_{31}^6$	$2\cdot 5$	4	5
	$\chi_3\cdot\chi_{31}^{10}$	$2\cdot 3$	2	1
$95=5\cdot 19$	$\chi_5\cdot\chi_{19}^2$	$2^2\cdot 3^2$	12	109
	$\chi_5\cdot\chi_{19}^6$	$2^2\cdot 3$	4	13
	$\chi_5^2\cdot\chi_{19}$	$2\cdot 3^2$	6	19
	$\chi_5^2\cdot\chi_{19}^3$	$2\cdot 3$	2	1
	$\chi_5^2\cdot\chi_{19}^9$	2	1	2^2
$96=2^5\cdot 3$	$\psi_{2^5}\cdot\chi_3$	2^3	4	3^2
$99=3^2\cdot 11$	$\psi_{3^2}\cdot\chi_{11}$	$2\cdot 3\cdot 5$	8	31
	$\chi_3\psi_{3^2}\cdot\chi_{11}^2$	$2\cdot 3\cdot 5$	8	31
	$\psi_{3^2}\cdot\chi_{11}^5$	$2\cdot 3$	2	3
$100=2^2\cdot 5^2$	$\chi_{2^2}\cdot\psi_{5^2}$	$2\cdot 5$	4	5
	$\chi_{2^2}\cdot\chi_5^2\psi_{5^2}$	$2\cdot 5$	4	11

Hilfstafel: Die Werte der Grundcharaktere

Feste Einheitswurzeln: $i^2 = -1,\ j^2 = i,\qquad \varrho^3 = 1,\ \varepsilon^3 = \varrho,\qquad \eta^5 = 1,\qquad \vartheta^7 = 1$

Außerdem ζ am Kopf der betreffenden Spalten jeweils besonders festgelegt

f	2^2	2^3	2^4	2^5	2^6	3	3^2	3^3	3^4	5	5^2	7	7^2	11	13	17
ζ					$\zeta^2 = j$				$\zeta^3 = \varepsilon$							$\zeta^2 = j$
1	1	1	1	1	1	1	1	1	1	1	1	1	1	1	1	1
2						-1	ϱ^2	$\varrho\varepsilon^2$	$\varrho\varepsilon\zeta^2$	i	η^2	ϱ^2	ϑ^5	$-\eta$	$i\varrho^2$	$-j$
3	-1	-1	$-i$	ij	$j\zeta$					$-i$	η^4	$-\varrho$	ϑ	η^3	ϱ^2	$-j\zeta$
4						1	ϱ	ε	ζ	-1	η^4	ϱ	ϑ^3	η^2	$-\varrho$	i
5	1	-1	i	j	ζ	-1	ϱ	$\varrho^2\varepsilon$	$\varrho^2\varepsilon^2\zeta$			$-\varrho^2$	ϑ	η^4	i	$ij\zeta$
6										1	η	-1	ϑ^6	$-\eta^4$	$i\varrho$	$i\zeta$
7	-1	1	-1	i	$-j$	1	ϱ^2	$\varrho^2\varepsilon^2$	$\varepsilon^2\zeta^2$	i	1			$-\eta^2$	$-i\varrho$	$-\zeta$
8						-1	1	ϱ^2	$\varrho\varepsilon^2$	$-i$	η	1	ϑ	$-\eta^3$	$-i$	$-ij$
9	1	1	-1	$-i$	ij					-1	η^3	ϱ^2	ϑ^2	η	ϱ	ij
10						1	1	ϱ	$\varrho\varepsilon$			$-\varrho$	ϑ^6	-1	$-\varrho^2$	ζ
11	-1	-1	i	$-j$	$i\zeta$	-1	ϱ^2	ε^2	$\varrho^2\zeta^2$	1	η^2	ϱ	ϑ^5		$-i\varrho^2$	$-i\zeta$
12										i	η^3	$-\varrho^2$	ϑ^4	1	-1	$-ij\zeta$
13	1	-1	$-i$	$-ij$	$-ij\zeta$	1	ϱ	$\varrho\varepsilon$	$\varepsilon\zeta$	$-i$	η^3	-1	ϑ^5	$-\eta$		$-i$
14						-1	ϱ	$\varrho\varepsilon$	$\varrho^2\varepsilon\zeta$	-1	η^2			η^3	1	$j\zeta$
15	-1	1	1	-1	i							1	ϑ^2	η^2	$i\varrho^2$	j
16						1	ϱ^2	ε^2	ζ^2	1	η^3	ϱ^2	ϑ^6	η^4	ϱ^2	-1
17	1	1	1	-1	$-i$	-1	1	ϱ	ε	i	η	$-\varrho$	ϑ^4	$-\eta^4$	$-\varrho$	
18										$-i$	1	ϱ	1	$-\eta^2$	i	1
19	-1	-1	$-i$	$-ij$	$ij\zeta$	1	1	ϱ^2	$\varrho^2\varepsilon^2$	-1	η	$-\varrho^2$	1	$-\eta^3$	$i\varrho$	$-j$
20						-1	ϱ^2	$\varrho^2\varepsilon^2$	$\varrho^2\varepsilon^2\zeta^2$			-1	ϑ^4	η	$-i\varrho$	$-j\zeta$
21	1	-1	i	$-j$	$-i\zeta$					1	η^4			-1	$-i$	i
22						1	ϱ	$\varrho^2\varepsilon$	$\varepsilon^2\zeta$	i	η^4	1	ϑ^3		ϱ	$ij\zeta$
23	-1	1	-1	$-i$	$-ij$	-1	ϱ	ε	$\varrho^2\zeta$	$-i$	η^2	ϱ^2	ϑ^3	1	$-\varrho^2$	$i\zeta$
24										-1	1	$-\varrho$	ϑ^2	$-\eta$	$-i\varrho^2$	$-\zeta$
25	1	1	-1	i	j	1	ϱ^2	$\varrho\varepsilon^2$	$\varrho^2\varepsilon\zeta^2$			ϱ	ϑ^3	η^3	-1	$-ij$
26						-1	1	1	ϱ^2	1	1	$-\varrho^2$	ϑ^3	η^2		ij
27	-1	-1	i	j	$-\zeta$					i	η^2	-1	ϑ^3	η^4	1	ζ
28						1	1	1	ϱ	$-i$	η^4			$-\eta^4$	$i\varrho^2$	$-i\zeta$
29	1	-1	$-i$	ij	$-j\zeta$	-1	ϱ^2	$\varrho\varepsilon^2$	$\varepsilon\zeta^2$	-1	η^4	1	ϑ^4	$-\eta^2$	ϱ^2	$-ij\zeta$
30												ϱ^2	1	$-\eta^3$	$-\varrho$	$-i$
31	-1	1	1	1	-1	1	ϱ	ε	$\varrho\zeta$	1	η	$-\varrho$	1	η	i	$j\zeta$
32						-1	ϱ	$\varrho^2\varepsilon$	$\varrho\varepsilon^2\zeta$	i	1	ϱ	ϑ^4	-1	$i\varrho$	j

Feste Einheitswurzeln: $i^2 = -1,\ j^2 = i, \qquad \varrho^3 = 1,\ \varepsilon^2 = \varrho, \qquad \eta^5 = 1, \qquad \vartheta^7 = 1$

Außerdem ζ am Kopf der betreffenden Spalten jeweils besonders festgelegt

f	19	23	29	31	37	41	43	47	53	59	61	67	71	73	79	83	89	97
ζ		$\zeta^{11}=1$						$\zeta^{23}=1$	$\zeta^{13}=1$	$\zeta^{29}=1$		$\zeta^{11}=1$			$\zeta^{13}=1$	$\zeta^{41}=1$	$\zeta^{11}=1$	$\zeta^4=j$
1	1	1	1	1	1	1	1	1	1	1	1	1	1	1	1	1	1	1
2	$-\varrho^2\varepsilon^2$	ζ^8	$-i\vartheta^4$	η^2	$-i\varepsilon^2$	$i\eta$	$-\vartheta^4$	ζ^7	$i\zeta^{12}$	$-\zeta^{25}$	$-i\varrho^2\eta^2$	$-\varrho^2\zeta^7$	$\eta^3\vartheta^2$	$\varrho^2\varepsilon^2$	$\varrho^2\zeta^{11}$	$-\zeta^3$	ζ^6	$-\varrho^2j\zeta^2$
3	$-\varrho\varepsilon^2$	ζ^9	$-i\vartheta^6$	$-\varrho\eta^3$	$-\varrho^2\varepsilon$	$-ij$	$-\varrho^2\vartheta^3$	ζ^{18}	$i\zeta^9$	ζ^3	$-\eta^2$	$-\zeta^9$	$\eta^3\vartheta^4$	$-i\varrho^2$	$-\varrho^2\zeta^6$	ζ^{11}	$-ij\zeta^{10}$	$\varrho^2\zeta^2$
4	$\varrho^2\varepsilon$	ζ^5	$-\vartheta$	η^4.	$-\varrho\varepsilon$	$-\eta^2$	ϑ	ζ^{14}	$-\zeta^{11}$	ζ^{21}	$-\varrho\eta^4$	$\varrho\zeta^3$	$\eta\vartheta^4$	$\varrho^2\varepsilon$	$\varrho\zeta^9$	ζ^6	ζ	ϱij
5	ε^2	$-\zeta^4$	$-\vartheta^4$	ϱ^2	$i\varepsilon$	$-i\eta^2$	$-\varrho^2\vartheta^5$	$-\zeta^{17}$	$-i\zeta^5$	ζ^5	$-\varrho^2\eta^4$	$-\zeta^6$	η^4	$j\varepsilon$	$\varrho\zeta^8$	$-\zeta^{40}$	$i\zeta^7$	$\varrho^2i\zeta^2$
6	$\varrho\varepsilon$	ζ^6	$-\vartheta^3$	$-\varrho$	i	$j\eta$	ϱ^2	ζ^2	$-\zeta^8$	$-\zeta^{28}$	$i\varrho^2\eta^4$	$\varrho^2\zeta^5$	$\eta\vartheta^6$	$-i\varrho\varepsilon^2$	$-\varrho\zeta^4$	$-\zeta^{14}$	$-ij\zeta^5$	$-\varrho i$
7	ϱ	$-\zeta^{10}$	ϑ^6	$\varrho\eta^4$	ε	$-ij\eta^4$	$-\varrho$	ζ^{15}	$-\zeta^{12}$	ζ^{15}	$-i\varrho^2\eta^3$	$-\varrho\zeta^7$	$-\eta^3\vartheta^5$	$j\varrho^2$	$-\varrho\zeta^6$	ζ^{24}	$-ij\zeta^7$	$-\varrho^2j\zeta$
8	$-\varrho^2$	ζ^2	$i\vartheta^5$	η	$i\varrho^2$	$-i\eta^3$	$-\vartheta^5$	ζ^{21}	$-i\zeta^{10}$	$-\zeta^{17}$	$i\eta$	$-\zeta^{10}$	$\eta^4\vartheta^6$	ϱ^2	ζ^7	$-\zeta^9$	ζ^7	ζ^2
9	ε	ζ^7	$-\vartheta^5$	$\varrho^2\eta$	$\varrho\varepsilon^2$	$-i$	$\varrho\vartheta^6$	ζ^{13}	$-\zeta^5$	ζ^6	η^4	ζ^7	$\eta\vartheta$	$-\varrho$	$\varrho\zeta^{12}$	ζ^{22}	$-i\zeta^9$	ϱj
10	$-\varepsilon$	$-\zeta$	$i\vartheta$	$\varrho^2\eta^2$	ϱ	η^3	$\varrho^2\vartheta^2$	$-\zeta$	ζ^4	$-\zeta$	$i\varrho\eta$	$\varrho^2\zeta^2$	$\eta^2\vartheta^2$	j	ζ^6	ζ^2	$i\zeta^2$	$\varrho\zeta$
11	ϱ^2	$-\zeta^3$	$-i\vartheta^2$	$-\varrho^2\eta^4$	$-\varrho^2$	$ij\eta^3$	ϑ^6	$-\zeta^4$	$-\zeta^7$	$-\zeta^{16}$	i	$-\varrho\zeta^8$	$-\eta^3\vartheta$	$-ij\varepsilon$	$\varrho\zeta^5$	ζ^{31}	$-\zeta^4$	$-\varrho\zeta^2$
12	$-\varrho$	ζ^3	i	$-\varrho\eta^2$	ε^2	$ij\eta^2$	$-\varrho^2\vartheta^4$	ζ^9	$-i\zeta^7$	ζ^{24}	$\varrho\eta$	$-\varrho\zeta$	$\eta^4\vartheta$	$-i\varrho\varepsilon$	$-\zeta^2$	ζ^{17}	$-ij$	$ij\zeta^2$
13	$-\varrho\varepsilon$	ζ	$-\vartheta^2$	$-\varrho^2\eta^3$	$i\varrho\varepsilon$	$-ij\eta$	$\varrho\vartheta^5$	$-\zeta^3$	ζ^2	$-\zeta^{23}$	ϱ^2	$-\varrho^2\zeta$	$-\eta^2\vartheta^6$	$-ij\varrho\varepsilon^2$	$\varrho^2\zeta^9$	$-\zeta^{26}$	$j\zeta^{10}$	$-\varrho^2\zeta^3$
14	$-\varepsilon^2$	$-\zeta^7$	$-i\vartheta^3$	$\varrho\eta$	$-i\varrho$	j	$\varrho\vartheta^4$	ζ^{22}	$-i\zeta^{11}$	$-\zeta^{11}$	$-\varrho$	ζ^3	$-\eta$	$j\varrho\varepsilon^2$	$-\zeta^4$	$-\zeta^{27}$	$-ij\zeta^2$	$\varrho i\zeta^3$
15	$-\varrho^2\varepsilon$	$-\zeta^2$	$i\vartheta^3$	$-\eta^3$	$-i\varrho^2\varepsilon^2$	$-j\eta^2$	$\varrho\vartheta$	$-\zeta^{12}$	ζ	ζ^8	$\varrho^2\eta$	ζ^4	$\eta^2\vartheta^4$	$-ij\varrho^2\varepsilon$	$-\zeta$	$-\zeta^{10}$	$j\zeta^6$	$\varrho ij\zeta$
16	$\varrho\varepsilon^2$	ζ^{10}	ϑ^2	η^3	$\varrho^2\varepsilon^2$	η^4	ϑ^2	ζ^5	ζ^9	ζ^{13}	$\varrho^2\eta^3$	$\varrho^2\zeta^6$	$\eta^2\vartheta$	$\varrho\varepsilon^2$	$\varrho^2\zeta^5$	ζ^{12}	ζ^2	$-\varrho^2i$
17	$\varrho^2\varepsilon^2$	$-\zeta^6$	$-i$	$-\varrho\eta$	$i\varrho\varepsilon^2$	$j\eta^3$	$\varrho\vartheta^2$	ζ^{19}	$-\zeta^3$	ζ^{14}	$i\varrho\eta^4$	$\varrho^2\zeta^8$	$-\eta^2$	$-j\varrho$	$-\zeta^9$	ζ^4	$i\zeta^5$	$-\varrho\zeta^3$
18	-1	ζ^4	$i\vartheta^2$	$\varrho^2\eta^3$	$-i\varrho^2\varepsilon$	η	$-\varrho\vartheta^3$	ζ^{20}	$-i\zeta^4$	$-\zeta^2$	$-i\varrho^2\eta$	$-\varrho^2\zeta^3$	$\eta^4\vartheta^3$	$-\varepsilon^2$	ζ^{10}	$-\zeta^{25}$	$-i\zeta^4$	$-i\zeta^2$
19		$-\zeta^5$	$-i\vartheta$	$\varrho\eta^2$	$i\varrho^2\varepsilon$	$j\eta^4$	$-\varrho^2\vartheta$	$-\zeta^6$	$i\zeta^2$	ζ^{22}	$-\varrho\eta^2$	$\varrho^2\zeta^4$	$\eta^3\vartheta^3$	$-i\varrho^2\varepsilon^2$	$\varrho\zeta^{10}$	$-\zeta^{18}$	$-j\zeta^9$	$-i\zeta^3$
20	1	$-\zeta^9$	ϑ^5	$\varrho^2\eta^4$	$-i\varrho\varepsilon^2$	$i\eta^4$	$-\varrho^2\vartheta^6$	$-\zeta^8$	$i\zeta^3$	ζ^{26}	η^3	$-\varrho\zeta^9$	ϑ^4	$j\varrho^2\varepsilon^2$	$\varrho^2\zeta^4$	$-\zeta^5$	$i\zeta^8$	$-j\zeta^3$
21	$-\varrho^2\varepsilon^2$	$-\zeta^8$	$-i\vartheta^5$	$-\varrho^2\eta^2$	$-\varrho^2\varepsilon^2$	$-i\eta^4$	ϑ^3	ζ^{10}	$i\zeta^8$	ζ^{18}	$i\varrho^2$	$\varrho\zeta^5$	$-\eta\vartheta^2$	$-ij\varrho$	ζ^{12}	ζ^{35}	$-i\zeta^6$	$-\varrho j\zeta^3$
22	$-\varrho\varepsilon^2$	-1	$-\vartheta^6$	$-\varrho^2\eta$	$i\varrho^2\varepsilon^2$	$-j\eta^4$	$-\vartheta^3$	$-\zeta^{11}$	$-i\zeta^6$	ζ^{12}	$\varrho^2\eta^2$	ζ^2	$-\eta\vartheta^3$	$-ij$	ζ^3	$-\zeta^{34}$	$-\zeta^{10}$	i
23	$\varrho^2\varepsilon$		ϑ^3	$-\eta$	$i\varrho$	$-\eta$	$\varrho^2\vartheta^6$	$-\zeta^{16}$	$-i$	$-\zeta^{27}$	$-i\eta^4$	$\varrho^2\zeta^9$	$-\vartheta^5$	$-i\varepsilon$	ϱ	ζ^{16}	$-ij\zeta^9$	$\varrho ij\zeta^3$
24	ε^2	1	ϑ^4	$-\varrho\eta^4$	$-i\varrho\varepsilon$	$-j\eta^3$	$\varrho^2\vartheta$	ζ^{16}	ζ^6	$-\zeta^{20}$	$-i\eta^3$	ζ^8	$\eta^2\vartheta^3$	$-i\varrho$	$-\varrho^2$	$-\zeta^{20}$	$-ij\zeta^6$	ϱ^2j
25	$\varrho\varepsilon$	ζ^8	ϑ	ϱ	$-\varepsilon^2$	$-\eta^4$	$\varrho\vartheta^3$	ζ^{11}	$-\zeta^{10}$	ζ^{10}	$\varrho\eta^3$	ζ	η^3	$i\varepsilon^2$	$\varrho^2\zeta^3$	ζ^{39}	$-\zeta^3$	$-\varrho j\zeta^2$
26	ϱ	ζ^9	$i\vartheta^6$	$-\varrho^2$	ϱ^2	$j\eta^2$	$-\varrho\vartheta^2$	$-\zeta^{10}$	$i\zeta$	ζ^{19}	$-i\varrho\eta^2$	$\varrho\zeta^8$	$-\vartheta$	$ij\varrho\varepsilon$	$\varrho\zeta^7$	ζ^{29}	$j\zeta^5$	$\varrho i\zeta$
27	$-\varrho^2$	ζ^5	$i\vartheta^4$	$-\eta^4$	$-\varrho$	$-j$	$-\vartheta^2$	ζ^8	$-i\zeta$	ζ^9	$-\eta$	$-\zeta^5$	$\eta^4\vartheta^5$	i	$-\zeta^5$	ζ^{33}	$-j\zeta^8$	$j\zeta^2$
28	ε	$-\zeta^4$	-1	$\varrho\eta^3$	$-\varrho\varepsilon^2$	$ij\eta$	$-\varrho\vartheta$	ζ^6	ζ^{10}	ζ^7	$i\eta^2$	$-\varrho^2\zeta^{10}$	$-\eta^4\vartheta^2$	$j\varrho\varepsilon$	$-\varrho^2\zeta^2$	ζ^{30}	$-ij\zeta^8$	ζ
29	$-\varepsilon$	ζ^6		$-\eta^2$	$-i\varrho^2$	$-ij\eta^2$	$-\varrho\vartheta^4$	$-\zeta^{20}$	$-\zeta^6$	ζ^4	$i\varrho$	ϱ	$\eta^4\vartheta^4$	$ij\varrho^2\varepsilon^2$	$-\varrho\zeta$	ζ^{36}	$-j\zeta^7$	$\varrho^2ij\zeta^3$
30	ϱ^2	$-\zeta^{10}$	1	-1	$-\varepsilon$	$-ij\eta^3$	$-\varrho\vartheta^5$	$-\zeta^{19}$	i	$-\zeta^4$	$-i\varrho\eta^3$	$-\varrho^2$	ϑ^6	$-ij\varrho^2$	$-\varrho^2\zeta^{12}$	ζ^{13}	$j\zeta$	ζ^3
31	$-\varrho$	ζ^2	$-i\vartheta^4$		$-i$	$-\eta^3$	$\varrho^2\vartheta^4$	$-\zeta^5$	$i\zeta^6$	$-\zeta^7$	$i\varrho\eta^3$	$-\varrho\zeta^{10}$	$-\eta^3\vartheta^6$	$ij\varepsilon^2$	$\varrho\zeta^{11}$	ζ^{32}	$j\zeta^2$	$-\varrho^2i\zeta^2$
32	$-\varrho\varepsilon$	ζ^7	$-i\vartheta^6$	1	$-i\varepsilon$	i	$-\vartheta^6$	ζ^{12}	$i\zeta^8$	$-\zeta^9$	$-i\varrho$	$-\varrho\zeta^2$	ϑ^3	$\varrho\varepsilon$	$\varrho\zeta^3$	$-\zeta^{15}$	ζ^8	$\varrho ij\zeta^2$

Feste Einheitswurzeln: $\mathrm{i}^2 = -1$, $\mathrm{j}^2 = \mathrm{i}$, $\varrho^3 = 1$, $\varepsilon^3 = \varrho$, $\eta^5 = 1$, $\vartheta^7 = 1$

Außerdem ζ am Kopf der betreffenden Spalten jeweils besonders festgelegt

f	2^2	2^3	2^4	2^5	2^6	3	3^2	3^3	3^4	5	5^2	7	7^2	11	13	17
ζ					$\zeta^2=\mathrm{j}$				$\zeta^3=\varepsilon$							$\zeta^2=\mathrm{j}$
33	1	1	1	1	-1					$-\mathrm{i}$	η	$-\varrho^2$	ϑ^6		$-\mathrm{i}\varrho$	-1
34						1	ϱ^2	$\varrho^2\varepsilon^2$	$\varrho\varepsilon^2\zeta^2$	-1	η^3	-1	ϑ^2	1	$-\mathrm{i}$	
35	-1	-1	$-\mathrm{i}$	ij	$-\mathrm{j}\zeta$	-1	1	ϱ^2	ε^2					$-\eta$	ϱ	1
36										1	η^2	1	ϑ^5	η^3	$-\varrho^2$	$-\mathrm{j}$
37	1	-1	i	j	$-\zeta$	1	1	ϱ	$\varrho^2\varepsilon$	i	η^3	ϱ^2	ϑ^4	η^2	$-\mathrm{i}\varrho^2$	$-\mathrm{j}\zeta$
38						-1	ϱ^2	ε^2	$\varrho\zeta^2$	$-\mathrm{i}$	η^3	$-\varrho$	ϑ^5	η^4	-1	i
39	-1	1	-1	i	j					-1	η^2	ϱ	ϑ^6	$-\eta^4$		$\mathrm{ij}\zeta$
40						1	ϱ	$\varrho\varepsilon$	$\varrho\varepsilon\zeta$			$-\varrho^2$	ϑ^2	$-\eta^2$	1	$\mathrm{i}\zeta$
41	1	1	-1	$-\mathrm{i}$	$-\mathrm{ij}$	-1	ϱ	$\varrho\varepsilon$	$\varrho\varepsilon\zeta$	1	η^3	-1	ϑ	$-\eta^3$	$\mathrm{i}\varrho^2$	$-\zeta$
42										i	η			η	ϱ^2	$-\mathrm{ij}$
43	-1	-1	i	$-\mathrm{j}$	$-\mathrm{i}\zeta$	1	ϱ^2	ε^2	$\varrho\zeta^2$	$-\mathrm{i}$	1	1	ϑ^6	-1	$-\varrho$	ij
44						-1	1	ϱ	$\varrho^2\varepsilon$	-1	η	ϱ^2	ϑ		i	ζ
45	1	-1	$-\mathrm{i}$	$-\mathrm{ij}$	$\mathrm{ij}\zeta$							$-\varrho$	ϑ^3	1	$\mathrm{i}\varrho$	$-\mathrm{i}\zeta$
46						1	1	ϱ^2	ε^2	1	η^4	ϱ	ϑ	$-\eta$	$-\mathrm{i}\varrho$	$-\mathrm{ij}\zeta$
47	-1	1	1	-1	$-\mathrm{i}$	-1	ϱ^2	$\varrho^2\varepsilon^2$	$\varrho\varepsilon^2\zeta^2$	i	η^4	$-\varrho^2$	ϑ^5	η^3	$-\mathrm{i}$	$-\mathrm{i}$
48										$-\mathrm{i}$	η^2	-1	1	η^2	ϱ	$\mathrm{j}\zeta$
49	1	1	1	-1	i	1	ϱ	$\varrho^2\varepsilon$	$\varrho\varepsilon^2\zeta$	-1	1			η^4	$-\varrho^2$	j
50						-1	ϱ	ε	$\varrho\zeta$			1	1	$-\eta^4$	$-\mathrm{i}\varrho^2$	-1
51	-1	-1	$-\mathrm{i}$	$-\mathrm{ij}$	$-\mathrm{ij}\zeta$					1	1	ϱ^2	ϑ^5	$-\eta^2$	-1	
52						1	ϱ^2	$\varrho\varepsilon^2$	$\varepsilon\zeta^2$	i	η^2	$-\varrho$	ϑ	$-\eta^3$		1
53	1	-1	i	$-\mathrm{j}$	$\mathrm{i}\zeta$	-1	1	1	ϱ	$-\mathrm{i}$	η^4	ϱ	ϑ^3	η	1	$-\mathrm{j}$
54										-1	η^4	$-\varrho^2$	ϑ	-1	$\mathrm{i}\varrho^2$	$-\mathrm{j}\zeta$
55	-1	1	-1	$-\mathrm{i}$	ij	1	1	1	ϱ^2			-1	ϑ^6		ϱ^2	i
56						-1	ϱ^2	$\varrho\varepsilon^2$	$\varrho^2\varepsilon\zeta^2$	1	η			1	$-\varrho$	$\mathrm{ij}\zeta$
57	1	1	-1	i	$-\mathrm{j}$					i	1	1	ϑ	$-\eta$	i	$\mathrm{i}\zeta$
58						1	ϱ	ε	$\varrho^2\zeta$	$-\mathrm{i}$	η	ϱ^2	ϑ^2	η^3	$\mathrm{i}\varrho$	$-\zeta$
59	-1	-1	i	j	ζ	-1	ϱ	$\varrho^2\varepsilon$	$\varepsilon^2\zeta$	-1	η^3	$-\varrho$	ϑ^6	η^2	$-\mathrm{i}\varrho$	$-\mathrm{ij}$
60												ϱ	ϑ^5	η^4	$-\mathrm{i}$	ij
61	1	-1	i	ij	$\mathrm{j}\zeta$	1	ϱ^2	$\varrho^2\varepsilon^2$	$\varrho^2\varepsilon^2\zeta^2$	1	η^2	$-\varrho^2$	ϑ^4	$-\eta^4$	ϱ	ζ
62						-1	1	ϱ^2	$\varrho^2\varepsilon^2$	i	η^3	-1	ϑ^5	$-\eta^2$	$-\varrho^2$	$-\mathrm{i}\zeta$
63	-1	1	1	1	1					$-\mathrm{i}$	η^3			$-\eta^3$	$-\mathrm{i}\varrho^2$	$-\mathrm{ij}\zeta$
64						1	1	ϱ	ε	-1	η^2	1	ϑ^2	η	-1	$-\mathrm{i}$
65	1	1	1	1	1	-1	ϱ^2	ε^2	ζ^2			ϱ^2	ϑ^6	-1		$\mathrm{j}\zeta$
66										1	η^3	$-\varrho$	ϑ^4		1	j

Feste Einheitswurzeln: $\mathrm{i}^2 = -1$, $\mathrm{j}^2 = \mathrm{i}$, $\varrho^3 = 1$, $\varepsilon^3 = \varrho$, $\eta^5 = 1$, $\vartheta^7 = 1$

Außerdem ζ am Kopf der betreffenden Spalten jeweils besonders festgelegt

f	19	23	29	31	37	41	43	47	53	59	61	67	71	73	79	83	89	97
ζ		$\zeta^{11}=1$						$\zeta^{23}=1$	$\zeta^{13}=1$	$\zeta^{29}=1$		$\zeta^{11}=1$			$\zeta^{13}=1$	$\zeta^{41}=1$	$\zeta^{11}=1$	$\zeta^4=\mathrm{j}$
33	$-\varepsilon^2$	$-\zeta$	$-\vartheta$	η^2	$\varrho\varepsilon$	$\mathrm{i}\eta^3$	$-\varrho^2\vartheta^2$	$-\zeta^{22}$	$-\mathrm{i}\zeta^3$	$-\zeta^{19}$	$-\mathrm{i}\eta^2$	$\varrho\zeta^4$	$-\eta\vartheta^5$	$-\mathrm{j}\varrho^2\varepsilon$	$-\zeta^{11}$	ζ	$\mathrm{ij}\zeta^3$	$-\mathrm{j}$
34	$-\varrho^2\varepsilon$	$-\zeta^3$	$-\vartheta^4$	$-\varrho\eta^3$	$\varrho^2\varepsilon$	$\mathrm{ij}\eta^4$	$-\varrho\vartheta^6$	ζ^3	$-\mathrm{i}\zeta^2$	$-\zeta^{10}$	η	$-\varrho\zeta^4$	$-\vartheta^2$	$-\mathrm{j}\varepsilon^2$	$-\varrho^2\zeta^7$	$-\zeta^7$	i	$\mathrm{i}\zeta$
35	$\varrho\varepsilon^2$	ζ^3	$-\vartheta^3$	η^4	$\mathrm{i}\varepsilon^2$	$-\mathrm{j}\eta$	ϑ^5	$-\zeta^9$	$\mathrm{i}\zeta^4$	ζ^{20}	$\mathrm{i}\varrho\eta^2$	$\varrho\zeta^2$	$-\eta^2\vartheta^5$	$\mathrm{i}\varrho^2\varepsilon$	$-\varrho^2\zeta$	$-\zeta^{23}$	$\mathrm{j}\zeta^3$	ϱ
36	$\varrho^2\varepsilon^2$	ζ	ϑ^6	ϱ^2	-1	$\mathrm{i}\eta^2$	ϱ	ζ^4	ζ^3	ζ^{27}	$-\varrho\eta^3$	$\varrho\zeta^{10}$	$\eta^2\vartheta^5$	$-\varepsilon$	$\varrho^2\zeta^8$	ζ^{28}	$-\mathrm{i}\zeta^{10}$	$-\varrho^2$
37	-1	$-\zeta^7$	$\mathrm{i}\vartheta^5$	$-\varrho$		η^2	$-\varrho^2$	ζ	$-\zeta^9$	$-\zeta^{12}$	$\mathrm{i}\eta^3$	ϱ^2	ϑ^2	ε	$-\varrho^2\zeta^{10}$	ζ^{19}	$-\mathrm{j}$	$\varrho^2\mathrm{i}\zeta$
38		$-\zeta^2$	$-\vartheta^5$	$\varrho\eta^4$	1	ij	$\varrho^2\vartheta^5$	$-\zeta^{13}$	$-\zeta$	$-\zeta^{18}$	$\mathrm{i}\eta^4$	$-\varrho$	$\eta\vartheta^5$	$-\mathrm{i}\varrho^2\varepsilon$	ζ^8	ζ^{21}	$-\mathrm{j}\zeta^4$	$-\varrho^2\zeta$
39	1	ζ^{10}	$\mathrm{i}\vartheta$	η	$-\mathrm{i}\varepsilon^2$	$-\mathrm{i}\eta$	$-\vartheta$	$-\zeta^{21}$	$\mathrm{i}\zeta^{11}$	$-\zeta^{26}$	$-\varrho^2\eta^2$	$\varrho^2\zeta^{10}$	$-\vartheta^3$	$\mathrm{j}\varepsilon^2$	$-\varrho\zeta^2$	$-\zeta^{37}$	ζ^9	$-\varrho\mathrm{j}\zeta$
40	$-\varrho^2\varepsilon^2$	$-\zeta^6$	$-\mathrm{i}\vartheta^2$	$\varrho^2\eta$	$-\varrho^2\varepsilon$	-1	$\varrho^2\vartheta^3$	$-\zeta^{15}$	$-\zeta^2$	$-\zeta^{22}$	$-\mathrm{i}\varrho^2$	ζ^5	$\eta^3\vartheta^6$	$\mathrm{i}\varrho^2\varepsilon$	$\varrho\zeta^2$	ζ^8	$\mathrm{i}\zeta^3$	$\varrho^2\mathrm{ij}\zeta$
41	$-\varrho\varepsilon^2$	ζ^4	i	$\varrho^2\eta^2$	$-\varrho\varepsilon$		ϑ^4	$-\zeta^2$	$\mathrm{i}\zeta^7$	ζ^2	$-\eta^3$	$-\varrho\zeta^8$	$-\vartheta^6$	$-\varrho\varepsilon$	$-\zeta^8$	ζ^{38}	$\mathrm{ij}\zeta$	$\varrho^2\mathrm{j}\zeta^3$
42	$\varrho^2\varepsilon$	$-\zeta^5$	$-\vartheta^2$	$-\varrho^2\eta^4$	$\mathrm{i}\varepsilon$	1	-1	ζ^{17}	ζ^7	$-\zeta^{14}$	$\varrho\eta^2$	$-\zeta$	$-\eta^4\vartheta^4$	$-\mathrm{ij}\varepsilon^2$	$\varrho^2\zeta^{10}$	$-\zeta^{38}$	$-\mathrm{i}\zeta$	$\mathrm{ij}\zeta$
43	ε^2	$-\zeta^9$	$-\mathrm{i}\vartheta^3$	$-\varrho\eta^2$	i	$\mathrm{i}\eta$		$-\zeta^{14}$	$-\zeta^4$	$-\zeta^{13}$	$\mathrm{i}\varrho^2\eta$	$-\zeta^8$	$\eta^4\vartheta^2$	$\mathrm{ij}\varrho^2$	$-\varrho^2\zeta^8$	$-\zeta^8$	$\mathrm{ij}\zeta^4$	$\varrho^2\mathrm{ij}$
44	$\varrho\varepsilon$	$-\zeta^8$	$\mathrm{i}\vartheta^3$	$-\varrho^2\eta^3$	ε	$-\mathrm{ij}$	1	$-\zeta^{18}$	ζ^5	$-\zeta^8$	$-\mathrm{i}\varrho\eta^4$	$-\varrho^2\zeta^9$	$-\eta^4\vartheta^5$	$-\mathrm{ij}\varrho^2\varepsilon^2$	$\varrho^2\zeta$	ζ^{37}	$-\zeta^5$	$-\varrho^2\mathrm{ij}\zeta^2$
45	ϱ	-1	ϑ^2	$\varrho\eta$	$\mathrm{i}\varrho^2$	$-\eta^2$	$-\vartheta^4$	$-\zeta^7$	$\mathrm{i}\zeta^{10}$	ζ^{11}	$-\varrho^2\eta^3$	$-\zeta^2$	ϑ	$-\mathrm{j}\varrho\varepsilon$	$\varrho^2\zeta^7$	$-\zeta^{21}$	ζ^5	$\mathrm{ij}\zeta^3$
46	$-\varrho^2$		$-\mathrm{i}$	$-\eta^3$	$\varrho\varepsilon^2$	$-\mathrm{i}\eta^2$	$-\varrho^2\vartheta^3$	-1	ζ^{12}	ζ^{23}	$-\varrho^2\eta$	$-\varrho\zeta^5$	$-\eta^3$	$-\mathrm{i}$	ζ^{11}	$-\zeta^{19}$	$-\mathrm{ij}\zeta^4$	$\mathrm{j}\zeta$
47	ε	1	$\mathrm{i}\vartheta^2$	η^3	ϱ	$\mathrm{j}\eta$	ϑ		ζ^8	$-\zeta^{24}$	ϱ	$\varrho\zeta^9$	$-\eta^2\vartheta^3$	$-\mathrm{ij}\varrho\varepsilon$	$-\varrho\zeta^3$	$-\zeta^{28}$	$\mathrm{i}\zeta$	$-\mathrm{ij}$
48	$-\varepsilon$	ζ^8	$-\mathrm{i}\vartheta$	$-\varrho\eta$	$-\varrho^2$	$-\mathrm{ij}\eta^4$	$-\varrho^2\vartheta^5$	1	$\mathrm{i}\zeta^5$	ζ^{16}	$-\varrho^2$	$-\varrho^2\zeta^4$	ϑ^5	$-\mathrm{i}\varepsilon^2$	$-\varrho\zeta^{11}$	ζ^{23}	$-\mathrm{ij}\zeta$	$-\varrho\mathrm{i}\zeta^2$
49	ϱ^2	ζ^9	ϑ^5	$\varrho^2\eta^3$	ε^2	$-\mathrm{i}\eta^3$	ϱ^2	ζ^7	ζ^{11}	ζ	$-\varrho\eta$	$\varrho^2\zeta^3$	$\eta\vartheta^3$	$\mathrm{i}\varrho$	$\varrho^2\zeta^{12}$	ζ^7	$-\mathrm{i}\zeta^3$	$\varrho\mathrm{i}\zeta^2$
50	$-\varrho$	ζ^5	$-\mathrm{i}\vartheta^5$	$\varrho\eta^2$	$\mathrm{i}\varrho\varepsilon$	$-\mathrm{i}$	$-\varrho$	ζ^{18}	$-\mathrm{i}\zeta^9$	$-\zeta^6$	$-\mathrm{i}$	$-\varrho^2\zeta^8$	$\eta\vartheta^2$	$\mathrm{i}\varepsilon$	$\varrho\zeta$	$-\zeta$	$-\zeta^9$	ij
51	$-\varrho\varepsilon$	$-\zeta^4$	$-\vartheta^6$	$\varrho^2\eta^4$	$-\mathrm{i}\varrho$	η^3	$-\vartheta^5$	ζ^{14}	$-\mathrm{i}\zeta^{12}$	ζ^{17}	$-\mathrm{i}\varrho\eta$	$-\varrho^2\zeta^6$	$-\vartheta^4$	ij	$\varrho^2\zeta^2$	ζ^{15}	$\mathrm{j}\zeta^4$	$-\mathrm{j}\zeta$
52	$-\varepsilon^2$	ζ^6	ϑ^3	$-\varrho^2\eta^2$	$-\mathrm{i}\varrho^2\varepsilon^2$	$\mathrm{ij}\eta^3$	$\varrho\vartheta^6$	$-\zeta^{17}$	-1	$-\zeta^{15}$	$-\eta^4$	$-\zeta^4$	$-\eta^3\vartheta^3$	$\mathrm{ij}\varrho$	ζ^5	$-\zeta^{32}$	j	$-\mathrm{ij}\zeta^3$
53	$-\varrho^2\varepsilon$	$-\zeta^{10}$	ϑ^4	$-\varrho^2\eta$	$\varrho^2\varepsilon^2$	$\mathrm{ij}\eta^2$	$\varrho^2\vartheta^2$	ζ^2		ζ^{28}	$-\mathrm{i}\eta$	$-\zeta^3$	$-\eta^4\vartheta^3$	$-\mathrm{j}\varrho^2\varepsilon^2$	$-\varrho\zeta^7$	$-\zeta^{13}$	$\mathrm{i}\zeta^{10}$	$\varrho^2\mathrm{ij}\zeta^2$
54	$\varrho\varepsilon^2$	ζ^2	ϑ	$-\eta$	$\mathrm{i}\varrho\varepsilon^2$	$-\mathrm{ij}\eta$	ϑ^6	ζ^{15}	1	$-\zeta^5$	$\mathrm{i}\varrho^2\eta^3$	$\varrho^2\zeta$	η^3	$\mathrm{i}\varrho^2\varepsilon^2$	$-\varrho^2\zeta^3$	$-\zeta^{36}$	$-\mathrm{j}\zeta^3$	$-\varrho^2\mathrm{ij}$
55	$\varrho^2\varepsilon^2$	ζ^7	$\mathrm{i}\vartheta^6$	$-\varrho\eta^4$	$-\mathrm{i}\varrho^2\varepsilon$	j	$-\varrho^2\vartheta^4$	ζ^{21}	$\mathrm{i}\zeta^{12}$	$-\zeta^{21}$	$-\mathrm{i}\varrho^2\eta^4$	$\varrho\zeta$	$-\eta^2\vartheta$	ε^2	ϱ^2	$-\zeta^{30}$	$-\mathrm{i}$	$-\mathrm{ij}\zeta$
56	-1	$-\zeta$	$\mathrm{i}\vartheta^4$	ϱ	$\mathrm{i}\varrho^2\varepsilon$	$-\mathrm{j}\eta^2$	$\varrho\vartheta^5$	ζ^{13}	$\mathrm{i}\zeta^9$	$-\zeta^3$	$\varrho^2\eta^4$	$\varrho\zeta^6$	$-\eta^2\vartheta^4$	$\mathrm{j}\varrho$	$-\varrho$	$-\zeta^{33}$	$-\mathrm{ij}\zeta^3$	$-\varrho^2\mathrm{j}\zeta^3$
57		$-\zeta^3$	-1	$-\varrho^2$	$-\mathrm{i}\varrho\varepsilon^2$	η^4	$\varrho\vartheta^4$	$-\zeta$	$-\zeta^{11}$	ζ^{25}	$\varrho\eta^4$	$-\varrho^2\zeta^2$	η	$-\varrho\varepsilon^2$	$-\zeta^3$	$-\zeta^{29}$	$-\zeta^8$	$-\varrho^2\mathrm{ij}\zeta$
58	1	ζ^3		$-\eta^4$	$-\varrho^2\varepsilon^2$	$\mathrm{j}\eta^3$	$\varrho\vartheta$	$-\zeta^4$	$-\mathrm{i}\zeta^5$	-1	η^2	ζ^7	$\eta^2\vartheta^6$	$\mathrm{ij}\varrho^2\varepsilon$	$-\zeta^{12}$	$-\zeta^{39}$	$-\mathrm{j}\zeta^2$	$\varrho\mathrm{j}\zeta$
59	$-\varrho^2\varepsilon^2$	ζ	1	$\varrho\eta^3$	$\mathrm{i}\varrho^2\varepsilon^2$	η	ϑ^2	ζ^9	$-\zeta^8$		$\mathrm{i}\varrho^2\eta^2$	ζ^{10}	$-\eta^4\vartheta$	$-\mathrm{j}\varrho\varepsilon^2$	$-\varrho^2\zeta^4$	ζ^{20}	$-\mathrm{j}\zeta$	$\varrho^2\zeta$
60	$-\varrho\varepsilon^2$	$-\zeta^7$	$-\mathrm{i}\vartheta^4$	$-\eta^2$	$\mathrm{i}\varrho$	$\mathrm{j}\eta^4$	$\varrho\vartheta^2$	$-\zeta^3$	$-\zeta^{12}$	1	-1	$\varrho\zeta^7$	$\eta^3\vartheta$	$-\mathrm{ij}\varrho\varepsilon^2$	$-\varrho\zeta^{10}$	$-\zeta^{16}$	$\mathrm{j}\zeta^7$	$-\varrho^2\mathrm{i}\zeta$
61	$\varrho^2\varepsilon$	$-\zeta^2$	$-\mathrm{i}\vartheta^6$	-1	$-\mathrm{i}\varrho\varepsilon$	$\mathrm{i}\eta^4$	$-\varrho\vartheta^3$	ζ^{22}	$-\mathrm{i}\zeta^{10}$	$-\zeta^{25}$		$-\varrho^2\zeta^5$	$-\eta^2\vartheta^2$	$\mathrm{i}\varrho\varepsilon$	$-\zeta^{10}$	ζ^{34}	$\mathrm{ij}\zeta^8$	ϱ^2
62	ε^2	ζ^{10}	$-\vartheta$		$-\varepsilon^2$	$-\mathrm{i}\eta^4$	$-\varrho^2\vartheta$	$-\zeta^{12}$	$-\zeta^5$	ζ^3	1	ζ^6	$-\eta\vartheta$	$\mathrm{ij}\varepsilon$	ζ^9	$-\zeta^{35}$	$\mathrm{j}\zeta^8$	$-\varrho$
63	$\varrho\varepsilon$	$-\zeta^6$	$-\vartheta^4$	1	ϱ^2	$-\mathrm{j}\eta^4$	$-\varrho^2\vartheta^6$	ζ^5	ζ^4	ζ^{21}	$-\mathrm{i}\varrho^2\eta^2$	$-\varrho\zeta^3$	$-\eta^4\vartheta^6$	$-\mathrm{j}$	$-\varrho^2\zeta^5$	ζ^5	$-\mathrm{j}\zeta^5$	$-\mathrm{i}\zeta$
64	ϱ	ζ^4	$-\vartheta^3$	η^2	$-\varrho$	$-\eta$	ϑ^3	ζ^{19}	$-\zeta^7$	ζ^5	$-\eta^2$	ζ^9	$\eta^3\vartheta^5$	ϱ	ζ	ζ^{18}	ζ^3	j
65	$-\varrho^2$	$-\zeta^5$	ϑ^6	$-\varrho\eta^3$	$-\varrho\varepsilon^2$	$-\mathrm{j}\eta^3$	$-\vartheta^3$	ζ^{20}	$\mathrm{i}\zeta^7$	$-\zeta^{28}$	$-\varrho\eta^4$	$\varrho^2\zeta^7$	$-\eta\vartheta^6$	$-\varrho^2$	ζ^4	ζ^{25}	$\mathrm{ij}\zeta^6$	$-\varrho\mathrm{ij}\zeta^2$
66	ε	$-\zeta^9$	$\mathrm{i}\vartheta^5$	η^4	$-\mathrm{i}\varrho^2$	$-\eta^4$	$\varrho^2\vartheta^6$	$-\zeta^6$	ζ^2	ζ^{15}	$-\varrho^2\eta^4$	-1	$-\eta^4$	$-\mathrm{j}\varrho^2$	$-\varrho^2\zeta^9$	$-\zeta^4$	$\mathrm{ij}\zeta^9$	$\varrho^2\mathrm{i}\zeta^2$

Feste Einheitswurzeln: $i^2 = -1$, $j^2 = i$, $\varrho^3 = 1$, $\varepsilon^3 = \varrho$, $\eta^5 = 1$, $\vartheta^7 = 1$

Außerdem ζ am Kopf der betreffenden Spalten jeweils besonders festgelegt

f	2^2	2^3	2^4	2^5	2^6	3	3^2	3^3	3^4	5	5^2	7	7^2	11	13	17
ζ					$\zeta^2=j$				$\zeta^3=\varepsilon$							$\zeta^2=j$
67	−1	−1	−i	ij	$j\zeta$	1	ϱ	$\varrho\varepsilon$	$\varrho^2\varepsilon\zeta$	i	η	ϱ	1	1	$i\varrho^2$	−1
68						−1	ϱ	$\varrho\varepsilon$	$\varepsilon\zeta$	−i	1	$-\varrho^2$	1	$-\eta$	ϱ^2	
69	1	−1	i	j	ζ					−1	η	−1	ϑ^4	η^3	$-\varrho$	1
70						1	ϱ^2	ε^2	$\varrho^2\zeta^2$					η^2	i	−j
71	−1	1	−1	i	−j	−1	1	ϱ	$\varrho\varepsilon$	1	η^4	1	ϑ^3	η^4	$i\varrho$	$-j\zeta$
72										i	η^4	ϱ^2	ϑ^3	$-\eta^4$	$-i\varrho$	i
73	1	1	−1	−i	ij	1	1	ϱ^2	$\varrho\varepsilon^2$	−i	η^2	$-\varrho$	ϑ^2	$-\eta^2$	−i	$ij\zeta$
74						−1	ϱ^2	$\varrho^2\varepsilon^2$	$\varepsilon^2\zeta^2$	−1	1	ϱ	ϑ^2	$-\eta^3$	ϱ	$i\zeta$
75	−1	−1	i	−j	$i\zeta$							$-\varrho^2$	ϑ^3	η	$-\varrho^2$	$-\zeta$
76						1	ϱ	$\varrho^2\varepsilon$	$\varrho^2\varepsilon^2\zeta$	1	1	−1	ϑ^3	−1	$-i\varrho^2$	−ij
77	1	−1	−i	−ij	$-ij\zeta$	−1	ϱ	ε	ζ	i	η^2				−1	ij
78										−i	η^4	1	ϑ^4	1		ζ
79	−1	1	1	−1	i	1	ϱ^2	$\varrho\varepsilon^2$	$\varrho\varepsilon\zeta^2$	−1	η^4	ϱ^2	1	$-\eta$	1	$-i\zeta$
80						−1	1	1	1			$-\varrho$	1	η^3	$i\varrho^2$	$-ij\zeta$
81	1	1	1	−1	−i					1	η	ϱ	ϑ^4	η^2	ϱ^2	−i
82						1	1	1	1	i	1	$-\varrho^2$	ϑ^6	η^4	$-\varrho$	$j\zeta$
83	−1	−1	−i	−ij	$ij\zeta$	−1	ϱ^2	$\varrho\varepsilon^2$	$\varrho\varepsilon\zeta^2$	−i	η	−1	ϑ^2	$-\eta^4$	i	j
84										−1	η^3			$-\eta^2$	$i\varrho$	−1
85	1	−1	i	−j	$-i\zeta$	1	ϱ	ε	ζ			1	ϑ^5	$-\eta^3$	$-i\varrho$	
86						−1	ϱ	$\varrho^2\varepsilon$	$\varrho^2\varepsilon^2\zeta$	1	η^2	ϱ^2	ϑ^4	η	−i	1
87	−1	1	−1	−i	−ij					i	η^3	$-\varrho$	ϑ^5	−1	ϱ	−j
88						1	ϱ^2	$\varrho^2\varepsilon^2$	$\varepsilon^2\zeta^2$	−i	η^3	ϱ	ϑ^6		$-\varrho^2$	$-j\zeta$
89	1	1	−1	i	j	−1	1	ϱ^2	$\varrho\varepsilon^2$	−1	η^2	$-\varrho^2$	ϑ^2	1	$-i\varrho^2$	i
90												−1	ϑ	$-\eta$	−1	$ij\zeta$
91	−1	−1	i	j	$-\zeta$	1	1	ϱ	$\varrho\varepsilon$	1	η^3			η^3		$i\zeta$
92						−1	ϱ^2	ε^2	$\varrho^2\zeta^2$	i	η	1	ϑ^6	η^2	1	$-\zeta$
93	1	−1	−i	ij	$-j\zeta$					−i	1	ϱ^2	ϑ	η^4	$i\varrho^2$	−ij
94						1	ϱ	$\varrho\varepsilon$	$\varepsilon\zeta$	−1	η	$-\varrho$	ϑ^3	$-\eta^4$	ϱ^2	ij
95	−1	1	1	1	−1	−1	ϱ	$\varrho\varepsilon$	$\varrho^2\varepsilon\zeta$			ϱ	ϑ	$-\eta^2$	$-\varrho$	ζ
96										1	η^4	$-\varrho^2$	ϑ^5	$-\eta^3$	i	$-i\zeta$
97	1	1	1	1	−1	1	ϱ^2	ε^2	ζ^2	i	η^4	−1	1	η	$i\varrho$	$-ij\zeta$
98						−1	1	ϱ	ε	−i	η^2			−1	$-i\varrho$	−i
99	−1	−1	−i	ij	$-j\zeta$					−1	1	1	1		−i	$j\zeta$
100						1	1	ϱ^2	$\varrho^2\varepsilon^2$			ϱ^2	ϑ^5	1	ϱ	j

Feste Einheitswurzeln: $i^2 = -1$, $j^2 = i$, $\varrho^3 = 1$, $\varepsilon^3 = \varrho$, $\eta^5 = 1$, $\vartheta^7 = 1$

Außerdem ζ am Kopf der betreffenden Spalten jeweils besonders festgelegt

f	19	23	29	31	37	41	43	47	53	59	61	67	71	73	79	83	89	97
ζ		$\zeta^{11}=1$						$\zeta^{23}=1$	$\zeta^{13}=1$	$\zeta^{29}=1$		$\zeta^{11}=1$			$\zeta^{13}=1$	$\zeta^{41}=1$	$\zeta^{11}=1$	$\zeta^{4}=j$
67	$-\varepsilon$	$-\zeta^8$	$-\vartheta^5$	ϱ^2	$-\varepsilon$	$j\eta^2$	$\varrho^2\vartheta$	$-\zeta^8$	$-i\zeta^{11}$	$-\zeta^{17}$	$i\varrho^2\eta^4$	—	$-\eta\vartheta^4$	$i\varrho\varepsilon^2$	ζ^2	$-\zeta^{12}$	ζ^{10}	$-\zeta^3$
68	ϱ^2	-1	$i\vartheta$	$-\varrho$	$-i$	$-j$	$\varrho\vartheta^3$	ζ^{10}	ζ	ζ^6	$-i\varrho^2\eta^3$	1	$-\eta^3\vartheta^4$	$-j\varepsilon$	$-\varrho\zeta^5$	ζ^{10}	$i\zeta^6$	$-\varrho^2 ij\zeta^3$
69	$-\varrho$	—	$-i\vartheta^2$	$\varrho\eta^4$	$-i\varepsilon$	$ij\eta$	$-\varrho\vartheta^2$	$-\zeta^{11}$	ζ^9	$-\zeta$	$i\eta$	$-\varrho^2\zeta^7$	$-\eta^3\vartheta^2$	$-\varrho^2\varepsilon$	$-\zeta^6$	ζ^{27}	$-i\zeta^8$	$-\zeta$
70	$-\varrho\varepsilon$	1	i	η	$\varrho\varepsilon$	$-ij\eta^2$	$-\vartheta^2$	$-\zeta^{16}$	$-\zeta^3$	$-\zeta^{16}$	η^4	$-\zeta^9$	-1	$i\varrho^2$	$-\varrho\zeta^{12}$	ζ^{26}	$j\zeta^9$	$-j\zeta^2$
71	$-\varepsilon^2$	ζ^8	$-\vartheta^2$	$\varrho^2\eta$	$\varrho^2\varepsilon$	$-ij\eta^3$	$-\varrho\vartheta$	ζ^{16}	$-i\zeta^4$	ζ^{24}	$i\varrho\eta$	$\varrho\zeta^3$	—	$-\varrho^2\varepsilon^2$	$-\zeta^7$	$-\zeta^{17}$	$i\zeta^4$	$-\varrho i\zeta$
72	$-\varrho^2\varepsilon$	ζ^9	$-i\vartheta^3$	$\varrho^2\eta^2$	$i\varepsilon^2$	$-\eta^3$	$-\varrho\vartheta^4$	ζ^{11}	$i\zeta^2$	$-\zeta^{23}$	i	$-\zeta^6$	1	-1	$\varrho\zeta^6$	$-\zeta^{31}$	$-i\zeta^5$	$\varrho j\zeta^2$
73	$\varrho\varepsilon^2$	ζ^5	$i\vartheta^3$	$-\varrho^2\eta^4$	-1	i	$-\varrho\vartheta^5$	$-\zeta^{10}$	$i\zeta^3$	$-\zeta^{11}$	$\varrho\eta$	$\varrho^2\zeta^5$	$\eta^3\vartheta^2$	—	$\varrho\zeta^4$	$-\zeta^2$	$-\zeta^2$	$-\varrho^2 j$
74	$\varrho^2\varepsilon^2$	$-\zeta^4$	ϑ^2	$-\varrho\eta^2$	—	$i\eta^3$	$\varrho^2\vartheta^4$	ζ^8	$-i\zeta^8$	ζ^8	ϱ^2	$-\varrho\zeta^7$	$\eta^3\vartheta^4$	1	$-\varrho\zeta^8$	$-\zeta^{22}$	$-j\zeta^6$	$-\varrho ij\zeta^3$
75	-1	ζ^6	$-i$	$-\varrho^2\eta^3$	1	$ij\eta^4$	$-\vartheta^6$	ζ^6	$-i\zeta^6$	ζ^{13}	$-\varrho$	$-\zeta^{10}$	$\eta\vartheta^4$	$\varrho^2\varepsilon^2$	$-\varrho\zeta^9$	ζ^9	$ij\zeta^2$	$-i$
76	—	$-\zeta^{10}$	$i\vartheta^2$	$\varrho\eta$	$-i\varepsilon^2$	$-j\eta$	$-\varrho^2\vartheta^2$	$-\zeta^{20}$	$-i$	ζ^{14}	$\varrho^2\eta$	ζ^7	η^4	$-i\varrho^2$	$\varrho^2\zeta^6$	$-\zeta^{24}$	$-j\zeta^{10}$	$\varrho j\zeta^3$
77	1	ζ^2	$-i\vartheta$	$-\eta^3$	$-\varrho^2\varepsilon$	$i\eta^2$	$-\varrho\vartheta^6$	$-\zeta^{19}$	ζ^6	$-\zeta^2$	$\varrho^2\eta^3$	$\varrho^2\zeta^2$	$\eta\vartheta^6$	$\varrho^2\varepsilon$	$-\varrho^2\zeta^{11}$	ζ^{14}	ij	$j\zeta^3$
78	$-\varrho^2\varepsilon^2$	ζ^7	ϑ^5	η^3	$-\varrho\varepsilon$	η^2	ϑ^5	$-\zeta^5$	$-\zeta^{10}$	ζ^{22}	$i\varrho\eta^4$	$-\varrho\zeta^6$	$-\eta^3\vartheta^5$	$j\varepsilon$	-1	ζ^{40}	ζ^4	$i\zeta^3$
79	$-\varrho\varepsilon^2$	$-\zeta$	$-i\vartheta^5$	$-\varrho\eta$	$i\varepsilon$	ij	ϱ	ζ^{12}	$i\zeta$	ζ^{26}	$-i\varrho^2\eta$	$-\varrho\zeta$	$\eta^4\vartheta^6$	$-i\varrho\varepsilon^2$	—	$-\zeta^6$	$-i\zeta^2$	$i\zeta^2$
80	$\varrho^2\varepsilon$	$-\zeta^3$	$-\vartheta^6$	$\varrho^2\eta^3$	i	$-i\eta$	$-\varrho^2$	$-\zeta^{22}$	$-i\zeta$	ζ^{18}	$-\varrho\eta^2$	$-\varrho^2\zeta$	$\eta\vartheta$	$j\varrho^2$	1	$-\zeta^{11}$	$i\zeta^9$	$\varrho\zeta^3$
81	ε^2	ζ^3	ϑ^3	$\varrho\eta^2$	ε	-1	$\varrho^2\vartheta^5$	ζ^3	ζ^{10}	ζ^{12}	η^3	ζ^3	$\eta^2\vartheta^2$	ϱ^2	$\varrho^2\zeta^{11}$	ζ^3	$-\zeta^7$	$\varrho^2 i$
82	$\varrho\varepsilon$	ζ	ϑ^4	$\varrho^2\eta^4$	$i\varrho^2$	—	$-\vartheta$	$-\zeta^9$	$-\zeta^6$	$-\zeta^{27}$	$i\varrho^2$	ζ^4	$-\eta^3\vartheta$	$-\varrho$	$-\varrho^2\zeta^6$	-1	$ij\zeta^7$	$-\varrho ij\zeta$
83	ϱ	$-\zeta^7$	ϑ	$-\varrho^2\eta^2$	$\varrho\varepsilon^2$	1	$\varrho^2\vartheta^3$	ζ^4	i	$-\zeta^{20}$	$\varrho^2\eta^2$	$\varrho^2\zeta^6$	$\eta^4\vartheta$	j	$\varrho\zeta^9$	—	$ij\zeta^5$	$-\varrho i\zeta^3$
84	$-\varrho^2$	$-\zeta^2$	$i\vartheta^6$	$-\varrho^2\eta$	ϱ	$i\eta$	ϑ^4	ζ	$i\zeta^6$	ζ^{10}	$-i\eta^4$	$\varrho^2\zeta^8$	$-\eta^2\vartheta^6$	$-ij\varepsilon$	$\varrho\zeta^8$	1	$-i\zeta^7$	$\varrho^2\zeta^3$
85	ε	ζ^{10}	$i\vartheta^4$	$-\eta$	$-\varrho^2$	$-ij$	-1	$-\zeta^{13}$	$i\zeta^8$	ζ^{19}	$-i\eta^3$	$-\varrho^2\zeta^3$	$-\eta$	$-i\varrho\varepsilon$	$-\varrho\zeta^4$	$-\zeta^3$	$-\zeta$	$-ij\zeta^2$
86	$-\varepsilon$	$-\zeta^6$	-1	$-\varrho\eta^4$	ε^2	$-\eta^2$	—	$-\zeta^{21}$	$-i\zeta^3$	ζ^9	$\varrho\eta^3$	$\varrho^2\zeta^4$	$\eta^2\vartheta^4$	$ij\varrho\varepsilon^2$	$-\varrho\zeta^6$	ζ^{11}	$ij\zeta^{10}$	$\varrho\zeta^2$
87	ϱ^2	ζ^4	—	ϱ	$i\varrho\varepsilon$	$-i\eta^2$	1	$-\zeta^{15}$	$-i\zeta^2$	ζ^7	$-i\varrho\eta^2$	$-\varrho\zeta^9$	$\eta^2\vartheta$	$j\varrho\varepsilon^2$	ζ^7	ζ^6	$-\zeta^6$	$-\varrho\zeta$
88	$-\varrho$	$-\zeta^5$	1	$-\varrho^2$	$-i\varrho$	$j\eta$	$-\vartheta^4$	$-\zeta^2$	$i\zeta^4$	ζ^4	$-\eta$	$\varrho\zeta^5$	$-\eta^2$	$-ij\varrho^2\varepsilon$	$\varrho\zeta^{12}$	$-\zeta^{40}$	-1	$-\varrho j$
89	$-\varrho\varepsilon$	$-\zeta^9$	$-i\vartheta^4$	$-\eta^4$	$-i\varrho^2\varepsilon^2$	$-ij\eta^4$	$-\varrho^2\vartheta^3$	ζ^{17}	ζ^3	$-\zeta^4$	$i\eta^2$	ζ^2	$\eta^4\vartheta^3$	$\varrho\varepsilon^2$	ζ^6	$-\zeta^{14}$	—	$-\zeta^2$
90	$-\varepsilon^2$	$-\zeta^8$	$-i\vartheta^6$	$\varrho\eta^3$	$\varrho^2\varepsilon^2$	$-i\eta^3$	ϑ	$-\zeta^{14}$	$-\zeta^9$	$-\zeta^7$	$i\varrho$	$\varrho^2\zeta^9$	$\eta^3\vartheta^3$	$-j\varrho$	$\varrho\zeta^5$	ζ^{24}	1	$\varrho^2 j\zeta$
91	$-\varrho^2\varepsilon$	-1	$-\vartheta$	$-\eta^2$	$i\varrho\varepsilon^2$	$-i$	$-\varrho^2\vartheta^5$	$-\zeta^{18}$	$-\zeta$	$-\zeta^9$	$-i\varrho\eta^3$	ζ^8	ϑ^4	$-\varepsilon^2$	$-\zeta^2$	$-\zeta^9$	ζ^6	ϱi
92	$\varrho\varepsilon^2$	—	$-\vartheta^4$	-1	$-i\varrho^2\varepsilon$	η^3	ϱ^2	$-\zeta^7$	$i\zeta^{11}$	$-\zeta^{19}$	$i\varrho\eta^3$	ζ	$-\eta\vartheta^2$	$-i\varrho^2\varepsilon^2$	$\varrho^2\zeta^9$	ζ^{22}	$-ij\zeta^{10}$	$-\varrho^2 i\zeta^3$
93	$\varrho^2\varepsilon^2$	1	$-\vartheta^3$	—	$i\varrho^2\varepsilon$	$ij\eta^3$	$-\varrho$	-1	$-\zeta^2$	$-\zeta^{10}$	$-i\varrho$	$\varrho\zeta^8$	$-\eta\vartheta^3$	$j\varrho^2\varepsilon^2$	$-\zeta^4$	ζ^2	ζ	$-\varrho ij$
94	-1	ζ^8	ϑ^6	1	$-i\varrho\varepsilon^2$	$ij\eta^2$	$-\vartheta^5$	—	$i\zeta^7$	ζ^{20}	$-i\eta^2$	$-\zeta^5$	$-\vartheta^5$	$-ij\varrho$	$-\zeta$	ζ^{31}	$i\zeta^7$	$-\varrho^2\zeta^2$
95	—	ζ^9	$i\vartheta^5$	η^2	$-\varrho^2\varepsilon^2$	$-ij\eta$	$\varrho\vartheta^6$	1	ζ^7	ζ^{27}	η	$-\varrho^2\zeta^{10}$	$\eta^2\vartheta^3$	$-ij$	$\varrho^2\zeta^5$	ζ^{17}	$-ij\zeta^5$	$\varrho^2 j\zeta^2$
96	1	ζ^5	$-\vartheta^5$	$-\varrho\eta^3$	$i\varrho^2\varepsilon^2$	j	$\varrho^2\vartheta^2$	ζ^7	$-\zeta^4$	$-\zeta^{12}$	$i\varrho\eta^2$	ϱ	η^3	$-i\varepsilon$	$-\zeta^9$	$-\zeta^{26}$	$-ij\zeta^7$	-1
97	$-\varrho^2\varepsilon^2$	$-\zeta^4$	$i\vartheta$	η^4	$i\varrho$	$-j\eta^2$	ϑ^6	ζ^{18}	ζ^5	$-\zeta^{18}$	$-\varrho\eta^3$	$-\varrho^2$	$-\vartheta$	$-i\varrho$	ζ^{10}	$-\zeta^{27}$	ζ^7	—
98	$-\varrho\varepsilon^2$	ζ^6	$-i\vartheta^2$	ϱ^2	$-i\varrho\varepsilon$	η^4	$-\varrho^2\vartheta^4$	ζ^{14}	$i\zeta^{10}$	$-\zeta^{26}$	$i\eta^3$	$-\varrho\zeta^{10}$	$\eta^4\vartheta^5$	$i\varepsilon^2$	$\varrho\zeta^{10}$	$-\zeta^{10}$	$-i\zeta^9$	1
99	$\varrho^2\varepsilon$	$-\zeta^{10}$	i	$-\varrho$	$-\varepsilon^2$	$j\eta^3$	$\varrho\vartheta^5$	$-\zeta^{17}$	ζ^{12}	$-\zeta^{22}$	$i\eta^4$	$-\varrho\zeta^2$	$-\eta^4\vartheta^2$	$ij\varrho\varepsilon$	$\varrho^2\zeta^4$	ζ^{12}	$i\zeta^2$	$-\varrho^2 j\zeta^2$
100	ε^2	ζ^2	$-\vartheta^2$	$\varrho\eta^4$	ϱ^2	η	$\varrho\vartheta^4$	ζ^2	ζ^8	ζ^2	$-\varrho^2\eta^2$	$\varrho\zeta^4$	$\eta^4\vartheta^4$	i	ζ^{12}	ζ^4	$-\zeta^4$	$\varrho^2\zeta^2$

Tafel II: Die Relativklassenzahlen

1. Primzahlpotenzführer

1	2	3	4	5	6	7
Führer	Nr.	erz. Charaktere	Typus	w	Q	h^*
$2^2 = 4$	1	χ_{2^2}	2	2^2	1	1
$2^3 = 8$	1	χ_{2^2}, ψ_{2^3}	(2, 2)	2^3	1	1
	2	$\chi_{2^2}\psi_{2^3}$	2	2	1	1
$2^4 = 16$	1	χ_{2^2}, ψ_{2^4}	$(2, 2^2)$	2^4	1	1
	2	$\chi_{2^2}\psi_{2^4}$	2^2	2	1	1
$2^5 = 32$	1	χ_{2^2}, ψ_{2^5}	$(2, 2^3)$	2^5	1	1
	2	$\chi_{2^2}\psi_{2^5}$	2^3	2	1	1
$2^6 = 64$	1	χ_{2^2}, ψ_{2^6}	$(2, 2^4)$	2^6	1	17
	2	$\chi_{2^2}\psi_{2^6}$	2^4	2	1	17
3	1	χ_3	2	$2 \cdot 3$	1	1
$3^2 = 9$	1	χ_3, ψ_{3^2}	$(2, 3) = 6$	$2 \cdot 3^2$	1	1
$3^3 = 27$	1	χ_3, ψ_{3^3}	$(2, 3^2) = 18$	$2 \cdot 3^3$	1	1
$3^4 = 81$	1	χ_3, ψ_{3^4}	$(2, 3^3) = 54$	$2 \cdot 3^4$	1	2593
5	1	χ_5	2^2	$2 \cdot 5$	1	1
$5^2 = 25$	1	χ_5, ψ_{5^2}	$(2^2, 5) = 20$	$2 \cdot 5^2$	1	1
7	1	χ_7	$(2, 3) = 6$	$2 \cdot 7$	1	1
	2	χ_7^3	2	2	1	1
$7^2 = 49$	1	χ_7, ψ_{7^2}	$(2,3,7) = 42$	$2 \cdot 7^2$	1	43
	2	χ_7^3, ψ_{7^2}	$(2, 7) = 14$	2	1	1

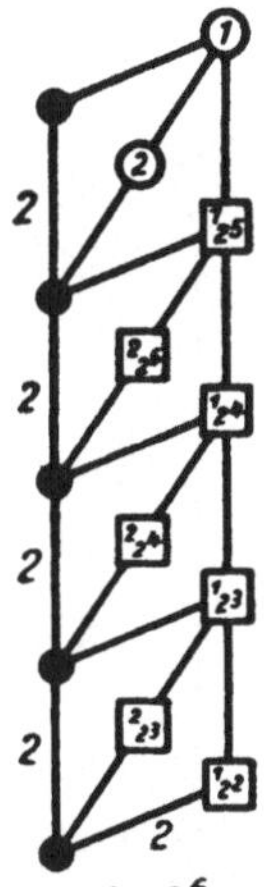

$f = 2^6$

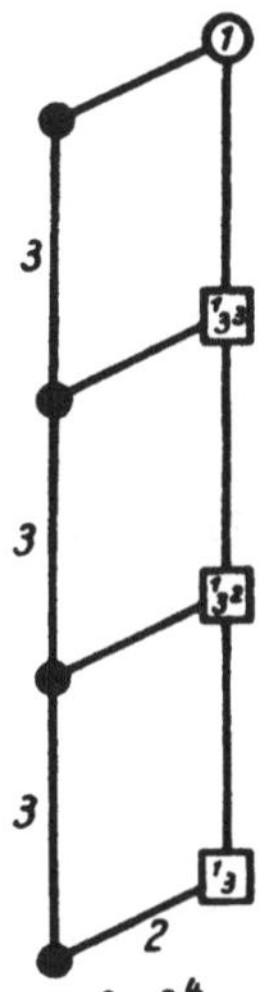

$f = 3^4$

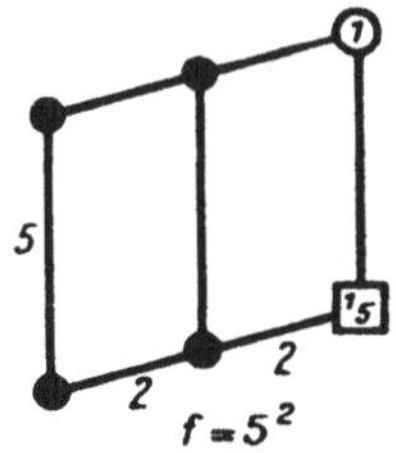

$f = 5^2$

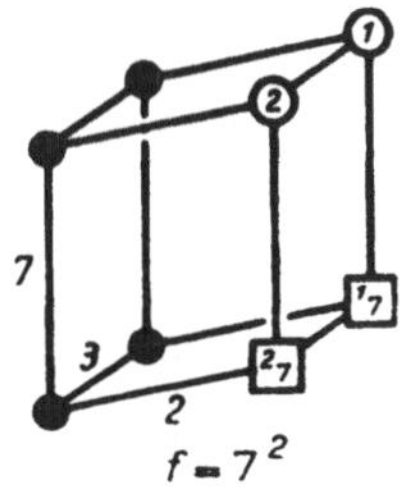

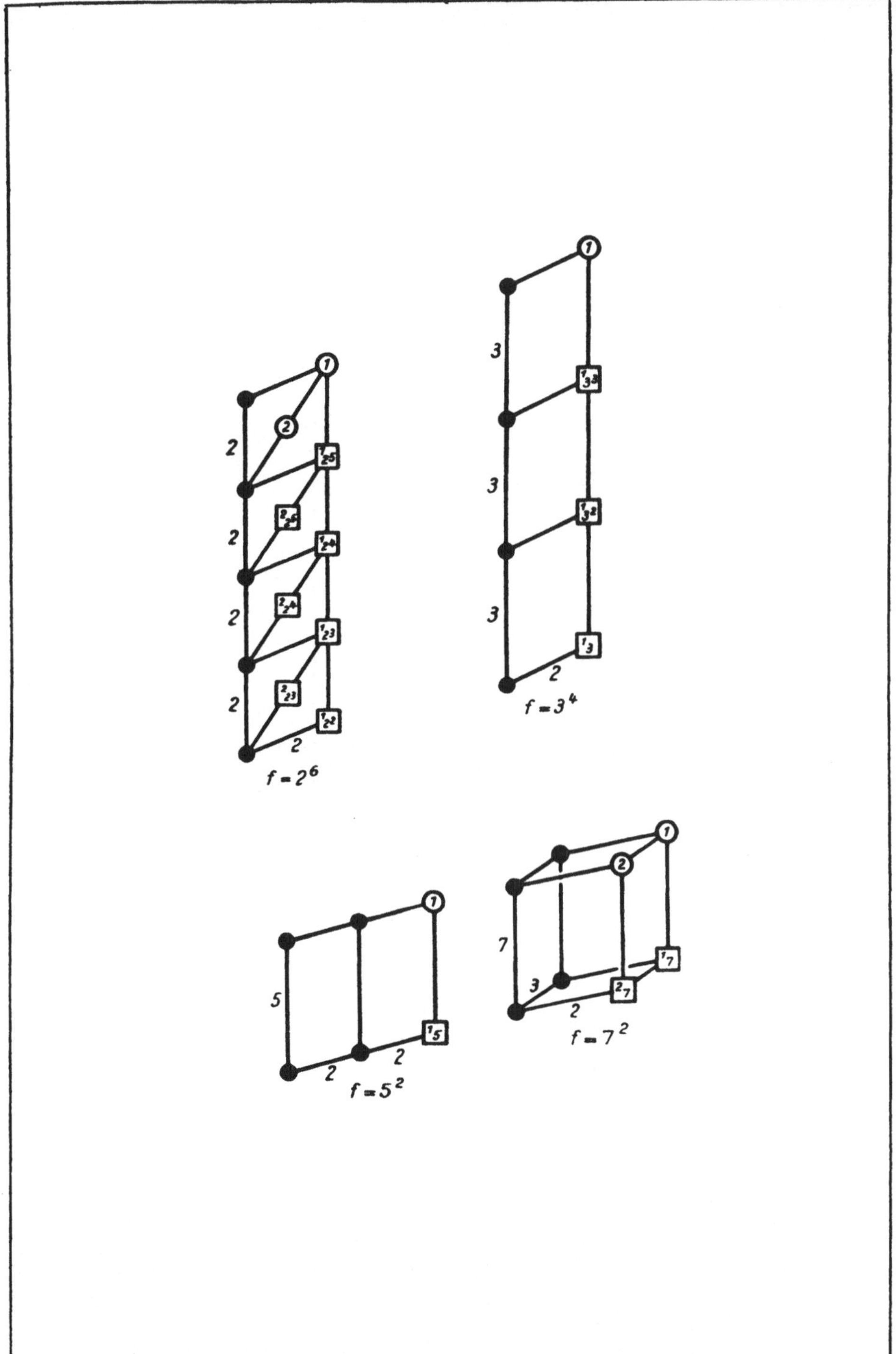

$f = 7^2$

1	2	3	4	5	6	7
Führer	Nr.	erz. Charaktere	Typus	w	Q	h^*
11	1	χ_{11}	$(2, 5) = 10$	$2 \cdot 11$	1	1
	2	χ_{11}^{5}	2	2	1	1
13	1	χ_{13}	$(2^2, 3) = 12$	$2 \cdot 13$	1	1
	2	χ_{13}^{3}	2^2	2	1	1
17	1	χ_{17}	2^4	$2 \cdot 17$	1	1
19	1	χ_{19}	$(2, 3^2) = 18$	$2 \cdot 19$	1	1
	2	χ_{19}^{3}	$(2, 3) = 6$	2	1	1
	3	χ_{19}^{9}	2	2	1	1
23	1	χ_{23}	$(2, 11) = 22$	$2 \cdot 23$	1	3
	2	χ_{23}^{11}	2	2	1	3
29	1	χ_{29}	$(2^2, 7) = 28$	$2 \cdot 29$	1	2^3
	2	χ_{29}^{7}	2^2	2	1	1
31	1	χ_{31}	$(2,3,5) = 30$	$2 \cdot 31$	1	3^2
	2	χ_{31}^{3}	$(2, 5) = 10$	2	1	3
	3	χ_{31}^{5}	$(2, 3) = 6$	2	1	3^2
	4	χ_{31}^{15}	2	2	1	3
37	1	χ_{37}	$(2^2, 3^2) = 36$	$2 \cdot 37$	1	37
	2	χ_{37}^{3}	$(2^2, 3) = 12$	2	1	1
	3	χ_{37}^{9}	2^2	2	1	1

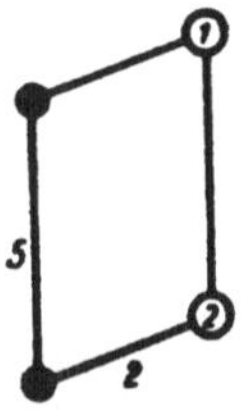

f = 11

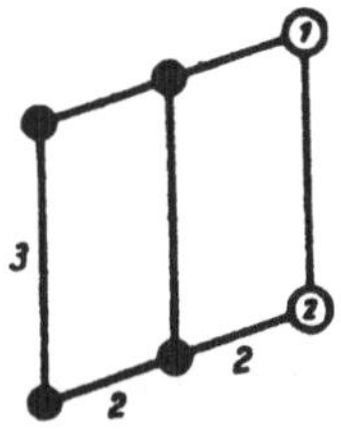

f = 13

f = 17

f = 19

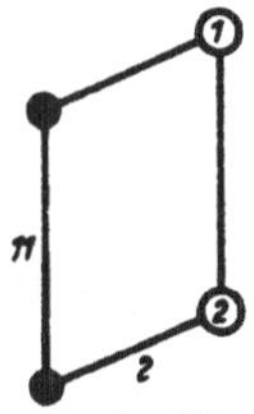

f = 23

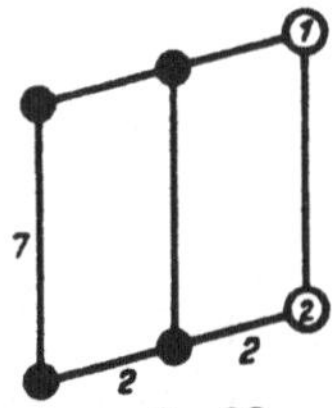

f = 29

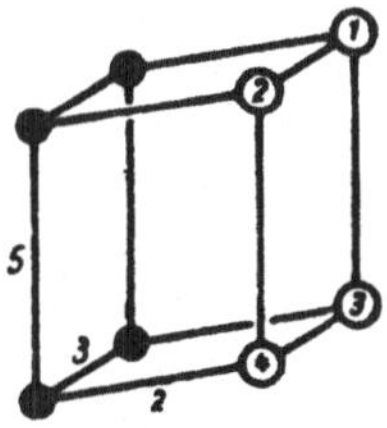

f = 31

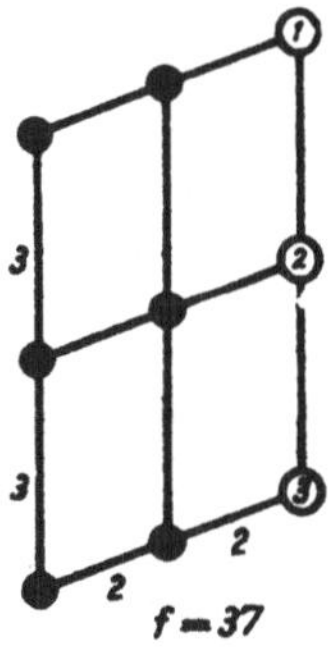

f = 37

1	2	3	4	5	6	7
Führer	Nr.	erz. Charaktere	Typus	w	Q	h^*
41	1	χ_{41}	$(2^3, 5) = 40$	$2 \cdot 41$	1	11^2
	2	χ_{41}^5	2^3	2	1	1
43	1	χ_{43}	$(2,3,7) = 42$	$2 \cdot 43$	1	211
	2	χ_{43}^3	$(2, 7) = 14$	2	1	1
	3	χ_{43}^7	$(2, 3) = 6$	2	1	1
	4	χ_{43}^{21}	2	2	1	1
47	1	χ_{47}	$(2, 23) = 46$	$2 \cdot 47$	1	$5 \cdot 139$
	2	χ_{47}^{23}	2	2	1	5
53	1	χ_{53}	$(2^2, 13) = 52$	$2 \cdot 53$	1	4889
	2	χ_{53}^{13}	2^2	2	1	1
59	1	χ_{59}	$(2, 29) = 58$	$2 \cdot 59$	1	$3 \cdot 59 \cdot 233$
	2	χ_{59}^{29}	2	2	1	3
61	1	χ_{61}	$(2^2,3,5) = 60$	$2 \cdot 61$	1	$41 \cdot 1861$
	2	χ_{61}^3	$(2^2, 5) = 20$	2	1	41
	3	χ_{61}^5	$(2^2, 3) = 12$	2	1	1
	4	χ_{61}^{15}	2^2	2	1	1
67	1	χ_{67}	$(2,3,11) = 66$	$2 \cdot 67$	1	$67 \cdot 12739$
	2	χ_{67}^3	$(2, 11) = 22$	2	1	67
	3	χ_{67}^{11}	$(2, 3) = 6$	2	1	1
	4	χ_{67}^{33}	2	2	1	1

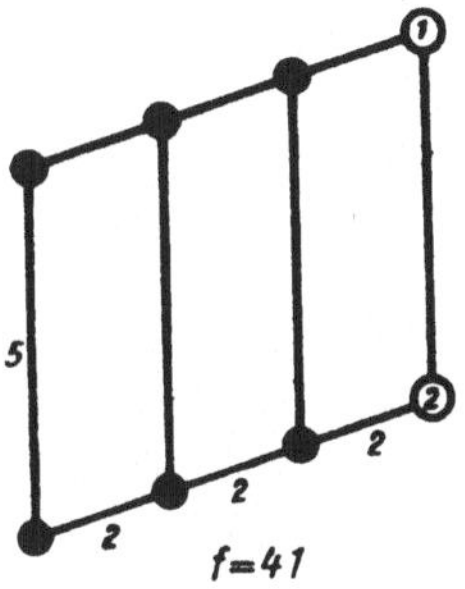

f=41

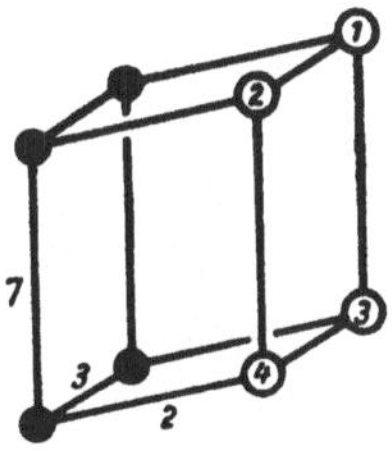

f=43

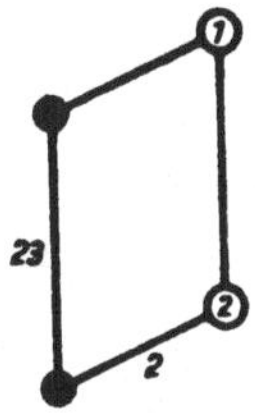

f=47

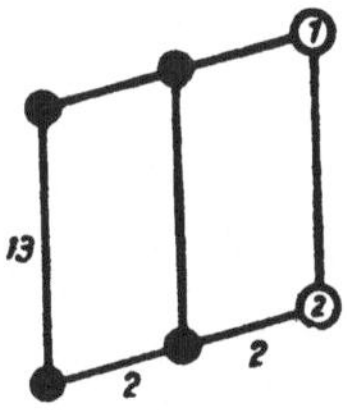

f=53

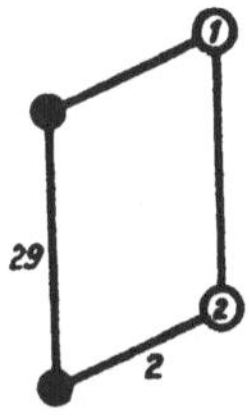

f=59

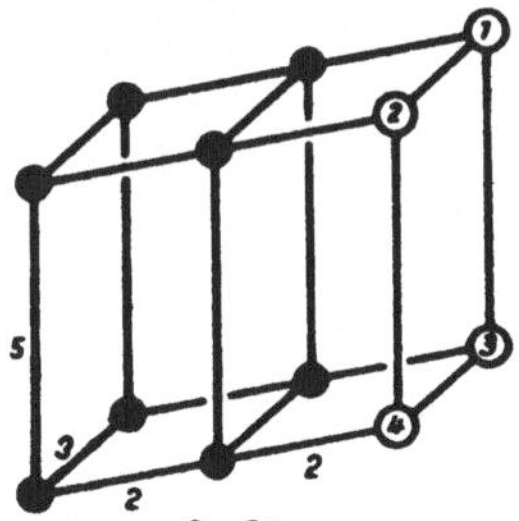

f=61

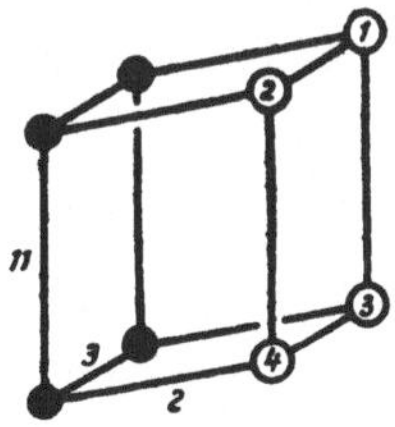

f=67

1	2	3	4	5	6	7
Führer	Nr.	erz. Charaktere	Typus	w	Q	h^*
71	1	χ_{71}	$(2,5,7)=70$	$2\cdot 71$	1	$7^2\cdot 79\,241$
	2	χ_{71}^{5}	$(2,7)=14$	2	1	7^2
	3	χ_{71}^{7}	$(2,5)=10$	2	1	7
	4	χ_{71}^{35}	2	2	1	7
73	1	χ_{73}	$(2^3,3^2)=72$	$2\cdot 73$	1	$89\cdot 134\,353$
	2	χ_{73}^{3}	$(2^3,3)=24$	2	1	89
	3	χ_{73}^{9}	2^3	2	1	89
79	1	χ_{79}	$(2,3,13)=78$	$2\cdot 79$	1	$5\cdot 53\cdot 377\,911$
	2	χ_{79}^{3}	$(2,13)=26$	2	1	$5\cdot 53$
	3	χ_{79}^{13}	$(2,3)=6$	2	1	5
	4	χ_{79}^{39}	2	2	1	5
83	1	χ_{83}	$(2,41)=82$	$2\cdot 83$	1	$3\cdot 279\,405\,653$
	2	χ_{83}^{41}	2	2	1	3
89	1	χ_{89}	$(2^3,11)=88$	$2\cdot 89$	1	$113\cdot 118\,401\,449$
	2	χ_{89}^{11}	2^3	2	1	113
97	1	χ_{97}	$(2^5,3)=96$	$2\cdot 97$	1	$577\cdot 3457\cdot 206\,209$
	2	χ_{97}^{3}	2^5	2	1	3457

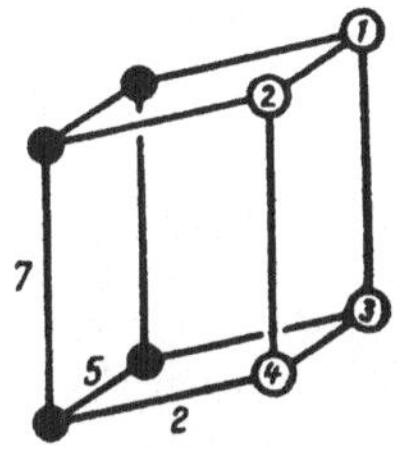

f = 71

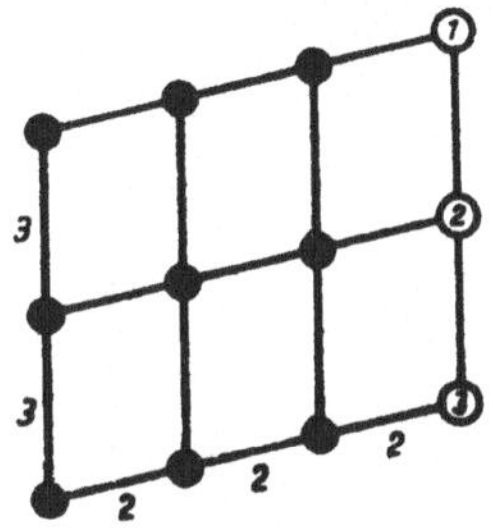

f = 73

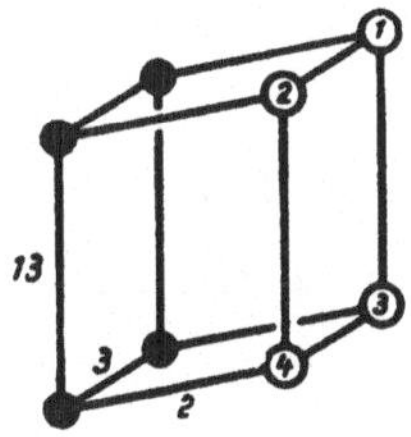

f = 79

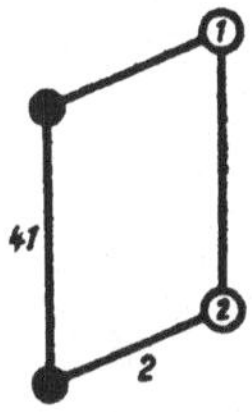

f = 83

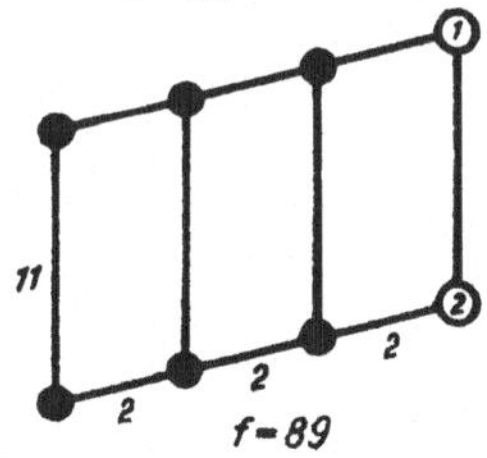

f = 89

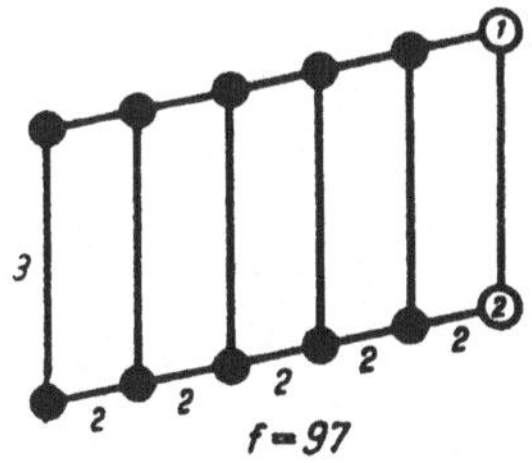

f = 97

2. Zusammengesetzte Führer

1	2	3	4	5	6	7
Führer	Nr.	erz. Charaktere	Typus	w	Q	h^*
$12 = 2^2 \cdot 3$	1	χ_{2^2}, χ_3	(2, 2)	$2^2 \cdot 3$	2	1
	1	χ_3, χ_5	$(2, 2^2)$	$2 \cdot 3 \cdot 5$	2	1
$15 = 3 \cdot 5$	2	χ_3, χ_5^2	(2, 2)	$2 \cdot 3$	1	1
	3	$\chi_3 \cdot \chi_5^2$	2	2	1	2
	1	χ_{2^2}, χ_5	$(2, 2^2)$	$2^2 \cdot 5$	2	1
$20 = 2^2 \cdot 5$	2	χ_{2^2}, χ_5^2	(2, 2)	2^2	1	1
	3	$\chi_{2^2} \cdot \chi_5^2$	2	2	1	2
	1	χ_3, χ_7	(2, 2, 3)	$2 \cdot 3 \cdot 7$	2	1
$21 = 3 \cdot 7$	2	χ_3, χ_7^2	(2, 3) = 6	$2 \cdot 3$	1	1
	3	χ_3, χ_7^3	(2, 2)	$2 \cdot 3$	2	1
	1	$\chi_{2^3}, \psi_{2^3}; \chi_3$	(2, 2, 2)	$2^3 \cdot 3$	2	1
	2	ψ_{2^3}, χ_3	(2, 2)	$2 \cdot 3$	1	1
$24 = 2^3 \cdot 3$	3	$\chi_{2^3}\psi_{2^3}, \chi_3$	(2, 2)	$2 \cdot 3$	2	1
	4	$\chi_{2^3}, \psi_{2^3} \cdot \chi_3$	(2, 2)	2^2	2	2
	5	$\chi_{2^3}\psi_{2^3}, \psi_{2^3} \cdot \chi_3$	(2, 2)	2	2	2
	6	$\psi_{2^3} \cdot \chi_3$	2	2	1	2
	1	χ_{2^2}, χ_7	(2, 2, 3)	$2^2 \cdot 7$	2	1
$28 = 2^2 \cdot 7$	2	χ_{2^2}, χ_7^2	(2, 3) = 6	2^2	1	1
	3	χ_{2^2}, χ_7^3	(2, 2)	2^2	2	1

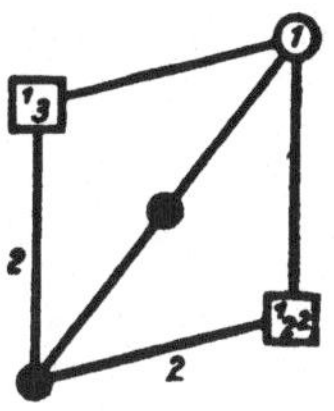

f = 12

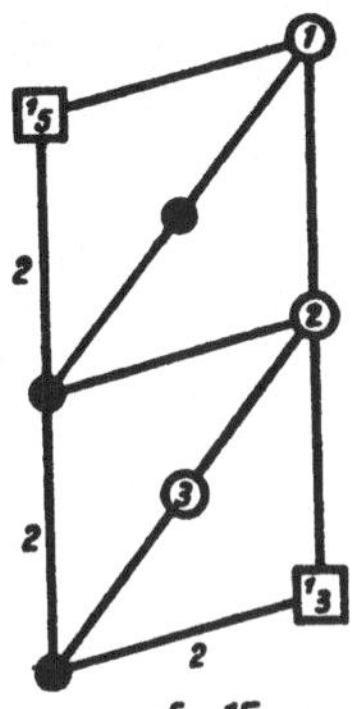

f = 15

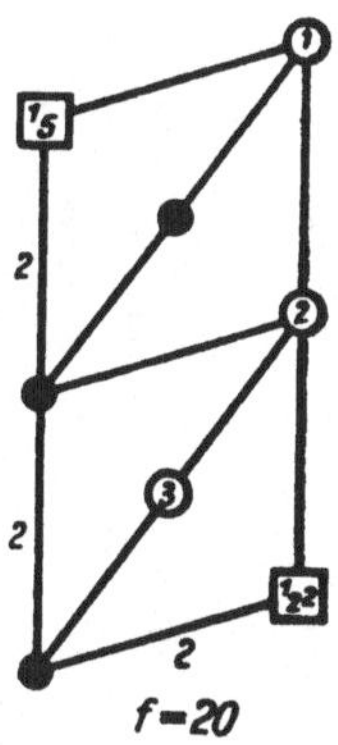

f = 20

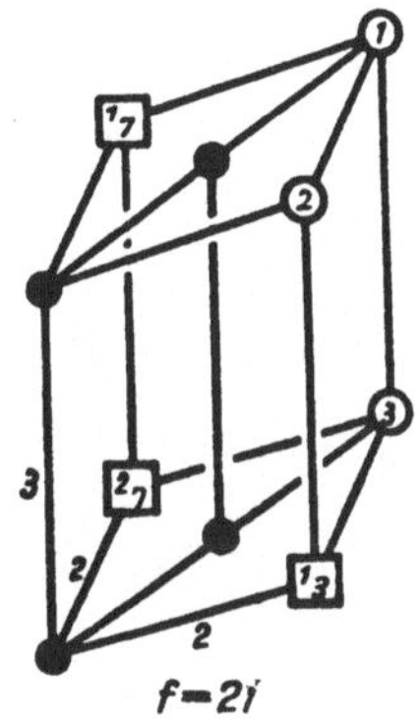

f = 21

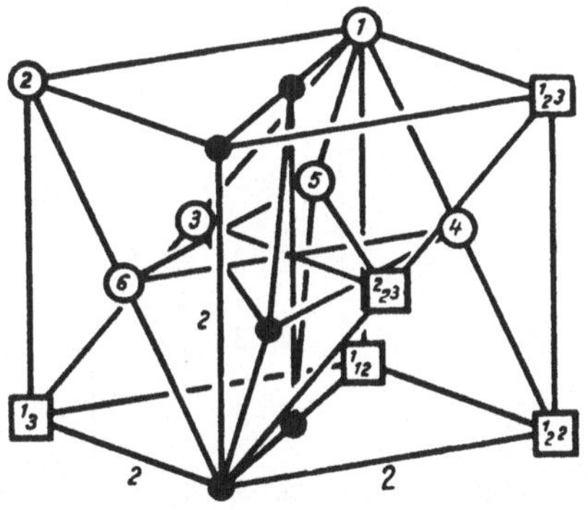

f = 24

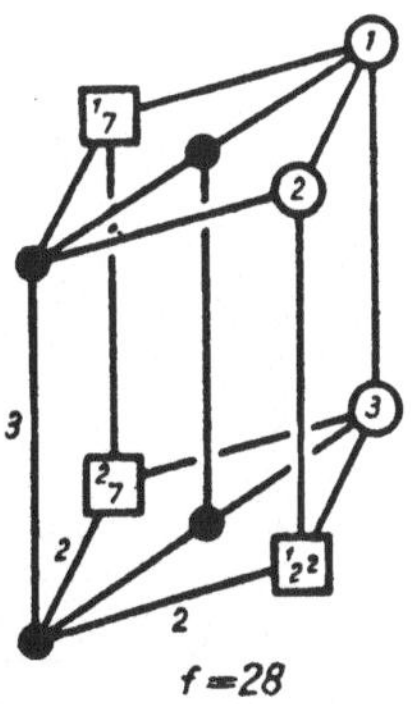

f = 28

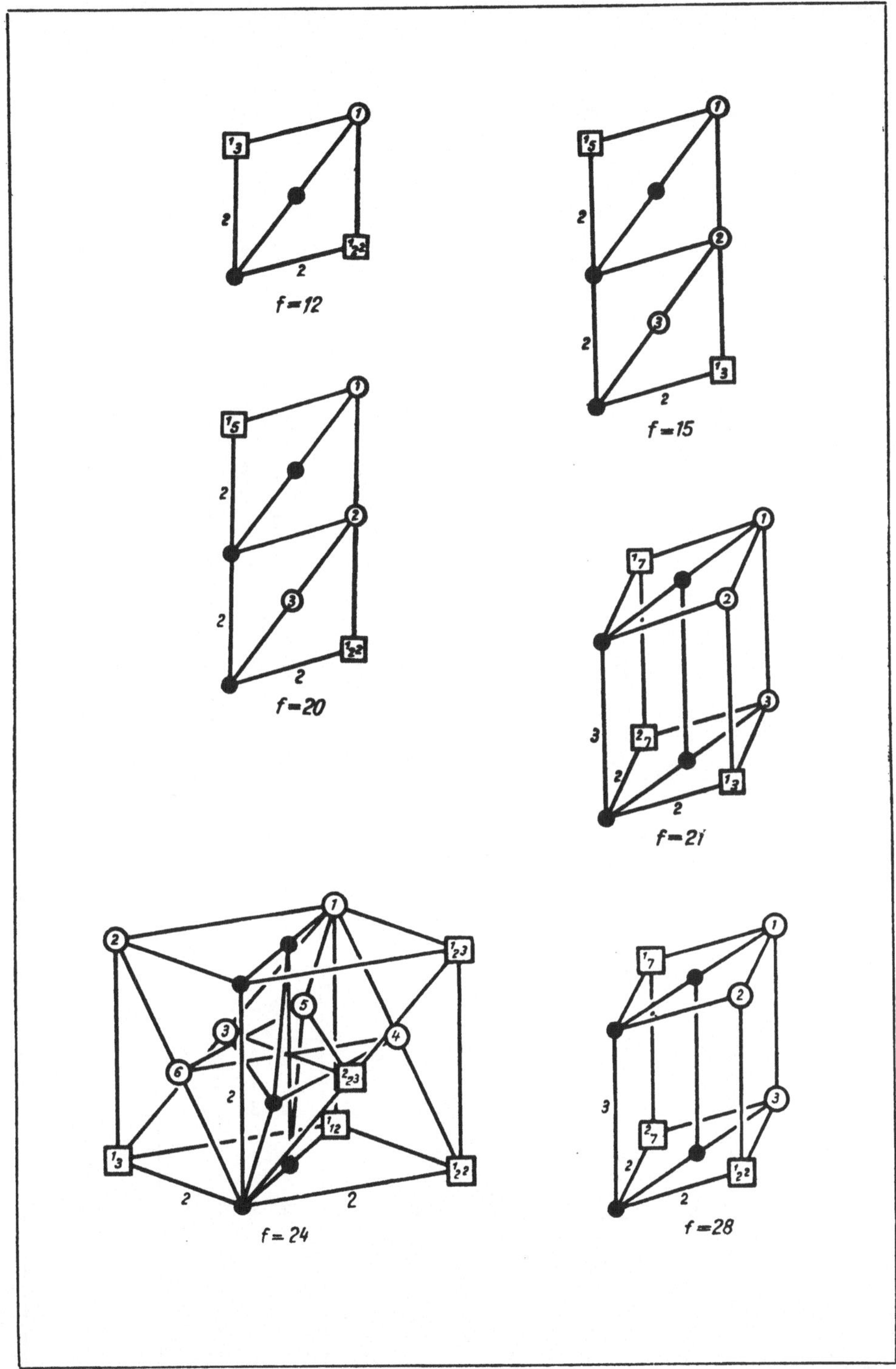

1	2	3	4	5	6	7
Führer	Nr.	erz. Charaktere	Typus	w	Q	h^*
$33 = 3 \cdot 11$	1	χ_3, χ_{11}	(2, 2, 5)	$2 \cdot 3 \cdot 11$	2	1
	2	χ_3, χ_{11}^2	(2, 5) = 10	$2 \cdot 3$	1	1
	3	χ_3, χ_{11}^5	(2, 2)	$2 \cdot 3$	2	1
$35 = 5 \cdot 7$	1	χ_5, χ_7	$(2^2, 2, 3)$	$2 \cdot 5 \cdot 7$	2	1
	2	χ_5, χ_7^2	$(2^2, 3) = 12$	$2 \cdot 5$	1	1
	3	χ_5, χ_7^3	$(2^2, 2)$	$2 \cdot 5$	2	1
	4	χ_5^2, χ_7	(2, 2, 3)	$2 \cdot 7$	1	1
	5	χ_5^2, χ_7^3	(2, 2)	2	1	1
	6	$\chi_5^2 \cdot \chi_7^3, \chi_7^2$	(2, 3) = 6	2	1	2
	7	$\chi_5^2 \cdot \chi_7^3$	2	2	1	2
$36 = 2^2 \cdot 3^2$	1	$\chi_{2^2}; \chi_3, \psi_{3^2}$	(2, 2, 3)	$2^2 \cdot 3^2$	2	1
	2	χ_{2^2}, ψ_{3^2}	(2, 3) = 6	2^2	1	1
$39 = 3 \cdot 13$	1	χ_3, χ_{13}	$(2, 2^2, 3)$	$2 \cdot 3 \cdot 13$	2	2
	2	χ_3, χ_{13}^2	(2, 2, 3)	$2 \cdot 3$	1	2
	3	χ_3, χ_{13}^3	$(2, 2^2)$	$2 \cdot 3$	2	2
	4	χ_3, χ_{13}^4	(2, 3) = 6	$2 \cdot 3$	1	1
	5	χ_3, χ_{13}^6	(2, 2)	$2 \cdot 3$	1	2
	6	$\chi_3 \cdot \chi_{13}^6, \chi_{13}^4$	(2, 3) = 6	2	1	2^2
	7	$\chi_3 \cdot \chi_{13}^6$	2	2	1	2^2

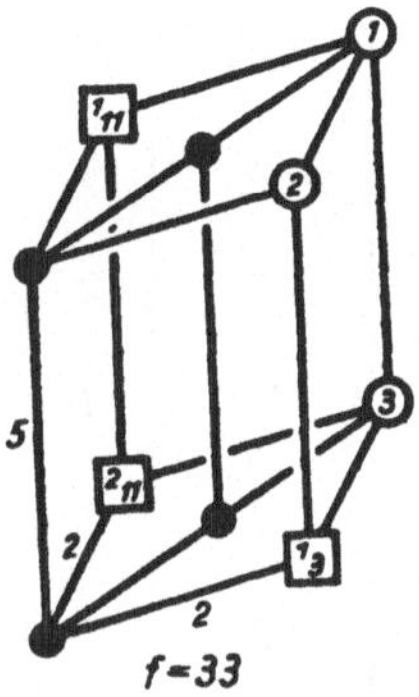

f=33

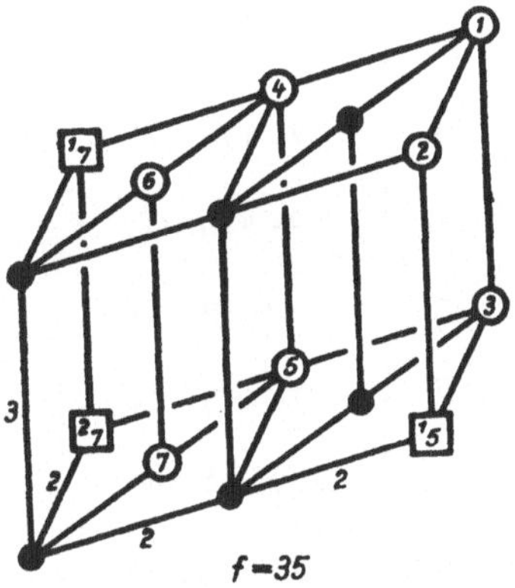

f=35

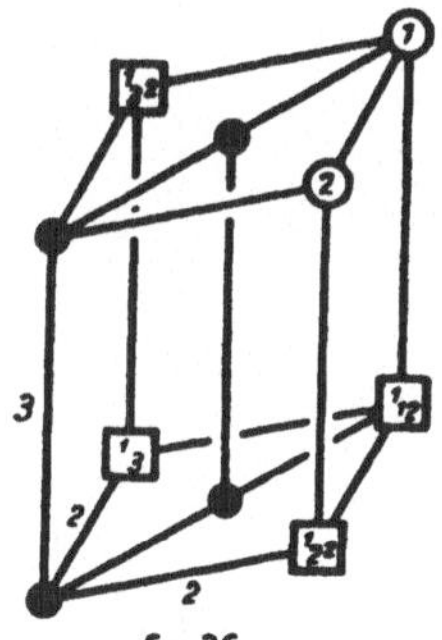

f=36

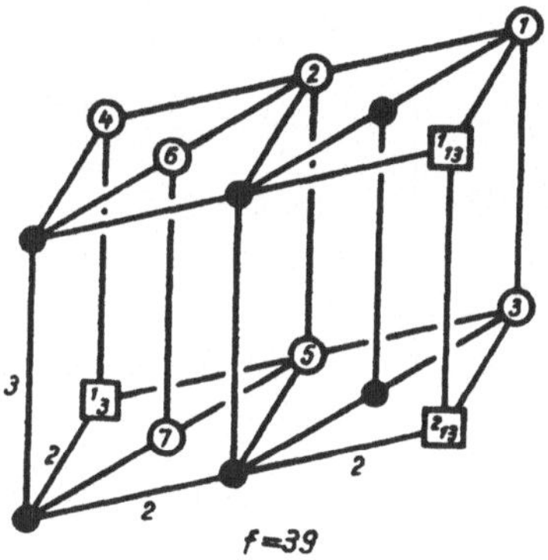

f=39

1	2	3	4	5	6	7
Führer	Nr.	erz. Charaktere	Typus	w	Q	h^*
$40 = 2^3 \cdot 5$	1	$\chi_{2^3},\ \psi_{2^3};\ \chi_5$	$(2, 2, 2^2)$	$2^3 \cdot 5$	2	1
	2	$\chi_{2^3},\ \psi_{2^3};\ \chi_5^2$	$(2, 2, 2)$	2^3	1	1
	3	$\psi_{2^3},\ \chi_5$	$(2, 2^2)$	$2 \cdot 5$	1	1
	4	$\chi_{2^3}\psi_{2^3},\ \chi_5$	$(2, 2^2)$	$2 \cdot 5$	2	1
	5	$\chi_{2^3}\psi_{2^3},\ \chi_5^2$	$(2, 2)$	2	1	1
	6	$\chi_{2^3},\ \psi_{2^3} \cdot \chi_5$	$(2, 2^2)$	2^2	2	2
	7	$\chi_{2^3},\ \psi_{2^3} \cdot \chi_5^2$	$(2, 2)$	2^2	1	1
	8	$\chi_{2^3} \cdot \chi_5^2,\ \psi_{2^3}$	$(2, 2)$	2	1	2
	9	$\chi_{2^3}\psi_{2^3},\ \chi_{2^2} \cdot \chi_5$	$(2, 2^2)$	2	2	2
	10	$\chi_{2^3}\psi_{2^3};\ \chi_{2^2} \cdot \chi_5^2$	$(2, 2)$	2	1	1
	11	$\psi_{2^3} \cdot \chi_5$	2^2	2	1	2
	12	$\chi_{2^3}\psi_{2^3} \cdot \chi_5^2$	2	2	1	2
$44 = 2^2 \cdot 11$	1	$\chi_{2^2},\ \chi_{11}$	$(2, 2, 5)$	$2^2 \cdot 11$	2	1
	2	$\chi_{2^2},\ \chi_{11}^2$	$(2, 5) = 10$	2^2	1	1
	3	$\chi_{2^2},\ \chi_{11}^5$	$(2, 2)$	2^2	2	1
$45 = 3^2 \cdot 5$	1	$\chi_3,\ \psi_{3^2};\ \chi_5$	$(2, 3, 2^2)$	$2 \cdot 3^2 \cdot 5$	2	1
	2	$\chi_3,\ \psi_{3^2};\ \chi_5^2$	$(2, 3, 2)$	$2 \cdot 3^2$	1	1
	3	$\psi_{3^2},\ \chi_5$	$(3, 2^2) = 12$	$2 \cdot 5$	1	1
	4	$\chi_3 \cdot \chi_5^2,\ \psi_{3^2}$	$(2, 3) = 6$	2	1	2

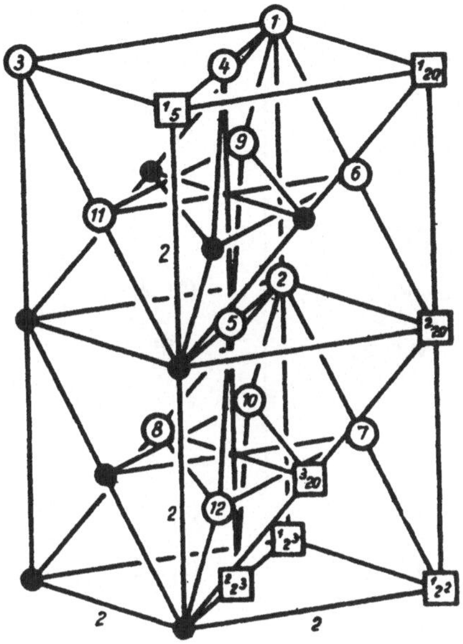

f = 40

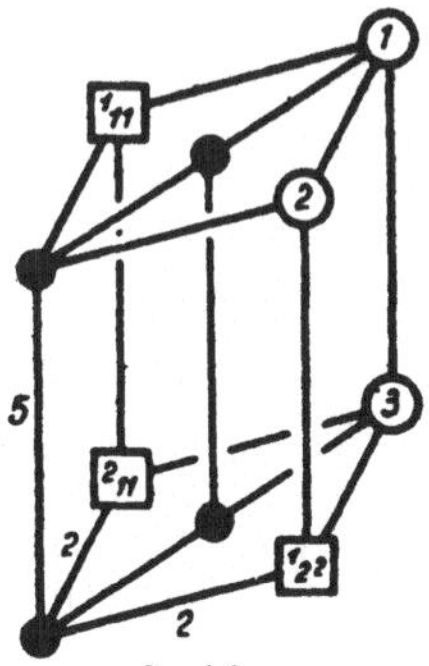

f = 44

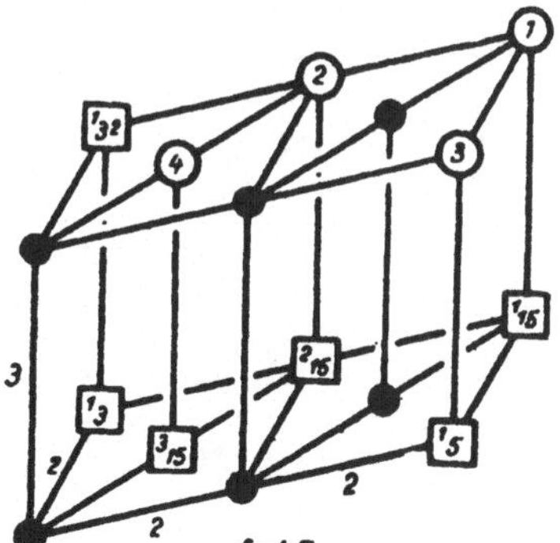

f = 45

1	2	3	4	5	6	7
Führer	Nr.	erz. Charaktere	Typus	w	Q	h^*
$48 = 2^4 \cdot 3$	1	$\chi_{2^2}, \psi_{2^4};\ \chi_3$	$(2, 2^2, 2)$	$2^4 \cdot 3$	2	1
	2	$\psi_{2^4},\ \chi_3$	$(2^2, 2)$	$2 \cdot 3$	1	1
	3	$\chi_{2^2}\psi_{2^4},\ \chi_3$	$(2^2, 2)$	$2 \cdot 3$	2	1
	4	$\chi_{2^2}, \psi_{2^4} \cdot \chi_3$	$(2, 2^2)$	2^3	2	2
	5	$\chi_{2^2}\psi_{2^4},\ \chi_{2^2} \cdot \chi_3$	$(2^2, 2)$	2	2	2
	6	$\psi_{2^4} \cdot \chi_3$	2^2	2	1	2
$51 = 3 \cdot 17$	1	$\chi_3,\ \chi_{17}$	$(2, 2^4)$	$2 \cdot 3 \cdot 17$	2	5
	2	$\chi_3,\ \chi_{17}^2$	$(2, 2^3)$	$2 \cdot 3$	1	5
	3	$\chi_3,\ \chi_{17}^4$	$(2, 2^2)$	$2 \cdot 3$	1	5
	4	$\chi_3,\ \chi_{17}^8$	$(2, 2)$	$2 \cdot 3$	1	1
	5	$\chi_3 \cdot \chi_{17}^2$	2^3	2	1	2
	6	$\chi_3 \cdot \chi_{17}^4$	2^2	2	1	$2 \cdot 5$
	7	$\chi_3 \cdot \chi_{17}^8$	2	2	1	2
$52 = 2^2 \cdot 13$	1	$\chi_{2^2},\ \chi_{13}$	$(2, 2^2, 3)$	$2^2 \cdot 13$	2	3
	2	$\chi_{2^2},\ \chi_{13}^2$	$(2, 2, 3)$	2^2	1	3
	3	$\chi_{2^2},\ \chi_{13}^3$	$(2, 2^2)$	2^2	2	1
	4	$\chi_{2^2},\ \chi_{13}^4$	$(2, 3) = 6$	2^2	1	3
	5	$\chi_{2^2},\ \chi_{13}^6$	$(2, 2)$	2^2	1	1
	6	$\chi_{2^2} \cdot \chi_{13}^6,\ \chi_{13}^4$	$(2, 3) = 6$	2	1	2
	7	$\chi_{2^2} \cdot \chi_{13}^6$	2	2	1	2

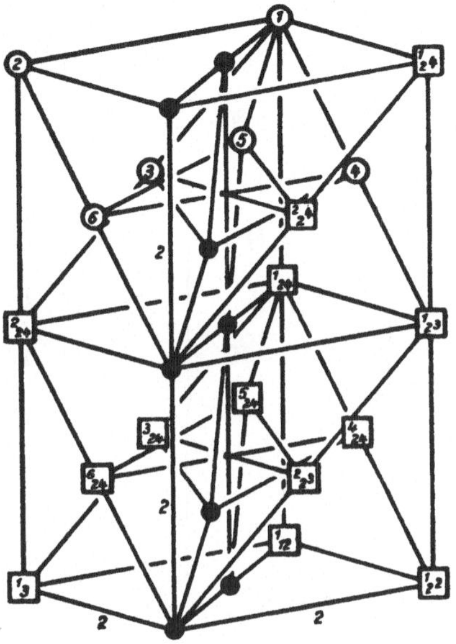

$f = 48$

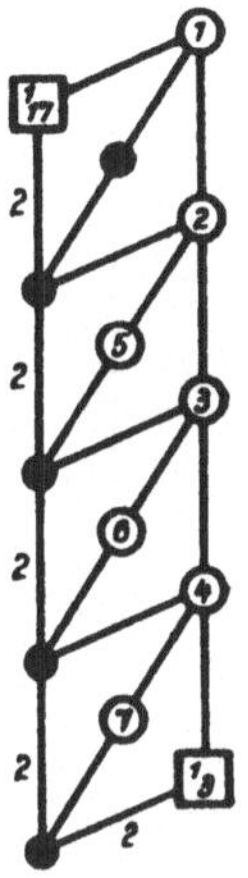

$f = 51$

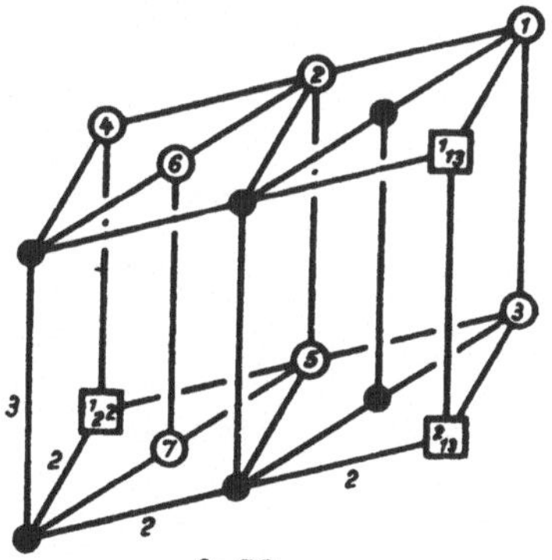

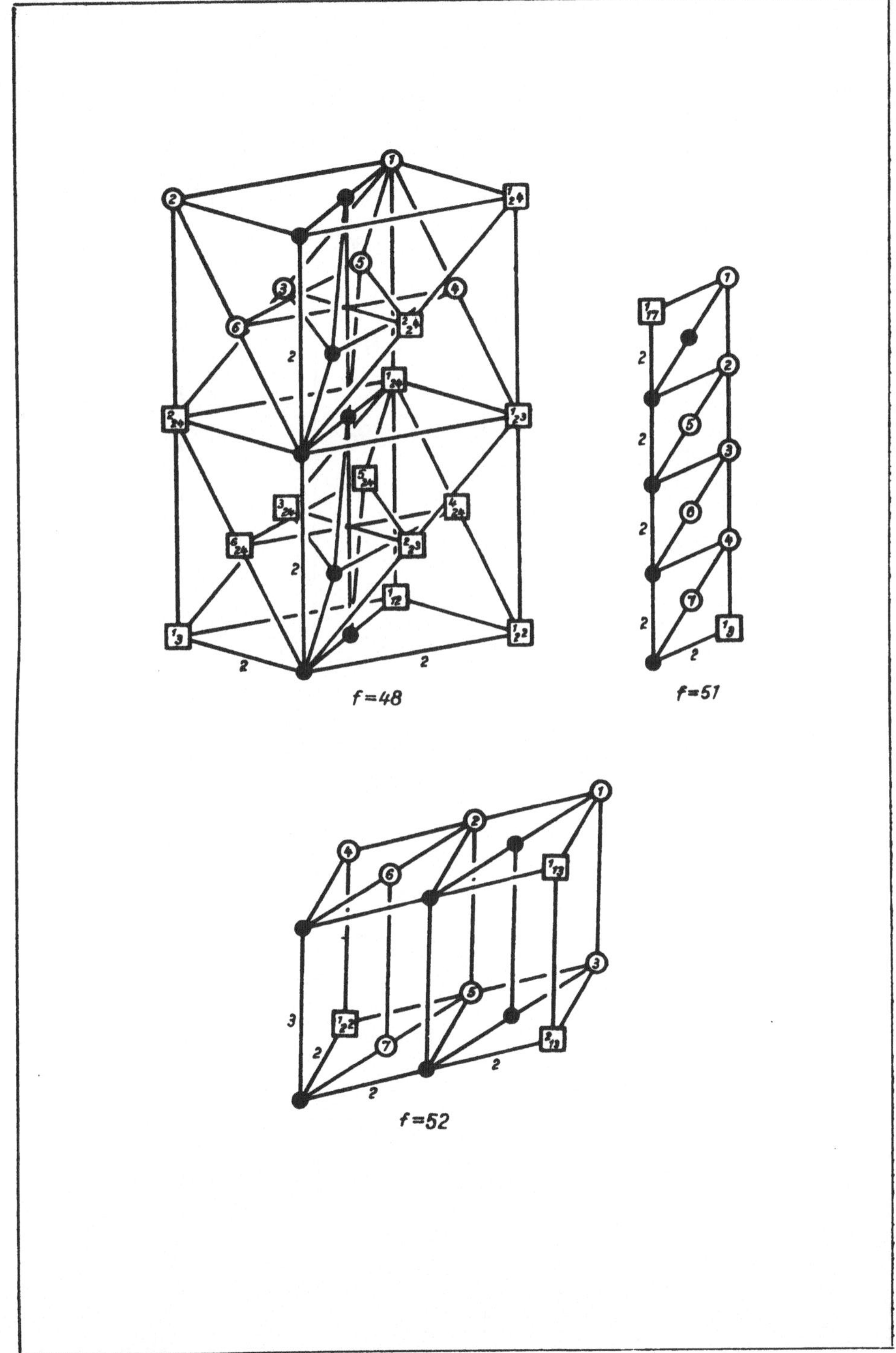

$f = 52$

1	2	3	4	5	6	7
Führer	Nr.	erz. Charaktere	Typus	w	Q	h^*
	1	$\chi_5,\ \chi_{11}$	$(2^2, 2, 5)$	$2 \cdot 5 \cdot 11$	2	$2 \cdot 5$
	2	$\chi_5,\ \chi_{11}^2$	$(2^2, 5) = 20$	$2 \cdot 5$	1	5
	3	$\chi_5,\ \chi_{11}^5$	$(2^2, 2)$	$2 \cdot 5$	2	2
$55 = 5 \cdot 11$	4	$\chi_5^2,\ \chi_{11}$	$(2, 2, 5)$	$2 \cdot 11$	1	2
	5	$\chi_5^2,\ \chi_{11}^5$	$(2, 2)$	2	1	2
	6	$\chi_5^2 \cdot \chi_{11}^5,\ \chi_{11}^2$	$(2, 5) = 10$	2	1	2^2
	7	$\chi_5^2 \cdot \chi_{11}^5$	2	2	1	2^2
	1	$\chi_{2^3},\ \psi_{2^3};\ \chi_7$	$(2, 2, 2, 3)$	$2^3 \cdot 7$	2	2
	2	$\chi_{2^3},\ \psi_{2^3};\ \chi_7^2$	$(2, 2, 3)$	2^3	1	1
	3	$\chi_{2^3},\ \psi_{2^3};\ \chi_7^3$	$(2, 2, 2)$	2^3	2	2
	4	$\psi_{2^3},\ \chi_7$	$(2, 2, 3)$	$2 \cdot 7$	1	2
	5	$\psi_{2^3},\ \chi_7^3$	$(2, 2)$	2	1	2
	6	$\chi_{2^3}\psi_{2^3},\ \chi_7$	$(2, 2, 3)$	$2 \cdot 7$	2	1
$56 = 2^3 \cdot 7$	7	$\chi_{2^3}\psi_{2^3},\ \chi_7^2$	$(2, 3) = 6$	2	1	1
	8	$\chi_{2^3}\psi_{2^3},\ \chi_7^3$	$(2, 2)$	2	2	1
	9	$\chi_{2^3},\ \psi_{2^3} \cdot \chi_7^3,\ \chi_7^2$	$(2, 2, 3)$	2^2	2	2^2
	10	$\chi_{2^3},\ \psi_{2^3} \cdot \chi_7^3$	$(2, 2)$	2^2	2	2^2
	11	$\chi_{2^3}\psi_{2^3},\ \psi_{2^3} \cdot \chi_7^3,\ \chi_7^2$	$(2, 2, 3)$	2	2	2^2
	12	$\chi_{2^3}\psi_{2^3},\ \psi_{2^3} \cdot \chi_7^3$	$(2, 2)$	2	2	2^2
	13	$\psi_{2^3} \cdot \chi_7^3,\ \chi_7^2$	$(2, 3) = 6$	2	1	2^2
	14	$\psi_{2^3} \cdot \chi_7^3$	2	2	1	2^2

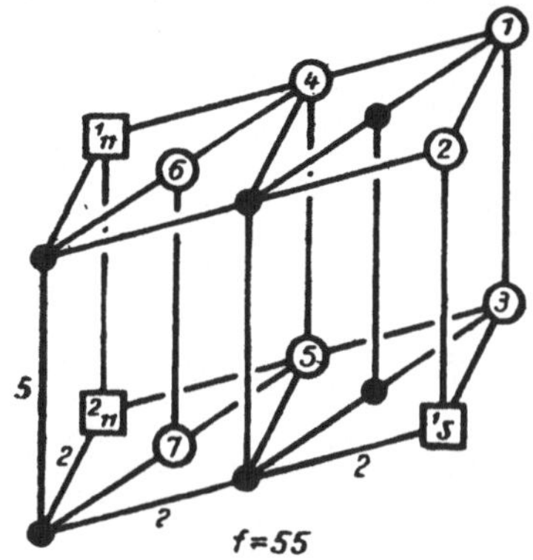

f=55

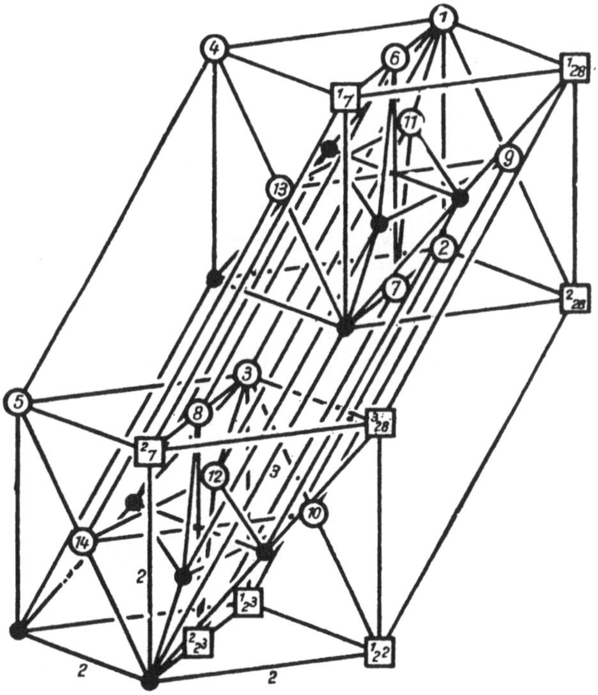

f=56

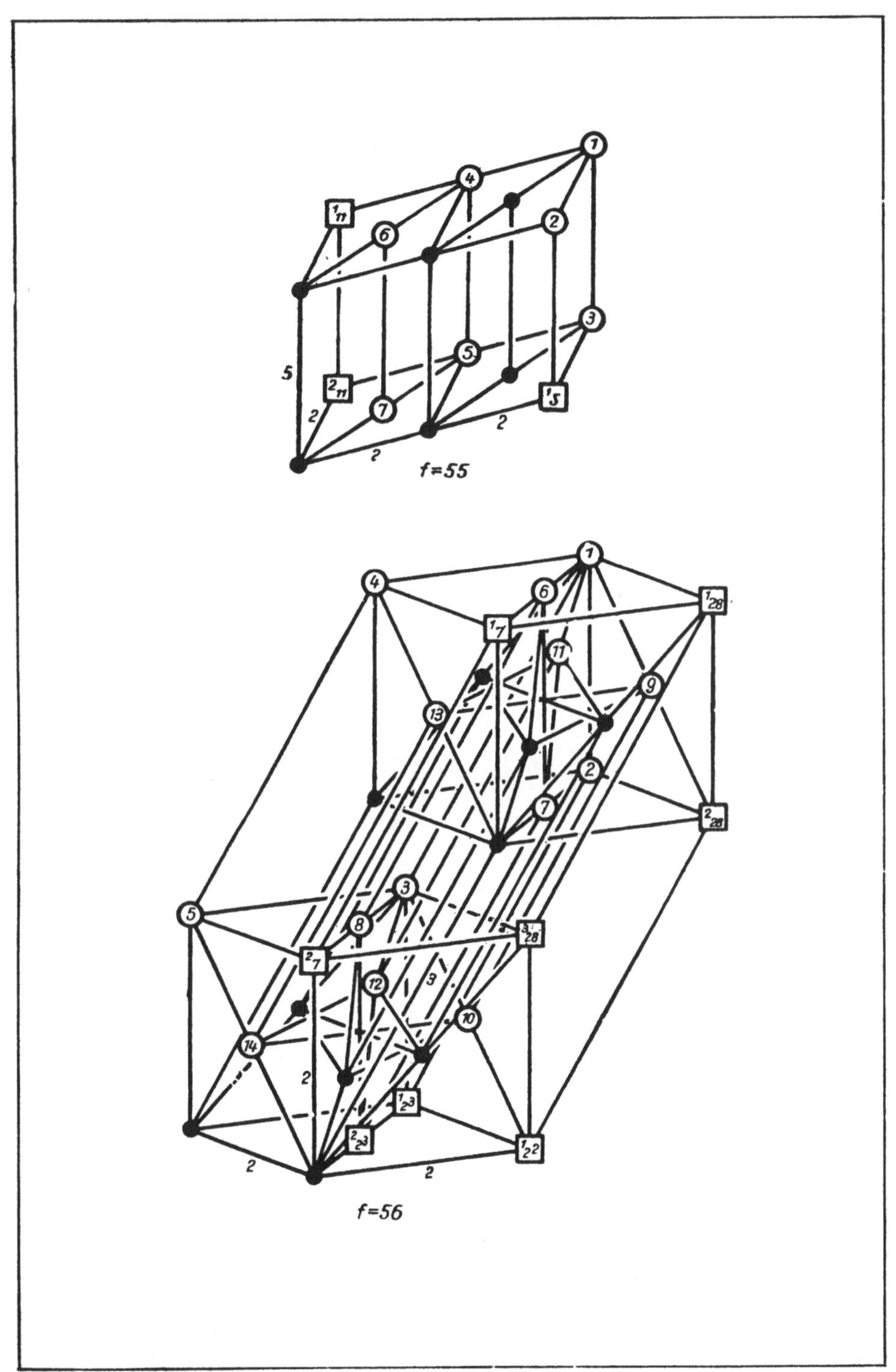

1	2	3	4	5	6	7
Führer	Nr.	erz. Charaktere	Typus	w	Q	h^*
	1	$\chi_3,\ \chi_{19}$	$(2, 2, 3^2)$	$2 \cdot 3 \cdot 19$	2	3^2
	2	$\chi_3,\ \chi_{19}^2$	$(2, 3^2) = 18$	$2 \cdot 3$	1	3^2
$57 = 3 \cdot 19$	3	$\chi_3,\ \chi_{19}^3$	$(2, 2, 3)$	$2 \cdot 3$	2	3
	4	$\chi_3,\ \chi_{19}^6$	$(2, 3) = 6$	$2 \cdot 3$	1	3
	5	$\chi_3,\ \chi_{19}^9$	$(2, 2)$	$2 \cdot 3$	2	1
	1	$\chi_{2^2},\ \chi_3,\ \chi_5$	$(2, 2, 2^2)$	$2^2 \cdot 3 \cdot 5$	2	1
	2	$\chi_{2^2},\ \chi_3,\ \chi_5^2$	$(2, 2, 2)$	$2^2 \cdot 3$	2	1
	3	$\chi_{2^2} \cdot \chi_3,\ \chi_5$	$(2, 2^2)$	$2 \cdot 5$	1	2
	4	$\chi_{2^2},\ \chi_3 \cdot \chi_5$	$(2, 2^2)$	2^2	1	2
$60 = 2^2 \cdot 3 \cdot 5$	5	$\chi_{2^2},\ \chi_3 \cdot \chi_5^2$	$(2, 2)$	2^2	1	1
	6	$\chi_3,\ \chi_{2^2} \cdot \chi_5$	$(2, 2^2)$	$2 \cdot 3$	1	2
	7	$\chi_3,\ \chi_{2^2} \cdot \chi_5^2$	$(2, 2)$	$2 \cdot 3$	1	1
	8	$\chi_{2^2} \cdot \chi_3 \cdot \chi_5$	2^2	2	1	2^2
	9	$\chi_{2^2} \cdot \chi_3,\ \chi_{2^2} \cdot \chi_5^2$	$(2, 2)$	2	1	2

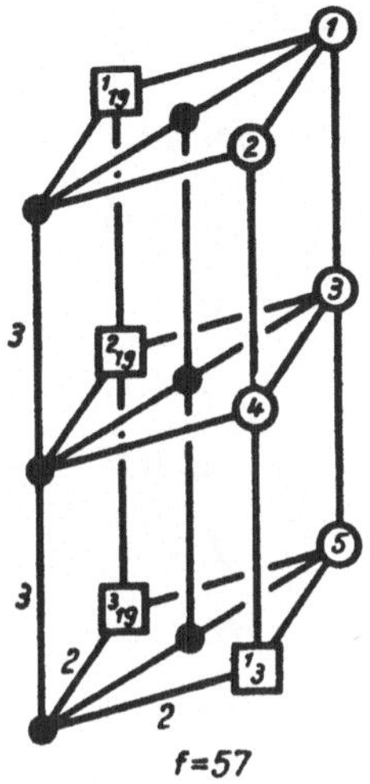

f = 57

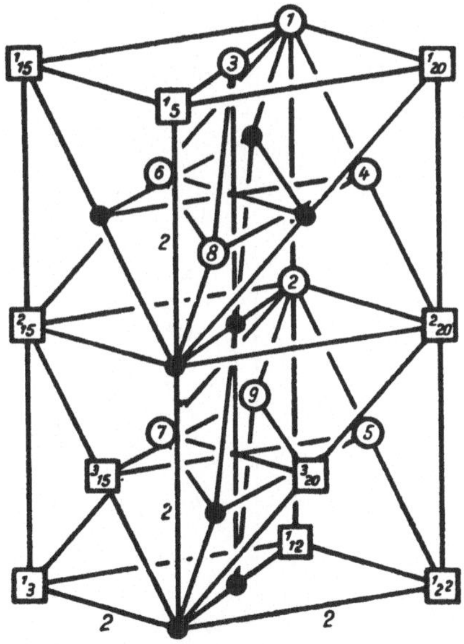

f = 60

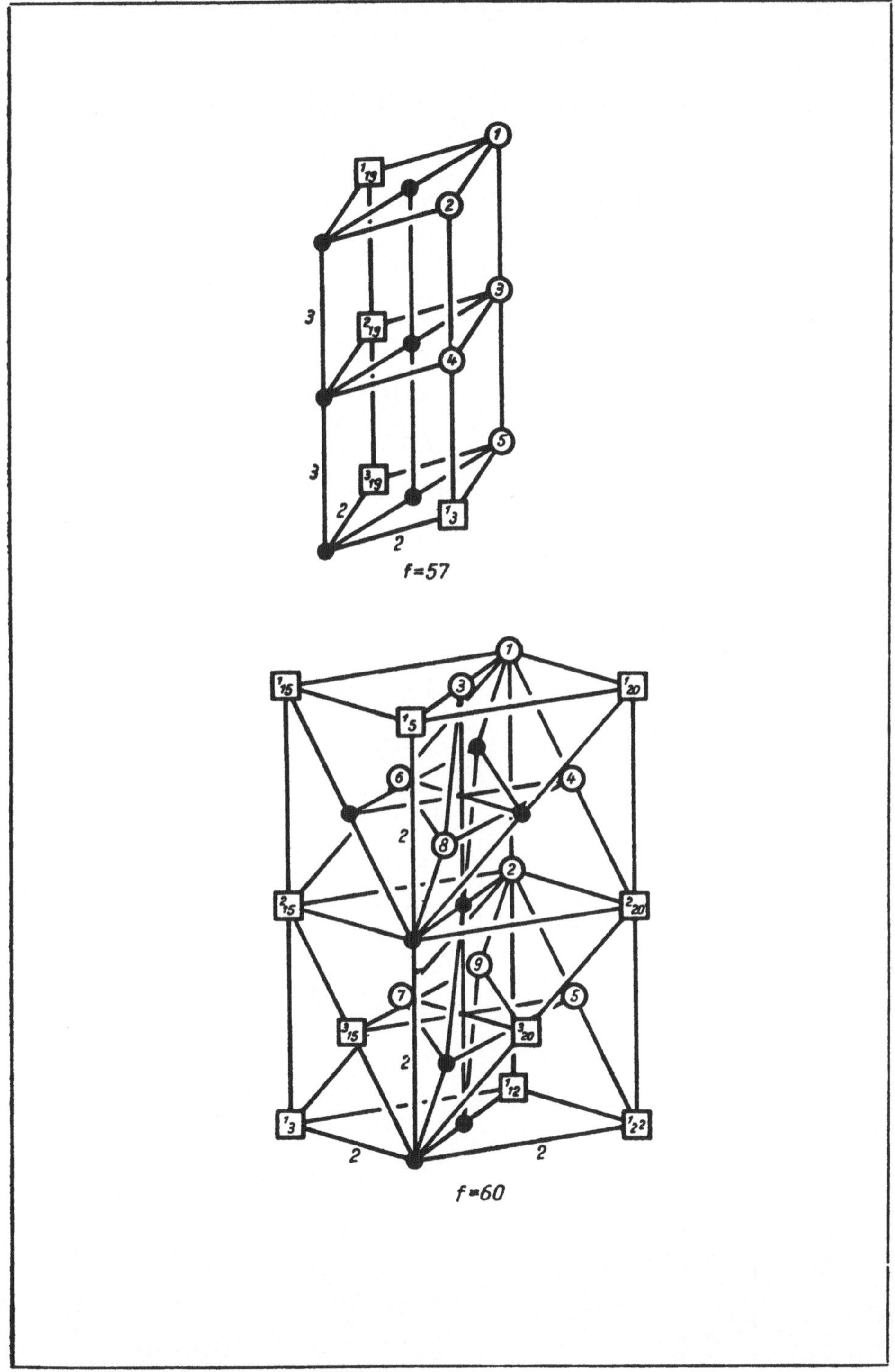

1	2	3	4	5	6	7
Führer	Nr.	erz. Charaktere	Typus	w	Q	h^*
	1	$\chi_3,\ \psi_{3^2};\ \chi_7$	(2, 3, 2, 3)	$2 \cdot 3^2 \cdot 7$	2	7
	2	$\chi_3,\ \psi_{3^2};\ \chi_7^2$	(2, 3, 3)	$2 \cdot 3^2$	1	1
	3	$\chi_3,\ \psi_{3^2};\ \chi_7^3$	(2, 3, 2)	$2 \cdot 3^2$	2	1
	4	$\chi_3,\ \psi_{3^2} \cdot \chi_7^2,\ \chi_7^3$	(2, 3, 2)	$2 \cdot 3$	2	7
	4′	$\chi_3,\ \psi_{3^2} \cdot \bar{\chi}_7^2,\ \chi_7^3$	(2, 3, 2)	$2 \cdot 3$	2	1
$63 = 3^2 \cdot 7$	5	$\chi_3,\ \psi_{3^2} \cdot \chi_7^2$	(2, 3) = 6	$2 \cdot 3$	1	1
	5′	$\chi_3,\ \psi_{3^2} \cdot \bar{\chi}_7^2$	(2, 3) = 6	$2 \cdot 3$	1	1
	6	$\psi_{3^2},\ \chi_7$	(3, 2, 3)	$2 \cdot 7$	1	7
	7	$\psi_{3^2},\ \chi_7^3$	(3, 2) = 6	2	1	1
	8	$\psi_{3^2} \cdot \chi_7^2,\ \chi_7^3$	(3, 2) = 6	2	1	7
	8′	$\psi_{3^2} \cdot \bar{\chi}_7^2,\ \chi_7^3$	(3, 2) = 6	2	1	1
	1	$\chi_5,\ \chi_{13}$	$(2^2, 2^2, 3)$	$2 \cdot 5 \cdot 13$	2	2^6
	2	$\chi_5,\ \chi_{13}^2$	$(2^2, 2, 3)$	$2 \cdot 5$	1	2^4
	3	$\chi_5,\ \chi_{13}^3$	$(2^2, 2^2)$	$2 \cdot 5$	2	1
	4	$\chi_5,\ \chi_{13}^4$	$(2^2, 3) = 12$	$2 \cdot 5$	1	2^2
	5	$\chi_5,\ \chi_{13}^6$	$(2^2, 2)$	$2 \cdot 5$	1	1
$65 = 5 \cdot 13$	6	$\chi_5^2,\ \chi_{13}$	$(2, 2^2, 3)$	$2 \cdot 13$	1	2^2
	7	$\chi_5^2,\ \chi_{13}^3$	$(2, 2^2)$	2	1	1
	8	$\chi_5 \cdot \chi_{13}^2$	$(2^2, 3) = 12$	2	1	2^3
	9	$\chi_5 \cdot \chi_{13}^6$	2^2	2	1	2
	10	$\chi_5^2 \cdot \chi_{13}$	$(2^2, 3) = 12$	2	1	2^3
	11	$\chi_5^2 \cdot \chi_{13}^3$	2^2	2	1	2

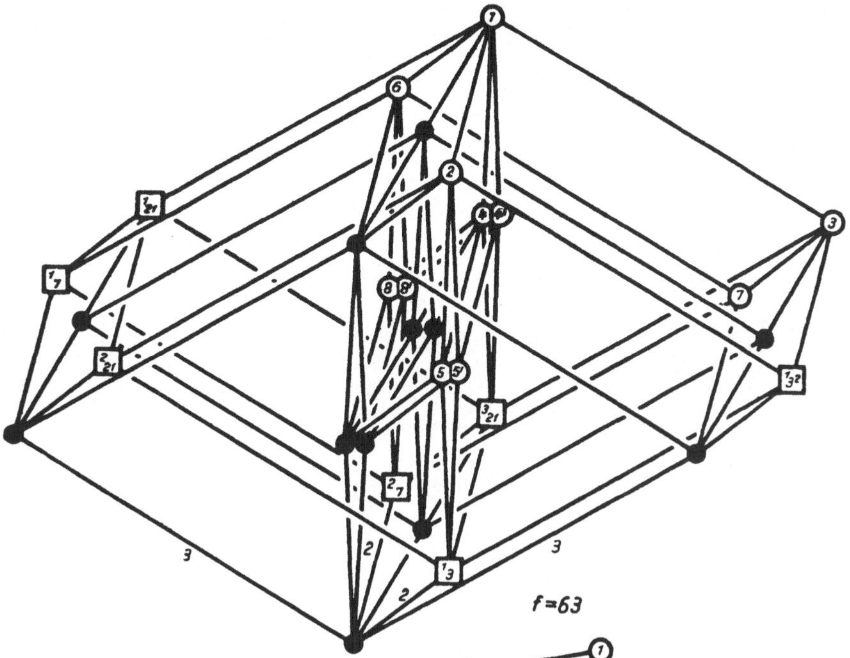

f=63

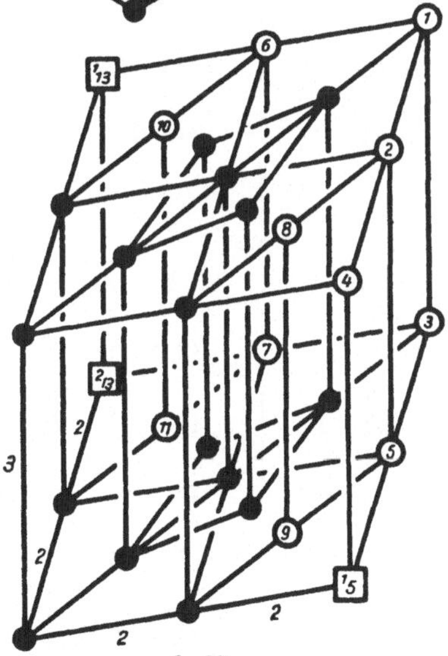

f=65

1	2	3	4	5	6	7
Führer	Nr.	erz. Charaktere	Typus	w	Q	h^*
	1	χ_{2^2}, χ_{17}	$(2, 2^4)$	$2^2 \cdot 17$	2	2^3
	2	χ_{2^2}, χ_{17}^2	$(2, 2^3)$	2^2	1	2^3
	3	χ_{2^2}, χ_{17}^4	$(2, 2^2)$	2^2	1	2^2
$68 = 2^2 \cdot 17$	4	χ_{2^2}, χ_{17}^8	$(2, 2)$	2^2	1	2
	5	$\chi_{2^2} \cdot \chi_{17}^2$	2^3	2	1	2^2
	6	$\chi_{2^2} \cdot \chi_{17}^4$	2^2	2	1	2^2
	7	$\chi_{2^2} \cdot \chi_{17}^8$	2	2	1	2^2
	1	χ_3, χ_{23}	$(2, 2, 11)$	$2 \cdot 3 \cdot 23$	2	$3 \cdot 23$
$69 = 3 \cdot 23$	2	χ_3, χ_{23}^2	$(2, 11) = 22$	$2 \cdot 3$	1	23
	3	χ_3, χ_{23}^{11}	$(2, 2)$	$2 \cdot 3$	2	3
	1	$\chi_{2^{\bar{3}}}$, ψ_{2^3}; χ_3, ψ_{3^2}	$(2, 2, 2, 3)$	$2^3 \cdot 3^2$	2	3
	2	χ_{2^2}, ψ_{2^3}; ψ_{3^2}	$(2, 2, 3)$	2^3	1	3
	3	ψ_{2^3}; χ_3, ψ_{3^2}	$(2, 2, 3)$	$2 \cdot 3^2$	1	1
$72 = 2^3 \cdot 3^2$	4	$\chi_{2^2}\psi_{2^3}$, χ_3, ψ_{3^2}	$(2, 2, 3)$	$2 \cdot 3^2$	2	3
	5	χ_{2^2}, $\psi_{2^3} \cdot \chi_3$, ψ_{3^2}	$(2, 2, 3)$	2^2	2	2
	6	$\chi_{2^2}\psi_{2^3}$, $\psi_{2^3} \cdot \chi_3$, ψ_{3^2}	$(2, 2, 3)$	2	2	$2 \cdot 3$
	7	$\psi_{2^3} \cdot \chi_3$, ψ_{3^2}	$(2, 3) = 6$	2	1	2
	8	$\chi_{2^2}\psi_{2^3}$, ψ_{3^2}	$(2, 3) = 6$	2	1	3

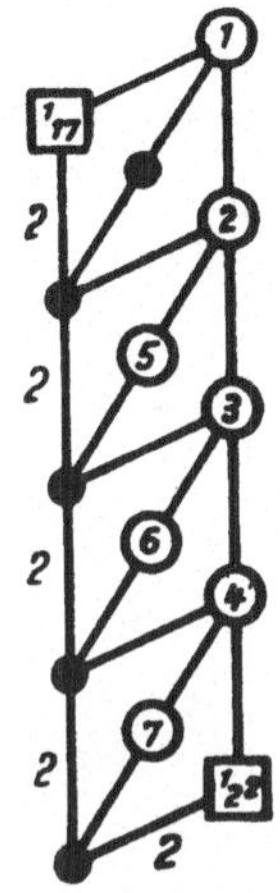

f=68

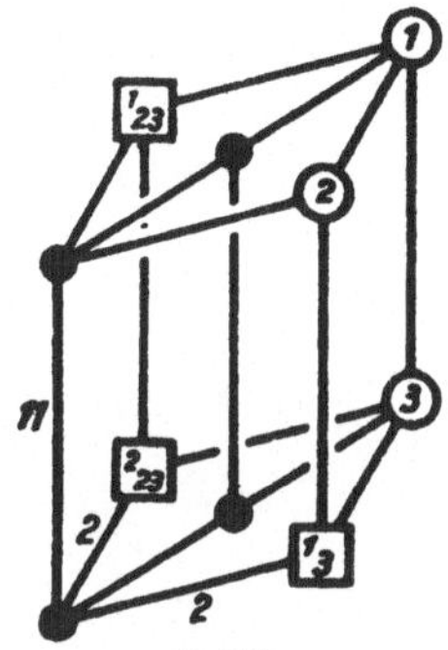

f=69

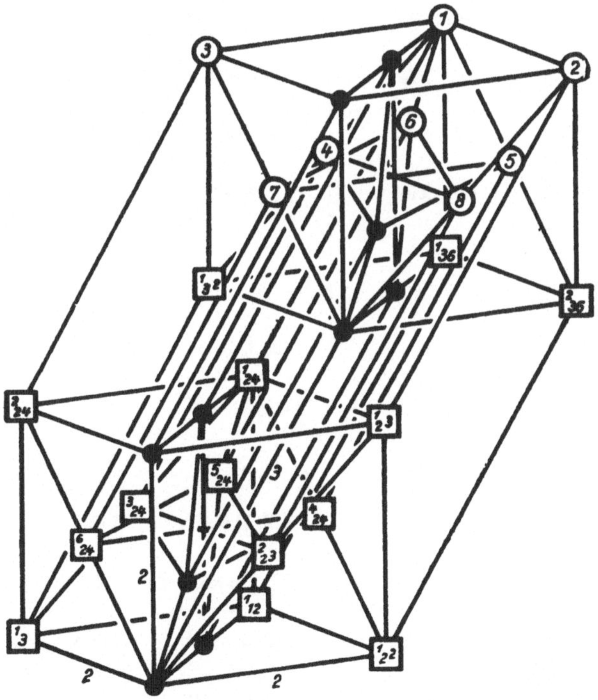

f=72

1	2	3	4	5	6	7
Führer	Nr.	erz. Charaktere	Typus	w	Q	h^*
$75 = 3 \cdot 5^2$	1	$\chi_3;\ \chi_5,\ \psi_{5^2}$	$(2, 2^2, 5)$	$2 \cdot 3 \cdot 5^2$	2	11
	2	$\chi_3;\ \chi_5^2,\ \psi_{5^2}$	$(2, 2, 5)$	$2 \cdot 3$	1	11
	3	$\chi_3,\ \psi_{5^2}$	$(2, 5) = 10$	$2 \cdot 3$	1	11
	4	$\chi_3 \cdot \chi_5^2,\ \psi_{5^2}$	$(2, 5) = 10$	2	1	2
$76 = 2^2 \cdot 19$	1	$\chi_{2^2},\ \chi_{19}$	$(2, 2, 3^2)$	$2^2 \cdot 19$	2	19
	2	$\chi_{2^2},\ \chi_{19}^2$	$(2, 3^2) = 18$	2^2	1	19
	3	$\chi_{2^2},\ \chi_{19}^3$	$(2, 2, 3)$	2^2	2	1
	4	$\chi_{2^2},\ \chi_{19}^6$	$(2, 3) = 6$	2^2	1	1
	5	$\chi_{2^2},\ \chi_{19}^9$	$(2, 2)$	2^2	2	1
$77 = 7 \cdot 11$	1	$\chi_7,\ \chi_{11}$	$(2, 3, 2, 5)$	$2 \cdot 7 \cdot 11$	2	$2^8 \cdot 5$
	2	$\chi_7,\ \chi_{11}^2$	$(2,3,5) = 30$	$2 \cdot 7$	1	$2^4 \cdot 5$
	3	$\chi_7,\ \chi_{11}^5$	$(2, 3, 2)$	$2 \cdot 7$	2	1
	4	$\chi_7^2,\ \chi_{11}$	$(3,2,5) = 30$	$2 \cdot 11$	1	2^4
	5	$\chi_7^2,\ \chi_{11}^5$	$(3, 2) = 6$	2	1	1
	6	$\chi_7^3,\ \chi_{11}$	$(2, 2, 5)$	$2 \cdot 11$	2	5
	7	$\chi_7^3,\ \chi_{11}^2$	$(2, 5) = 10$	2	1	5
	8	$\chi_7^3,\ \chi_{11}^5$	$(2, 2)$	2	2	1

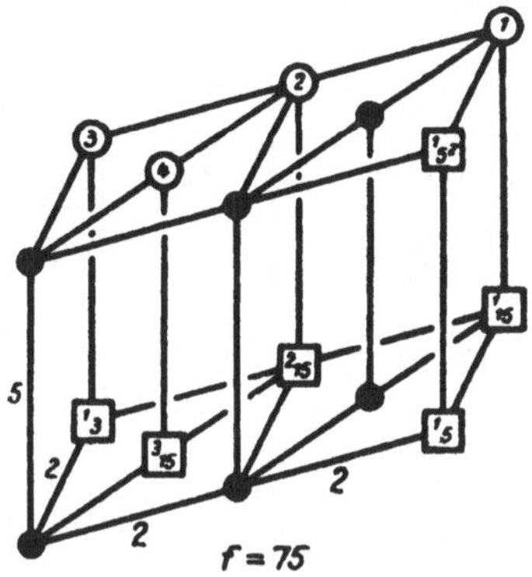

$f = 75$

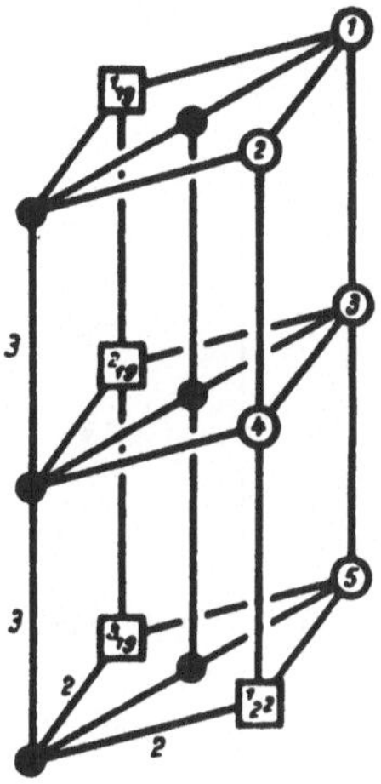

$f = 76$

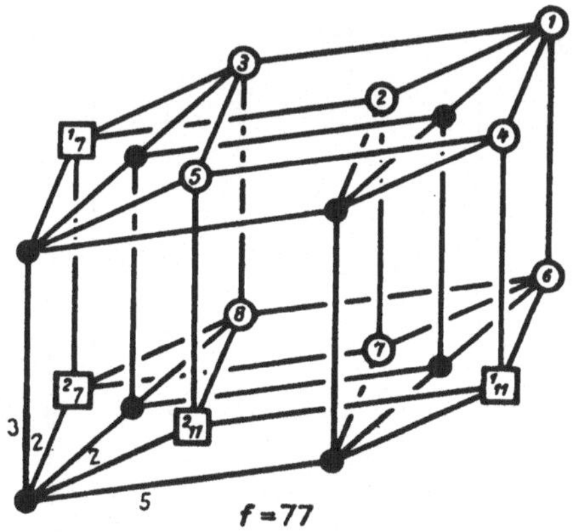

$f = 77$

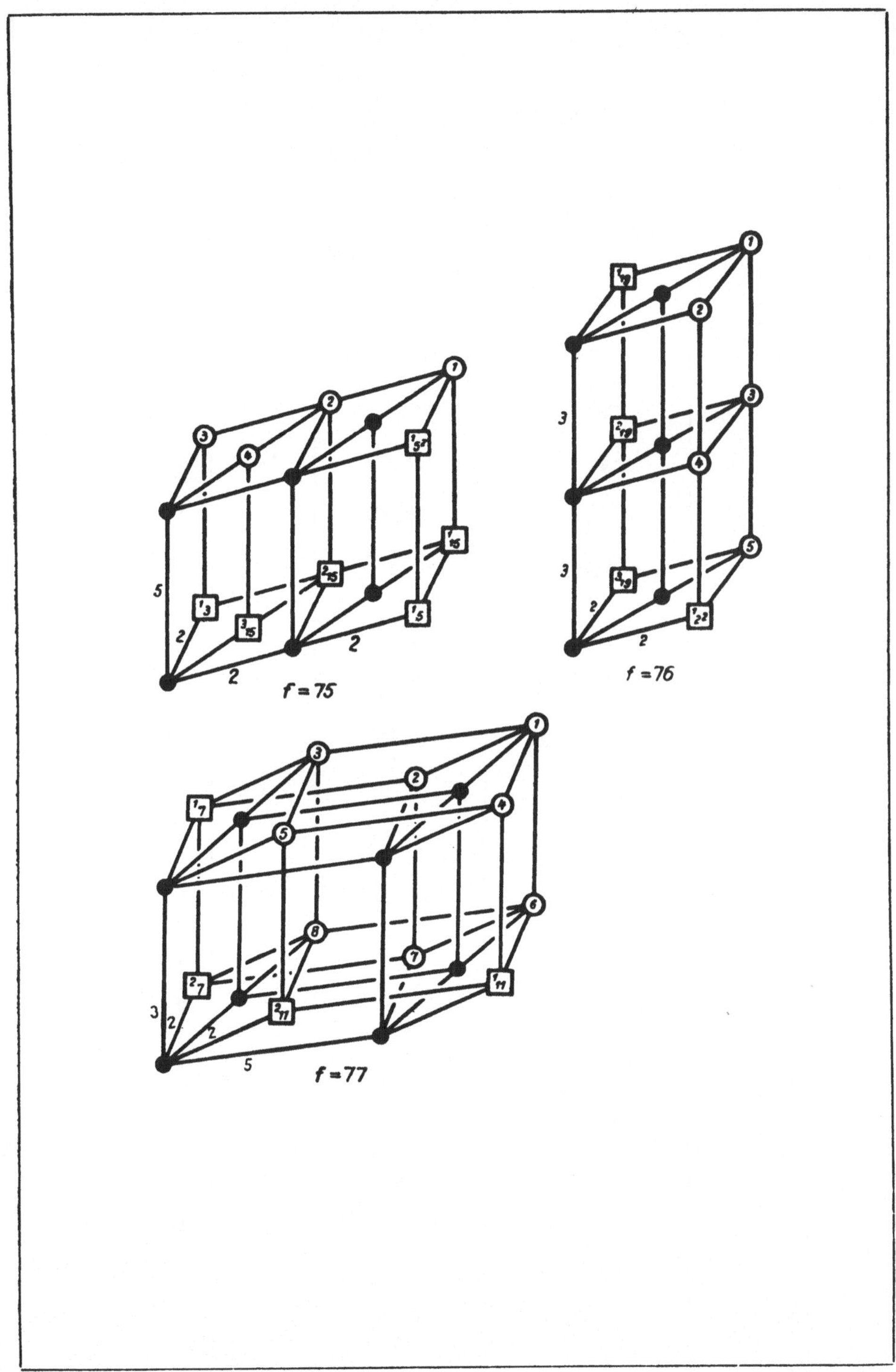

1	2	3	4	5	6	7
Führer	Nr.	erz. Charaktere	Typus	w	Q	h^*
$80 = 2^4 \cdot 5$	1	$\chi_{2^3},\ \psi_{2^4};\ \chi_5$	$(2, 2^2, 2^2)$	$2^4 \cdot 5$	2	5
	2	$\chi_{2^3},\ \psi_{2^4};\ \chi_5^2$	$(2, 2^2, 2)$	2^4	1	1
	3	$\psi_{2^4},\ \chi_5$	$(2^2, 2^2)$	$2 \cdot 5$	1	5
	4	$\chi_{2^3}\psi_{2^4},\ \chi_5$	$(2^2, 2^2)$	$2 \cdot 5$	2	1
	5	$\chi_{2^3}\psi_{2^4},\ \chi_5^2$	$(2^2, 2)$	2	1	1
	6	$\chi_{2^3},\ \psi_{2^4} \cdot \chi_5,\ \chi_5^2$	$(2, 2^2, 2)$	2^3	2	$2 \cdot 5$
	7	$\chi_{2^3},\ \psi_{2^4} \cdot \chi_5$	$(2, 2^2)$	2^2	2	2
	7′	$\chi_{2^3},\ \psi_{2^4} \cdot \bar{\chi}_5$	$(2, 2^2)$	2^2	2	$2 \cdot 5$
	8	$\chi_{2^3},\ \psi_{2^4} \cdot \chi_5^2$	$(2, 2^2)$	2^3	1	1
	9	$\psi_{2^4},\ \chi_{2^3} \cdot \chi_5^2$	$(2^2, 2)$	2	1	2
	10	$\chi_{2^3}\psi_{2^4},\ \chi_{2^3} \cdot \chi_5$	$(2^2, 2^2)$	2	2	$2 \cdot 5$
	11	$\chi_{2^3}\psi_{2^4},\ \chi_{2^3} \cdot \chi_5^2$	$(2^2, 2)$	2	1	1
	12	$\chi_5^2,\ \psi_{2^4} \cdot \chi_5$	$(2, 2^2)$	2	1	$2 \cdot 5$
	13	$\chi_{2^3} \cdot \chi_5^2,\ \psi_{2^4} \cdot \chi_5$	$(2, 2^2)$	2	2	2
	13′	$\chi_{2^3} \cdot \chi_5^2,\ \psi_{2^4} \cdot \bar{\chi}_5$	$(2, 2^2)$	2	2	$2 \cdot 5$
	14	$\psi_{2^4} \cdot \chi_5$	2^2	2	1	2
	14′	$\psi_{2^4} \cdot \bar{\chi}_5$	2^2	2	1	$2 \cdot 5$
	15	$\chi_{2^3}\psi_{2^4} \cdot \chi_5^2$	2^2	2	1	2

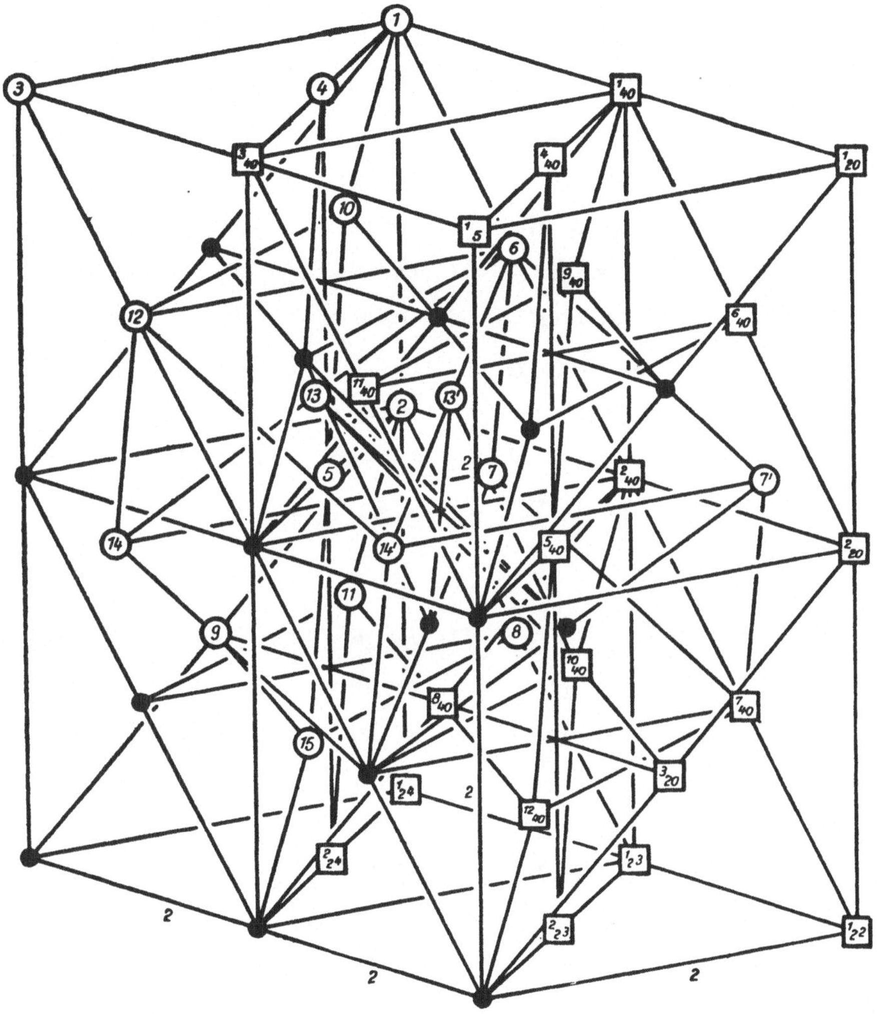

$f = 80$

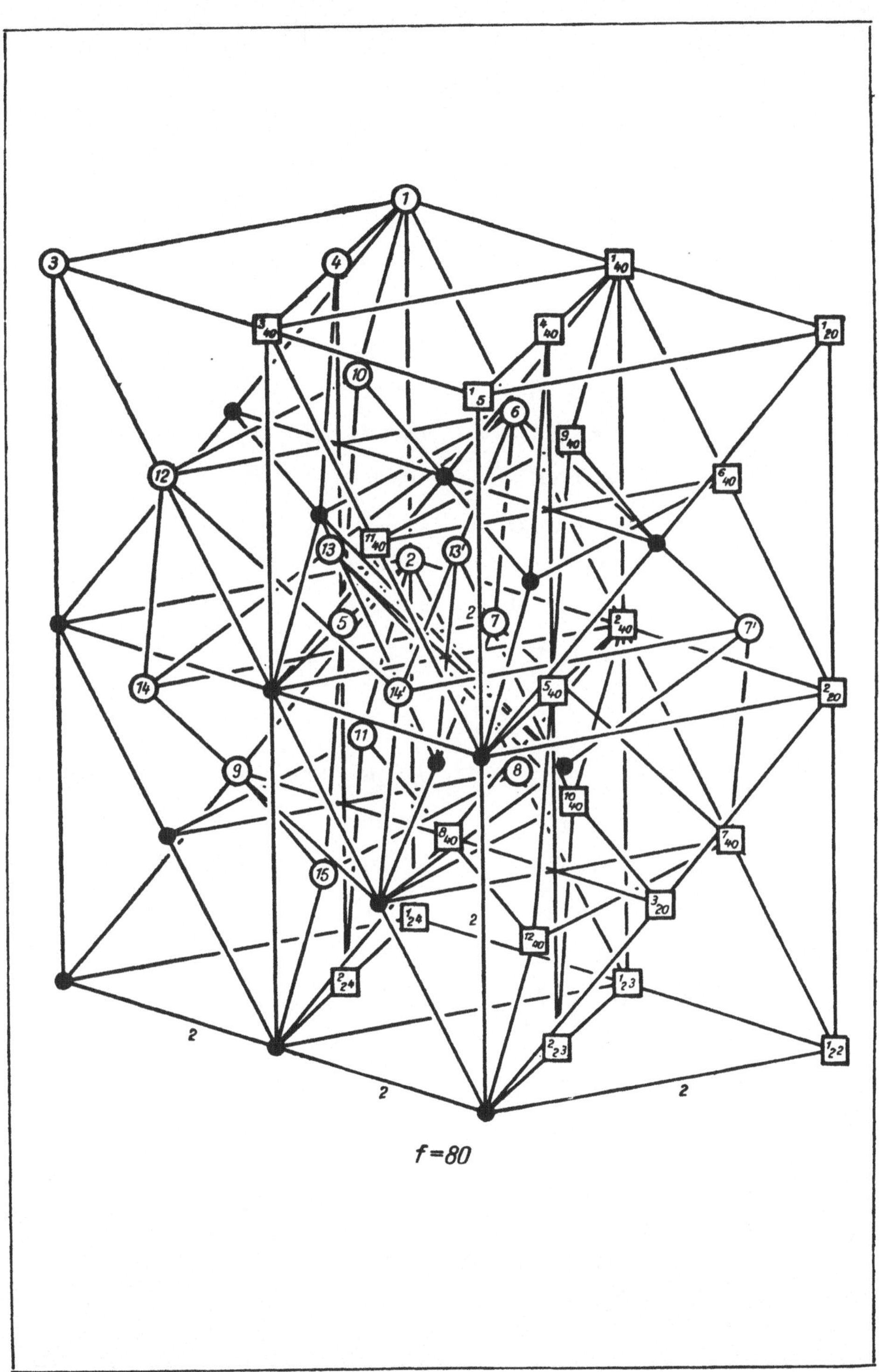

1	2	3	4	5	6	7
Führer	Nr.	erz. Charaktere	Typus	w	Q	h^*
$84 = 2^2 \cdot 3 \cdot 7$	1	$\chi_{2^2}, \chi_3; \chi_7$	(2, 2, 2, 3)	$2^2 \cdot 3 \cdot 7$	2	1
	2	$\chi_{2^2}, \chi_3; \chi_7^2$	(2, 2, 3)	$2^2 \cdot 3$	2	1
	3	$\chi_{2^2}, \chi_3, \chi_7^3$	(2, 2, 2)	$2^2 \cdot 3$	2	1
	4	$\chi_{2^2} \cdot \chi_3, \chi_7$	(2, 2, 3)	$2 \cdot 7$	1	2
	5	$\chi_{2^2} \cdot \chi_3, \chi_7^3$	(2, 2)	2	1	2
	6	$\chi_{2^2}, \chi_3 \cdot \chi_7^3, \chi_7^2$	(2, 2, 3)	2^2	1	2
	7	$\chi_{2^2}, \chi_3 \cdot \chi_7^3$	(2, 2)	2^2	1	2
	8	$\chi_{2^2} \cdot \chi_7^3, \chi_3, \chi_7^2$	(2, 2, 3)	$2 \cdot 3$	1	2
	9	$\chi_{2^2} \cdot \chi_7^3, \chi_3$	(2, 2)	$2 \cdot 3$	1	2
	10	$\chi_{2^2} \cdot \chi_3 \cdot \chi_7^3, \chi_7^2$	(2, 3) = 6	2	1	2^2
	11	$\chi_{2^2} \cdot \chi_3 \cdot \chi_7^3$	2	2	1	2^2
$85 = 5 \cdot 17$	1	χ_5, χ_{17}	$(2^2, 2^4)$	$2 \cdot 5 \cdot 17$	2	$5 \cdot 17 \cdot 73$
	2	χ_5, χ_{17}^2	$(2^2, 2^3)$	$2 \cdot 5$	1	$5 \cdot 73$
	3	χ_5, χ_{17}^4	$(2^2, 2^2)$	$2 \cdot 5$	1	5
	4	χ_5, χ_{17}^8	$(2^2, 2)$	$2 \cdot 5$	1	1
	5	χ_5^2, χ_{17}	$(2, 2^4)$	$2 \cdot 17$	1	17
	6	$\chi_5^2, \chi_5 \cdot \chi_{17}^2$	$(2, 2^3)$	2	1	$2 \cdot 73$
	7	$\chi_5^2, \chi_5 \cdot \chi_{17}^4$	$(2, 2^2)$	2	1	$2 \cdot 5$
	8	$\chi_5 \cdot \chi_{17}^2$	2^3	2	1	2
	8′	$\chi_5 \cdot \bar{\chi}_{17}^2$	2^3	2	1	$2 \cdot 73$
	9	$\chi_5 \cdot \chi_{17}^4$	2^2	2	1	2
	9′	$\chi_5 \cdot \bar{\chi}_{17}^4$	2^2	2	1	$2 \cdot 5$
	10	$\chi_5 \cdot \chi_{17}^8$	2^2	2	1	2
	11	$\chi_5^2 \cdot \chi_{17}$	2^4	2	1	$2 \cdot 17$

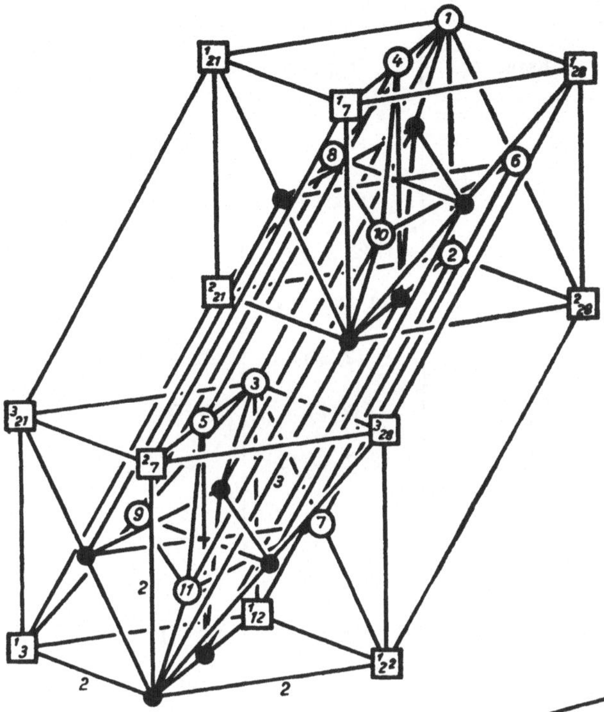
1
1 21
4
1 7
1 28
8
6
10
2
2 21
2 28
3
3 21
5
3 28
2 7
3
9
7
2
11
1 12
1 3
1 22
2
2

f=84

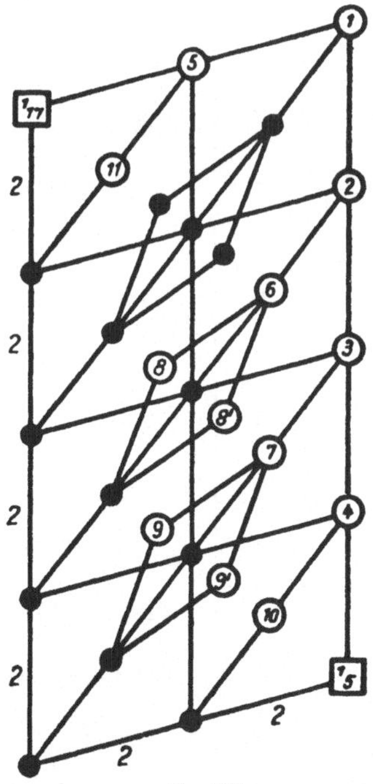
1
5
1 17
11
2
2
6
2
8
3
8'
7
2
9
4
9'
10
2
1 5
2
2

f=85

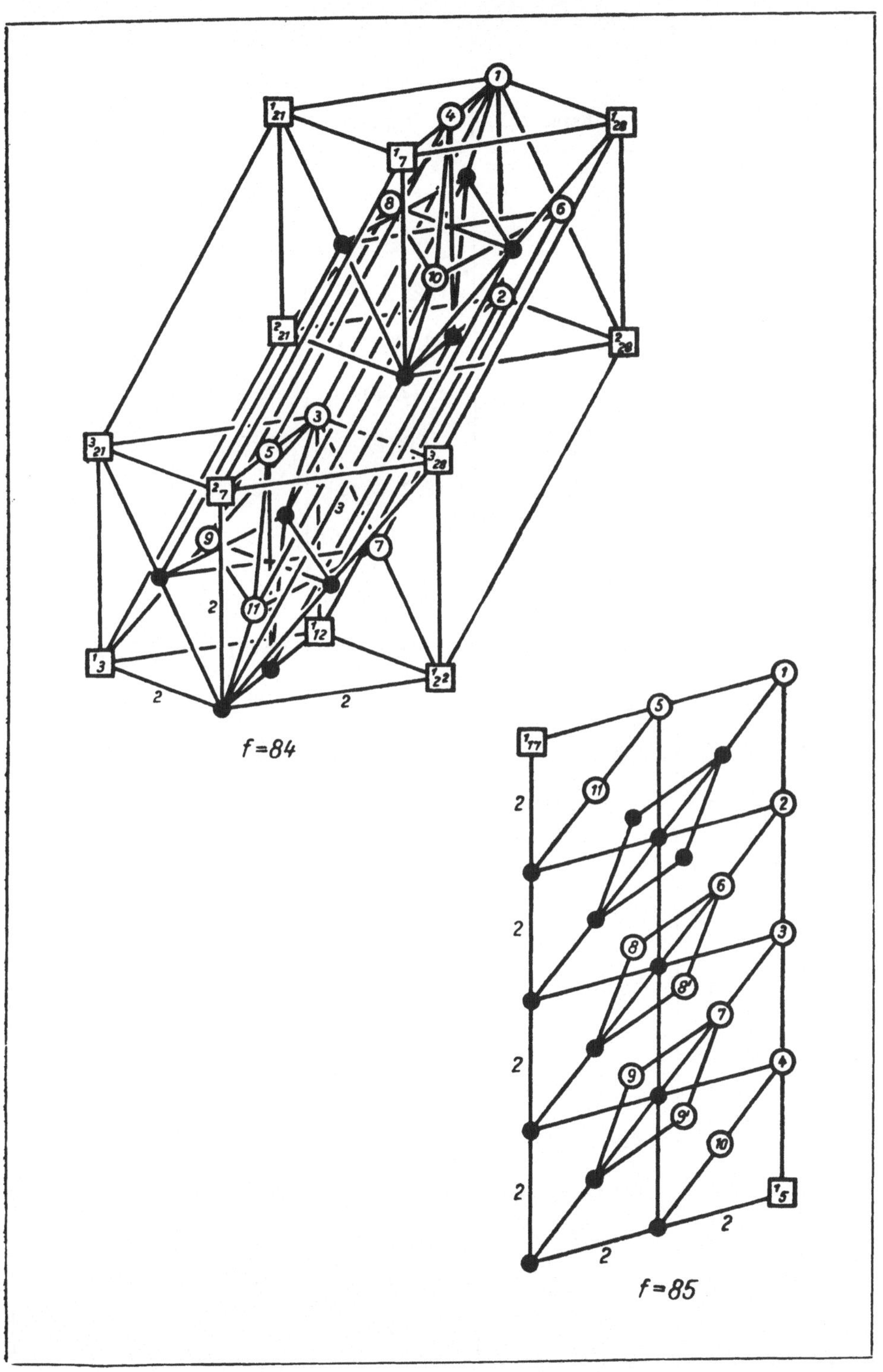

1	2	3	4	5	6	7
Führer	Nr.	erz. Charaktere	Typus	w	Q	h^*
$87 = 3 \cdot 29$	1	$\chi_3,\ \chi_{29}$	$(2, 2^2, 7)$	$2 \cdot 3 \cdot 29$	2	$2^9 \cdot 3$
	2	$\chi_3,\ \chi_{29}^2$	$(2, 2, 7)$	$2 \cdot 3$	1	$2^6 \cdot 3$
	3	$\chi_3,\ \chi_{29}^4$	$(2, 7) = 14$	$2 \cdot 3$	1	2^3
	4	$\chi_3,\ \chi_{29}^7$	$(2, 2^2)$	$2 \cdot 3$	2	3
	5	$\chi_3,\ \chi_{29}^{14}$	$(2, 2)$	$2 \cdot 3$	1	3
	6	$\chi_3 \cdot \chi_{29}^{14},\ \chi_{29}^4$	$(2, 7) = 14$	2	1	$2^4 \cdot 3$
	7	$\chi_3 \cdot \chi_{29}^{14}$	2	2	1	$2 \cdot 3$
$88 = 2^3 \cdot 11$	1	$\chi_{2^2},\ \psi_{2^3};\ \chi_{11}$	$(2, 2, 2, 5)$	$2^3 \cdot 11$	2	$5 \cdot 11$
	2	$\chi_{2^2},\ \psi_{2^3};\ \chi_{11}^2$	$(2, 2, 5)$	2^3	1	5
	3	$\chi_{2^2},\ \psi_{2^3};\ \chi_{11}^5$	$(2, 2, 2)$	2^3	2	1
	4	$\psi_{2^3},\ \chi_{11}$	$(2, 2, 5)$	$2 \cdot 11$	1	11
	5	$\psi_{2^3},\ \chi_{11}^5$	$(2, 2)$	2	1	1
	6	$\chi_{2^2}\psi_{2^3},\ \chi_{11}$	$(2, 2, 5)$	$2 \cdot 11$	2	5
	7	$\chi_{2^2}\psi_{2^3},\ \chi_{11}^2$	$(2, 5) = 10$	2	1	5
	8	$\chi_{2^2}\psi_{2^3},\ \chi_{11}^5$	$(2, 2)$	2	2	1
	9	$\chi_{2^2},\ \psi_{2^3} \cdot \chi_{11}^5,\ \chi_{11}^2$	$(2, 2, 5)$	2^2	2	$2 \cdot 11$
	10	$\chi_{2^2},\ \psi_{2^3} \cdot \chi_{11}^5$	$(2, 2)$	2^2	2	2
	11	$\chi_{2^2}\psi_{2^3},\ \psi_{2^3} \cdot \chi_{11}^5,\ \chi_{11}^2$	$(2, 2, 5)$	2	2	$2 \cdot 5 \cdot 11$
	12	$\chi_{2^2}\psi_{2^3},\ \psi_{2^3} \cdot \chi_{11}^5$	$(2, 2)$	2	2	2
	13	$\psi_{2^3} \cdot \chi_{11}^5,\ \chi_{11}^2$	$(2, 5) = 10$	2	1	$2 \cdot 11$
	14	$\psi_{2^3} \cdot \chi_{11}^5$	2	2	1	2

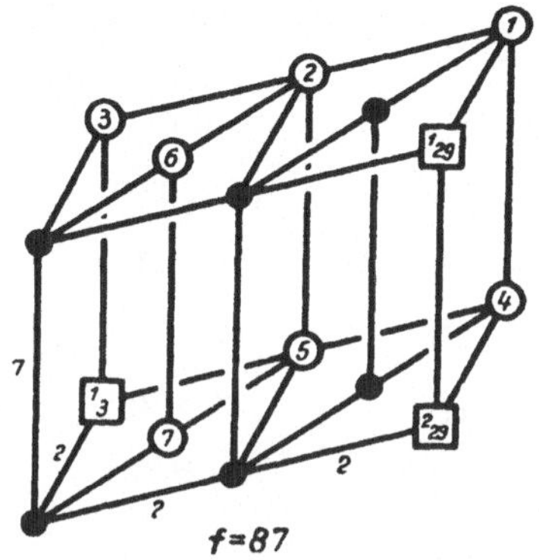

f=87

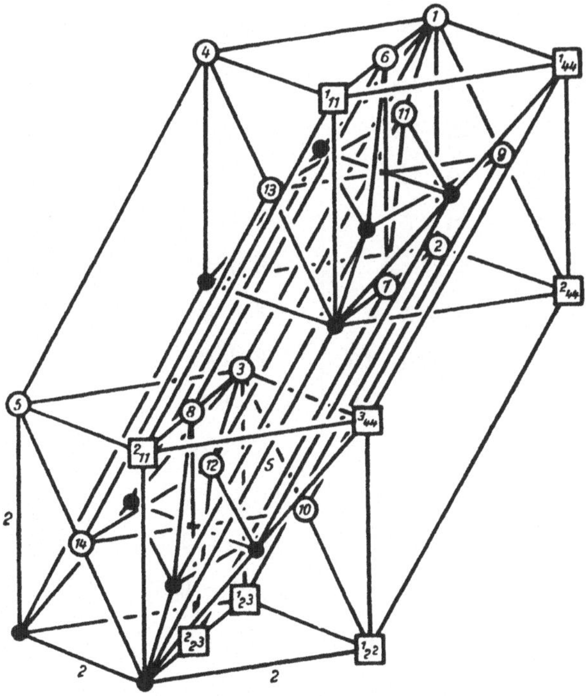

f=88

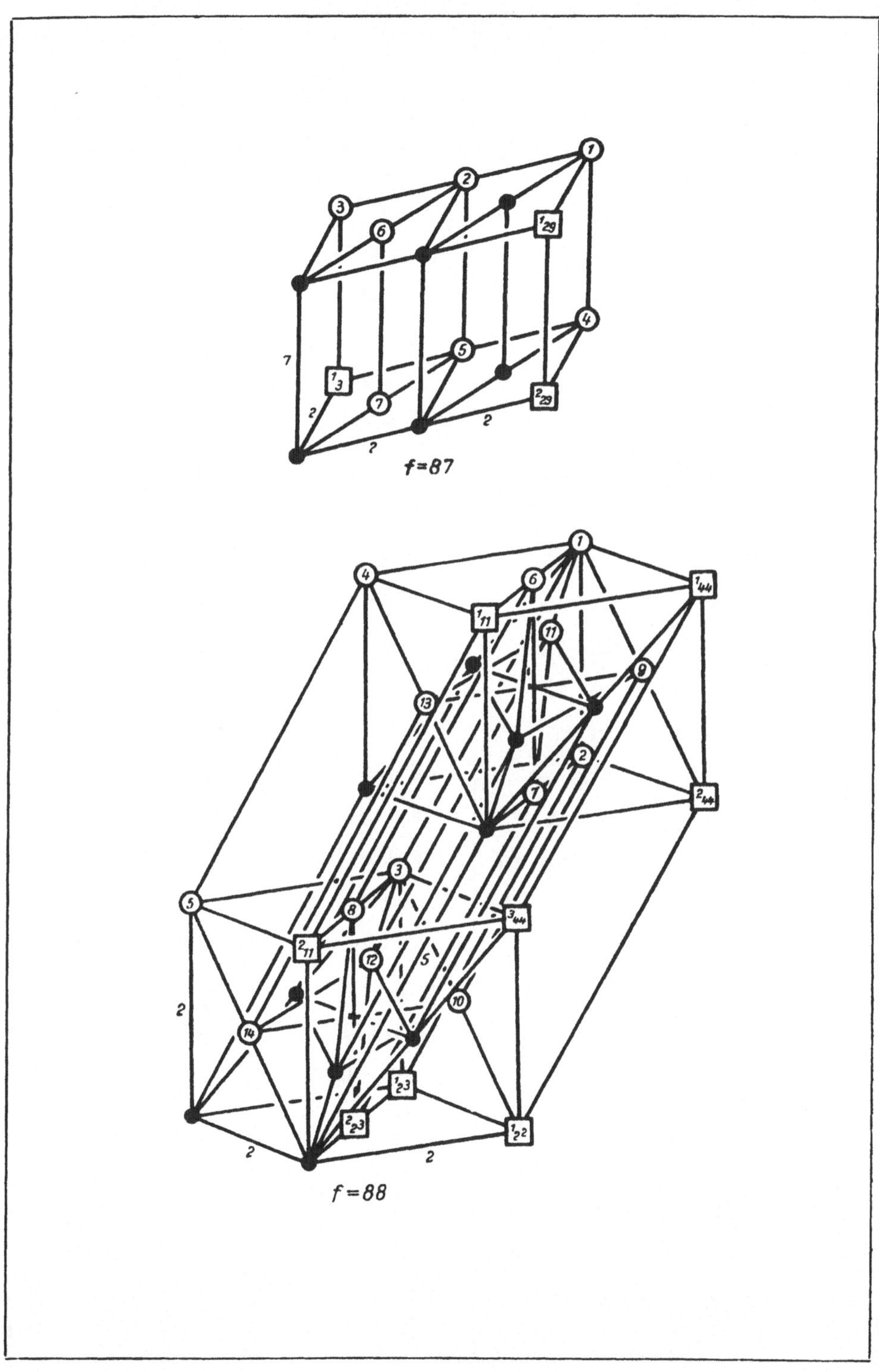

1	2	3	4	5	6	7
Führer	Nr.	erz. Charaktere	Typus	w	Q	h^*
	1	$\chi_7,\ \chi_{13}$	$(2, 3, 2^2, 3)$	$2 \cdot 7 \cdot 13$	2	$2^4 \cdot 7 \cdot 13 \cdot 37$
	2	$\chi_7,\ \chi_{13}^2$	$(2, 3, 2, 3)$	$2 \cdot 7$	1	$2^2 \cdot 7 \cdot 13$
	3	$\chi_7,\ \chi_{13}^3$	$(2, 3, 2^2)$	$2 \cdot 7$	2	2^4
	4	$\chi_7,\ \chi_{13}^4$	$(2, 3, 3)$	$2 \cdot 7$	1	13
	5	$\chi_7,\ \chi_{13}^6$	$(2, 3, 2)$	$2 \cdot 7$	1	2^2
	6	$\chi_7^2,\ \chi_{13}$	$(3, 2^2, 3)$	$2 \cdot 13$	1	$2^2 \cdot 37$
	7	$\chi_7^2,\ \chi_{13}^3$	$(3, 2^2) = 12$	2	1	2^2
	8	$\chi_7^3,\ \chi_{13}$	$(2, 2^2, 3)$	$2 \cdot 13$	2	7
	9	$\chi_7^3,\ \chi_{13}^2$	$(2, 2, 3)$	2	1	7
	10	$\chi_7^3,\ \chi_{13}^3$	$(2, 2^2)$	2	2	1
	11	$\chi_7^3,\ \chi_{13}^4$	$(2, 3) = 6$	2	1	1
	12	$\chi_7^3,\ \chi_{13}^6$	$(2, 2)$	2	1	1
	13	$\chi_7^2,\ \chi_7^3 \cdot \chi_{13}^6,\ \chi_{13}^4$	$(3, 2, 3)$	2	1	$2^3 \cdot 7$
$91 = 7 \cdot 13$	14	$\chi_7^2,\ \chi_7^3 \cdot \chi_{13}^6$	$(3, 2) = 6$	2	1	2^3
	15	$\chi_7^3,\ \chi_7^2 \cdot \chi_{13}^4,\ \chi_{13}^3$	$(2, 3, 2^2)$	2	2	13
	15′	$\chi_7^3,\ \chi_7^2 \cdot \bar{\chi}_{13}^4,\ \chi_{13}^3$	$(2, 3, 2^2)$	2	2	37
	16	$\chi_7^3,\ \chi_7^2 \cdot \chi_{13}^4,\ \chi_{13}^6$	$(2, 3, 2)$	2	1	13
	16′	$\chi_7^3,\ \chi_7^2 \cdot \bar{\chi}_{13}^4,\ \chi_{13}^6$	$(2, 3, 2)$	2	1	1
	17	$\chi_7^3,\ \chi_7^2 \cdot \chi_{13}^4$	$(2, 3) = 6$	2	1	13
	17′	$\chi_7^3,\ \chi_7^2 \cdot \bar{\chi}_{13}^4$	$(2, 3) = 6$	2	1	1
	18	$\chi_7^2 \cdot \chi_{13}^4,\ \chi_{13}^3$	$(3, 2^2) = 12$	2	1	1
	18′	$\chi_7^2 \cdot \bar{\chi}_{13}^4,\ \chi_{13}^3$	$(3, 2^2) = 12$	2	1	37
	19	$\chi_7^3 \cdot \chi_{13}^6,\ \chi_{13}^4$	$(2, 3) = 6$	2	1	$2 \cdot 7$
	20	$\chi_7^3 \cdot \chi_{13}^6,\ \chi_7^2 \cdot \chi_{13}^4$	$(2, 3) = 6$	2	1	2
	20′	$\chi_7^3 \cdot \chi_1^6,\ \chi_7^2 \cdot \bar{\chi}_{13}^4$	$(2, 3) = 6$	2	1	2
	21	$\chi_7^3 \cdot \chi_{13}^6$	2	2	1	2

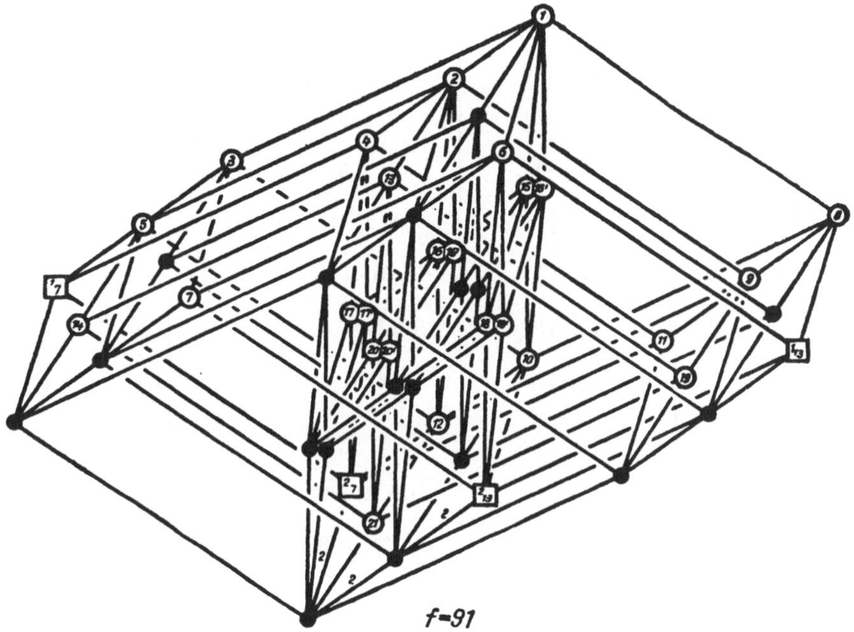

f=91

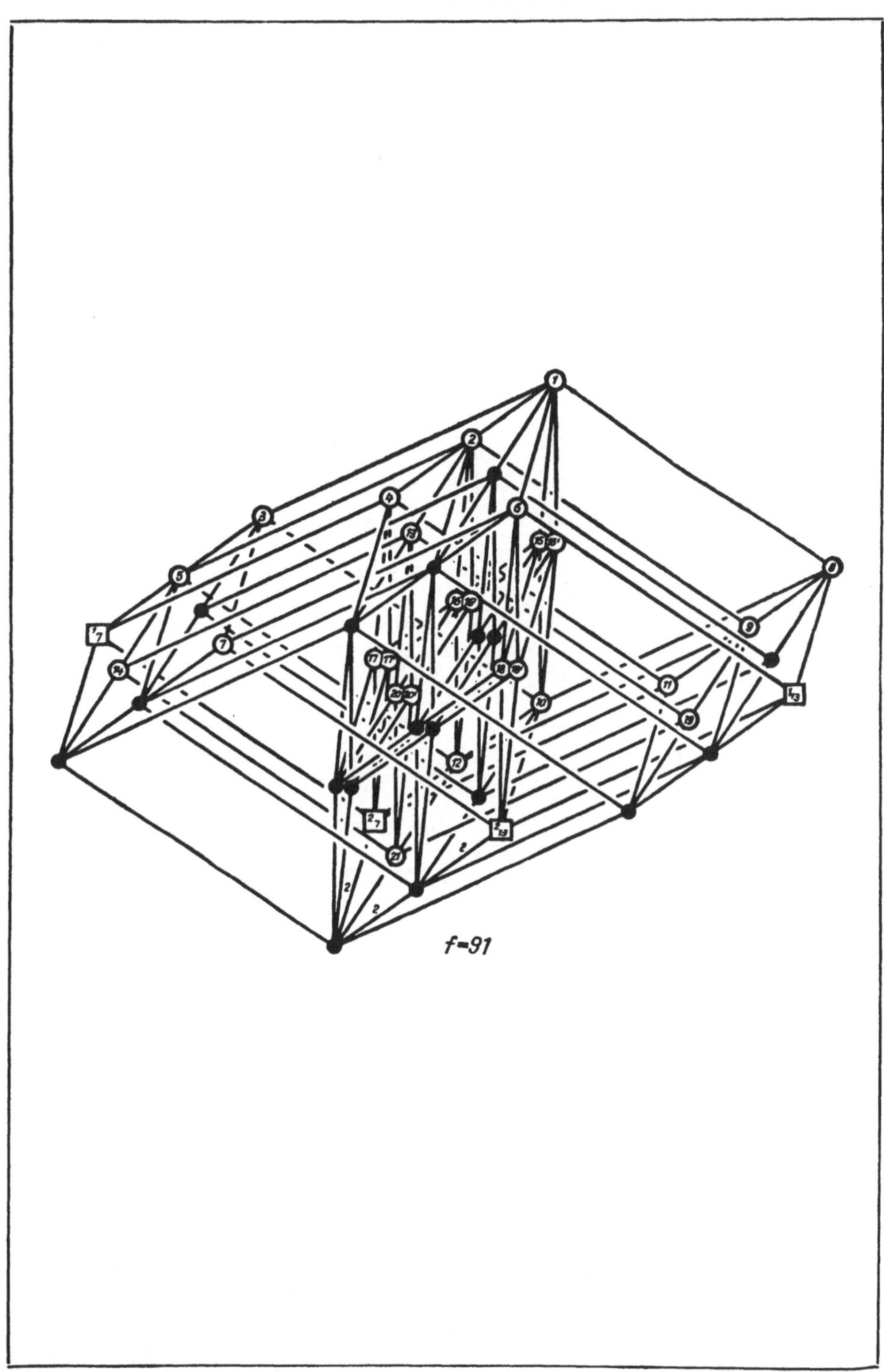

1	2	3	4	5	6	7
Führer	Nr.	erz. Charaktere	Typus	w	Q	h^*
	1	χ_{2^2}, χ_{23}	(2, 2, 11)	$2^2 \cdot 23$	2	$3 \cdot 67$
$92 = 2^2 \cdot 23$	2	$\chi_{2^2}, \chi_{23}^{2}$	(2, 11) = 22	2^2	1	67
	3	$\chi_{2^2}, \chi_{23}^{11}$	(2, 2)	2^2	2	3
	1	χ_3, χ_{31}	(2, 2, 3, 5)	$2 \cdot 3 \cdot 31$	2	$3^2 \cdot 5 \cdot 151$
	2	χ_3, χ_{31}^{2}	(2, 3, 5)	$2 \cdot 3$	1	$5 \cdot 151$
	3	χ_3, χ_{31}^{3}	(2, 2, 5)	$2 \cdot 3$	2	$3 \cdot 5$
$93 = 3 \cdot 31$	4	χ_3, χ_{31}^{5}	(2, 2, 3)	$2 \cdot 3$	2	3^2
	5	χ_3, χ_{31}^{6}	(2, 5) = 10	$2 \cdot 3$	1	5
	6	χ_3, χ_{31}^{10}	(2, 3) = 6	$2 \cdot 3$	1	1
	7	χ_3, χ_{31}^{15}	(2, 2)	$2 \cdot 3$	2	3
	1	χ_5, χ_{19}	(2^2, 2, 3^2)	$2 \cdot 5 \cdot 19$	2	$2^2 \cdot 13 \cdot 19 \cdot 109$
	2	χ_5, χ_{19}^{2}	(2^2, 3^2) = 36	$2 \cdot 5$	1	$13 \cdot 109$
	3	χ_5, χ_{19}^{3}	(2^2, 2, 3)	$2 \cdot 5$	2	$2^2 \cdot 13$
	4	χ_5, χ_{19}^{6}	(2^2, 3) = 12	$2 \cdot 5$	1	13
	5	χ_5, χ_{19}^{9}	(2^2, 2)	$2 \cdot 5$	2	2^2
$95 = 5 \cdot 19$	6	χ_5^2, χ_{19}	(2, 2, 3^2)	$2 \cdot 19$	1	$2^2 \cdot 19$
	7	χ_5^2, χ_{19}^{3}	(2, 2, 3)	2	1	2^2
	8	χ_5^2, χ_{19}^{9}	(2, 2)	2	1	2^2
	9	$\chi_5^2 \cdot \chi_{19}^9, \chi_{19}^{2}$	(2, 3^2) = 18	2	1	$2^3 \cdot 19$
	10	$\chi_5^2 \cdot \chi_{19}^9, \chi_{19}^{6}$	(2, 3) = 6	2	1	2^3
	11	$\chi_2^5 \cdot \chi_{19}^9$	2	2	1	2^3

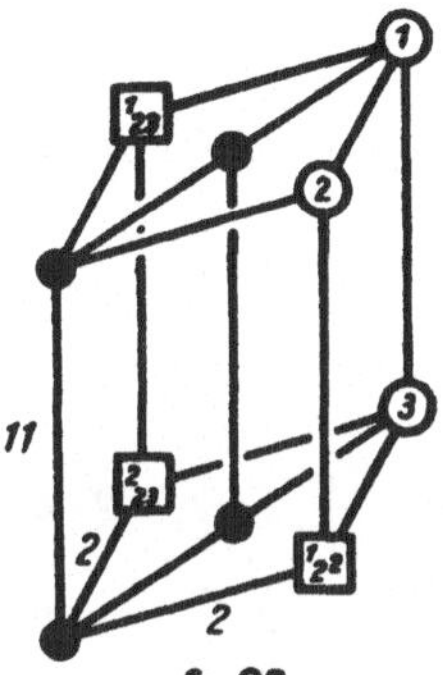

f=92

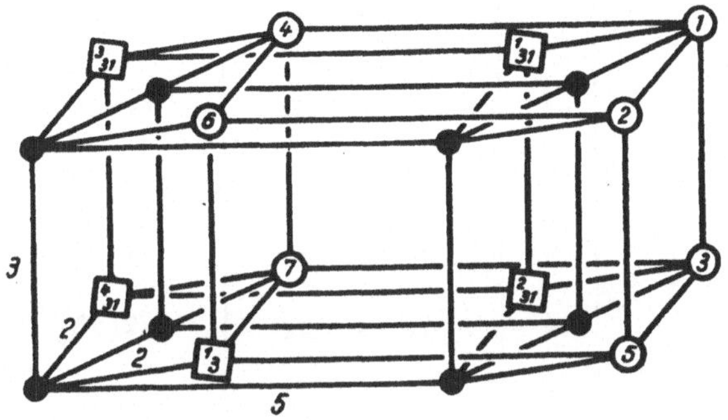

f=93

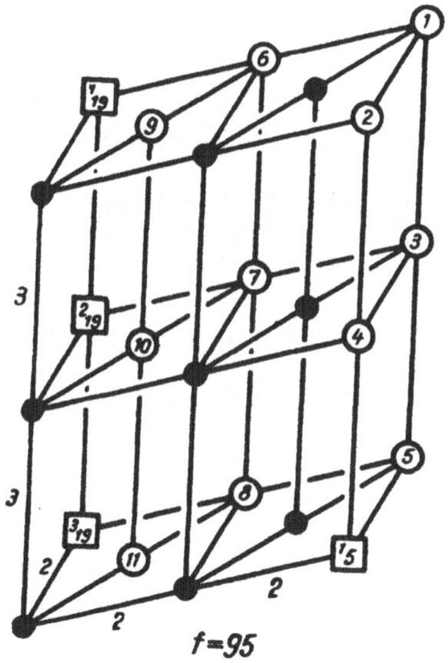

f=95

1	2	3	4	5	6	7
Führer	Nr.	erz. Charaktere	Typus	w	Q	h^*
$96 = 2^5 \cdot 3$	1	$\chi_{2^5}, \psi_{2^5}; \chi_3$	$(2, 2^3, 2)$	$2^5 \cdot 3$	2	3^2
	2	ψ_{2^5}, χ_3	$(2^3, 2)$	$2 \cdot 3$	1	3^2
	3	$\chi_{2^5}\psi_{2^5}, \chi_3$	$(2^3, 2)$	$2 \cdot 3$	2	1
	4	$\chi_{2^5}, \psi_{2^5} \cdot \chi_3$	$(2, 2^3)$	2^4	2	$2 \cdot 3^2$
	5	$\chi_{2^5}\psi_{2^5}, \chi_{2^5} \cdot \chi_3$	$(2^3, 2)$	2	2	$2 \cdot 3^2$
	6	$\psi_{2^5} \cdot \chi_3$	2^3	2	1	$2 \cdot 3^2$
$99 = 3^2 \cdot 11$	1	$\chi_3, \psi_{3^2}; \chi_{11}$	$(2, 3, 2, 5)$	$2 \cdot 3^2 \cdot 11$	2	$3 \cdot 31^2$
	2	$\chi_3, \psi_{3^2}; \chi_{11}^2$	$(2,3,5) = 30$	$2 \cdot 3^2$	1	31
	3	$\chi_3, \psi_{3^2}; \chi_{11}^5$	$(2, 3, 2)$	$2 \cdot 3^2$	2	3
	4	ψ_{3^2}, χ_{11}	$(3,2,5) = 30$	$2 \cdot 11$	1	$3 \cdot 31$
	5	ψ_{3^2}, χ_{11}^5	$(3, 2) = 6$	2	1	3
$100 = 2^2 \cdot 5^2$	1	$\chi_{2^2}; \chi_5 \cdot \psi_{5^2}$	$(2, 2^2, 5)$	$2^2 \cdot 5^2$	2	$5 \cdot 11$
	2	$\chi_{2^2}; \chi_5^2 \cdot \psi_{5^2}$	$(2, 2, 5)$	2^2	1	$5 \cdot 11$
	3	χ_{2^2}, ψ_{5^2}	$(2, 5) = 10$	2^2	1	5
	4	$\chi_{2^2} \cdot \chi_5^2, \psi_{5^2}$	$(2, 5) = 10$	2	1	$2 \cdot 11$

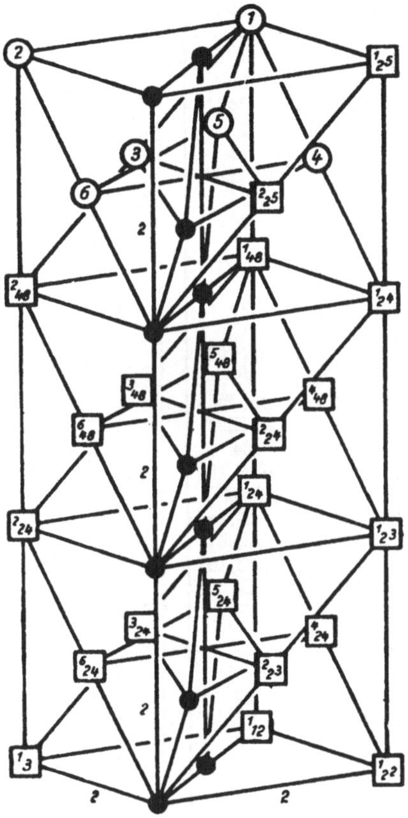

f=96

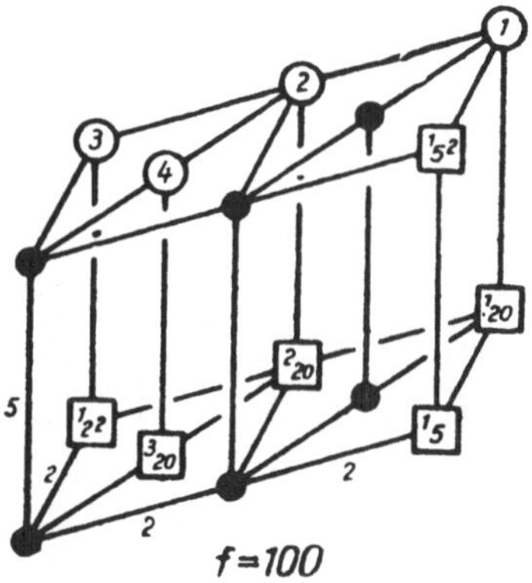

f=100

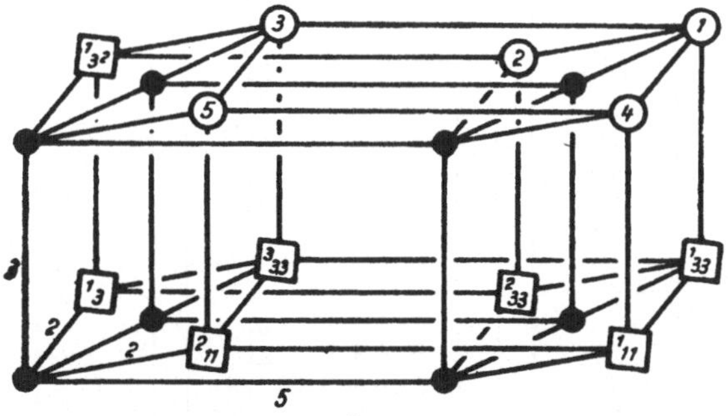

f=99

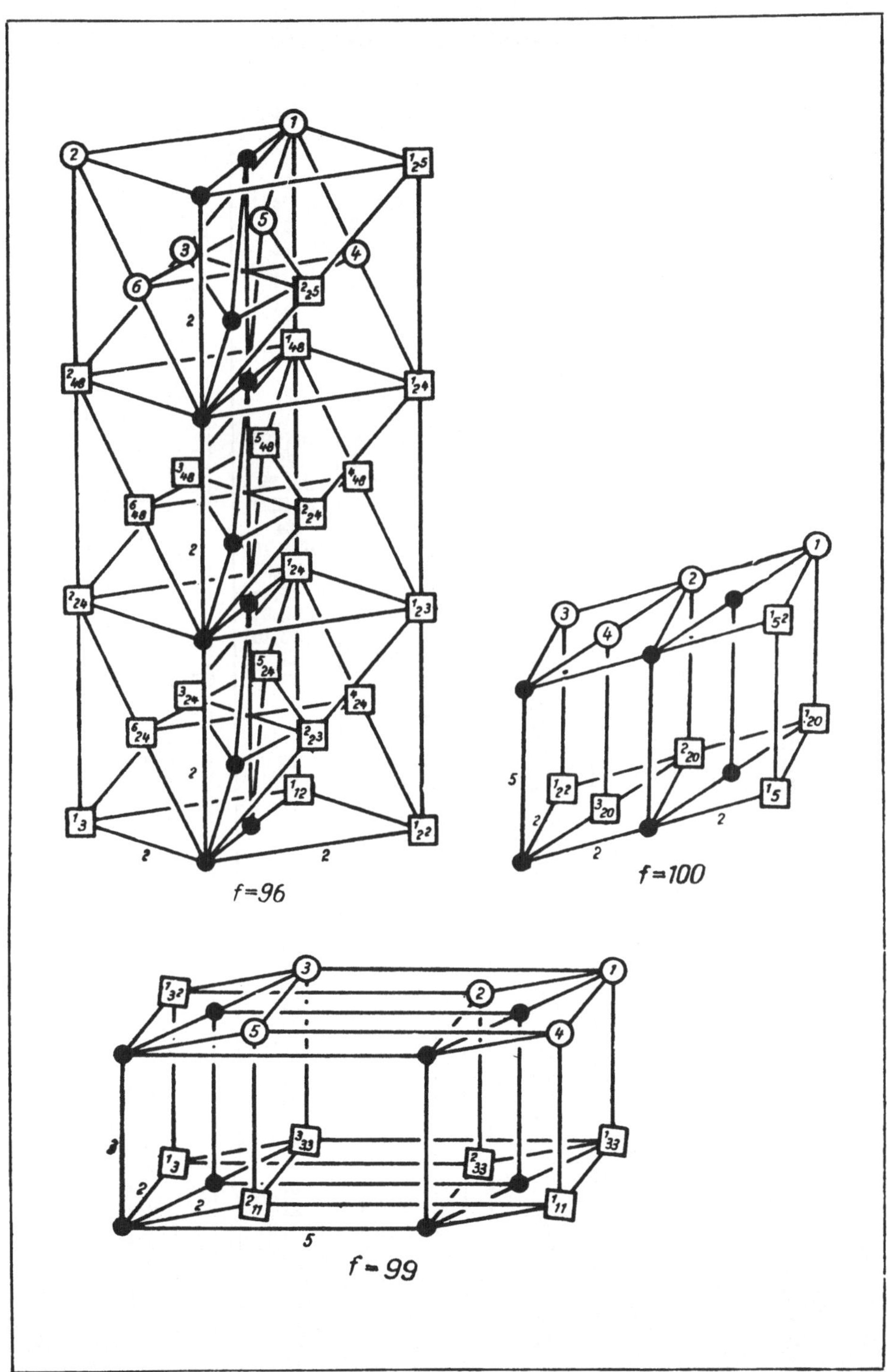

Hilfstafel: Die Werte des Einheitenindex

f	Nr.	*Q*	Satz
12	1	2	27
15	1	2	27
	2	1	25
	3	1	24
20	1	2	27
	2	1	25
	3	1	24
21	1	2	27
	2	1	24
	3	2	26
24	1	2	27
	2	1	25
	3	2	26
	4	2	26
	5	2	26
	6	1	24
28	1	2	27
	2	1	24
	3	2	26
33	1	2	27
	2	1	24
	3	2	26
35	1	2	27
	2	1	24
	3	2	26
	4	1	22
	5	1	25 [29]
	6	1	24
	7	1	24
36	1	2	27
	2	1	24
39	1	2	27
	2	1	22
	3	2	26
	4	1	24
	5	1	25 [29]
	6	1	24
	7	1	24
40	1	2	27
	2	1	22
	3	1	22
	4	2	26
	5	1	25 [29]
	6	2	26
	7	1	25 [29]
	8	1	25, 29
	9	2	26
	10	1	25 [29]
	11	1	24
	12	1	24
44	1	2	27
	2	1	24
	3	2	26
45	1	2	27
	2	1	22
	3	1	24
	4	1	24
48	1	2	27
	2	1	25, 6
	3	2	26
	4	2	26
	5	2	26
	6	1	24
51	1	2	27
	2	1	25, 7
	3	1	29
	4	1	29
	5	1	24
	6	1	24
	7	1	24
52	1	2	27
	2	1	22
	3	2	26
	4	1	24
	5	1	25 [29]
	6	1	24
	7	1	24
55	1	2	27
	2	1	24
	3	2	26
	4	1	22
	5	1	25 [29]
	6	1	24
	7	1	24
56	1	2	27
	2	1	22
	3	2	26 [29]
	4	1	22
	5	1	25, 29
	6	2	26 [29]
	7	1	24
	8	2	26[26,15)
	9	2	26 [29]
	10	2	26[26,15]
	11	2	26 [29]
	12	2	26[26,15]
	13	1	24
	14	1	24
57	1	2	27
	2	1	24
	3	2	26
	4	1	24
	5	2	26
60	1	2	27
	2	2	27, 29[33]
	3	1	22
	4	1	22
	5	1	22
	6	1	22
	7	1	22
	8	1	24
	9	1	22
63	1	2	27
	2	1	22
	3	2	26 [29]
	4, 4′	2	26 [29]
	5, 5′	1	24
	6	1	24
	7	1	24
	8, 8′	1	24
65	1	2	27
	2	1	22
	3	2	26
	4	1	24
	5	1	29
	6	1	22
	7	1	29
	8	1	24
	9	1	24
	10	1	24
	11	1	24
68	1	2	27
	2	1	25, 7
	3	1	29
	4	1	29
	5	1	24
	6	1	24
	7	1	24
69	1	2	27
	2	1	24
	3	2	26
72	1	2	27
	2	1	22
	3	1	22
	4	2	26 [29]
	5	2	26 [29]
	6	2	26 [29]
	7	1	24
	8	1	24
75	1	2	27
	2	1	22
	3	1	24
	4	1	24
76	1	2	27
	2	1	24
	3	2	26
	4	1	24
	5	2	26

f	Nr.	Q	Satz
77	1	2	27
	2	1	24
	3	2	26
	4	1	24
	5	1	24
	6	2	26
	7	1	24
	8	2	26
80	1	2	27
	2	1	22
	3	1	22
	4	2	26
	5	1	29
	6	2	26
	7, 7′	2	26
	8	1	29
	9	1	29
	10	2	26
	11	1	29
	12	1	29
	13, 13′	2	26
	14, 14′	1	24
	15	1	24
84	1	2	27
	2	2	27,29[33]
	3	2	26
	4	1	22
	5	1	29
	6	1	22
	7	1	29
	8	1	22
	9	1	29
	10	1	24
	11	1	24
85	1	2	27
	2	1	22
	3	1	29
	4	1	29
	5	1	22
	6	1	29
	7	1	29
	8, 8′	1	24
	9, 9′	1	24
	10	1	24
	11	1	24

f	Nr.	Q	Satz
87	1	2	27
	2	1	22
	3	1	24
	4	2	26
	5	1	25 [29]
	6	1	24
	7	1	24
88	1	2	27
	2	1	22
	3	2	26
	4	1	22
	5	1	25 [29]
	6	2	26
	7	1	24
	8	2	26
	9	2	26
	10	2	26
	11	2	26
	12	2	26
	13	1	24
	14	1	24
91	1	2	27
	2	1	22
	3	2	26
	4	1	29
	5	1	29
	6	1	22
	7	1	24
	8	2	26
	9	1	29
	10	2	26
	11	1	24
	12	1	25 [29]
	13	1	29
	14	1	24
	15, 15′	2	26
	16, 16′	1	29
	17, 17′	1	24
	18, 18′	1	24
	19	1	24
	20, 20′	1	24
	21	1	24

f	Nr.	Q	Satz
92	1	2	27
	2	1	24
	3	2	26
93	1	2	27
	2	1	22
	3	2	26
	4	2	26
	5	1	24
	6	1	24
	7	2	26
95	1	2	27
	2	1	24
	3	2	26
	4	1	24
	5	2	26
	6	1	22
	7	1	29
	8	1	25 [29]
	9	1	24
	10	1	24
	11	1	24
96	1	2	27
	2	1	25, 6
	3	2	26
	4	2	26
	5	2	26
	6	1	24
99	1	2	27
	2	1	24
	3	2	26 [29]
	4	1	24
	5	1	24
100	1	2	27
	2	1	22
	3	1	24
	4	1	24

LITERATURVERZEICHNIS[1])

E. J. Amberg, [1] Über den Körper, dessen Zahlen sich rational aus zwei Quadratwurzeln zusammensetzen. Dissert. Zürich 1897. [Einleitung, **26.**]

E. Artin, [1] Idealklassen in Oberkörpern und allgemeines Reziprozitätsgesetz. Abhandl. Math. Sem. Hamburg **7** (1930). [**20.**]

P. Bachmann, [1] Zur Theorie der komplexen Zahlen. Journ. f. d. reine u. angew. Math. **67** (1867). [Einleitung, **26.**]

N. G. W. H. Beeger, [1] Über die Teilkörper des Kreiskörpers $K(\zeta_{l^n})$. Proc. Akad. Wet. Amsterdam **21** (1919). [Einleitung.]

—, [2] Bestimmung der Klassenzahl der Ideale aller Unterkörper des Kreiskörpers der ζ_m, wo m durch mehr als eine Primzahl teilbar ist. Ebendort **22** (1920). [Einleitung.]

—, [3] Berichtigung zu vorstehender Arbeit. Ebendort **23** (1922). [Einleitung.]

H. Bergström, [1] Die Klassenzahlformel für reelle quadratische Zahlkörper mit zusammengesetzter Diskriminante als Produkt verallgemeinerter Gaußscher Summen. Journ. f. d. reine u. angew. Math. **186** (1944). [Einleitung, **3.**]

G. L. Dirichlet, [1] Sur l'usage des séries infinies dans la théorie des nombres. Journ. f. d. reine u. angew. Math. **18** (1838) = Werke **1**, 357—374. [Einleitung.]

—, [2] Recherches sur diverses applications de l'analyse infinitésimale à la théorie des nombres. Ebendort **19** (1839) = Werke **1**, 411—496. [Einleitung.]

—, [3] Recherches sur les formes quadratiques à coefficients et à indéterminées complexes. Journ. f. d. reine u. angew. Math. **24** (1842) = Werke **1**, 533—618. [Einleitung, **26.**]

L. Fuchs, [1] Über die aus Einheitswurzeln gebildeten complexen Zahlen von periodischem Verhalten, insbesondere die Bestimmung der Klassenanzahl derselben. Journ. f. d. reine u. angew. Math. **65** (1866) = Werke **1**, 69—109. [Einleitung.]

M. Gut, [1] Die ζ-Funktion, die Klassenzahl und die Kroneckersche Grenzformel eines beliebigen Kreiskörpers. Comm. Math. Helvetici **1** (1929). [Einleitung.]

H. Hasse, [1] Bericht über neuere Untersuchungen und Probleme aus der Theorie der algebraischen Zahlkörper.
Teil I, Klassenkörpertheorie. Jahresbericht D. M.-V. **35** (1926).
Teil Ia, Beweise zu Teil I. Ebendort **36** (1927).
Teil II, Reziprozitätsgesetz. Ebendort Erg.-Bd. **6** (1930).
Zitiert als „Klassenkörperbericht". [Vorwort, **2, 3, 9, 18, 19, 20, 22, 23, 27, 37.**]

—, [2] Führer, Diskriminante und Verzweigungskörper relativ-abelscher Zahlkörper. Journ. f. d. reine u. angew. Math. **162** (1930). [**3.**]

[1]) Die in eckigen Klammern beigefügten fettgedruckten Zahlen bezeichnen die Paragraphen der vorliegenden Arbeit, in denen die einzelnen Arbeiten angeführt sind.

H. Hasse, [3] Produktformeln für verallgemeinerte Gaußsche Summen und ihre Anwendung auf die Klassenzahlformel für reelle quadratische Zahlkörper. Math. Zeitschr. **46** (1940). [Einleitung.]

—, [4] Aufgabe 327. Jahresbericht D. M.-V. **53** (1943). [**30.**]

—, [5] Zahlentheorie. Berlin 1949. [Einleitung, **15, 19, 20, 23, 27.**]

—, [6] Vorlesungen über Zahlentheorie. Berlin 1950. [Einleitung, **4.**]

—, [7] Arithmetische Bestimmung von Grundeinheit und Klassenzahl in zyklischen kubischen und biquadratischen Zahlkörpern. Abh. Deutsche Akad. Wiss. 1948, Nr. 2 (1950). [Einleitung.]

E. Hecke, [1] Über die L-Funktionen und den Dirichletschen Primzahlsatz für einen beliebigen Zahlkörper. Nachr. Kgl. Ges. d. Wissensch. Göttingen 1917. [**3.**]

—, [2] Über eine neue Art von Zetafunktionen und ihre Beziehungen zur Verteilung der Primzahlen. Math. Zeitschr. **1** (1918), **4** (1920). [**3.**]

G. Herglotz, [1] Über einen Dirichletschen Satz. Math. Zeitschr. **12** (1922). [Einleitung, **26.**]

D. Hilbert, [1] Über den Dirichletschen biquadratischen Zahlkörper. Math. Ann. **45** (1894). [Einleitung, **26.**]

—, [2] Die Theorie der algebraischen Zahlkörper. Jahresber. D. M.-V. **4** (1897). Zitiert als „Zahlbericht". [Vorwort, Einleitung, **2, 6, 15, 20, 23, 26, 37.**]

C. G. J. Jacobi, [1] Canon Arithmeticus. Berlin 1839. [**34,** Anhang.]

L. Kronecker, [1] Bemerkung über die Klassenanzahl der aus Einheitswurzeln gebildeten komplexen Zahlen. Monatsber. Akad. d. Wissensch. Berlin 1863 = Werke **1,** 123—131. [Einleitung, **6, 25.**]

—, [2] Auseinandersetzung einiger Eigenschaften der Klassenanzahl idealer komplexer Zahlen. Ebendort 1870 = Werke **1,** 271—282. [Einleitung, **6, 19.**]

E. Kummer, [1] Bestimmung der Anzahl nicht-äquivalenter Klassen für die aus λ-ten Wurzeln der Einheit gebildeten komplexen Zahlen und die idealen Faktoren derselben. Journ. f. d. reine u. angew. Math. **40** (1850). [Einleitung, **6, 38.**]

—, [2] Zwei besondere Untersuchungen über die Klassenanzahl und über die Einheiten der aus λ-ten Wurzeln der Einheit gebildeten komplexen Zahlen. Ebendort **40** (1850). [Einleitung, **37.**]

—, [3] Allgemeiner Beweis des Fermatschen Satzes, daß die Gleichung $x^\lambda + y^\lambda = z^\lambda$ durch ganze Zahlen unlösbar ist, für alle diejenigen Potenzexponenten λ, welche ungerade Primzahlen sind und in den Zählern der ersten $\frac{1}{2}(\lambda - 3)$ Bernoullischen Zahlen als Faktoren nicht vorkommen. Ebendort **40** (1850). [**37.**]

—, [4] Sur la théorie des nombres complexes composés de racines de l'unité et de nombres entiers. Journ. de math. **16** (1851). (Französische Zusammenfassung der Grundlegung der Theorie der idealen Zahlen aus Journ. f. d. reine u. angew. Math. **35** (1847), sowie der vorstehend zitierten drei Arbeiten.) [Einleitung, **6, 37, 38,** Anhang.]

—, [5] Über die Irregularität der Determinanten. Monatsber. Akad. d. Wissensch. Berlin 1853. (Auszug aus einem Brief an Dirichlet.) [Einleitung, **19, 33.**]

—, [6] Über die Klassenanzahl der aus n-ten Einheitswurzeln gebildeten komplexen Zahlen. Ebendort 1861. [Einleitung, **34.**]

—, [7] Über die Klassenanzahl der aus zusammengesetzten Einheitswurzeln gebildeten idealen komplexen Zahlen. Ebendort 1863. [Einleitung, **6, 28, 30, 33, 38,** Anhang.]

E. Kummer, [8] Über eine Eigenschaft der Einheiten der aus den Wurzeln der Gleichung $\alpha^\lambda = 1$ gebildeten komplexen Zahlen und über den zweiten Faktor der Klassenzahl. Ebendort 1870. [Einleitung, **37, 38.**]

C. G. Reuschle, [1] Tafeln komplexer Primzahlen, welche aus Wurzeln der Einheit gebildet sind. Berlin 1875. [Vorwort, Anhang.]

J. Sommer, [1] Vorlesungen über Zahlentheorie. Einführung in die Theorie der algebraischen Zahlkörper. Leipzig-Berlin 1907. [Vorwort, **26.**]

J. Vårmon, [1] Über Abelsche Körper, deren alle Gruppeninvarianten aus einer Primzahl l bestehen, und über Abelsche Körper als Kreiskörper. Akad. Abhandl., Lund 1925. [Einleitung.]

H. Weber, [1] Theorie der Abelschen Zahlkörper. Acta math. 8 (1886). [Einleitung, **7, 12, 16, 34.**]

, [2] Lehrbuch der Algebra 2, §§ 219—223. 2. Aufl., Braunschweig 1899. [Einleitung, **7, 12, 16, 34.**]

J. M. Winogradow, [1] Grundzüge der Zahlentheorie. 5. Aufl. Moskau—Leningrad 1949. S. 38 und 75. [**29.**]